Über den Herausgeber

Karl Richard Huelsenbeck wurde am 23. April 1892 in Frankenau (Hessen) geboren. Er studierte Medizin, Germanistik, Kunstgeschichte und Philosophie, promovierte zum Dr. med. und bildete sich als Psychotherapeut aus. 1913 gründete er mit H. Leybold in München die Zeitschrift «Revolution». Im Frühjahr 1916 ging er von Berlin nach Zürich, wo er mit Hugo Ball, Hans Arp, Tristan Tzara und Marcel Janco das «Cabaret Voltaire» aus der Taufe hob. Ein Jahr später kehrte der streitbare Theoretiker der ‹Dadasophie›, Lyriker und Essayist nach Berlin zurück. Es folgten Weltreisen als Schiffsarzt und Zeitungskorrespondent. 1935 wanderte er nach New York aus, um als Arzt und Psychoanalytiker tätig zu werden. 1970 kehrte Richard Huelsenbeck nach Europa zurück; er starb am 20. April 1974 in Minusio (Tessin).

Wichtigste Veröffentlichungen
Romane, Erzählungen: Azteken oder die Knallbude, 1918; Die Verwandlungen, 18; Doctor Billig am Ende, 21; Afrika in Sicht, 28; Der Sprung nach Osten, 28; China frißt Menschen, 30; Der Traum vom großen Glück, 33; Mit Witz, Licht und Grütze, 57; – *Lyrik:* Phantastische Gebete, 16; Schalaben, Schalomai, Schalamezomai, 16; Die New Yorker Kantaten, 52; Die Antwort der Tiefe, 54; – *Essays u. a.:* En avant Dada, 20; Dada siegt, 20; Sexualität und Persönlichkeit; Dada. Eine literarische Dokumentation, 64.

Richard Huelsenbeck (Hg.)

Dada

Eine literarische Dokumentation

rororo

rowohlts enzyklopädie

rowohlts enzyklopädie
Herausgegeben von Burghard König

15.–16. Tausend März 1994

Veröffentlicht im Rowohlt Taschenbuch Verlag GmbH,
Reinbek bei Hamburg, April 1984

Umschlaggestaltung Jens Kreitmeyer
Foto: Schifferli, Zürich. Aus: «Als Dada begann», Bildchronik
und Erinnerungen der Gründer, in Zusammenarbeit mit
Hans Arp, Richard Huelsenbeck, Tristan Tzara,
herausgegeben von Peter Schifferli,
mit freundlicher Genehmigung des Sanssouci Verlages, Zürich
Hinweise auf die Rechtsinhaber und Übersetzer der
einzelnen Texte siehe Quellennachweis
Gesamtherstellung Clausen & Bosse, Leck
Printed in Germany
1890-ISBN 3 499 55402 x

INHALT

PRÄSENTATION II
Prosatexte

PRÄSENTATION III
Lyrische Texte

PRÄSENTATION IV

Porträts, Selbstporträts, Anti-Porträts

ANHANG

EINLEITUNG

Wenn man heute nach vierzig und mehr Jahren über Dada schreibt, muß man versuchen, seinen Standpunkt zu umreißen. Die Zeit der Aktion, der Vitalität, der ungebundenen Frechheit, der uferlosen Ironie ist vorüber. Vieles ist in der Zwischenzeit, seit der Gründung des Dadaismus, in dieser merkwürdigen und ungewöhnlichen Welt passiert. Kriege haben die Menschheit zerrissen und zu neuer Besinnung gebracht. Die Vergangenheit verschwindet im Nebel, aber sie läßt ihren Eindruck in Form von Ideen zurück. Die Zukunft ist undurchsichtig, und wir versuchen sie mit gewissen Leitlinien zu messen, die wir zwar sehen, die aber im Zickzack verlaufen, so daß wir wieder vor neuen Rätseln stehen.

Der Dadaismus war eine spontane Gründung jugendlicher Menschen von unterschiedlichem Charakter, so verschieden, daß es heute unendlich schwer ist, die Gemeinsamkeiten herauszuschälen und zu definieren. Das wäre eine der Aufgaben: den Dadaismus zu definieren, ihn aus den so verschiedenen Intentionen seiner Gründer zusammenzusetzen; aber ich glaube, dies würde eine ungenügende Schlußfolgerung ergeben, zumal die Leser dieser Dokumente-Sammlung nach einer größeren Klarheit verlangen. In unserem Manifest gegen den Expressionismus, 1912 in Berlin, sagten wir am Ende: «Gegen dies Manifest sein, heißt Dadaist sein.» Aber was hieß es damals «Gegen etwas sein?» Was hieß es, die Gegenseite ebenso zu schätzen wie die Seite des Dafürseins? Oder: was hieß es und was heißt es, dafür und dagegen sein . . .?

Dies sind einige Fragen, die mir gerade durch den Kopf gehen und deren Beantwortung mir vielleicht hilft, meine eigene Einstellung zur Frage des Dadaismus zu klären.

Ich bin kein Historiker und kein Soziologe, und ich glaube nicht, daß man Phänomene wie den Dadaismus allein aus der Situation der Kultur und der Umgebung durchschauen kann. Ich bin auch kein Ästhetiker (im wissenschaftlichen Sinne), also ein Mann, der mit einer Erklärung der Kunst und des künstlerischen Schaffens beginnt und aus einer ästhetischen Theorie heraus gewisse Kunstphänomene definiert. Ich lebe seit vielen Jahren (seit 1936, als ich vor dem Hitlerismus floh) in den Vereinigten Staaten als Psychiater und Psychoanalytiker, und es ist für mich eine Selbstverständlichkeit geworden, die psychische Lage des Menschen in allen ihren Formen zu verstehen, zu untersuchen und sie mit dem, was an der Außenseite geschieht, zusammenzubringen und so zu verstehen. Ich habe gelernt, daß im Menschen ein intentioneller Drang besteht (der durch den langen Lauf der Geschichte unveränderlich bleibt), daß aber dieser Drang sich den Verhältnissen anpassen muß und daß so der Mensch in seinen Äußerungen, ob sie nun ästhetisch, ethisch oder faktisch sind, in der Zwischenaktion zwischen sich selbst und der Welt funktioniert oder nur halb funktioniert oder überhaupt nicht funktioniert. Um es noch einmal zu sagen: Der Mensch schafft etwas, was der Ausdruck eines unvergänglichen Dranges ist, aber das, was er schafft, das Produkt, gleich welcher Art, stellt sich als ein Kompromiß zwischen ihm selbst und den Kräften der Außenwelt dar.

Das Problem wird dadurch komplizierter, daß — wie wir sehen — sich die Außenwelt nach gewissen Gesetzen ändert. Alles, was der Mensch schafft, eingeschlossen die künstlerischen, die ethischen und die kulturellen Werte, sind dem Gesetz des Alterns unterworfen. Das Stadium der Obsoleszens, in dem sich eine Kultur befindet, hat den größten Einfluß auf die notwendige Interaktion zwischen dem einzelnen Menschen und seiner Umgebung. Unabhängig von den Werten reagiert der einzelne Mensch (das Individuum) auf das Kollektiv, das wie er Träger der Werte ist. In Zeiten des Aufstiegs und des Niedergangs ist die Interaktion, von der ich sprach, verschieden.

Das Kollektiv, die große Masse, die Rasse, die Nation sind in den Zeiten des Aufgangs die lebendigen Rezipienten kultureller und ethischer Werte, während sie in Zeiten des Niedergangs (Spengler, Toynbee) starr und unerbittlich werden und es dem einzelnen schwer machen, sich an der Gemeinsamkeit zu beteiligen. In Zeiten des Niedergangs wird das Individuum isoliert, besonders das kreative Individuum, das neue Werte schaffen will. So entsteht eine Feindschaft zwischen dem einzelnen und der Masse, und da die Masse durch ihren reinen Impakt viel mächtiger ist als das Individuum, wird der einzelne Mensch, wie man gesagt hat, atomisiert.

Ästhetische, ethische und kulturelle Werte sind Versuche des und der Menschen, für sich und die vielen Sicherheitswerte zu schaffen, die ihm eine Richtung geben. Der Mensch, weder der einzelne noch die Vielheit, kann ohne solche Sicherheitswerte leben. Ohne sie würde der Mensch wie ein Wanderer sein, der im Dschungel oder in der Wüste seine Richtung verloren hat. In Zeiten des Aufstiegs werden die vom einzelnen geschaffenen Sicherheitswerte von der Allgemeinheit der Summe der Werte beigefügt und zurückgegeben. In Zeiten des Niedergangs hat der kreative Mensch das Gefühl, daß ihm nichts zurückgegeben wird, er zieht sich in Desperation zurück, er gibt seinen zerstörerischen Instinkten nach, er zerreißt seine Manuskripte, er schmeißt seine Bilder durchs Fenster, er lebt, wie man in der Psychiatrie sagt, im Zustand der Frustration. Er sucht nach einer Interpretation seines Lebens, eventuell mit Gewalt, und wenn ihm nicht geholfen wird, begeht er ein Verbrechen oder er tut sich selbst Gewalt an.

Es ist oft darüber gestritten worden, ob wir in einer Zeit des Aufstiegs oder des Niedergangs leben, und der Streit hat bisher keine Lösung gefunden. Die Menschen, die an Fortschritt glauben, die Hegelianer unter uns, diejenigen, die über die immer schneller fliegenden Flugzeuge in einen Zustand der Ekstase geraten, widersprechen allen denjenigen heftig, die von einem Niedergang der Kultur, der Ethik und der Ästhetik sprechen. Auf der anderen Seite stehen die Propheten des Endes, die apokalyptischen Naturen, die Ultimisten, die Menschen, die sich zwischen den Katastrophen fühlen, die Unsicheren und Verzweifelten, die restlos und ratlos nach einer neuen Ideologie suchen, nach einer Einfriedung des Geistes, nach einer mütterlichen Sicherheit im Fühlen und Denken.

Émile Durkheim, der berühmte französische Soziologe, hat das Konzept der Anomie geschaffen, das heißt ein Zustand der Gesellschaft, in der das Gesetz relativ geworden ist, in dem es die ihm nötige Stabilität verloren hat und in dem deshalb opponierende Gruppen, in Tat und Wort, auftreten, die durch ihre Aktion ihrem und dem Leben der Allgemeinheit einen verschiedenen und vielleicht dauerhafteren Wert geben möchten. Dieser Widerspruch kann sich in äußerstem Negativismus kundtun, kann aber zu Kompromissen geneigt sein. Ich verstehe unter Anomie einen Zustand der inneren Gesetzlosigkeit, ein Gefühl (oder sagen wir besser ein Ungefühl) der Unsicherheit und der Angst, die aus dem nicht immer voll verstandenen, wesentlich chaotischen Sein herrührt. Der anomische Mensch ist ein Mensch, der den kalten Hauch des Chaos erlebt und entweder einzeln oder in Gruppen versucht, etwas gegen das in sich gefühlte Chaos zu unternehmen.

Der kulturelle und ästhetische Ausdruck der persönlichen Anomie ist eine gefühlte Reaktion des Chaos. Diese Reaktion — wie schon angedeutet — geht Hand in Hand mit gewissen psychologischen Zuständen, wie wir sie aus der Psychiatrie kennen, Regression, Infantilismus, Destruktion und ziellose Aggression.

Meine Erklärung des Dadaismus ist die, daß es sich hier um eine Gruppe junger Menschen handelte, die im Zustand der anomischen Unsicherheit das Chaos in sich erlebten. Sie erlebten es nicht als Verbrecher, nicht als professionelle Revolutionäre, nicht als religiöse Fanatiker, nicht nur als Künstler, sondern sie erlebten es zuerst als Menschen. Ich verstehe das in dem Sinne, daß die innere Gesetzlosigkeit sich in jedem Dadaisten in strenger Notwendigkeit und in strenger Wechselwirkung mit seinem Herkommen, seiner persönlichen Geschichte und Tradition und seiner eigenen charakterlichen Intentionalität entwickelte.

Die Dadaisten waren — sie eilten der Zeit weit voraus — diejenigen Menschen, die auf Grund einer besonderen Sensibilität die Nähe des Chaos verstanden und es zu überwinden suchten. Sie waren Anarchisten ohne politische Absichten, sie waren Halbstarke ohne Gesetzesüberschreitung, sie waren Zyniker, die ebenso den Glauben und die Frömmigkeit schätzten, sie waren Künstler ohne Kunst. Die Dadaisten, der einzelne wie auch die Gruppe, verstanden — zu einer Zeit, als die Welt, zwar aufgerüttelt durch den Krieg, aber noch in tiefem Schlaf hinsichtlich eines wirklichen Verständnisses dieser Katastrophe — am ehesten, was ich in meinen Schriften und Vorträgen als schöpferische Irrationalität bezeichnete.

So bin ich nun zu dem Punkt gekommen, von dem ich den Dadaismus heute zu verstehen suche: die Dadaisten waren schöpferische Irrationalisten, weil sie den Sinn des Chaos (unbewußt viel mehr als bewußt) begriffen hatten. Sie näherten sich der schöpferischen Irrationalität und sie flohen vor ihr, sie liebten das Un-sinnige ohne deshalb den Sinn aus den Augen zu verlieren.

Um alles dies wirklich klarzumachen, müßte ich noch etwas und vielleicht noch wesentlich mehr über die schöpferische Kraft des Chaos sagen. Chaos und Irrationalität sind nicht ganz gleich. Man nennt irrational etwas, was im Gegensatz zur sinnvollen Rationalität steht, während man es nicht über sich bringen kann, dem Chaos einen sinnvollen Wert zuzusprechen. Hier ist aber der wesentliche Punkt, Anfang und Ende aller Erklärungen des Dadaismus, nämlich daß die Dadaisten nicht nur gegen die absoluten Werte eines starren und mörderischen Kollektivs handelten, sondern daß sie auch durch Leistung und Ausdruck auf vielen Gebieten überzeugend hervortraten und dem Chaos (es als innere und äußere Notwendigkeit akzeptierend) durch ihre Arbeiten, Produkte und Handlungen einen Sinn gaben. Wenn ich sage, daß die Dadaisten schöpferische Irrationalisten waren, habe ich mich noch nicht ganz auf den Zustand und das Sein des Menschen eingestellt, der die Fähigkeit hat, das Chaos in sich als schöpferisch zu empfinden. Die Dadaisten hingen deshalb mit der Welt auf der einen Seite (wie der Berliner Dadaismus zeigt) aufs engste zusammen, sie wollten die Welt ändern, sie wollten das Kollektiv, wie es damals mit seinen erstarrten Werten funktionierte, zerstören, aber sie hingen auch nicht mit der Welt zusammen, sie sprachen (wie Arp) von Träumen, vom Unbewußten, vom Jenseits. Viele von ihnen gingen durch eine initiale Periode äußerster Regression, äußersten Negativismus, wie zum Beispiel Ball, der mit mir in München und Berlin im Zustand vollständiger innerer Gesetzlosigkeit existierte, bis er seinen religiösen Weg fand. Es ist kein Zufall, daß Ball an Bakunin, Alexander Herzen und dem russischen Anarchismus so sehr interessiert war, und es ist kein Zufall, daß er damals nichts mehr haßte als die methodische Lebensform der Deutschen und die Repräsentanten dieser methodischen Lebensform, Kant und Hegel. Ball haßte nichts mehr als gewisse Seiten konventioneller und methodischer Wertformation, die deutsche Pflicht und die deutsche Disziplin, aber er konnte auf die Dauer auch den Nihilismus Nietzsches nicht ertragen. Er war, wie ich glaube, so nahe dem chaotischen Untergang, daß ihm am Ende nichts weiter übrigblieb, als Einschluß und Ruhe, Einfriedung und Sicherheit bei den Symbolen der mütterlichen, allumfassenden Kirche zu finden.

Es war etwas anderes mit der Konversion von Emmy Hennings. Konvertiten sind Menschen, die «übertreten», sie wechseln die Richtung und den Tritt, wenn man so sagen darf, aber sie fühlen sich nicht so sehr von innen her, vom Chaos, von dem Zerfall und der Disintegration bedroht. Ball war im Glauben an die Kirche erzogen worden, aber in seiner Jugend, im Zustand der Anomie, zerfielen die Werte, und er sah, wie sie ohne Stabilität, im Zustand der Relativität, der Welt und den Menschen nicht mehr helfen konnten. Ball wurde ein Ungläubiger, ein Zyniker, ein Mensch, der das Chaos umarmte. In München, im Jahre 1912, als ich ihn im Café Stefanie kennenlernte, war er (so wie ich) ein Mitarbeiter der von Hans Leybold gegründeten «Revolution», die auf Grund eines Gedichtes von Ball verboten wurde, das sich mit der Mutter Gottes beschäftigte. Er schrieb damals (und ich hoffe, daß die Manen dieses meines besten Freundes es mir vergeben werden, wenn ich es hier erwähne)

O, Maria, du bist gebenedeit unter den Weibern,
Mir aber rinnt der geile Brand an den Beinen herunter

Das war zuviel, selbst für die toleranten Münchner der damaligen Zeit, und der hohe Herr Staatsanwalt als Vertreter der öffentlichen Moral schleuderte den Bann gegen unsere «Revolution».

Die Regression, die ich einen Begleiter der vom Chaos Betroffenen nannte, kam bei Ball in der Erfindung des Lautgedichtes zum Vorschein. Die Einfachheit seiner Lebensweise war nur ein äußerlicher Ausdruck für die Suche nach Simplizität, einer Sucht, alles auf die größte Verständlichkeit zurückzubringen. So glaubte er nicht mehr an die aus Silben und Sätzen zusammengesetzte Sprache und fand die Laute dem Sinn näher als die verwirrenden Worte. «Gadji Beri Bimba.» Interessant ist auch dieses: Als Ball seine Lautgedichte in unserem Beisein beim ersten Dadaistenabend in der Waag vorlas, benahm er sich wie ein Priester. Er war von Feierlichkeit erfüllt, er war von der Schwere eines Menschen erfüllt, der überzeugt ist, etwas Wesentliches zu tun. Er wollte weder Witze machen noch das tun, was man so schön als «épater le bourgeois» bezeichnet hat. Das Publikum war ihm wesentlich gleichgültig. Es war damals in ihm eine Überzeugung, die man nur mitteilen, aber nicht definieren kann. Die Reduzierung der Sprache auf Laute, so wie ich es heute sehe, ist der Ausdruck eines moralischen Willens, die Menschen aus der Kompliziertheit ihrer Mißverständnisse auf einen sprachlichen Nenner zu bringen, auf dem sie wieder kommunizieren können. Ball war ein Priester, manchmal ein Priester, der von seinem Gott abgefallen war, aber dann wieder ein Priester, der mit letzter Kraft der Menschheit helfen wollte, das Chaos, in dem sie sich damals befand und in dem sie heute lebt, zu verstehen. Was Ball immer wollte und was er wirklich propagierte, war die Beziehung von Mensch zu Mensch, der Wunsch, ein neues Kollektiv zu schaffen, das die kreativen Werte des einzelnen empfing und wieder zurückgab. Er arbeitete nicht für die Kunst, er war kein Experimentator neuer Kunstformen, kein Futurist, kein Surrealist, sondern ein Helfer.

Balls Beziehung zu Emmy Hennings – so wie man es am besten aus seinen Briefen an sie versteht – war der Versuch einer Beziehung mit dem Kindlichen als einer produktiven, erneuernden Kraft. Denn das war die große Eigenschaft Emmy Hennings', sie besaß die echte Kindlichkeit, die echte Naivität, aus der das Wesentliche entsteht. Sie war eine Repräsentantin des schöpferischen Chaos oder der schöpferischen Irrationalität in ihrer eigenen Art. Sie hatte ihre eigenen Schwierigkeiten und Probleme, aber, was immer sie tat, sie war erfüllt von einem wesentlichen Glauben an die Schöpferkraft, die aus der Kindlichkeit und aus der Naivität entsteht, und dies war der tiefere Grund, weshalb sie von Ball so geliebt wurde. Das kommt am besten in den Briefen von Ball an Emmy Hennings heraus (veröffentlicht im Benziger Verlag, Einsiedeln 1957).

Ich werde nie den regnerischen Nachmittag vergessen, als wir Ball von seinem Haus in St. Abbondio bei Lugano im Tessin, das er so sehr liebte und das sich seitdem so anomisch verändert hat, zu Grabe trugen. Er lebte dort in einem alten Tessiner Patrizierhaus, das er mit Hilfe eines reichen Mannes, G. Rudolf Baumann (dem Autor des hochinteressanten Buches «Der Tropenspiegel»), gemietet hatte. Das Haus war eine Art Schloß, aber ein wenig zerfallen, ein wenig nahe dem Chaos und deswegen voll von Poesie. Vorn rechts, wenn man eintrat, sah man eine Kapelle mit all den Paraphernalien eines Glaubens, zu dem sich Hugo Ball ohne die geringste Reservation bekannt hatte. Das Haus war auch ein wenig düster, obwohl es in einer fröhlichen Landschaft stand, von der aus man die Begrenzung der Berge als etwas empfand, das einen zur Einsicht und zur Selbstbestätigung zwang.

Wir traten ein und sahen Menschen, die den verlorenen Blick hatten, den die Nähe des Todes schafft. Da war Karla Fassbind, die Besitzerin eines großen Hotels in Lugano. Ebenso Hermann Hesse, mit dem Ball gut befreundet war und für den er eine Biographie geschrieben hatte. Die Freundschaft dieser beiden Männer war erstaunlich, weil Hesse doch im wesentlichen nichts als ein Schriftsteller war (ein bedeutender), der ein geordnetes Leben führte und Buch auf Buch häufte, ein Kulturgläubiger, ein Humanist, der vielleicht nur in einem Buch, dem «Steppenwolf», den Konflikt zwischen Chaos und Ordnung erlebt hatte.

Da waren Emmy Hennings und Annemarie, ein von Ball heißgeliebtes Kind, Tochter aus einer früheren Ehe Emmy Hennings'. Der Sarg stand in einem kleinen Raum gleich neben dem Eingang, flach, unscheinbar, ein weißer Sarg mit goldenen Sternen, so als hätte es sich um den Tod einer Jungfrau gehandelt. Die Priester kamen, um neben dem Sarg zu beten. Sie knieten vor dem offenen Sarg. Es war, als wenn Hugo Ball noch lebte, ein Auge war nicht ganz geschlossen, und ich beugte mich über ihn und sprach mit ihm.

Wenn ich heute an diese Augenblicke denke, sehe ich die Person Hugo Balls sehr deutlich.

Warum gründete Ball den Dadaismus und warum wandte er sich davon ab, als er glaubte, die Zeit wäre gekommen? Wenn ich an diese Entwicklung denke, werden all die alten Erinnerungen wachgerufen. Ball und ich waren im Jahre 1912 in München zusammengewesen, Ball war Regisseur am Theater von Ida Roland. Wir sprachen von der neuen Kunst, wir trafen Kandinsky, und Ball interessierte sich sehr für Wedekind und seine Arbeiten. Wir lasen «Das Geistige in der Kunst» von Kandinsky. Ball und ich wollten ein Expressionistisches Theater gründen, aber es kam niemals dazu, und ich fuhr nach Berlin. In Berlin, wo Ball Redakteur an der Zeitschrift «Das Universum» wurde, schlossen wir Freundschaft. Leybold, mit dem wir an der «Revolution» gearbeitet hatten, war wieder da, kurz vor dem Unheil des Krieges, in dem er fiel. Ich schrieb für den A. R. Meyer Verlag und für die «Aktion», Herr Pfemfert trat «in Aktion», er war ein grimmiger, aber gerechter Mann. Wir sahen Gustav Landauer, einen milden Anarchisten, der die Welt ändern wollte, aber ohne Gewalt, nur durch Injektionen humanistischer Denkungsart.

Damals in Berlin, zusammen mit Hugo Ball, angesichts der Wirklichkeit dieser Stadt, deren Atmosphäre für den Dadaismus wohl noch wichtiger war als Zürich, lernten wir etwas über die Realität des Lebens, und als wir 1915 den Expressionistenabend im Harmoniumsaal veranstalteten, fühlten wir eine Kraft in uns, die den Expressionismus überwand.

Es ist das Besondere des Dadaismus, daß er nicht nur die Kunstrichtungen, sondern auch die Kunst überwand, in dem Sinne, daß die Kunst mit den anderen Sicherheitsventilen des Menschen – und diesmal waren es Menschen in Not – in eine Reihe gestellt wurde. Wir überwanden den Expressionismus als Kunstrichtung, weil wir nach einer neuen Realität strebten und sie in der «Expression» des Seelischen nur ungenügend fühlten. Wir verstanden das Seelische als eine in der Gegenwart wirkende Kraft, als die aktive Spiritualität, die nicht nur die Probleme der Kunst löst, sondern mehr als dies, den Menschen selbst durch Transzendenz über seine Konflikte erhebt. Ball und ich ahnten etwas vom Dadaismus, als wir 1915 den Expressionistenabend in Berlin organisierten, aber wir verstanden es zuerst und wir erlebten es zuerst in der Emigration. So wie die Stifter der großen Religionen in die Wüste, in die Einsamkeit, in das Abgelegene gingen, mußten wir in die Emigration gehen, diesmal in die Schweiz, nach Zürich, um das Erlebnis der Transzendenz zu haben. Dies ist ein Erlebnis, das die Kunst nicht mehr als andere schöpferische Sicherheitswerte sein läßt, nicht viel mehr als private und öffentliche Gesetzesformen, die geboren werden und sterben.

Es ist so oft von Wissenden und Unwissenden über die Antikunst oder die Nichtkunst des Dadaismus geschrieben worden. Heute noch, in der versuchten Wiederholung des Dadaismus (Neodadaismus) spricht man von Nicht-Malerei, Nicht-Skulptur und von Nicht-Romanen. Es kann hier nur immer wieder betont werden, daß der Dadaismus niemals Antikunst predigte, zumal man nicht weiß, was das ist und wie man eine derartige Bemühung formulieren soll. Die Ausstrahlung der Dadaisten, die spezielle Form ihrer inneren Konflikte und die Geistigkeit, die sie überwand – sie rief die Idee der Antikunst ins Leben. Antikunst läßt sich weder bildlich noch in der Literatur wirklich verständlich machen, da die Kunst, die man zur Herstellung der Antikunst braucht, vielleicht größer ist als die Fähigkeit zur «normalen» künstlerischen Tätigkeit. Antikunst (um es wieder und wieder zu sagen und klarzumachen) ist ein Allgemeineindruck, ein Gefühl, eine Mitteilung, die von dem Künstler auf das Publikum ausgeht: daß die Kunst, die er bietet, das Kunstwerk, zugleich mehr und weniger ist, als es zu sein scheint.

Es ist dieses Gefühl, diese Mitteilung, die die Künstler am Ende der rein gegenständlichen Epoche dem Publikum nicht mehr vermitteln konnten. Sie waren weder fähig, das Publikum zu erheben, noch es niederzudrücken. Sie konnten die Zuschauer weder zum Lachen noch zum Weinen bringen. In einem Satz: sie waren ungeistig, sie selber erlebten nicht den Zustand der Überdinglichkeit (Transzendenz) in ihrem eigenen Schaffen, und deshalb konnte es niemand mit ihnen erleben. Sie waren schlechte Illustratoren in dem Sinne, daß sie den kopierten Gegenstand, die Landschaft, die Menschen, deren Porträts sie schufen, nicht geistig erweitern und zurückgeben konnten. Alle Aufstände der modernen Kunst waren nicht mehr und nicht weniger als Versuche, die Ungeistigkeit einer früheren Epoche zu überwinden. Die Kunstrichtungen, vom Futurismus über den Kubismus, Surrealismus und Konstruktivismus bis auf den abstrakten Expressionismus (und selbst die Pop-Art heute) stellen sich als Versuche heraus, auf irgendeinem Wege, oft mit Ironie und Tücke und manchmal sogar mit Gewalt, eine neue Form der Geistigkeit zu finden oder dem Beschauer das eine mitzugeben, was Kunst geben kann, die Transzendenz, die Beziehung zum Seelischen, das Verständnis der Irrationalität als einer schöpferischen Kraft. Das ist sicherlich wahr, obwohl alles das in der verschiedensten Weise versucht wurde. Die einzige «Kunstrichtung» jedoch, die das Problem wirklich begriff, war der Dadaismus, nämlich durch die Annahme und das Verständnis des Nichts. Dada kam deshalb in seiner Philosophie dem Existentialismus sehr nahe. Heideggers Grundidee von der Angst und Verlassenheit, Gefühle, die der Ontologie des Menschen eigen sind und aus denen er sich durch Schaffung von Werten und Objekten zu befreien sucht, wurde von den Dadaisten vorausgeahnt. Dies wird ganz klar in Balls Gedichten und in meinen «Phantastischen Gebeten», aus denen, wie Ball in seiner «Flucht aus der Zeit» sagt, «der Terror der menschlichen Situation leuchtet . . .» Der kreative Irrationalismus setzt das Gefühl des Terrors voraus, die Empfindung der Angst und des Alleinseins, so wie wir es – von Kriegen umgeben – in der

Schweiz empfanden, die existentielle Verzweiflung, der wir mit Ironie, Regression und Angriffslust begegneten. Man muß das alles öfter sagen, um den Dadaismus wirklich verständlich zu machen. Die Ironie und der Zynismus sind nur die Anfänge eines Gesamtgefühls des Negativismus, die Zerstörung ist ein Teil der weiteren Entwicklung (man findet sie in der modernen Kunst deutlich ausgedrückt in den zerrissenen Papieren, den Fetzen von Hüten und Hosen, den zerbrochenen Holzstücken, den Teilen verunglückter Automobile), die Auslöschung des eigenen Ich (die durch Aggression kompensiert werden kann), das Erlebnis des absoluten Nichts, wie man es etwa auf den leeren Leinwänden von Yves Klein findet. Es ist die Leerheit, von der die existentiellen Philosophen sprechen, die dem Gefühl der Kreativität vorausgeht, es ist das Wissen (wie Nietzsche es hatte), daß die Umwertung aller Werte, die Planung aller konstruktiven, progressiven Ideen nach langem Bemühen, nach vieljähriger Verzweiflung endlich dahin kommt, wo die kreative Irrationalität zu neuer Leistung angefacht wird.

Wie gesagt, die Dadaisten als extreme Individualisten gingen alle, jeder von ihnen, ihren eigenen beschwerlichen Weg. In völligem Gegensatz zu Ball schien Arp ohne Verzögerung von den Göttern akzeptiert zu werden. Er war so überreich an kreativer Irrationalität, daß ihm der Dadaismus auf den Leib geschrieben schien. Arp war von uns allen der natürlichste Dadaist, er hielt sich deshalb immer ein wenig von den lauten Demonstrationen im Cabaret Voltaire zurück. Er lebte damals mit Sophie Taeuber und malte abstrakte Bilder. Wie Ball in seinem Tagebuch sagt: «Arp plädiert immer für abstrakte Kunst.» Er wollte nichts mit der fetten, grauen und grausamen Wirklichkeit zu tun haben. Er hing seinen Träumen nach und fand seine Befriedigung in ihrer Darstellung, ohne daß er nötig hatte, durch die vehemente, abstruse, um nicht zu sagen irrsinnige Periode des Dadaismus hindurchzugehen.

Die abstrakte Kunst war ein Teil des ästhetischen dadaistischen Programms, ohne daß wir darauf eingeschworen waren. Ich hatte mit Arp lange Diskussionen über das Abstrakte in der Kunst und fand wie Ball den Ausdruck nicht besonders günstig gewählt. Wenn Arp sagte, es sei ein Traum, so verstand ich im Anfang nur die Ablehnung der handgreiflichen Wirklichkeit und die Sehnsucht nach der Darstellung einer Irrationalität des Seins und den Wunsch nach der Nähe des unbedingt Schöpferischen. Was Arp wirklich suchte, war das Absolute, die Wahrheit, die sich in den Dingen des uns umgebenden Daseins nicht offenbart, waren Formen, die unter der Oberfläche liegen, konzentrierte Wahrheiten, die man sich aus dem Leben herausarbeiten muß, durch ein Zusammensein mit der schöpferischen Irrationalität.

Arp war einer unter uns, der sich wenig mit der Destruktion der Welt abgab, sein Interesse galt der Essenz der Dinge. Diese Essenz war ein Resultat seiner Erfahrung und nicht die Entwicklung einer abstrakten, vorgefaßten Idee. Man könnte also Arp besser einen Absolutisten nennen, dem daran lag, keine großen Umwege zu machen, um zur Wahrheit zu kommen.

Die Arpschen Skulpturen erfüllten deshalb unseren Wunsch nach einer neuen Realität. Arp war und ist hauptsächlich ein Bildhauer. Seine Arbeiten stehen fest im Raum. Es sind Klötze aus Stein und Holz, die von archetypischen Andeutungen erfüllt sind, wie große Gefäße, in die die Glieder vieler Urmenschen gepackt sind. Oder es sind Gefäße mit Ideen von weiblichen Rundungen, von Frauen und Männern, hauptsächlich Frauen, die existierten, als Gott sie noch nicht geschaffen hatte oder nur fern daran dachte, sie zu schaffen.

Die dadaistische Verrücktheit Arps, wenn man so sagen darf, wurde ein Nebenspiel, eine Art Durcheinanderläuten von Glocken, wobei aber niemals die Melodie ganz verlorenging. So sind auch seine Gedichte, scherzhaft, aber niemals verletzend, man lacht über sie, ohne ernsthaft betroffen zu sein.

Arp, auch zur Zeit der Gründung des Cabaret Voltaire, ließ niemals die Antikunst bei seiner Arbeit eine Rolle spielen. Es war, als hätte Gott ihm die Weisheit gegeben, jenes erstrebte Erlebnis der kreativen Irrationalität, um deren Wissen und Können wir lange kämpfen mußten. Er war immer ohne Haß und Neid, er hatte sehr viele Freunde, und es war, als hätte er sie nur alle zusammenzurufen brauchen, um ein weltberühmter Künstler zu werden. Er war, um es zu wiederholen, eines jener Götterkinder, die sich nicht zu zerstören brauchen, um das Höchste zu erreichen. Er fand es im Schlaf oder, besser gesagt — um wieder seine eigenen Worte zu gebrauchen — im Traum.

Es würde viel zu weit gehen, und diese Einleitung würde viel zu lang werden, wenn ich die Verdienste aller der Persönlichkeiten aufzählen wollte, die sich um den Dadaismus verdient gemacht haben. Ich denke hauptsächlich an Tzara, den Wunderknaben aus Rumänien, an Hausmann, den ungewöhnlichen Mitarbeiter aus Berlin, und an Richter, den großen Experimentator auf all den ästhetischen Gebieten, die uns wichtig erschienen.

Ehe ich nun die Geschichte des Dadaismus erzähle, möchte ich kurz von mir selbst sprechen. Ich war der älteste Freund Balls und hob den Dadaismus mit ihm schon in Deutschland aus der Taufe, als er sich dort aus einem Widerstand gegen die «Verinnerlichung» des Expressionismus entwickelte. Wir wollten damals direkt mit unseren Fähigkeiten und mit unserer Persönlichkeit in die Zeit eingreifen. Der Zeitgeist, der Sinn und der Unsinn der Geschichte, so wie wir es von Dilthey gelernt hatten, war für uns von äußerster Wichtigkeit, und dies ist der Grund, weshalb wir mitten im Kriege in Deutschland, in Berlin nicht nur den erwähnten Expressionistenabend, sondern auch einen Abend für gefallene Dichter (auf dem ich über Péguy sprach) veranstalteten. Wie schlecht damals noch die Polizei organisiert war! Es gab keine oder nur wenig geheime Berichte, keine Maschinen, Roboter, die Information über jeden Verdächtigen enthielten, und so gelang es uns, Revolutionär zu spielen, künstlerisch und politisch. Wir setzten die Atmosphäre der von uns in München gegründeten Zeitschrift «Die Revolution» fort.

Ich kam nach Zürich und zum Cabaret Voltaire am 11. Februar 1916. Das Cabaret war am 2. Februar eröffnet worden. Ball schreibt dies deutlich in seinem Tagebuch, der einzigen sicheren Quelle für unsere damalige Tätigkeit und für Dada.

Nun noch ein und das letzte Wort über die Erfindung des Wortes Dada. Tzara und ich waren darüber verschiedener Meinung. Hinter Tzara stand die Autorität Arps und hinter mir steht die Autorität Balls. Ich war nach langer Entfremdung wieder auf gutem Fuß mit Tzara, und wir sind alle älter und milder geworden. Ich denke auch, daß es im Grunde gleichgültig ist, wer das Wort Dada gefunden hat. Jedoch: ich werde wieder und wieder von dem Wunsch geplagt, der Wahrheit, wie man sagt, die Ehre zu geben. Ich habe oft erzählt, daß das Cabaret Voltaire, kurz ehe die Dadaperiode begann, dem Bankrott nahe war und daß Ball, dem Rat des Besitzers, des Herrn Ephraim folgend, Cabaretschauspieler und Sänger interviewte. Wir hatten eine Sängerin befragt, deren Name mir aus dem Gedächtnis geschwunden ist, aber es war ein Name, der für das Auftreten im Cabaret ungeeignet war. So saßen Ball und ich eines Nachmittags in seinem Zimmer zusammen und überlegten. Der Larousse lag auf dem Tisch, hinter dem ich saß. Wir blätterten und stießen dabei auf das Wort Dada, das in diesem Lexikon als Kinderwort gleichbedeutend mit Hottehotte oder Holzpferdchen erklärt wurde. Mein Finger blieb bei dem Wort stehen und ich sagte DADA.

Als Dokumentation habe ich endlich etwas gefunden, was vielleicht die Herren Biographen und Bibliographen überzeugen wird. Es handelt sich um einen Brief Hugo Balls, abgedruckt in der von Annemarie Ball-Hennings bei Benziger (Einsiedeln) herausgegebenen Sammlung. Ich zitiere den Brief: «Sorengo-Lugano 8. November 1926. Lieber Huelsenbeck, wir freuten uns sehr mit Deiner Karte aus Paris; hoffend demnächst dorthin zu ziehen. Vielleicht sehen wir uns dann einmal wieder. Hättest Du Lust, über mein neues Buch (‹Die Flucht aus der Zeit›, ein Tagebuch 1913/19, Duncker & Humblot) ein paar Zeilen für die ‹Literarische Welt› zu schreiben? Ich wäre Dir sehr dankbar, damit nicht einer der Berliner Schnösel dahinterkommt. Ich lasse Dir das Buch natürlich vom Verlag senden. Zuguterletzt habe auch ich den Dadaismus darin beschrieben (Cabaret und Galerie) *Du hättest dann das letzte Wort zur Sache, wie du das erste hattest ...* u.s.f. u.s.f.»

Ich glaube, das macht die Angelegenheit nun ziemlich klar, und niemand wird an der Ehrlichkeit Balls zweifeln.

Hugo Ball und Emmy Hennings kamen im Jahre 1916 von Berlin aus nach Zürich, wo sie in äußerster Armut, der Verzweiflung nahe, nach allerlei mißglückten Versuchen, sich über Wasser zu halten, das Cabaret Voltaire gründeten. Es gehörte einem Herrn Ephraim, einem früheren holländischen Matrosen, der aber seit geraumer Zeit in Zürich vor Anker gegangen war. Ball und Hennings trafen in Zürich mit Arp, Janco, Tzara und anderen zusammen. Alle waren sie von dem Willen beseelt, etwas Ungewöhnliches zu tun, alle waren Exilierte, Freiwillige und Gezwungene. Tzara und Janco kamen aus Rumänien, blieben aber wegen des Krieges auf ihrer Reise nach Paris stecken. Ich kam aus Berlin. Die Dadaatmosphäre entwickelte sich vor der Erfindung des Wortes, wir alle wollten niederreißen und schaffen, wir lebten im Zustand der schöpferischen Irrationalität, was man nicht mit schöpferischer Indifferenz verwechseln darf. Wir waren fähig, alles und nichts zu tun, auf allen Gebieten, nicht nur auf dem Gebiet der Literatur und Malerei, die beide nur deshalb so große Bedeutung gewannen, weil wir für das Ästhetische übersensibel waren. Und weil wir uns dokumentieren wollten. Das Bild sollte entstehen, die Welt sollte werden, aus dem Chaos sollte eine neue Ordnung hervorgehen. Tzara war der Tätigste von uns allen, er hatte Beziehungen mit aller Welt, mit den Futuristen, mit Picasso und Braque, mit vielen Persönlichkeiten, die in der Welt des Geistes etwas bedeuteten. Er war ein geistiger Abenteurer auf der höchsten Stufe, ein getreuer Entdecker neuer Werte und dazu ein Mann der Tat. Ohne ihn wäre der Dadaismus nicht das geworden, was er war und was er heute ist und wie er vor den Augen der Historiker dasteht.

Der erste große Dada-Abend fand im Jahre 1916, am 14. Juli im Zunfthaus zur Waag in Zürich statt. Es war eine phantastische Angelegenheit, und es ist mir heute noch unerfindlich, wieso wir nicht von der aufgeregten Menge umgebracht wurden. Wir sagten, sangen und schrien ungefähr alles, was man in dieser Zeit unter Berücksichtigung der damals bestehenden nachviktorianischen Kultur und angesichts des Krieges, der die Schweiz umflammte, hätte sagen müssen, um literarischen, bürgerlichen und persönlichen Selbstmord zu begehen. Ich las ein dadaistisches Manifest, in dem ich Dada für Unsinn erklärte und die Leute bat, sich mit dem Unsinn als Lebensform vertraut zu machen. Tzara, Janco und ich trugen ein Simultangedicht vor, wir standen am Rand des Podiums mit unserem Text wie Sänger und schrien aus voller Kehle, nur um vom Publikum überschrien zu werden. Man rief nach der Polizei, nach dem Irrenarzt und dem Verbandkasten. Man drohte, zischte und weinte, Frauen fielen in Ohnmacht, und alte Männer bliesen auf Schlüsseln und Holzpfeifen. Ich erfand das Poème gymnastique. Tzara und ich machten Kniebeugen und lasen Verse zwischen den Kniebeugen, ich las aus den «Phantastischen Gebeten», Tzara aus dem «Aventure celeste de Monsieur Antipyrine». Ich fuhr im Jahre 1917 nach Deutschland zurück, da mein Vater schwer erkrankt war. Am 29. März 1917 wurde die Galerie Dada eröffnet, Ball sprach über Kandinsky, Tzara organisierte neue Simultangedichte. Am 1. Juli erschien die erste Nummer der Zeitschrift Dada. In Berlin arrangierte ich mit Däubler, Max Hermann-Neisse, Grosz und Twardoswky den ersten Dada-Vortragsabend in einem der oberen Räume der Neumann-Galerie. Niemand wußte hier etwas von Dada, ich trat, ehe die Vorstellung begann, vor die Zuhörer und erklärte, der Abend sei zu Ehren des Dadaismus veranstaltet. Neumann wollte die Polizei holen, beruhigte sich aber dann, und wir lasen unsere Gedichte, ich die «Phantastischen Gebete». Am folgenden Tag waren die Zeitungen voll von Beschimpfungen. In der «B.Z. am Mittag» tat sich besonders ein Herr Kauder hervor, der inzwischen verdientermaßen der Vergessenheit anheimgefallen ist.

Ich gründete den Club Dada, dem Grosz, Jung, Hausmann und später Baader angehörten. Hausmann, Grosz, Jung und ich veranstalteten den ersten großen Dada-Abend in Berlin im Grafischen Kabinett am 12. Juni des Jahres 1917. Ich las ein Einleitungsmanifest, in dem ich erklärte, es seien noch nicht genug Menschen umgebracht worden. Die Polizei wollte einschreiten, die Kinder weinten, die Männer trampelten. Grosz urinierte an die Bilder der Ausstellung. Es war alles in allem eine tumultuöse und darum sehr dadaistische Angelegenheit. Am 16. November desselben Jahres hielt der «Oberdada Baader» seine berühmte Rede im Berliner Dom. Er stand auf der Tribüne, während der Pastor predigte, und plötzlich richtete Baader eine schreiende Frage an das Publikum: «Was ist Christus dem gemeinen Mann?» Als er keine Antwort erhielt, beantwortete er seine eigenen Frage in dem gleichen schreienden Ton. «Er ist ihm wurst.» In der Zwischenzeit waren die Häscher — es gibt solche selbst in Kathedralen und Domen — mobilisiert worden, sie ergriffen Baader und schleppten ihn trotz seines Protestes fort. Jedoch, die Gerichte konnten ihm nichts tun, es stellte sich heraus, daß er im Besitz des berühmten Paragraphen 51 war, der besagt, daß man zwar ein Genie sein kann, aber dennoch im Sinne des bürgerlichen Gesetzes unzurechnungsfähig ist. Raoul Hausmann, ein ungewöhnlich begabter Mensch auf vielen Gebieten, gab die erste Nummer der Zeitschrift «Der Dada» am Anfang des Jahres 1919 heraus.

Nach vielen Abenden und Ausstellungen hatten sich Tzara und Ball unterdessen in Zürich verkracht, sie mochten sich nicht mehr und konnten auch nicht mehr mit ihren Abrechnungen zurechtkommen. Von den vielen Teilnehmern an diesen Abenden nenne ich Hans Richter, der mit Vicking Eggeling zusammen die ersten bedeutenden, wirklich künstlerischen abstrakten Filme herstellte.

Von Januar bis März veranstalteten Hausmann und ich die erste große dadaistische Vortragsreise, die uns unter anderem nach Leipzig, Prag und Teplitz brachte. In Prag traten wir in der Produktenbörse vor dreitausend Personen auf, ich las die Einführungsrede, dann erklärten wir, daß wir nichts weiter zu sagen hätten. Es gab einen unfaßlichen Tumult, die Leute rückten gegen das Podium vor, um uns ein für allemal den Garaus zu machen, aber es gelang ihnen nicht. Ich konnte mir aber Gehör verschaffen und eine Diskussion vorschlagen. Die Leute fielen darauf herein, sie waren eben zu zivilisiert, um wirklich tödlich böse zu sein.

Im selben Jahre veröffentlichte ich die erste Geschichte des Dadaismus «En avant Dada», dann in rascher Folge «Dada siegt», «Deutschland muß untergehen» und den Dada-Almanach. Ich verkaufte mein Manuskript des «Dr. Billig am Ende» an den Kurt Wolff Verlag in München und sprach dort über Dada vor sehr hohen Herrschaften, einschließlich Thomas und Heinrich Mann. Die Leute mochten Dada nicht, aber mein Manuskript (mit Zeichnungen von George Grosz) wurde akzeptiert. Das machte mir genügend Mut, dem Verlag die Publikation des «Dadaco» anzubieten, eines riesig geplanten Sammelwerkes von allen vergangenen, gegenwärtigen und kommenden Dada-Aktivitäten. Die Freunde in Berlin waren sehr erfreut, aber die Publikation scheiterte an den Kosten, da John Heartfield, der Monteurdada, so viele typographische Neuigkeiten und so viele Illustrationen anbringen wollte, daß, auch nach der genauesten Kalkulation, der Verlag, wenn er wirklich den «Dadaco» herausgebracht hätte, den Weg alles Irdischen gegangen wäre.

Ich war damals mit Walter Mehring sehr befreundet. Er war klein, ungewöhnlich intelligent und ein tüchtiger und eleganter Schriftsteller. Wir liebten seine Chansons. Er gründete das Politische Cabaret.

In New York hatte es so etwas wie eine vordadaistische Periode gegeben. Der erstaunliche Marcel Duchamp, der Organisator und die Hauptpersönlichkeit in der unvergessenen Armory-Ausstellung («Nudes descending a staircase»), hatte mit Man Ray und Walter Ahrensberg eine Zeitschrift «291» herausgegeben. Das war die Hausnummer der Straße, in der die Stieglitzgalerie lag, der Sammelpunkt der avantgardistischen jungen Talente der damaligen Zeit. Marcel Duchamp nahm viele Ideen der Dadaisten vorweg. Er schrieb den Artikel «The creative act», in dem er die wesentlichen Voraussetzungen der Kreativität in unserer Zeit untersucht. In Holland sammelte sich (etwas später) die Stijlgruppe. Hauptpersönlichkeiten: Mondrian und Theo van Doesburg. Doesburg schrieb den berühmten Artikel «Das Ende der Kunst» und trat durch die Zeitschrift «Mecano» mit den Dadaisten in Verbindung. Erwin Bloomfeld und Citroen schufen in Amsterdam Collagen und Assemblagen à la Schwitters.

In Berlin erweiterte sich der Kreis durch die Verbindung mit Schwitters, der in Hannover lebte, und durch die Gruppe von jungen Schriftstellern um den «Zweemann», in der ich einen Artikel über Dada schrieb. In Berlin gab Wieland Herzfelde, der Inhaber des Malik-Verlages die «Neue Jugend» heraus, in der ich verschiedentlich publizierte. Unter anderem «Der Neue Mensch» (im Mai 1917). «Der Neue Mensch» ist, wie ich heute glaube, sehr charakteristisch für meine Dada-Auffassung in ernsthaftem Gegensatz zu Schwitters und in freundlichem Gegensatz zu Hausmann. Wo immer ich über Dada geschrieben habe, waren die Sätze von einem humanistischen Pathos infiziert, entweder dafür, meistens dagegen, aber nie ließ sich meine humanistische Erziehung ganz verleugnen. Deswegen war es mir immer unmöglich, Dada nur als Verrücktheit zu betrachten. Es war immer meine Überzeugung, daß man am Ende des Wahnsinns auf die positive Schöpferkraft der Menschen und der Götter stieß. Ich war auch immer letzten Endes an der menschlichen Situation mehr interessiert als an der Situation der Kunst, die nur als Mittel figurierte, dem Menschen bei der Aufstellung von Werten zu helfen, die ihm einen Weg durch den Dschungel des Lebens weisen konnten. Meine Stellung in Berlin war deshalb seltsam: ich liebte das Chaos der Zeit, die Verwirrung, ja die Brutalität und selbst die Grausamkeit, aber ich haßte die Demoralisation. Ich konnte nur mit dem Gefühl existieren, daß es sich um ein göttliches Spiel handelte, mit dem letzten Zweck der Errettung aus dem Nichts (das wir suchten und, wie ich hoffe, verstanden). Meine Stellung zu Schwitters litt unter dem Mißverständnis, daß ich ihn für einen Nur-Künstler und er mich für einen Nur-Politiker hielt. Die Zeit, denke ich, hat über diesen Gegensatz so etwas wie eine milde Decke gelegt, angenehme Wolkenschleier, durch die wir uns nun besser sehen, vielleicht besser verstehen und vielleicht sogar mögen. Die Freunde, hauptsächlich Arp und Richter, aber auch Hausmann (der später mit Schwitters eine nahe Freundschaft schloß) waren von ihm entzückt. Ich war damals noch zu sehr vom schöpferischen Haß und von einem allgemeinen Negativismus besessen, um die Größe Schwitters ganz begreifen zu können.

Neben Herzfelde war unser Verleger in Berlin Paul Steegemann, dem ich hier ein gebührendes Denkmal setzen möchte. Er war ein guter Verleger, ein hochintelligenter und warmherziger Mensch und ein Mann, der seine pekuniären Verpflichtungen prompt erledigte. Kann man mehr von einem Menschen sagen? Nach dem Zweiten Weltkriege, als die Dadastimmung vorbei war, konnte Steegemann keinen Fuß mehr fassen, er begann zu trinken, Wodka, Wodka, Wodka – und eines Tages fiel er an seinem Tisch um. Mit ihm starb eine bedeutende Dada-Persönlichkeit.

Aber jetzt nach Paris, wo die Dada-Bewegung ihren internationalen Höhepunkt erreichte, nicht weil sie dort am meisten und am charakteristischsten Dada war, sondern weil Paris trotz seiner Gaslaternen und seiner schwach entwickelten Technik immer noch als die Stadt des Lichts gilt. (In den Vereinigten Staaten ganz besonders, haben die Legendenfabrikanten, die hier meistens aus Reiseagenten, Modeschöpfern, Hutmacherinnen und Parfümfreunden bestehen, Paris zum ewigen Zentrum der Kultur gemacht, so daß jeder Amerikaner zum mindesten ein Wort französisch sprechen kann: Merci, merci.)

In Paris lebten damals viele bedeutende Leute. In der Musik: Ravel, Strawinsky, Prokofiew. In der Malerei: Bérard, Tschelicheff, Picasso, Gris, Léger, Braque, Picabia, Max Ernst, Duchamp und andere. In den Kaffeehäusern wurden literarische Formeln geschaffen, von denen viele kommende Generationen zehrten. Paul Valéry und die Symbolisten waren begraben, aber Apollinaire lebte noch, als Tzara kam. Er war nicht nur der geistige Schöpfer des Kubismus, sondern in gewissem Sinne auch des Surrealismus. Wenigstens ist er der erste, der das Wort erwähnt. Chirico lebte in Paris. Eine ganze amerikanische Kolonie von Selbstexilierten, unter anderen Ezra Pound, Ford Madox Ford, Sherwood Anderson, Ernest Hemingway, Kay Boyle, Katherine Anne Porter, deren kritische Einstellung gegenüber Deutschland, wie sie auch ihr Buch «Das Narrenschiff» zeigt, symbolisch für die gesamten Pariser Kreise war, die nach der Beendigung des Krieges zwar nichts gegen die Deutschen hatten, wie sie sagten, die sich aber doch oft genug gegen die «boches» aussprachen. Breton war natürlich in Paris und Eugène Jolas, der Herausgeber der «Transition», die in der Entwicklung der modernen Kunst wie in der Literatur eine bedeutende Rolle gespielt haben.

Nachdem die Galerien in Zürich geschlossen waren, und Ball sich ins Tessin zurückgezogen hatte (ich war schon in Berlin), entschloß sich Tzara, nach Paris zu gehen, wohin er ursprünglich mit Janco und dessen Brüdern hatte gehen wollen. (Der Krieg hatte sie alle in Zürich, wo die Brüder Janco Architektur und Tzara Mathematik studierten, zu einem langen Aufenthalt gezwungen.)

Im Jahre 1919 erschien Tzara besten Mutes in Paris, wo er auf den Kreis um die Zeitschrift «Littérature» stieß. Diesem Kreis gehörten viele «fortschrittliche» junge Dichter und Schriftsteller an. Breton, Eluard, Soupault, aber auch Picabia, Réverdy, Cravan und andere. Die «Littérature» hatte versucht, im Geist Apollinaires, zwischen Lautréamont und Rimbaud (wenn man so sagen darf) die Suche nach einem «neuen Geist» fortzusetzen. Dieser neue Geist, obwohl nicht zu definieren, definierte sich selbst durch seinen tödlichen Widerstand gegen die Zeit, verkörpert durch den «Geist» der französischen Bourgeoisie, die in ihrem kleinlichen Konservativismus von keiner Bourgeoisie irgendeines anderen Landes übertroffen wurde.

Tzara wurde Freund und Mitarbeiter. Man erkannte sofort seine ungewöhnlichen Gaben. Breton wurde Tzaras intimer Freund, wandte sich aber später gegen ihn, warum, ist eine interessante psychologische Frage, die hier schwer auseinandergesetzt werden kann. Ich möchte sagen, daß bei Breton eines Tages die Stunde kam, wo er als Franzose, aufgezogen in der französischen klassischen Tradition, den «reinen» Unsinn nicht mehr mitmachen konnte. So wollte er einen großen internationalen Kongreß arrangieren, in dem wesentliche Kunstfragen diskutiert werden sollten. Aber Tzara und seine Freunde lehnten ab. Warum? Weil für sie Fragen unwesentlich waren. Fragen brachten, nolens volens, so etwas wie eine rationale Diskussion, die für analytische Dadaisten vom Schlage Tzaras unmöglich waren. Das war ein wesentlicher Gegensatz zwischen dem Tzaraschen Dadaismus und meinem eigenen, seinem analytischen und meinem synthetischen. Tzara blieb bis zu seinem Lebensende dem analytischen Dadaismus treu, und so kam es, daß er zuletzt in «spendid isolation» existierte.

Mit der möglichen Auseinandersetzung zwischen einem analytischen und einem synthetischen Dadaismus käme die Frage auf, ob Dada tot ist oder nicht: kann man immer weiter schreien, kann man immer weiter zerstören, muß man immer weiter Radau machen? Macht man sich als alter Dadaist lächerlich, wenn man die Sprache als Kommunikationsmöglichkeit verteidigt? Muß man Anhänger der elektronischen Musik sein, um wahrer Dadaist zu sein? Interessante Themen für Doktorarbeiten, aber nichts für uns in dieser notwendigerweise etwas summarischen Einleitung. Als der Streit zwischen Tzara und Breton den Höhepunkt erreicht hatte (es war auch der Streit zwischen einem Franzosen und einem Nicht-Franzosen), erschien im Jahre 1924 das erste surrealistische Manifest. Damit war nicht die Idee des Dadaismus erledigt, die, wie ich fest glaube, die Idee der kreativen Irrationalität und die Idee des schöpferischen Spiels ist (gegenüber einer Zeit des durch die Technologie geschaffenen Massenmenschen und eines geniezerstörenden überaus wirksamen Zwangssystems); aber das Wort ging herum, daß nicht nur die Aktion und die Spontaneität wesentliche schöpferische Kräfte sind, sondern auch das, was der ästhetische Mensch daraus macht.

Über die einzelnen Vorkommnisse in Paris zu sprechen, überlasse ich den fleißigen Historikern, den Faktualisten der Bewegung, zu denen ich nicht gehöre. Nur soviel: Es fanden viele und überaus tumultuöse Demonstrationen statt. Die wichtigsten: Palais des Fêtes, im Januar 1920, Salon des Indépendants am 15. Februar 1920, eine von Picabia inszenierte Demonstration in der Université populaire du Faubourg St. Antoine, eine andere im Théâtre de l'Œuvre und eine in der Galerie Sans Pareil. Die berühmteste Demonstration von allen war die in der Salle Gaveau, bei der Tristan Tzaras Stück «Cœur à gaz» gespielt wurde. Die Bühne war, wie Hugnet berichtet, mit zerbrochenen Eiern bedeckt, die das wütende Publikum auf die Autoren und Schauspieler geworfen hatte, die sich in aller Ruhe angesichts des Aufruhrs im Zuschauerraum die Haare schneiden ließen. «Dada», sagt Hugnet, «hatte seine letzte Kraft ausgegeben. Dada hatte sich selbst gerechtfertigt und verhöhnt. Wieder einmal hatte es in übermenschlicher, ungewöhnlich monströser und phantastischer Weise dem Publikum die Mütze über die Augen gezogen. Eins ist sicher: Dada hatte eine Vitalität gezeigt, die sonst niemand besaß.»

New York, Januar 1964 *Richard Huelsenbeck*

PRÄSENTATION I
Manifeste, Pamphlete, Proteste

Programm und Einladung

zum

Vortragsabend

Freitag, 12. April 1918, abends 8½ Uhr

in der

Berliner Sezession (Kurfürstendamm 238a).

Richard Huelsenbeck:

Der Dadaismus im Leben und in der Kunst.

Diese erste theoretische Betrachtung des dadaistischen Prinzips soll in kürzerer Zeit in beschränkter Auflage im Druck erscheinen. Die Exemplare sind mit der Signatur des Verfassers versehen und kosten 3 M. Bestellungen bittet man zu richten an Richard Huelsenbeck, Charlottenburg, Kantstr. 118 III.

Else Hadwiger:

Futuristische und dadaistische Verse.

F. T. Marinetti: Verwundetentransport Beschiessung. Aus Zang Tumb Tumb.
Paolo Buzzi: Brandenburger Tor — Die Wache zieht auf — Wertheim. Aus dem Cyklus: Berlin.
Libero Altomare: Die Häuser sprechen.
Luciano Folgore: Der Marsch.
Corrado Govini: Seele.
Tristan Tzara: Retraite.
Aldo Palazzeschi: Lasst mir den Spass.

George Grosz:

Sincopations, eigene Verse.

Raoul Hausmann:

Das neue Material in der Malerei.

Billette à 3, 2 und 1 M. an der Kasse.
Vorverkauf in der Berliner Sezession und bei Richard Hülsenbeck, Telefon Steinpl. 3790.

Die Kunst ist in ihrer Ausführung und Richtung von der Zeit abhängig, in der sie lebt, und die Künstler sind Kreaturen ihrer Epoche. Die höchste Kunst wird diejenige sein, die in ihren Bewußtseinsinhalten die tausendfachen Probleme der Zeit präsentiert, der man anmerkt, daß sie sich von den Explosionen der letzten Woche werfen ließ, die ihre Glieder immer wieder unter dem Stoß des letzten Tages zusammensucht. Die besten und unerhörtesten Künstler werden diejenigen sein, die stündlich die Fetzen ihres Leibes aus dem Wirrsal der Lebenskatarakte zusammenreißen, verbissen in den Intellekt der Zeit, blutend an Händen und Herzen.

Hat der Expressionismus unsere Erwartungen auf eine solche Kunst erfüllt, die eine Ballotage unserer vitalsten Angelegenheiten ist?

NEIN! NEIN! NEIN!

Haben die Expressionisten unsere Erwartungen auf eine Kunst erfüllt, die uns die Essenz des Lebens ins Fleisch brennt?

NEIN! NEIN! NEIN!

Unter dem Vorwand der Verinnerlichung haben sich die Expressionisten in der Literatur und in der Malerei zu einer Generation zusammengeschlossen, die heute schon sehnsüchtig ihre literatur- und kunsthistorische Würdigung erwartet und für eine ehrenvolle Bürger-Anerkennung kandidiert. Unter dem Vorwand, die Seele zu propagieren, haben sie sich im Kampfe gegen den Naturalismus zu den abstrakt-pathetischen Gesten zurückgefunden, die ein inhaltloses, bequemes und unbewegtes Leben zur Voraussetzung haben. Die Bühnen füllen sich mit Königen, Dichtern und faustischen Naturen jeder Art, die Theorie einer melioristischen Weltauffassung, deren kindliche, psychologisch-naivste Manier für eine kritische Ergänzung des Expressionismus signifikant bleiben muß, durchgeistert die tatenlosen Köpfe. Der Haß gegen die Presse, der Haß gegen die Reklame, der Haß gegen die Sensation spricht für Menschen, denen ihr Sessel wichtiger ist als der Lärm der Straße und die sich einen Vorzug daraus machen, von jedem Winkelschieber übertölpelt zu werden. Jener sentimentale Widerstand gegen die Zeit, die nicht besser und nicht schlechter, nicht reaktionärer und nicht revolutionärer als alle anderen Zeiten ist, jene matte Opposition, die nach Gebeten und Weihrauch schielt, wenn sie es nicht vorzieht, aus attischen Jamben ihre Pappgeschosse zu machen — sie sind Eigenschaften einer Jugend, die es niemals verstanden hat, jung zu sein. Der Expressionismus, der im Ausland gefunden, in Deutschland nach beliebter Manier eine fette Idylle und Erwartung guter Pension geworden ist, hat mit dem Streben tätiger Menschen nichts mehr zu tun. Die Unterzeichner dieses Manifests haben sich unter dem Streitruf

DADA!!!!

zur Propaganda einer Kunst gesammelt, von der sie die Verwirklichung neuer Ideale erwarten. Was ist nun der DADAISMUS?

Das Wort Dada symbolisiert das primitivste Verhältnis zur umgebenden Wirklichkeit, mit dem Dadaismus tritt eine neue Realität in ihre Rechte. Das Leben erscheint als ein simultanes Gewirr von Geräuschen, Farben und geistigen Rhythmen, das in die dadaistische Kunst unbeirrt mit allen sensationellen Schreien und Fiebern seiner verwegenen Alltagspsyche und in seiner gesamten brutalen Realität übernommen wird. Hier ist der scharf markierte Scheideweg, der den Dadaismus von allen bisherigen Kunstrichtungen und vor allem von dem FUTURISMUS trennt, den kürzlich Schwachköpfe als eine neue Auflage impressionistischer Realisierung aufgefaßt haben. Der Dadaismus steht zum erstenmal dem Leben nicht mehr ästhetisch gegenüber, indem er alle Schlagworte von Ethik, Kultur und Innerlichkeit, die nur Mäntel für schwache Muskeln sind, in seine Bestandteile zerfetzt.

Das BRUITISTISCHE GEDICHT

schildert eine Trambahn wie sie ist, die Essenz der Trambahn mit dem Gähnen des Rentiers Schulze und dem Schrei der Bremsen.

Das SIMULTANISTISCHE GEDICHT

lehrt den Sinn des Durcheinanderjagens aller Dinge, während Herr Schulze liest, fährt der Balkanzug über die Brücke bei Nisch, ein Schwein jammert im Keller des Schlächters Nuttke.

Das STATISCHE GEDICHT

macht die Worte zu Individuen, aus den drei Buchstaben Wald, tritt der Wald mit seinen Baumkronen, Försterlivreen und Wildsauen, vielleicht tritt auch eine Pension heraus, vielleicht Bellevue oder Bella vista. Der Dadaismus führt zu unerhörten neuen Möglichkeiten und Ausdrucksformen aller Künste. Er hat den Kubismus zum Tanz auf der Bühne gemacht, er hat die BRUITISTISCHE Musik der Futuristen (deren rein italienische Angelegenheit er nicht verallgemeinern will) in allen Ländern Europas propagiert. Das Wort Dada weist zugleich auf die Internationalität der Bewegung, die an keine Grenzen, Religionen oder Berufe gebunden ist. Dada ist der internationale Ausdruck dieser Zeit, die große Fronde der Kunstbewegungen, der künstlerische Reflex aller dieser Offensiven, Friedenskongresse, Balgereien am Gemüsemarkt, Soupers im Esplanade etc. etc. Dada will die Benutzung des

neuen MATERIALS IN DER MALEREI.

Dada ist ein CLUB, der in Berlin gegründet worden ist, in den man eintreten kann, ohne Verbindlichkeiten zu übernehmen. Hier ist jeder Vorsitzender und jeder kann sein Wort abgeben, wo es sich um künstlerische Dinge handelt. Dada ist nicht ein Vorwand für den Ehrgeiz einiger Literaten (wie unsere Feinde glauben machen möchten), Dada ist eine Geistesart, die sich in jedem Gespräch offenbaren kann, so daß man sagen muß: dieser ist ein DADAIST — jener nicht; der Club Dada hat deshalb Mitglieder in allen Teilen der Erde, in Honolulu so gut wie in New-Orleans und Meseritz. Dadaist sein kann unter Umständen heißen, mehr Kaufmann, mehr Parteimann als Künstler sein — nur zufällig Künstler sein — Dadaist sein, heißt, sich von den Dingen werfen lassen, gegen jede Sedimentsbildung sein, ein Moment auf einem Stuhl gesessen, heißt, das Leben in Gefahr gebracht haben (Mr. Wengs zog schon den Revolver aus der Hosentasche). Ein Gewebe zerreißt sich unter der Hand, man sagt ja zu einem Leben, das durch Verneinung höher will. Ja-sagen — Nein-sagen: das gewaltige Hokuspokus des Daseins beschwingt die Nerven des echten Dadaisten — so liegt er, so jagt er, so radelt er — halb Pantagruel, halb Franziskus und lacht und lacht. Gegen die ästhetisch-ethische Einstellung! Gegen die blutleere Abstraktion des Expressionismus! Gegen die weltverbessernden Theorien literarischer Hohlköpfe! Für den Dadaismus in Wort und Bild, für das dadaistische Geschehen in der Welt. Gegen dies Manifest sein, heißt Dadaist sein!

Tristan Tzara. Franz Jung. George Grosz. Marcel Janco. Richard Huelsenbeck. Gerhard Preiß. Raoul Hausmann.

O. Lüthy. Fréderic Glauser. Hugo Ball. Pierre Albert Birot. Maria d'Arezzo. Gino Cantarelli. Prampolini. R. van Rees. Madame van Rees. Hans Arp. G. Thäuber. Andrée Morosini. François Mombello-Pasquati.

1918

RICHARD HUELSENBECK

Erklärung, vorgetragen im Cabaret Voltaire, im Frühjahr 1916

Edle und respektierte Bürger Zürichs, Studenten, Handwerker, Arbeiter, Vagabunden, Ziellose aller Länder, vereinigt euch. Im Namen des Cabaret Voltaire und meines Freundes Hugo Ball, dem Gründer und Leiter dieses hochgelehrten Institutes habe ich heute abend eine Erklärung abzugeben, die Sie erschüttern wird. Ich hoffe, daß Ihnen kein körperliches Unheil widerfahren wird, aber was wir Ihnen jetzt zu sagen haben, wird Sie wie eine Kugel treffen. Wir haben beschlossen, unsere mannigfaltigen Aktivitäten unter dem Namen Dada zusammenzufassen.

Wir fanden Dada, wir sind Dada, und wir haben Dada. Dada wurde in einem Lexikon gefunden, es bedeutet nichts. Dies ist das bedeutende Nichts, an dem nichts etwas bedeutet. Wir wollen die Welt mit Nichts ändern, wir wollen die Dichtung und die Malerei mit Nichts ändern und wir wollen den Krieg mit Nichts zu Ende bringen. Wir stehen hier ohne Absicht, wir haben nicht mal die Absicht, Sie zu unterhalten oder zu amüsieren. Obwohl dies alles so ist, wie es ist, indem es nämlich nichts ist, brauchen wir dennoch nicht als Feinde zu enden. Im Augenblick, wo Sie unter Überwindung Ihrer bürgerlichen Widerstände mit uns Dada auf ihre Fahne schreiben, sind wir wieder einig und die besten Freunde. Nehmen Sie bitte Dada von uns als Geschenk an, denn wer es nicht annimmt, ist verloren. Dada ist die beste Medizin und verhilft zu einer glücklichen Ehe. Ihre Kindeskinder werden es Ihnen danken. Ich verabschiede mich nun mit einem Dadagruß und einer Dadaverbeugung. Es lebe Dada. Dada, Dada, Dada.

1916

Dadarede, gehalten in der Galerie Neumann, Berlin, Kurfürstendamm, am 18. Februar 1918

Meine Damen und Herren,
ich muß Sie heute enttäuschen, ich hoffe, daß Sie es mir nicht allzu übel nehmen. Aber wenn Sie es mir übel nehmen, ist es mir auch egal. Wir sind hier für eine Dichterlesung zusammengekommen. Sie wollen einige Dichter hören, wie sie sich präsentieren und wie sie ihre Verse vortragen. Die Dichter sind Träger der Kultur und Sie wollen die Kultur absorbieren. Sie haben Geld gezahlt, um die Kultur absorbieren zu können. Aber ich muß Sie, wie gesagt, enttäuschen. Ich habe mich entschlossen, diese Vorlesung dem Dadaismus zu widmen. Der Dadaismus ist etwas, was Sie nicht kennen, aber Sie brauchen ihn auch gar nicht zu kennen. Dadaismus war weder eine Kunstrichtung noch eine Richtung in der Poesie; noch hatte er etwas mit der Kultur zu tun. Er wurde während des Krieges in Zürich im Cabaret Voltaire von Hugo Ball, von mir, von Tristan Tzara, Janco, Hans Arp und Emmy Hennings gegründet. Dada wollte mehr sein als Kultur und es wollte weniger sein, es wußte nicht recht, was es sein wollte. Deswegen, wenn Sie mich fragen, was Dada ist, würde ich sagen, es war nichts und wollte nichts. Ich widme deshalb diesen Vortrag der respektierten Dichter dem Nichts. Bitte bleiben Sie ruhig, man wird Ihnen keine körperlichen Schmerzen bereiten. Das einzige, was Ihnen passieren könnte, ist dies: daß Sie Ihr Geld umsonst ausgegeben haben. In diesem Sinne, meine Damen und Herren. Es lebe die dadaistische Revolution.

1918

VINCENT HUIDOBRO

Époque de Création

Man muß schöpferisch sein.

Der Mensch ahmt nicht mehr nach, er erfindet, er fügt den im Schoße der Natur geborenen Gegebenheiten die neuen, in seinem Kopfe geborenen hinzu: ein Gedicht, ein Bild, eine Statue, einen Dampfer, ein Automobil, einen Aeroplan.

Man muß schöpferisch sein.

Hier das Zeichen unsrer Zeit.

Der Mensch von heute hat die Rinde der Erscheinungen durchbrochen und das, was darunter war, überrascht.

Die Dichtung soll nicht das Aussehen der Dinge nachahmen, sondern muß den Konstruktionsgesetzen folgen, die ihrer Wesenheit entsprechen und die ihr eigentümliche Unabhängigkeit alles Seienden geben.

Erfinden heißt, zwei parallele Dinge so im Raum zu fügen, daß sie sich in der Zeit wieder begegnen oder umgekehrt, und solcherart in dieser Verbindung eine neue Gegebenheit darstellen.

Was durch das geschaffene Werk entsteht, ist die Summe der verschiedenen, von einem gleichen Geist geeinten neuen Gegebenheiten.

Sind sie nicht vom gleichen Geist geeint, so wird das Resultat ein unreines Werk mit amorphem Aussehen sein, welches bloß durch die gesetzlose Phantasie wirkt.

Das Studium der Kunstgeschichte erweist eine klare Tendenz von Nachahmung zur Neuschöpfung und das in allen menschlichen Werken. Wir können ein Gesetz der mechanischen und wissenschaftlichen Auswahl aufstellen, dem der natürlichen Zuchtwahl gleichberechtigt.

In der Kunst interessiert uns die schöpferische Kraft des Künstlers mehr als die des Beobachters, und außerdem schließt die erstere die zweite in höherem Grade ein.

1921

ANDRÉ BRETON

Dada-Schlittschuhlauf

Wir lesen Zeitungen wie andere Sterbliche auch. Ohne jemand wehzutun, darf man sagen, daß das Wort DADA sich leicht zu Kalauern anbietet. Zum Teil ist das sogar der Grund, weshalb wir es gewählt haben. Wir wissen nicht, wie wir irgendeinen Gegenstand ernsthaft behandeln sollen, erst recht nicht den Gegenstand: uns. Alles, was über DADA geschrieben wird, erregt also unser Wohlgefallen. Es gibt keine vermischte Nachricht, für die wir nicht gerne die gesamte Kunstkritik hergäben. Schließlich hat uns die Kriegspresse nicht daran hindern können, Marschall Foch für einen Flunkerer und Präsident Wilson für einen Schwachsinnigen zu halten.

Uns kann gar nichts Besseres geschehen, als nach dem äußeren Schein beurteilt zu werden. Überall wird erzählt, ich trüge Brillen. Wenn ich Ihnen gestände warum, würden Sie mir niemals glauben. Es geschieht in Erinnerung an einen grammatischen Beispielsatz: «Die Nasen sind geschaffen worden, damit man Brillen tragen kann; also trage ich Brillen.» Wie meinen Sie? Ach ja, das macht uns auch nicht jünger.

Pierre ist ein Mensch. Aber eine DADA-Wahrheit gibt es nicht. Man braucht nur einen Satz auszusprechen, und schon wird das Gegenteil dieses Satzes DADA. Ich habe Tristan Tzara nach Worten suchen sehen, als er in einem Tabakgeschäft eine Schachtel Zigaretten verlangte und höre noch Philippe Soupault bei einem Farbenhändler nachdrücklich um lebende Vögel bitten. Ich selber *träume* vielleicht in diesem Augenblick.

Eine rote Hostie ist alles in allem ebensoviel wert wie eine weiße Hostie. DADA verspricht nicht, Sie in den Himmel zu bringen. Auf dem Gebiet der Literatur und der Malerei ein DADA-Meisterwerk zu erwarten, wäre *a priori* lächerlich. Natürlich glauben wir auch nicht an eine mögliche Verbesserung der sozialen Verhältnisse, wenn wir in erster Linie alles Konservative hassen und uns als Anhänger jeder beliebigen Art von Revolution erklären. «Frieden um jeden Preis» lautete DADAs Losung in Kriegszeiten, wie in Friedenszeiten DADAs Losung «Krieg um jeden Preis» lautet.

Auch dieser Widerspruch ist nur äußerer Schein, und sicherlich der schmeichelhafteste. Ich wüßte nicht, daß ich den geringsten Ehrgeiz hätte: dennoch haben Sie den Eindruck, daß ich lebhaft werde; wieso macht die Vorstellung, daß meine rechte Flanke der Schatten meiner linken ist und umgekehrt, mich nicht völlig unfähig, mich zu rühren? Im allgemeinsten Sinne des Wortes gelten wir als Dichter, weil wir uns vornehmlich an der Sprache stoßen, die von allen die schlimmste Konvention ist. Man kann sehr wohl die Worte Guten Tag kennen und einer Frau, die man nach einjähriger Abwesenheit wiederfindet, Lebewohl sagen.

DADA bekämpft Sie mit Ihrer eigenen Argumentation. Wenn wir Sie dahin bringen zu behaupten, daß es vorteilhafter sei, was alle Religionen über Schönheit, Liebe, Wahrheit und Gerechtigkeit lehren, zu glauben, als es nicht zu glauben, dann deshalb, weil Sie keine Angst davor haben, sich DADA auszuliefern, wenn Sie ein Treffen mit uns auf dem von uns gewählten Gelände annehmen: dem Zweifel.

1920

RAOUL HAUSMANN

Pamphlet gegen die Weimarische Lebensauffassung

Ich verkünde die dadaistische Welt!

Ich verlache Wissenschaft und Kultur, diese elenden Sicherungen einer zum Tode verurteilten Gesellschaft.

Was kann es mich angehen zu wissen, wie Martin Luther aussah? Ich stelle ihn mir vor als dickbäuchigen kleinen Mann. Er sah aus wie der Volksbeauftragte Ebert. Was brauchen wir Buddhas Reden zu lesen — es ist besser, eine falsche Vorstellung von philosophischen Exkursen zu haben. Oder zu wissen, daß es im Cambrium Riesenlibellen gab, denen zu Ehren der Luftdruck größer war als heute. Oder, daß 227 Milliarden Atome ein Molekül von der Größe eines Zehntelkubikmillimeters ausmachen. Aber noch unwichtiger als diese Unkontrollierbarkeiten sind mir die ernsthaften Dichter.

Warum ist es besser, Kaufmann zu sein als Dichter? Der Kaufmann betrügt offenkundig, und nur die anderen: dies ist nach dem Kodex des Bürgers gerechtfertigt. Der Dichter betrügt sich selbst, wenn er für alle spricht, und ist dadurch gerichtet, von der überrealen Welt abgeschnitten. Diese Herren Fritz von Geschlecht, die uns ihre Unruhe ins Gesicht malen, möchten als dunklen Drang eines Gottes, an den sie selbst nicht glauben, da sie nur ihren eigenen üblen Egos Existenz beimessen — diese Petarden der Besitzgier sind wahre Apachen von Karl Mays Gnaden — oh, Shatterhand! oh, Winnetou — aber nicht so real, wie dieser Sachse aus der Moritzburg des deutschen Gehirns.

Diese Literatoren, Versemacher leiden am Gall-Fluß ihrer traurigen Ernsthaftigkeit und bedecken schon wieder als Aussatz die geistigen Beulen der Ebert-Scheidemann-Regierung, deren elende Phonographenwalzenmelodie sie kakophonisch unterstützen, wie sie einstmals für den preußischen Schutzmann begeistert grölten.

Konjunkturgemäß, dem Bourgeoisproletarier zuliebe, und in weiser Voraussicht seines Kommens hatten sich einige der Geriebensten unter die Kategorie der Kopfarbeiter begeben — sie vollführten nun mit dem Verlangen nach Disziplin, Ruhe, Ordnung, ein vornehmes Gesäusel am Bauche des Gottes Mammon. Die Dichter, diese Idealisten mit gangbarem Marktwert, sie haben die Weisheit des einfachen Menschen zerstört — sie haben den Drang nach Bildung als Fiktion des Mehrwerts gereimter Worte bis in die Köpfe der Proletarier gepreßt — diese Handlungsgehilfen der Moralidiotie des Rechtsstaats hätten in die Bewußtseine die Wachsamkeit des Gelächters, der Ironie und des Nutzlosen schleudern müssen — den Jubel des orphischen Unsinns. Die Heiligkeit des Sinnlosen ist der wahre Gegensatz zur Ehre des Bürgers, des ehrlichen Sicherheitsgehirns, dieser Libretto-Maschine mit auswechselbarer Moralplatte.

Die Psychoanalyse ist die wissenschaftliche Reaktion auf diese faulende Pest, die alle simplen einfachen Gesten, Auflösungen, alle Steigerungen ins Blau der Gipfel gütigen Formens herabmindert auf ein Niveau des Mittelstandes, der übelriechenden Lauheiten des in sich beständig gelatineartigen Zitterns des Sumpfes. Diese schleimblasentreibenden Tröpfe einer ekelhaften Verwandlungsfähigkeit in alles und jedes, nur nicht in eines, diese leibhaftigen Verdränger der Einzigartigkeit sind für die Zweckmäßigkeiten des um seine Börse greinenden Bürgers noch zu miserabel.

Ertränken wir sie im Unflat ihrer so gräßlich ernsthaften sechzigbändigen Werke!

Ich bin nicht nur gegen den Geist des Potsdam — ich bin vor allem gegen Weimar. Noch kläglichere Folgen als der alte Fritz zeitigten Goethe und Schiller — die Regierung Ebert-Scheidemann war eine Selbstverständlichkeit aus der dummen und habgierigen Haltlosigkeit des dichterischen Klassizismus. Dieser Klassizismus ist eine Uniform, die metrische Einkleidungsfähigkeit für Dinge, die nicht das Erleben streifen. Außerhalb aller Strudel des realen Geschehens hüllen ernsthafte Dichter, Mehrheitssozialisten, Demokraten, die Belanglosigkeit in die starrenden Faltenwürfe würdiger Verordnungen; militärische Versfüße wechseln ab mit Arien der Güte und Menschlichkeit — aus dem sicheren Hinterhalt, den der Besitz einer Anzahl Banknoten oder ein Pfund Butter verleiht, taucht auf das Ideal aller Schwachköpfe: Goethes zweiter Faust. Es ist schlechterdings alles darin enthalten, was nicht in Schillers Räubern vorkommt. Wie die Werke dieser feierlichen Klassiker das einzige Gepäck der deutschen Soldaten und Tag und Nacht ihre einzige Sorge waren, so war es heute der Regierung unmöglich, die Geschäfte anders als im Geiste Schillers und Goethes zu führen. Die Idealisierung Deutschlands schreitet demgemäß rüstig fort, der von allen Musen umtanzte Staatsbankrott aller lebendigen Eigenschaften ist unvermeidlich. Der früher so christliche Deutsche ist Goethe-Ebert-Schiller-Scheidemannianer geworden — aus seinem Verwechslungsspiel von Besitz und Nutznießung reißt ihn nur mehr der Gotthilfliebekinderschreck des Bolschewismus. Der Kommunismus ist die Bergpredigt, praktisch organisiert, er ist eine Religion der ökonomischen Gerechtigkeit, ein schöner Wahnsinn. Der Demokrat aber ist gar nicht wahnsinnig, er möchte leben auf Heller und Pfennig. Immerhin ist Wahnsinn schöner als blasse Vernunft, doch seien wir alle wir selbst! Leben wir auf eigene Kosten! Was ist Demokratie? Das Leben — erarbeitet durch die Angst um unser tägliches Vaterunserbrot.

Wir wollen lachen, lachen, und tun, was unsere Instinkte heißen. Wir wollen nicht Demokratie, Liberalität, wir verachten den Kothurn des geistigen Konsums, wir erbeben nicht vor dem Kapital. Wir, denen der Geist eine Technik, ein Hilfsmittel ist — UNSER Hilfsmittel, kein vornehmes Händewaschen in Zurückgezogenheit: wir werden nicht scharfsinnig Begriffe spalten oder vor dem reinen Erkennen uns beugen — wir sehen nur Mittel hier, unser Spiel vom Bewußtwerden, ins Bewußtseintreten der Welt zu spielen, getrieben von unserem Instinkt; und wir wollen Freunde sein dessen, was die Geißel ist des beruhigten Menschen: wir leben dem Unsicheren, wir wollen nicht Wert und Sinn, die dem Bourgeois schmeicheln — wir wollen Unwert und Unsinn! Wir empören uns gegen die Verbindlichkeiten des Potsdam-Weimar, sie sind nicht für uns geschaffen.

Wir wollen alles selbst schaffen — unsere neue Welt!

Der Dadaismus hat als einzige Kunstform der Gegenwart für eine Erneuerung der Ausdrucksmittel und gegen das klassische Bildungsideal des ordnungsliebenden Bürgers und seinen letzten Ausläufer, den Expressionismus gekämpft!

Der Club Dada vertrat im Kriege die Internationalität der Welt, er ist eine internationale, antibourgeoise Bewegung!

Der Club Dada war die Fronde gegen den «geistigen Arbeiter», gegen die «Intellektuellen»!

Der Dadaist ist gegen den Humanismus, gegen die historische Bildung!

Er ist: Für das eigene Erleben!!!

1918

Dada ist mehr als Dada

Die Masse ist an sich stets anbetungswürdig, sie ist: viele, und viele sind mehr als der einzelne. Mag der einzelne noch so sinnlos sein oder vernünftig bleiben — die Hochachtung vor der allgemeinen Frage, die ein Bedürfnis vorstellt, läßt sogar den Dadaisten antworten; der Dadaist wird ernsthaft, dies ist lustig, traurig wäre es nur, wenn andre darüber zu Ernst erstarrten.

Nun wird keine Frage häufiger an den Dadaisten gestellt, als diese: was ist Dada, was will Dada, wer hat Dada erfunden? Hier beginnt bereits der Tiefsinn, der das Leben so angenehm macht. Wir wollen auf den dritten Teil der Frage zuerst antworten, um, dem holprigen Weg über das Verstehen nachrüttelnd, doch etwas sichtbar zu machen, einen Anfang, und wäre es auch nur der Anfang von Dada.

Das Unerklärliche daran ist nun dies, daß der Dadaismus allgemein flagrant war und daß ihn niemand erfinden konnte. Eine Namengebung ist keine Erfindung — es bliebe für den Dadaismus gleichgültig, ob er dada oder bebe, sisi oder ollollo benannt worden wäre — die affaire bliebe die gleiche.

Und diese affaire drängte sich ganz von selbst, man wäre versucht zu sagen «intuitiv» in irgendeinem gleichgültigen Jahr 1916 in der belanglosen Schweizerstadt Zürich einigen hellen Köpfen auf – ein paar jungen Männern mit guten Ohren und Nasen, klaren Augen und Mündern und sofern man in diesen Organen etwas Bezeichnendes erblicken will, waren Ball, Huelsenbeck und Tzara mehr als andere prädestiniert, den Dadaismus aus etwas Vagem, allgemein schon lange Vorhandenen zu einer faß-, greif- und sichtbaren Anschaulichkeit zu bringen, übermütig und elastisch genug waren sie dazu. Sie waren rapide Gehirne, aber, wie es so geht, lange Zeit hindurch hätten auch diese drei Creatoren des Dada nicht zu sagen vermocht, wo Rhodos sei und wie man tanze; ja noch im Jahre 1918 in Berlin in einem schon weit vorgeschrittenen Stadium gab es bei uns keine präzise Bewußtheit über die Absichten von Dada in uns selbst.

Aus dieser Tatsache schließen nun die Offiziere der Heilsbildungsarmee und die überhaupt ernstere Menschheit auf alles Mögliche und Unmögliche, vor allem unsere Unzulänglichkeit; leider kommen sie nie zum nächstliegenden Schluß, den ihrer traurigen Behaftetheit mit hergebrachten Werturteilen und moralischen Kategorien.

Man meint uns zu erledigen, indem man uns vorhält: Ihr wollt kämpfen oder zumindest werben, aber ihr seid euch über Dada oder euch selbst so unklar, daß wir ernsthaften Menschen den Zweck nicht einsehen können und uns abgestoßen fühlen – hierauf haben wir nur Worte und Gesten des Beifalls. Dada ist die Faust aufs Auge und der Tritt in den verlängerten Rücken gerade gegenüber jenen sittsamen Kulturanteilnehmern; die teilweise Unerklärbarkeit des Dadaismus ist erfrischend für uns, wie die wirkliche Unerklärbarkeit der Welt – möge man nun die geistige Posaune Tao, Brahm, Om, Gott, Kraft, Geist, Indifferenz oder anders nennen – es sind immer dieselben Backen, die man dabei aufbläst.

Dada wirbt nicht, Dada ist ein Wirbel, der aus seiner eigenen Peripherie geboren, hervorgegangen aus einem allgemeinen Daseinszustand, die Menschen in sich hineinreißt, sie umherschleudert, durcheinanderrüttelt, sie entweder auf die eigenen vier Beine stellt – oder liegen läßt.

Dada will endlich keine intellektuelle Erfassungsmöglichkeit gegen milde Transpirationsversuche bieten aus Bewußtsein seiner fortwährenden Beweglichkeit; es sieht, schrecklich zu sagen, sich selbst morgen anders an, als es heute ist.

Und der Dadaist sieht von hier aus auf die Leichenbitter der abendländischen Kultur voll Selbstironie und agiert in und mit einer Welt, die unendlich mit sich selbst identisch bleibt, in der es Phantasmen, Realitäten, Absolutes, Dimensionen, Zahl, Zeit und noch etwas mehr oder auch dies alles gar nicht gibt, er nimmt sich und diese Welt auf sich als Schicksal, ohne Fatalismus, als seine eigne lächerliche Ernsthaftigkeit.

Der Dadaist sieht in der ihm vorgeworfenen Dummheit keine Schande, er kennt zu genau die Gründe und Hintergründe derer, die ihm Unfähigkeit, Bierulk, Unfug oder Bluff vorwerfen – er hat genügend dégoût vor den Heiligtümern der großen Männer unserer ach so ruhmbedeckten Kultur; der Dadaist kennt alle Positiva und alle Negativa dieser bürgerlichen Kultur – und schließlich hat er einmal Lust, dieser Kultur etwas weniger ironisch hinter die Kulissen zu leuchten. Rund um Dada stehen die Bratenwender der geistigen Praktiken und holen auf kleinen Stäbchen feurige Fünkchen aus einem großen schwarzen Nichts, um das Strohfeuer ihrer Gehirne damit anzufachen.

Wir sehen die exakte Wissenschaft und die Philosophie sich mit der Technik und der Theosophie balgen und hören, daß alles in Progression begriffen sei – aber der Spektakel scheint uns uralt und verschimmelt zu sein. Ob Gott oder Tao, Identität und Zahl, Individuum und Ding an sich – für Dada sind dies noch nicht einmal exakt gestellte Fragen, denn Dada ist alles dies zugleich und als ebenso sicher nicht existent bewußt. Was wollen diese hölzernen Stirnen, die noch nicht einmal zu Pfeifenköpfen taugen? Ist es nicht überaus müßig, die Frage nach der Dimensionalität oder A-Dimensionalität zum Beispiel der Zahl überhaupt zu stellen? Denn so a-logisch dies ehrenwerten Gehirnen erscheinen mag, hat die Sachlage, die ein Zahlgedanke vorstellt, unweigerlich Relationen zur Lebensform unserer Welt als einer dimensionalen Welt. Gibt es überhaupt Dimensionen, so können wir uns nichts, auch nichts bloß Angenommene oder Gedachte a-dimensional vorstellen.

Soll man nun über die unendliche Individualität oder die endliche Identität in Wut geraten? Wenn die Identität durch mathematische Kurven, durch Zahlwesen oder dergleichen dargestellt oder erfüllt wird, ist dann diese Identität, die sich ja auch auf Baum und Strauch, auf Tisch und Bett irgendwie erstreckt, endlich? Oder nennen wir sie nicht doch lieber unendlich, die in sich zwiespältige Unendlichkeit der endlichen Welt.

Dada klopft den Kants auf die Finger und gibt ihnen als Strafaufgabe die Frage zu lösen, die sie schon beantwortet glauben in ihrem ekelhaften Wissensdünkel: An die Stelle des apriorischen Ego oder der Individualität, des nihil neutrale oder der Noumen – müßte dort nicht Identität des gesamten Seins, Zahl, Wesen, Zeit, Raum, Ruhe, Bewegung, kurz, müßte in diesem Nichts aller Differenz nicht alles enthalten sein und dort herrschen?

Dada lacht über das Ding an sich, und es weint nicht über das Hoppsassa der Wiederkehr alles gleichen. Dada bewegt sich in der Welt!

Ihr feierlichen Griesgräme aber wollt doch irgend etwas Positives über Dada wissen, so sagt ihr: nun, das integrierendste Moment des Dadaismus ist sein Streben vom kosmisch-metaphysisch gefaßten Individuum fort zur Identität der Welt und der unsichtbaren Gesetze. Das Gesetz der Welt liegt in ihrer begrenzten, errechenbaren Unendlichkeit (wie dies in der Mathematik vielleicht zu ermöglichen ist), der Dadaismus ist seine eigene Gegenläufigkeit, er will fort und fort Bewegung, er sieht die Ruhe nur in der Bewegung, und er ist eigensinnigerweise logisch und darum a-musikalisch, a-temporär, a-individuell. Er ist die einzige mögliche erreichbare Wirklichkeit; er führt die absolute Freiheit des Individuums zurück aus ihren zwangsläufigen Relationen zur Welt, zum Maß, zur Identität auf ihre Gebundenheit in diesen Relationen.

Dada übergeht mit Gelächter das freie intelligible Ich und stellt sich wieder primitiv zur Welt, was etwa in der Verwendung von bloßen Lauten, Geräuschnachahmungen, im direkten Verwenden gegebenen Materials wie Holz, Eisen, Glas, Stoff, Papier in der Malerei zum Ausdruck kommt. Das ist kein Realismus, auch keine Abstraktion, sondern entspringt eben aus dem Streben nach Identität, erhält im individuellen Akt der Création gesetz- und zahlenmäßige Funktion.

Der Dadaist als Mensch, der nur zu gut die Unmöglichkeit des apriorischen, unendlichen Ich begriffen hat, balanciert die Gegebenheiten dieser endlichen Welt, die scheinbar aus dem Nihil explodiert und zu ihrer eigenen Belustigung in dieses Nihil zurückstürzt, als sichere Gegenläufigkeit, ganz unbekümmert um irgendwelche ernsthaften Ambitionen der Theoreme von transzendent-komischer oder rational-veristischer Prägung.

Dem Dadaisten ist das Leben schlechtweg eine Unerklärbarkeit, die vielleicht oder sicher auf den Identitäten von Zahl, Raum, undsofort besteht, die er aber immerwährend dynamisch (nicht musikalisch) auflöst. Der Dadaismus ist gleich weit entfernt von Ägypten, von Hellas, von der Renaissance, von der Gotik und von der Realistik – ihre Gesetze sind ihm zu eindeutig bestimmt, zu unwirklich oder auch zu unwahrscheinlich. Ob Wirklichkeit oder Wahrscheinlichkeit – der Dadaist wird in der Praxis zum Beispiel einer arithmetischen Gegebenheit nun zwar stets 4 mit 4 benennen und identifizieren, nicht nur aus realökonomischen Erinnerungen heraus, nein, ihm ist die Zahl 4 nicht nur positiv, sondern ebensogut negativ bewußt und wertvoll; er wird an die Zahlentatsache nicht eine sukzessive Kette oder Reihe hängen, wie man etwa ein Berloque trägt, ihm vergegenwärtigt plus 4 sofort minus 4.

Sein Abstand vom Denker oder Philosophen liegt hier, er gerät über die wechselnde Bedeutung von Werten in derselben Minute nicht in Verzweiflung; er käme sonst nie zum Leben, er würde bewegungslos – und diese Ambivalenz dynamisch-statisch ist ihm das Lebenselement. Dada wertet nicht mehr nuanciert rot gegen grün, es spielt nicht mit der Miene des Erziehers gut gegen böse aus, Schuld gegen Unschuld, Dada kennt das Leben prinzipieller und läßt es doppelt, in sich parallel gelten! Vive Dada! Es ist die einzige Lebensanschauung, die dem westeuropäischen Menschen entspricht, weil sie die Identität des gesamten Seins mit allen Widersprüchen durchführt und dahinter, hinter einem

Schleier von Lachen und Ironie noch das magische Unerklärbare, dessen man nicht Herr werden kann, ahnen läßt; Dada ist weit mehr als das Karma oder die Willensfreiheit – Dada ist, verzeihen Sie, nicht so platt unverschämt wie die ernstgemeinten Systeme zur Adaktalegung unserer Welt der harmonischen Disharmonien.

An dieser Stelle nun werden uns die tapferen Schildbürger der Psycho-Banalyse zu fangen versuchen, sie werden sanft und überlegen lächelnd erklären: Dada sei infantil; Dada sei psychobanal genug, um von ihnen erklärt und aufgelöst zu werden. Wir werden dann diesen Friseurgehilfen am verfilzten Lockenkopf der natürlichen Gesundheit etwa sagen, daß wir auch ihre Bäuche zum Purgieren bringen können. Dada ist nicht das unerfahrene Kind, das gegen die Bedrückung der Familie oder des Vaters protestiert, wenn es innerhalb der bürgerlichen Gesellschaft diese Gesellschaft ablehnt. Dada ist mehr als das protesthafte Kind, es untersucht nicht kritisch oder psychologisierend den Topf, auf den man es nicht setzen kann, es kennt nicht mehr die Verantwortung für Unklarheiten, die in Haß oder Ressentiment oder Verschmähungen ihr einziges Ventil finden – die Realität entschuldet Dada. Das Milieu, die Umstände hängen ihm zwar teils an, so daß es sie ablehnt aus Übermut und Ironie, aber doch andrerseits seine Verantwortungslosigkeit, eben seine Ironie sich aus dem Tatsächlichen herholt.

Der Dadaismus ist innerhalb der Menschform eine taktische Einstellung, die Standpunkte um des in ihnen sich zeigenden Unlebendigen willen ablehnt, ohne aber die Welt irgendwie grundsätzlich ändern zu wollen – dem Prinzip der Beweglichkeit ist aus Gründen der Gegensätze, der notwendigen Widerstände auch Lethargie plausibel. Der Dadaist erleidet nicht die Welt kindlich, weder Gott noch Vater oder Lehrer können ihn züchtigen – Dada ist infantil. Es ist praktische Selbstentgiftung, ein westeuropäischer Zustand, anti-östlich, antiorientalisch, unmagisch.

Dada ist die Keimblase des neuen Typus Mensch: jenseits des moralischen, christlich-mittelalterlichen Sündenballastes ist Dada die Negation des bisherigen Sinnes des Lebens oder einer Kultur, die nicht tragisch, sondern vertrocknet war.

Dada ist die lachende Gleichmütigkeit, die mit dem eignen Leben Erhängen spielt, aus dem Wollen heraus, den europäischen Schwindel nicht mehr mitverantworten zu müssen. Dada hat eine Tendenz zur Untragik, eine Balance innerhalb der gesetzmäßig sich erfüllenden sogenannten Freiheit, auf die es pfeift.

Jedenfalls: Dada ist mehr als Dada.

1921

FRANCIS PICABIA

Manifest Cannibale Dada

Ihr seid alle in Anklagezustand versetzt: erhebt Euch! Man kann nur mit Euch reden, wenn Ihr steht.

Steht, als hörtet Ihr die Marseillaise, die russische Nationalhymne oder das God save the King. Steht, als hättet Ihr die Fahne vor Euch. Oder als wäret Ihr vor Dada, welches Leben bedeutet und Euch anklagt, alles aus Snobismus zu lieben, wenn es nur sehr teuer ist.

Ihr habt Euch alle wieder hingesetzt? Um so besser, dann werdet Ihr mich mit erhöhter Aufmerksamkeit anhören.

Was macht Ihr hier, eingepfercht wie ernsthafte Schalentiere — denn Ihr seid ernsthaft, nicht wahr?

Ernsthaft, ernsthaft, ernsthaft bis zum Tod.

Der Tod ist eine ernsthafte Sache, was?

Man stirbt als Held oder als Idiot, was auf dasselbe herauskommt. Das einzige Wort, das mehr als Tageswert hat, ist das Wort Tod. Ihr liebt den Tod, den die anderen sterben.

A mort, bringt sie um, laßt sie verrecken!

Nur das Geld stirbt nicht, es reist nur ein wenig fort.

Das ist Gott! Ihn verehrt man, eine ernsthafte Persönlichkeit — Geld, das ist die Kniebeuge ganzer Familien. Hoch das Geld — es lebe! Der Mann, der Geld hat, ist ein ehrenhafter Mann.

Ehre kauft sich und verkauft sich wie — das Gesäß. Das Gesäß repräsentiert das Leben wie die pommes frites, und Ihr alle mit Euerer Ernsthaftigkeit stinkt schlimmer als Kuhdreck.

Was Dada angeht: es riecht nicht, es bedeutet ja nichts, gar nichts.

Dada ist wie Euere Hoffnungen: nichts
wie Euer Paradies: nichts
wie Euere Idole: nichts
wie Euere politischen Führer: nichts
wie Euere Helden: nichts
wie Euere Künstler: nichts
wie Euere Religionen: nichts.

Pfeift, schreit, zerschlagt mir die Fresse — und was bleibt dann? Ich werde Euch immer sagen, daß Ihr blöde Hammel seid. In drei Monaten werden wir, meine Freunde und ich, Euch unsere Bilder für einige Franken verkaufen.

1920

THEO VAN DOESBURG

Was ist Dada?

I

Es wird Sie wahrscheinlich wundern, von jemandem, der am Dadaismus unschuldig ist, von einem Nichtdadaisten etwas über Dada zu hören.

Dada: Das Schreckgespenst für den Besitzbürger, den Kunstkritiker, den Künstler, den Kaninchenzüchter, den Hottentotten – für wen nicht sonst noch.

Ein solches Thema eignet sich sicherlich am allerwenigsten dazu, in einer gewichtigen Rede behandelt zu werden – was auch durchaus nicht meine Absicht ist.

Ich werde schon zufrieden sein, wenn es mir gelingen sollte, eine freundschaftlich übernommene Verpflichtung dadurch einzulösen, daß ich einiges zur Klärung der dadaistischen Lebenshaltung beitrage. Das scheint mir vor allem in einem Land, welches sich seit 1880 von jeder neuen Lebensäußerung hermetisch abgeschlossen hat, erforderlich zu sein.

Es wäre anmaßend, wollte ich glauben, das Mysterium Dada könne intellektuell erfaßbar gemacht werden.

Das ist unmöglich und nicht einmal den Dadaisten geglückt.

Dada ist ein Gesicht.

Dada will gelebt sein.

Dada erfordert keine intellektuelle Auffassungsgabe.

Dada weist jede logische Begriffsassoziation unerbittlich von sich.

Dada – nach Richard Huelsenbeck – «hat die Weltanschauungen durch seine Fingerspitzen rinnen lassen. Dada ist der tänzerische Geist über den Moralen der Erde. Dada ist die große Parallelerscheinung zu den relativistischen Theorien dieser Zeit. Dada ist kein Axiom, Dada ist ein Geisteszustand, der unabhängig von Schulen und Theorien ist, der die Persönlichkeit selbst angeht, ohne sie zu vergewaltigen. Man kann Dada nicht auf Grundsätze festlegen.»*

Die den Dadaisten dauernd gestellte Frage «Was ist Dada» läßt sich theoretisch genausowenig beantworten wie alle Fragen, die andere Phänomene des Lebens betreffen.

Die Antwort auf die Frage «Was ist Dada» läßt sich lediglich in die spontane Handlung umsetzen.

Es ist ein Irrtum, zu glauben, Dada gehöre zur Kategorie neuer Kunstformen wie Impressionismus, Futurismus, Kubismus, Expressionismus.

Dada ist keine Kunstrichtung.

* Im Original deutsch

Dada ist eine Richtung des Lebens selbst, die sich gegen alles wendet, was wir uns als Lebensinhalt vorstellen.

Dada stellt keine Fragen.

Dada ist die Verneinung des allgemeinen, gängigen Lebenssinns. Dada ist die stärkste Negation aller kulturellen Wertmaßstäbe. Der wahre Dadaist nimmt zu nichts Stellung, weder zur Kunst noch zur Politik, noch zu Philosophie oder Gottesdienst.

Der Dadaist sieht in allen diesen Marken einer verschimmelten Scheinkultur einen betrügerischen Handel. Jede Marke «zieht», bis die nächste auf den Markt kommt.

Dada sieht in allen Einbildungen, die uns von der Wirklichkeit abgelenkt haben — mögen wir sie Tao, Om, Brahma, Jahwe, Gott, Zahl, Geist usw. nennen — lediglich verschiedene Etiketten für den gleichen Artikel, der, «aus einem Nichts sich entwickelnd», mit viel Trara den Menschen aufgeschwatzt wird.

Dada spricht dem Leben, der Kunst, der Religion, der Philosophie oder der Politik jeden höheren geistigen Inhalt ab.

Für den Dadaisten beruht dieser Ballast lediglich auf zwei Dingen: Auf Reklame und auf Suggestion.

Aus fetischistischen Instinkten ist nach Auffassung der Dadaisten die Menschheit geneigt, sich von bestimmten charakteristischen Aushängeschildern blenden zu lassen. Das sind Mittel der Reklame, und sie werden so oft hervorgeholt, daß sie schließlich einen unauslöschbaren Eindruck hinterlassen. Der Gottesdienst durch das Kreuz, Odol-Zahnpasta durch die gebogene Flakonform, Nietzsche durch seinen dicken Schnurrbart, Oscar Wilde durch seine Homosexualität, Tolstoi durch Kaftan und Sandalen!

Dada will nicht bekehren. Dada verfügt über genügend Erfahrung, um zu wissen, daß man die Masse durch ein großes «Nichts» gewinnen kann, wenn man nur durch Suggestivreklame auf ihre atavistischen Instinkte einzuwirken weiß.

Dada sieht in jedem Dogma, in jeder Formel einen Nagel, mit dem man versucht, ein morsches, sinkendes Schiff (unsere westliche Kultur) zusammenzuhalten.

Dada ist der unmittelbarste Ausdruck unserer gestaltlosen Zeit und will dies auch sein. Dada zielt nicht auf die Ewigkeit.

Dada hat sich mit der Welt «auf fünfzig Prozent verglichen».

Da es in allem den Betrug entdeckt hat, hat es für die Welt Konkurs angemeldet. Man könnte den Dadaismus den übernationalen Ausdruck kollektiver Lebenserfahrungen der Menschheit während der letzten zehn Jahre nennen.

Das, was in der modernen Menschheit latent vorhanden blieb, kommt durch Dada zum Ausdruck.

Dada gab es schon immer, aber erst jetzt wurde es entdeckt.

«Der Dadaist» — so sagt Raoul Hausmann — «erleidet nicht die

Welt kindlich; weder Gott noch ein Vater oder ein Lehrer können ihn züchtigen.

Dada ist praktische Selbstentgiftung, ein moderner europäischer Zustand, antiöstlich, antiorientalisch, unmagisch. Dada ist die Keimblase des neuen Typus Mensch: Jenseits des moralischen christlichen mittelalterlichen Sündenballastes ist Dada die Negation des bisherigen Sinnes des Lebens oder einer Kultur, die nicht tragisch, sondern vermodert war.»*

Der Dadaist übernimmt daher keinerlei Verantwortung für unsere Kultur. Der Dadaist kennt alle Gründe und Hintergründe unserer Kultur, in der für ihn «Menschlichkeit und Barbarentum indifferente Äußerungen sind». Er kennt alle Schliche und Tricks unserer elementarsten Lebensbedürfnisse. Er weiß genau, wie man Geist produziert. Von heiligem Widerwillen gegen die elfenbeinernen Klosetts unserer «großen Männer» erfüllt, maßt er sich nicht an, Künstler, Philosoph oder Reformator zu sein. Er ist frei von dem ehrgeizigen Trieb, berühmt zu sein oder es gesellschaftlich zu etwas zu bringen, und ist daher der denkbar freieste, ruhigste, gleichmütigste Mensch auf Erden.

Dennoch erkennt der Dadaist den Menschen einige positive Werte zu: den instinktiven Trieb zum Herrschen und das Bedürfnis, sich gegenseitig zu verspeisen. Alle ethischen Triebe: Langmut, Barmherzigkeit, Mitleid usw. sind für den Dadaisten lediglich Deckmäntel, mit denen man des Menschen wahre Art verhüllen will. Schließlich hält der Dadaist auch «Charakter» für einen positiven Wert, das heißt den Zustand, den man erreicht, wenn man es so weit gebracht hat, daß man ohne falsche Vorwände und Nebenbedeutungen zu leben und zu handeln vermag.

«Dada» – so sagt Richard Huelsenbeck – «ruht in sich und handelt aus sich, so wie die Sonne handelt, wenn sie am Himmel aufsteigt oder wie wenn ein Baum wächst. Der Baum wächst, ohne wachsen zu wollen. Dada schiebt seinen Handlungen keine Motive unter, die ein Ziel verfolgen. Dada gebiert nicht aus sich heraus Abstraktionen in Worten, Formeln und Systemen, die es auf die menschliche Gesellschaft angewendet wissen will. Es bedarf keines Beweises und keiner Rechtfertigung, weder durch Formeln noch durch Systeme. Dada ist die schöpferische Aktion in sich selbst. Dada hat die Erstarrung und das Tempo dieser Zeit aus seinem Kopf geboren. Dada ist eminent zivilisatorisch, aber es hat die Fähigkeit, selbst die Begrenztheit seiner Erscheinung in der Zeit historisch zu sehen, es relativiert sich selbst in seiner Zeit.»*

* Im Original deutsch

II

Es kann uns im Augenblick nur wenig interessieren, wie, wo und wann dieses Phänomen der Phänomene, das wir Dada nennen, entstanden ist. Dada ist reich an Tatsachenmaterial. Ich könnte Ihnen von den ersten berüchtigten Soireen im Cabaret Voltaire in Zürich erzählen; von den Schlägereien in der Galerie Dada, von großen Veranstaltungen in New York, Paris und Berlin, von der dadaistischen Predigt des sogenannten Oberdada im Dom zu Berlin, von den – von der Presse verschwiegenen – dadaistischen Demonstrationen in einer katholischen Kirche in Paris usw., aber das bringt Ihnen das Wesen von Dada nicht näher.

Dada hat weder Vaterland noch Nationalität. Es entstand plötzlich an verschiedenen und weit verstreut liegenden Stellen: Amerika, Schweiz, Frankreich, Deutschland usw., und zwar aus einem allgemeinen Bedürfnis nach geistiger Selbstreinigung heraus.

Dada – das Wort ist ohne Bedeutung und hätte genausogut, wie Hausmann bemerkt, Bébé, Sisi oder Lollo heißen können – entstand aus keinem apriori, aus keiner Theorie. Es entstand aus einem allgemeinen Widerstand gegen unsere gesamte Denkungsart.

Dada stammt aus dem «Nichts» – verbreitete sich dann über eine große flächenmäßig begrenzte Oberfläche, zog alles mit sich und kristallisierte sich schließlich in der Verneinung aller pharmazeutischen Lebensgrundsätze.

Die Dadaisten, zu denen wir getrost unsere besten und intelligentesten Zeitgenossen zählen können (wie Einstein, Chaplin und Bergson), erklären in fast all ihren Manifesten ausdrücklich, daß sie nichts wollen, nichts wissen und nichts sind.

«Dada», schreibt Picabia, «riecht nicht,
es bedeutet ja nichts, gar nichts.
Es ist wie Euere Hoffnungen: nichts
wie Euer Paradies: nichts
wie Euere politischen Führer: nichts
wie Euere Helden: nichts
wie Euere Künstler: nichts
wie Euere Religionen: nichts.»

Dada wurde nicht gemacht, es entstand.

Dadaist kann man nicht werden, nur sein.

Während der ersten berüchtigten Tage seiner Geburt waren sich die Dadaisten selbst nicht ganz darüber im klaren, was sie zueinander geführt hatte. In der ersten Zeit (etwa 1915) hatte der Dadaismus einen überwiegend ästhetischen Charakter. Allmählich verlor er diesen und wandte sich schließlich auch gegen die Kunst.

Diese hat, nach Dada, einen Wert, solange man auf die atavistischen und fetischistischen Gefühle der Menschen spekulieren kann. Nach Ansicht der Dadaisten ist die Kunst aus dem Bedürfnis entstanden, sich dieser Gefühle zu entledigen, was allerdings noch nicht gelungen ist.

Dada sieht im heutigen Weltbild, dem Produkt aller möglichen Zwiespältigkeiten und Inkonsequenzen, die Bankrotterklärung eines Versuchs, das Leben aus einer Moral zu erklären.

Die Versuche von Jesus, Buddha, Tolstoi usw. haben zu nichts geführt. Dada weist jeden Versuch, jene ewig variierende, chaotische und ungleichartige Masse, die man Menschheit nennt, zu ordnen, weit von sich.

Dada leugnet jede Entwicklung. Jede Bewegung löst eine Gegenbewegung von gleicher Stärke aus, und beide heben einander auf. Nichts verändert sich wesentlich. Die Welt bleibt sich stets gleich. Dada hebt die allgemein anerkannte Dualität von Materie und Geist, Mann und Frau auf und schafft dadurch den «Indifferenzpunkt», also einen Punkt, der über dem menschlichen Begriff von Zeit und Raum liegt. Dadurch hat Dada die Möglichkeit, den festen Gesichts- und Distanzpunkt, der uns in unseren dreidimensionalen Wahnvorstellungen gefangenhält, *beweglich* zu machen. Dadurch wurde es möglich, statt nur einer Facette das gesamte Prisma der Welt in seiner Gesamtheit zu sehen. In diesem Zusammenhang ist Dada eine der eindringlichsten Manifestationen der vierten Dimension, die sich im Subjekt offenbart.

Von jedem «Ja» sieht Dada zugleich das «Nein». Dada ist Ja-Nein: Ein vierfüßiger Vogel, eine Leiter ohne Sprossen, ein Quadrat ohne Ecken. Dada besitzt ebenso viele Positiva wie Negativa. Die Meinung, Dada sei ausschließlich destruktiv, versteht das Leben nicht, welches sich in Dada ausdrückt. Dada bekämpfen, heißt sich selbst bekämpfen. Dada will abrechnen mit einer Abgrenzung zwischen der transzendenten und der alltäglichen Wirklichkeit. Dada ist das Bedürfnis nach einer einheitlichen Weltrealität, die aus dissonierenden und kontrastierenden Verhältnissen besteht.

Dada sieht in der Natur nicht jene liebreizende Erscheinung, als die wir sie uns gern vorstellen, sondern jenen übelriechenden Kadaver, der uns unsere geistigen Genüsse verdirbt und alles sofort in den Zustand der Verwesung übergehen läßt: Alle, von der Putzfrau bis zum Künstler (was im Grunde also das gleiche ist) kämpfen gegen die Verwesung, gegen die Natur.

Ich möchte hier den niederländischen Dadaist I. K. Bonset zu Worte kommen lassen, der dies in seinem «Hypostrodon der Dramade» poetisch darstellt.

HYPOSTRODON DER DRAMADE von I. K. Bonset
Dadaistische Meditationen an einem Kadaver

Aufruf zu widernatürlichen Handlungen

Es ist unverkennbar, daß wir von Überzeugungen krank sind. So gespalten zerrissen und mit Dreckfransen verziert auch einer sein mag, er glaubt dennoch dazu berechtigt zu sein, das Leben zu führen. Aber sieh dir doch einmal an, was die «Natur» für ein Kadaver ist, sieh es dir an, «le grand roue» in Paris an, am Sims deiner Wohnung, an den Falten auf deiner Braut, an den gutmütigen Pferdeäpfeln auf dem Boulevard St. Michel.

In einem aufquellenden und nackten Kadaver drückt sich das

HYPOSTRODON DER DRAMADE

aus. Jeder Versuch, sich im luftleeren Raum eine andere Welt eigener Anschauung zu formen und darin, vom Krebsfall der NATURDRAMADE ungesehen und unberührt zu leben, schlägt fehlt.

Alles was Gebärden zuläßt was Anspruch erhebt auf Ausmaß Raum Zeit und Geld ist mit Mikroben erfüllt die früher oder später ihre reagierenden Auswirkungen spüren lassen. Nicht einen Augenblick und nirgends können Sie sich ihrer «geistigen» (o Parodie der Paradiesparade) Versuche entziehen. Sie können sich zufriedengeben mit lauwarmen Waschungen (= Poesie) mit Fasanen mit farbigem Blick (= Religion), einem mittelalterlichen Kirchenfenster als Brille (= Kunst), der horizontalen Wippe (= Philosophie) und vielen anderen Ablenkungen, der Krebs in Ihrem Herzen breitet sich unvermeidlich aus. Hunderte Generationen haben sich damit abgemüht, diesen Krebs zu beschwören – zu besiegen – ihn in Schranken zu halten, und haben nicht bemerkt, daß ihre Hirne und auch der Gegenstand ihrer Hoffnungen bereits von den gleichen Krebsbazillen vergiftet war. Dada kämpft gegen die Herrschaft des SCHMUTZES und unterscheidet sich darin von den Impressionisten, die sich mit dem Schmutz versöhnt hatten. Ganze Generationen haben begierig die verderblichen Ausdünstungen der Philosophie, des Gottesdienstes und der Kunst eingeatmet in der Meinung, die Katapepsis, die daraufhin eintrat, sei der Zustand wahren Lebens.

Wir Neovitalisten, Dadaisten und destruktiven Konstruktivisten haben allen Eiter, den der Weltkörper verbirgt, bloßgelegt indem wir riefen: «Sieh sieh sieh hier hier hier nichts nichts nichts.» Ohne den Gummiknüppel über unserem Kopf würden wir die Ruhe, die wir genießen, als gestört empfinden. Das, was wir am meisten hüten, sind jedoch – so lehrt uns die Dadasophie – unsere Schlafmittel. Durch sorgfältige und regelmäßige Verwendung dieser Schlafmittel merken wir nicht, daß das ganze Leben mit Dreckfransen geschmückt ist. So dick die Mauern auch sein mögen, mit denen wir uns von der Natur abschließen, wird auch die exakteste Ausgeburt unserer geistigen Verlustierungen katapeptisch zerfressen sein.

WISSEN SIE JETZT WAS «DADA» IST?

1923

TRISTAN TZARA

Dada-Manifest

> Die Magie eines Wortes — DADA —, das die Journalisten vor die Tür zu einer unvorhergesehenen Welt gestellt hat, ist für uns ohne jede Bedeutung.

Wenn man ein Manifest herausbringen will, muß man folgendes wollen:
A.B.C.
gegen 1, 2, 3 wettern,
schwach werden und die Flügel wetzen, um kleine und große a, b, c zu erobern und zu verbreiten, unterzeichnen, schreien, fluchen, die Prosa in vollkommen einleuchtender, unwiderleglicher Form anordnen, sein Nonplusultra beweisen und die Behauptung vertreten, daß die Neuheit dem Leben gleicht, so wie das letzte Auftreten einer Kokotte den Kern Gottes beweist. Seine Existenz ist bereits durch das Akkordeon, die Landschaft und das sanfte Wort bewiesen worden. +⁺+ Sein A.B.C. vorzuschreiben ist etwas Natürliches — mithin Bedauerliches. Alle tun es in der Form einer Bluffkristallmadonna, eines Währungssystems, eines pharmazeutischen Erzeugnisses, eines nackten Beines, das zu glühendem, ödem Frühling lädt. Die Liebe zur Neuheit ist das sympathische Kreuz, beweist eine naive Wurstigkeit, ein grundloses, flüchtiges, positives Zeichen. Doch auch dieses Bedürfnis ist veraltet. Indem man die Kunst mit äußerster Schlichtheit als Neuheit dokumentiert, ist man menschlich und echt, um Vergnügen zu schenken — impulsiv und lebenssprühend, um die Langeweile zu kreuzigen. Belauert im Walde, am Kreuzweg des Lichts, wach, aufmerksam die Jahre. +⁺+ Ich schreibe ein Manifest und will nichts, dennoch sage ich bestimmte Dinge, und grundsätzlich bin ich gegen Manifeste, wie ich auch gegen Grundsätze bin (Deziliter für den moralischen Wert jedes Satzes — zuviel Annehmlichkeit; die Annäherung ist eine Erfindung der Impressionisten). +⁺+ Ich schreibe dieses Manifest, um zu zeigen, daß man einander entgegengesetzte Handlungen zugleich, in einem einzigen kühlen Atemzug tun kann; ich bin gegen das Handeln; was den ständigen Widerspruch, auch die Behauptung angeht, so bin ich weder dafür noch dagegen, und ich gebe keine Erklärungen, weil mir der gesunde Menschenverstand verhaßt ist.

DADA — das ist ein Wort, mit dem Jagd auf Gedanken gemacht wird; jeder gute Bürger ist ein kleiner Dramatiker, erfindet verschiedene Äußerungen, statt die passenden Figuren seinem Intelligenzgrad entsprechend einzuordnen — Schmetterlingspuppen auf Stühle zu setzen —, sucht (nach der psychoanalytischen Methode, die er praktiziert) Gründe oder Ziele, um seine Handlung zu unterbauen — eine Geschichte, die spricht und sich selber definiert. ₊⁺₊ Jeder Zuschauer ist ein Intrigant, wenn er versucht, ein Wort zu erklären: (*erkennen!*) Aus dem wattegepolsterten Zufluchtsort der geschlängelten Verwicklungen läßt er seine Instinkte manipulieren. Daher das Unglück des Ehelebens.

Erklären: Belustigung der Rotbäuche in den Mühlen der leeren Schädel.

DADA BEDEUTET NICHTS

Wenn man nicht seine Zeit für ein Wort vertut, das nichts bedeutet und das man nichtig findet . . . Der erste Gedanke, der durch solche Köpfe geht, ist bakteriologischer Art: wenigstens seinen etymologischen, historischen oder psychologischen Ursprung finden. Den Zeitungen entnimmt man, daß die Kru-Neger den Schwanz einer heiligen Kuh DADA nennen. «Würfel» und «Mutter» heißen in einer bestimmten Gegend Italiens DADA. «Holzpferd», «Amme», die zweifache Bejahung auf russisch und auf rumänisch heißen DADA. Journalistische Gelehrte sehen darin eine Kunst für Säuglinge, andere diekindleinzumirkommenlassende Tagesheilige die Rückkehr zu einem dürren und lärmenden, lärmenden und eintönigen Primitivismus. Empfindlichkeit läßt sich nicht auf einem Wort aufbauen; jede Konstruktion strebt einer langweiligen Vollkommenheit zu, der stagnierenden Idee eines goldenen Sumpfes, einem relativen menschlichen Produkt. Das Kunstwerk darf nicht die Schönheit in sich selber sein, denn die ist tot; es darf weder fröhlich noch traurig sein, weder hell noch dunkel, darf die Individualitäten weder erfreuen noch mißhandeln, indem es ihnen die Kuchen der Heiligenscheine oder den Schweiß eines gehetzten Laufes durch die Atmosphäre vorsetzt. Ein Kunstwerk ist verfügungsgemäß niemals für alle objektiv schön. Die Kritik ist also nutzlos, sie existiert für jeden nur subjektiv und ohne das kleinste Merkmal der Allgemeingültigkeit. Glaubt man, die gemeinsame seelische Grundlage für die gesamte Menschheit gefunden zu haben? Der Versuch Jesu und die Bibel bedecken mit ihren weiten wohlwollenden Flügeln: Scheiße, Tiere und Tage. Wie will man das Chaos gliedern, das den Menschen, diese unendliche unförmige Variation, ausmacht? Der Grundsatz: «liebe deinen Nächsten» ist eine Heuchelei, «erkenne dich selbst» eine Utopie, wenn auch eine annehmbarere, denn sie birgt die Bosheit in sich. Kein Mitleid. Nach dem Gemetzel bleibt uns die Hoffnung auf eine geläuterte Menschheit. Ich spreche immer von mir, da ich nicht überzeugen will, ich habe kein Recht, andere in meinen Fluß mit hineinzuziehen, ich zwinge niemand, mir zu folgen, und jedermann macht seine Kunst nach seiner Art, wenn er die Freude kennt, die in Pfeilen zu den Sternenschichten aufschießt, oder diejenige, die in die Bergwerke mit den Blüten von Leichen oder fruchtbaren Zukkungen hinabsteigt. Stalaktiten: sie überall suchen, in den schmerzgeweiteten Krippen, in den Augen, die so weiß sind wie die Hasen der Engel.

So ist DADA aus einem Bedürfnis nach Unabhängigkeit, nach Mißtrauen gegen die Gemeinschaft entstanden. Wer nicht zu uns gehört, behält seine Freiheit. Wir erkennen keinerlei Theorie an. Von den kubistischen und futuristischen Akademien haben wir genug: es sind Laboratorien für normale Ideen.

Betreibt man die Kunst, um Geld zu verdienen und den netten Bürgern zu schmeicheln? Aus den Reimen klingt das Klappern des Geldes, und der Tonfall gleitet die Linie des im Profil gesehenen Bauches entlang. Alle Künstlergruppen sind, auf verschiedenen Kometen reitend, zu dieser Bank gelangt. Das offene Tor zu den Möglichkeiten, sich in Kissen und Nahrung zu sielen.

Hier gehen wir in fettem Boden vor Anker. Hier haben wir das Recht, öffentliche Erklärungen abzugeben, denn wir haben den Schauder und das Erwachen erfahren.

Als energietrunkene umgehende Geister stoßen wir den Dreizack in das ahnungslose Fleisch. Wir sind Ströme von Verwünschungen in der tropischen Üppigkeit schwindelerregenden Pflanzenwuchses, Gummi und Regen ist unser Schweiß, wir bluten und verbrennen den Durst, unser Blut ist Stärke.

Der Kubismus ist einfach aus der Art und Weise entstanden, den Gegenstand zu betrachten: Cézanne malte eine Tasse, die 20 cm unterhalb seiner Augen stand, die Kubisten betrachten sie von oben, andere komplizieren ihren Anblick, indem sie einen senkrechten Schnitt vornehmen und ihn klug daneben anbringen. (Ich vergesse weder die Schöpfer noch die wichtigen Gründe des Materials, die sie endgültig gemacht haben). +⁺+ Der Futurist sieht dieselbe Tasse in Bewegung, als Aufeinanderfolge nebeneinanderbefindlicher Gegenstände, denen er boshafterweise noch einige Kraftlinien hinzufügt. Das ändert nichts daran, daß die Leinwand ein gutes oder schlechtes, für die Anlage der intellektuellen Kapitale bestimmtes Gemälde ist.

Der neue Maler erschafft eine Welt, deren Elemente zugleich ihre Mittel sind, ein klar umrissenes, in sich geschlossenes und unbestrittenes Kunstwerk. Der neue Künstler protestiert: er malt nichts mehr (keine symbolische und illusionistische Reproduktion), sondern schafft unmittelbar aus Stein, Holz, Eisen, Zinn, Fels bewegliche Organismen, die vom klaren Wind der augenblicklichen Empfindung nach allen Seiten gedreht werden können. +⁺+ Jedes Werk der Plastik oder Malerei ist unnütz; es soll ein Ungetüm sein, das kriecherischen Geistern Angst einflößt, und nichts Süßliches, mit dem man die Refektorien der in menschliche Kleidung gehüllten Tiere schmückt — Illustrationen zu dieser traurigen Fabel der Menschheit.

Ein Bild ist die Kunst, zwei geometrisch als Parallelen definierte Linien auf einer Leinwand, vor unseren Augen zusammenzuführen — in einer Wirklichkeit, die in eine Welt anderer Bedingungen und Möglichkeiten entrückt. Diese Welt ist in dem Werk weder spezifiziert noch definiert, sie gehört in ihren unzähligen Abwandlungen dem Betrachter an. Für ihren Schöpfer ist sie ohne Grund und ohne Theorie. *Ordnung = Unordnung; Ich = Nicht-Ich; Bejahung = Verneinung:* höchste Ausstrahlungen einer absoluten Kunst. Absolut in der Reinheit eines gegliederten kosmischen Chaos, ewig im Blutkörperchen — eine Sekunde ohne Dauer, ohne Atem, ohne Licht, ohne Kontrolle. +⁺+ Ich liebe ein altes Werk seiner Neuigkeit wegen. Nur der Kontrast verbindet uns mit der Vergangenheit. +⁺+ Schriftsteller, die Moral lehren und die psychologische Grundlage in Frage stellen oder verbessern, haben neben einem versteckten Verlangen, zu gewinnen, eine lächerliche Kenntnis des Lebens, das sie klassifiziert, aufgeteilt, kanalisiert haben; sie versteifen sich darauf, die Kategorien tanzen zu sehen, wenn sie den Takt schlagen. Ihre Leser lachen und fahren fort: wozu?

Es gibt eine Literatur, die nicht bis zur gefräßigen Masse dringt. Ein Werk von Schöpfern, das aus einer echten Notwendigkeit des Verfassers und für ihn selber erwachsen ist. Die Erkenntnis eines höchsten Egoismus, in dem die Gesetze hinfällig werden. +⁺+ Jede Seite muß explodieren, entweder durch tiefschweren Ernst, durch Wirrnis, Schwindelgefühl, Neues, Ewiges, umwerfende Komik, Enthusiasmus der Grundsätze oder Druckweise. Da ist eine schwankende Welt, die dahingeht, dem Geläute der Höllenskala verschwistert, und da auf der anderen Seite: neue Menschen. Derb, hüpfend, auf Schluchzern reitend. Da ist eine Welt verstümmelt, und die literarischen Medikaster um Besserung verlegen.

Ich sage euch: es gibt keinen Anfang, und wir zittern nicht, wir sind nicht sentimental. Als wütender Wind zerfetzen wir die Wäsche der Wolken und der Gebete und bereiten das große Schauspiel der Auflösung vor — Feuersbrunst, Zersetzung. Wir wollen die Aufhebung der Trauerpflicht vorbereiten und die Tränen durch Sirenen ersetzen, die von Kontinent zu Kontinent gespannt sind. Flaggen tiefer Freude und der Trübsal des Giftes entledigt. +⁺+ DADA ist das Firmenschild der Abstraktion; auch Werbung und Handel sind dichterische Elemente.

Ich zerstöre die Schubladen des Gehirns und die der gesellschaftlichen Organisation: allenthalben demoralisieren und die Hand des Himmels in die Hölle, die Augen der Hölle zum Himmel werfen, das fruchtbare Rad eines allgemeinen Zirkus in den tatsächlichen Kräften und der Phantasie jedes Individuums wieder einsetzen.

Philosophie ist die Frage: von welcher Seite soll man anfangen, das Leben, Gott, die Idee und die anderen Erscheinungen zu betrachten. Alles, was man betrachtet, ist falsch. Das relative Ergebnis halte ich nicht für wichtiger als nach dem Essen die Wahl zwischen Kuchen und Kirschen. Die Art und Weise, rasch die andere Seite einer Sache zu betrachten, um indirekt seine Meinung aufzuzwingen, nennt sich Dialektik, das heißt, um den Geist der Pommes frites feilschen und dabei die Methode darum tanzen.

Wenn ich rufe:

Ideal, Ideal, Ideal,
Erkenntnis, Erkenntnis, Erkenntnis,
Bumbum, bumbum, bumbum,

dann habe ich ziemlich genau den Fortschritt verzeichnet, das Gesetz, die Moral und all die anderen schönen Eigenschaften, die verschiedene sehr gescheite Leute in so vielen Büchern abgehandelt haben, um zu dem Schluß zu kommen, daß ja doch jeder nach seinem Bumbum recht hat – Befriedigung der krankhaften Neugier; private Klingelvorrichtung für unerklärliche Bedürfnisse; Bad; Geldschwierigkeiten; Magen mit Rückwirkung auf das Leben; Macht des mystischen Taktstocks, formuliert als Strauß eines Geisterorchesters mit stummen Bögen, die mit Zaubertränken auf der Basis tierischen Ammoniaks eingefettet sind. Für zwei Groschen einhelliger Anerkennung haben sie mit dem blauen Kneifer eines Engels Gräben um das Innere gezogen. ₊⁺₊ Wenn alle recht haben und wenn alle Pillen nur Pink sind, wollen wir einmal versuchen, nicht recht zu haben. ₊⁺₊ Man glaubt, auf rationale Weise, durch das Denken erklären zu können, was man schreibt. Doch das ist sehr relativ. Das Denken ist eine gute Sache für die Philosophie, aber es ist relativ. Die Psychoanalyse ist eine gefährliche Krankheit, sie schläfert die wirklichkeitsfeindlichen Neigungen des Menschen ein und systematisiert die Bürgerlichkeit. Eine letzte Wahrheit gibt es nicht. Die Dialektik ist eine amüsante Maschine; sie bringt uns auf banale Weise zu Meinungen, die wir so oder so gehabt hätten. Glaubt man, durch die ausgeklügelte Raffinesse der Logik die Wahrheit bewiesen und die Zuverlässigkeit dieser Meinungen festgesetzt zu haben? Von den Sinnen verdichtete Logik ist eine organische Krankheit. Die Philosophen fügen diesem Element gerne noch etwas hinzu: das Beobachtungsvermögen. Doch gerade diese hervorragende Eigenschaft des Geistes ist der Beweis für seine Ohnmacht. Man beobachtet, hält Ausschau von einem oder mehreren Blickpunkten aus, man wählt sie unter den Millionen vorhandener. Die Erfahrung ist auch ein Ergebnis des Zufalls und der individuellen Eigenschaften. ₊⁺₊ Die Wissenschaft stößt mich ab, sobald sie systematisch-spekulativ wird, sobald sie ihren – so unnützen – Nützlichkeitscharakter verliert, der aber wenigstens etwas Individuelles ist. Ich hasse die feiste Objektivität, hasse die Harmonie – diese Wissenschaft, die alles in Ordnung findet. Nur weiter so, Kinder, weiter, Menschheit ... Die Wissenschaft sagt, daß wir Diener der Natur sind: alles ist in Ordnung, pflegt der Liebe und zerbrecht euch die Köpfe. Nur weiter so, Kinder, weiter, Menschheit, freundliche Bürger und jungfräuliche Journalisten ... ₊⁺₊ Ich bin gegen Systeme; das annehmbarste ist noch, grundsätzlich keines zu haben. ₊⁺₊ Sich ergänzen, sich in seiner eigenen Winzigkeit vervollkommnen, bis man das Gefäß seines Ich ausfüllt – Mut, für und gegen das Denken zu kämpfen, Mysterium des Brotes, jähes Auslösen einer höllischen Schraube aus haushälterischen Lilien: DIE DADAISTISCHE SPONTANEITÄT.

Wurstigkeit nenne ich den Zustand eines Lebens, in dem jeder seine eigenen Voraussetzungen behält, es jedoch dabei versteht, die anderen Individualitäten zu achten oder gar sich zu verteidigen — der Twostep zur Nationalhymne, zum Trödelladen wird, DT — drahtloses Telefon — Bachsche Fugen überträgt, Leuchtreklamen und Bordellplakate, Orgel, Nelken für Gott verbreitet — all das zusammen und real ersetzt die Photographie und den einseitigen Katechismus.

Die tätige Schlichtheit.

Das Unvermögen, zwischen Stufen der Klarheit zu unterscheiden: Halbdunkel lecken und in dem großen, mit Exkrement und Honig angefüllten Munde treiben. Am Maßstab Ewigkeit gemessen, ist jedes Handeln vergeblich (wenn wir das Denken ein Abenteuer durchmachen lassen, dessen Ergebnis unendlich grotesk wäre). Aber wenn das Leben eine schlechte Posse ohne Ziel und einleitende Niederkunft ist, und weil wir glauben, uns geschickt, als reingewaschene Chrysanthemen aus der Affäre ziehen zu müssen, haben wir als einzige Verständigungsgrundlage die Kunst verkündet. Sie hat nicht die Bedeutung, die wir, die Landsknechte des Geistes, ihr seit Jahrhunderten andichten. Die Kunst betrübt niemand, und wer es versteht, sich dafür zu interessieren, wird Zärtlichkeiten erhalten und gute Gelegenheit, das Land mit seiner Unterhaltung zu beleben. Kunst ist Privatsache, der Künstler betreibt sie für sich; ein verständliches Werk ist Journalistenmache, und weil ich in diesem Augenblick daran Gefallen finde, dieses Ungetüm mit Ölfarben zu vermischen: eine Papiertube, die wie gedrücktes Metall aussieht und automatisch Haß, Feigheit, Gemeinheit vergießt. Der Künstler, der Dichter freut sich über das Gift der Masse, die sich in einem Abteilungsleiter dieser Industrie verdichtet, er ist glücklich, noch während er darum geschmäht wird: ein Beweis für seine Unwandelbarkeit. Der Verfasser, der Künstler, den die Zeitungen loben, stellt die Verständlichkeit seines Werkes fest: das elende Futter eines Mantels von öffentlicher Nützlichkeit — Lumpen, die die Brutalität bedecken, Geseich, das an der Wärme eines Tieres mitarbeitet, das niedrige Triebe ausbrütet. Schlaffes, albernes Fleisch, das sich mit Hilfe typographischer Mikroben vermehrt.

Wir haben der Neigung zur Weinerlichkeit in uns Püffe versetzt. Jedes Durchfiltern dieser Natur ist eingemachter Durchfall. Diese Kunst ermuntern, heißt, sie verdauen. Wir brauchen starke, geradlinige, genaue und für immer unverständliche Werke. Die Logik ist eine Komplikation. Die Logik ist stets falsch. Sie zieht die Fäden der Begriffe, der Worte in ihrem formalen Äußern zu den Enden der trügerischen Mittelpunkte. Ihre Ketten sind tödlich wie ein riesiger Tausendfüßler, der die Unabhängigkeit erstickt. Mit der Logik vermählt, würde die Kunst in Blutschande leben, würde ihren eigenen Schwanz, der noch immer ihr Körper ist, verschlingen und herunterschlucken und so in sich selber Unzucht treiben, und das Temperament würde zu einem mit Protestantismus geteerten Albtraum, zu einem Denkmal, zu einem Haufen grauer schwerer Eingeweide.

Doch die Anpassungsfähigkeit, die Begeisterung und selbst die Freude an der Ungerechtigkeit, diese kleine Wahrheit, die wir in aller Unschuld betreiben und die uns schön macht: wir sind durchtrieben, und unsere geschmeidigen Finger gleiten wie die Zweige dieser einschmeichelnden und fast flüssigen Pflanze; sie bestimmt unsere Seele genauer, wie die Zyniker sagen. Auch das ist eine Betrachtungsweise; doch zum Glück sind nicht alle Blumen heilig, und was wir an Göttlichem in uns haben, ist das Erwachen der antihumanen Tätigkeit. Es geht hier um eine Papierblume für das Knopfloch jener Herren, die zum Ball des maskierten Lebens gehen, der Küche der Gnade, den schlanken oder feisten weißen Kusinen. Sie treiben Schmuggel mit dem, was wir ausgesucht haben. Widerspruch und Einheit der Polsterne in einem einzigen Wurf können Wahrheit sein. Wenn man unbedingt diese Banalität aussprechen will: Anhängsel einer wollüstigen, übelriechenden Moralität. Die Moral leidet Schwund wie jede Geißel, die die Intelligenz erzeugt hat. Die Kontrolle der Moral und der Logik hat uns die Ungerührtheit den Polizisten gegenüber auferlegt – der Ursache der Sklaverei, den fauligen Ratten, von denen die Bäuche der Bürger voll sind und die die einzigen hellen und sauberen Glaskorridore verseucht haben, die den Künstlern offengeblieben sind. Jeder Mensch soll rufen: eine zerstörerische, negative Arbeit ist zu leisten. Ausfegen, reinigen. Die Sauberkeit des einzelnen bestätigt sich nach dem Zustande des Wahnsinns, des aggressiven vollständigen Wahnsinns einer Welt, die in den Händen von Banditen gelassen worden ist, die sich zerfetzen und die Jahrhunderte zerstören. Ohne Ziel noch Plan, ohne Organisation: der unbezähmbare Wahnsinn, die Zersetzung. Die an Rede oder Kraft Starken werden überleben, denn sie sind rege in der Verteidigung, die Behendigkeit der Glieder und der Gefühle glüht auf ihren fazettierten Flanken.

Die Moral hat die Nächstenliebe und das Erbarmen bestimmt, zwei Wachskugeln, die wie Elefanten, wie Planeten gewachsen sind und die man als gut bezeichnet. Mit Güte haben sie nichts gemein. Güte ist klarsichtig, hell und entschieden, unerbittlich gegen Kompromiß und Politik. Die Moralität ist Schokoladeaufguß in den Adern aller Menschen. Diese Aufgabe wird von keiner übernatürlichen Kraft angeordnet, sondern vom Trust der Gedankenhändler und der akademischen Aufkäufer. Sentimentalität: als sie eine Gruppe von Menschen sahen, die sich stritten und langweilten, haben sie den Kalender und die Arznei der Lebensweisheit erfunden. Beim Etikettenkleben brach die Schlacht der Philosophen aus, und man begriff zum zweiten Male, daß Erbarmen – wie Ekel im Verhältnis zum Durchfall – ein Gefühl ist, das der Gesundheit schadet – die schmutzige Aufgabe von Äsern, die Sonne bloßzustellen.

Ich verkünde den Widerstand aller kosmischen Fähigkeiten gegen diesen Tripper einer fauligen Sonne, die aus den Fabriken des philosophischen Denkens hervorgegangen ist, den mit allen Mitteln geführten Kampf des DADAISTISCHEN EKELS.

Jedes Erzeugnis des Ekels, das zu einer Verneinung der Familie werden kann, ist *dada* – das mit geballten Fäusten aus seinem ganzen, auf Zerstörung bedachten Wesen aufbegehrt: DADA – Kenntnis aller Mittel, die bisher vom schamhaften Geschlecht des bequemen Kompromisses und der Höflichkeit verworfen worden sind: DADA – Abschaffung der Logik, Tanz aller Impotenten der Schöpfung: DADA – Abschaffung jeder gesellschaftlichen Rangordnung und Gleichung, die von unseren Dienern für unsere Werte aufgestellt worden ist: DADA – jeder Gegenstand, alle Gegenstände, Gefühle und Dunkelheiten, die Erscheinungen und der genaue Aufprall der Parallelen sind Mittel zum Kampf: DADA – Abschaffung des Gedächtnisses: DADA – Abschaffung der Archäologie: DADA – Abschaffung der Propheten: DADA – Abschaffung des Künftigen: DADA – absoluter, unbestreitbarer Glaube an jeden Gott, der ein unmittelbares Erzeugnis der Spontaneität ist: DADA – der elegante, vorurteilslose Sprung von einer Harmonie in die andere Sphäre, die Flugbahn eines Wortes, das wie eine Schallplatte, ein Schrei herausgeschleudert worden ist, alle Individualitäten in ihrem Wahnsinn des Augenblicks achten: die ernsthafte, die furchtsame, schüchterne, inbrünstige, kraftvolle, entschiedene, enthusiastische, seine Kirche aus allem unnützen, belastenden Beiwerk herausschälen, wie eine leuchtende Kaskade das unangenehme oder verliebte Denken ausspeien oder es verhätscheln – mit der großen Genugtuung, daß es völlig gleich ist – mit der gleichen Eindringlichkeit im Busch, rein von Insekten für das vornehme Blut und von Erzengelkörpern, von seiner Seele vergoldet. Freiheit: DADA DADA DADA, Geheul der verkrampften Farben, Verschlingung der Gegenteile und aller Widersprüche, der Grotesken, der Inkonsequenzen: DAS LEBEN.

1918

Vortrag auf dem Dadakongress

Meine Damen und Herren,
Sie wissen bereits, daß für das breite Publikum, für Sie als Mitglieder der Gesellschaft ein Dadaist einem Aussätzigen gleichkommt. Doch das ist nur so dahingesprochen. Wenn man direkt mit uns redet, wahrt man uns gegenüber den Rest an eleganten Formen, den man der Gewohnheit verdankt, an den Fortschritt zu glauben. Auf zehn Meter Entfernung beginnt wieder der Haß. Das ist Dada. Sollten Sie mich fragen, warum: ich kann Ihnen keine Antwort geben.

Ein weiteres Charakteristikum Dadas ist die ständige Trennung unserer Freunde. Man trennt sich und man kündigt. Der erste, der der Dada-Bewegung aufgekündigt hat, *bin ich*. Jedermann weiß, daß Dada nichts ist. Ich habe mich von Dada und von mir selber getrennt, sobald ich die Tragweite des *Nichts* begriffen hatte.

Wenn ich weiterhin etwas tue, dann deshalb, weil es mir Spaß macht, oder vielmehr: weil ich ein Bedürfnis nach Betätigung habe, das ich an allen Ecken und Enden einsetze und verausgabe. Im Grunde waren die echten Dadaisten immer von Dada getrennt. Alle, für die Dada noch so wichtig war, daß sie sich geräuschvoll von ihm trennten, handeln nur aus einem Bedürfnis nach Reklame für sich selber und beweisen, daß sich die Falschmünzer stets wie ekle Würmer in die hellsten und lautersten Religionen eingeschlichen haben.

Ich weiß, daß Sie heute hergekommen sind, um Erklärungen zu hören. Nun, erwarten Sie, bitte, nicht Erklärungen über Dada. Erklären Sie mir, warum Sie existieren. Sie wissen es nicht und werden mir vielleicht sagen: Ich existiere, um das Glück meiner Kinder zu schaffen. Aber im Grunde wissen Sie, daß das nicht stimmt. Vielleicht werden Sie sagen: Ich existiere, weil Gott es will. Das ist ein Ammenmärchen. Sie werden niemals wissen, warum Sie existieren, aber Sie werden sich immer leicht dazu bringen lassen, dem Leben eine ernsthafte Bedeutung beizumessen. Sie werden niemals verstehen, daß das Leben ein Wortspiel ist, denn Sie werden niemals allein genug sein, um dem Haß, dem Urteilen, um alles, was großen Einsatz verlangt, einen ausgeglichenen und ruhigen Geisteszustand entgegenzusetzen, in dem alles einander gleich und ohne Bedeutung ist.

Dada ist keineswegs modern, es ist vielmehr die Rückkehr zu einer halbbuddhistischen Religion der Gleichgültigkeit. Dada legt eine künstliche Sanftheit über die Dinge, einen Schnee von Schmetterlingen, die dem Schädel eines Taschenspielers entflogen sind. Dada ist die Reglosigkeit und begreift die Leidenschaften nicht. Sie werden entgegnen, das sei ein Paradox, weil Dada sich in gewaltsamen Handlungen äußere. Freilich, die Reaktionen in Individuen, die von der *Zerstörung* angesteckt sind, sind recht gewaltsam, doch wenn erst einmal diese Reaktion durch die satanische Beharrlichkeit eines ständigen fortschreitenden *Wozu?* verbraucht und zunichte gemacht sind, bleibt als Beherrschendes die *Gleichgültigkeit*. Übrigens kann ich im selben überzeugten Tonfall das Gegenteil vertreten.

Ich gebe zu, daß meine Freunde diese Ansicht nicht billigen. Aber das *Nichts* läßt sich nur als Spiegelung einer Individualität aussprechen. Deshalb wird es für jedermann gültig sein, da jedermann nur für den wichtig ist, der sich ausdrückt. – Ich spreche von mir selber. Schon das ist mir zuviel. Wie kann ich also wagen, von allen auf einmal zu sprechen und sie zufriedenzustellen?

Nichts ist angenehmer, als die Leute in Verwirrung zu bringen – die Leute, die man nicht mag. Wozu soll man ihnen erklären, was nur ihre Neugier reizen kann? Denn die Leute lieben nur sich selber und ihre Rente und ihren Hund. Daß die Dinge so liegen, rührt von einer falschen Auffassung des Besitzes her. Wenn man arm an Geist ist, besitzt man eine sichere, unerschütterliche Intelligenz, eine grimmige Logik, einen unverrückbaren Standpunkt. Versuchen Sie, leer zu sein und Ihre Gehirnzellen aufs Geratewohl aufzufüllen. Zerstören Sie stets, was Sie in sich haben. Je nachdem, wohin Ihre Spaziergänge Sie führen. Sie werden dann vieles verstehen. Sie sind nicht intelligenter als wir, und wir sind nicht intelligenter als Sie.

Die Intelligenz ist eine Organisation wie jede andere, wie die gesellschaftliche Organisation, die Organisation einer Bank oder einer Plauderei. Bei einer Teegesellschaft. Sie dient dazu, Ordnung zu schaffen und dorthin Klarheit zu bringen, wo keine ist. Sie dient dazu, eine Rangordnung im Staate zu schaffen. Klassifikationen für eine rationelle Arbeit vorzunehmen. Die materiellen von den zerebralen Fragen zu trennen, erstere aber sehr ernst zu nehmen. Die Intelligenz ist der Triumph über die gute Erziehung und den Pragmatismus. Das Leben ist zum Glück etwas anderes, und seine Vergnügungen sind zahllos. Sie lassen sich nicht mit flüssiger Intelligenz bezahlen.

Diese Beobachtungen an den täglichen Lebensbedingungen haben uns zu einer Erkenntnis geführt, die unser Minimum an Einverständnis ausmacht — außerhalb der Sympathie, die uns verbindet und unerklärbar ist. Auf Grundsätzen könnten wir sie nicht aufbauen. Denn alles ist relativ. Was ist das SCHÖNE, die WAHRHEIT, die KUNST, das GUTE, die FREIHEIT? Worte, die für jeden einzelnen etwas anderes bedeuten. Worte, die den Anspruch erheben, zwischen aller Welt Einhelligkeit zu stiften — was zugleich der Grund ist, weshalb man sie mit Großbuchstaben schreibt. Worte, die nicht den moralischen Wert und die objektive Kraft haben, die man gewohnt war, in ihnen zu finden. Ihre Bedeutung wechselt von einem Menschen zum anderen, von einer Epoche zur anderen, von einem Land zum anderen. Die Menschen sind verschieden. Die Verschiedenheit schafft das Interesse am Leben. Die Gehirne der Menschheit haben keinerlei gemeinsame Grundlage. Das Unbewußte ist unerschöpflich und unkontrollierbar. Seine Kraft übersteigt uns. Sie ist ebenso geheimnisvoll wie das letzte Teilchen einer Gehirnzelle. Selbst wenn wir sie kennten, könnten wir sie nicht nachbauen.

Wozu haben uns die Theorien der Philosophen gedient? Haben wir mit ihrer Hilfe einen Schritt vorwärts oder rückwärts getan? Was ist vorwärts, was ist rückwärts? Haben sie die Formen unserer Befriedigung verändert? Wir sind. Wir streiten, diskutieren, sind rührig. Der Rest ist Soße — manchmal eine angenehme, häufig aber eine mit grenzenlosem Überdruß vermischte Soße: ein Sumpf, den die Grannen absterbender Sträucher schmücken.

Wir haben genug von den wohldurchdachten Bewegungen, die unseren Glauben an die Wohltaten der Wissenschaft über Gebühr beansprucht haben. Jetzt wollen wir Spontaneität. Nicht weil sie besser oder schöner ist als etwas anderes. Weil alles, was freiweg, ohne Einschaltung der spekulativen Ideen, aus uns selber hervorgeht, uns darstellt. Es gilt, diese Lebensmenge zu beschleunigen, die leicht an allen Ecken und Enden vergeudet wird. Die Kunst ist nicht die wertvollste Lebensäußerung. Die Kunst hat nicht den himmlisch-allgemeingültigen Wert, den man ihr so gerne zuerkennt. Das Leben ist weit interessanter. Dada kennt das rechte Maß, das der Kunst zukommt; Dada führt sie mit geheimen, hinterlistigen Mitteln in die Regungen der Alltagsphantasie ein. Und umgekehrt. In der Kunst bringt Dada alles auf eine ursprüngliche, aber stets relative Einfachheit zurück. Es bringt seine Launen in den chaotischen Wind der Schöpfung und in die barbarischen Tänze der wilden Völker. Dada will, daß die Logik auf ein persönliches Mindestmaß beschränkt wird und die Literatur in erster Linie für denjenigen da ist, der sie schreibt. Auch die Worte haben ihr Gewicht und dienen einer abstrakten Konstruktion. Das Absurde schreckt mich nicht ab, denn von einer höheren Warte aus erscheint mir alles im Leben absurd. Nur die Dehnbarkeit unserer Konventionen verknüpft die nicht zusammenhängenden Handlungen. In der Kunst gibt es weder das Wahre noch das Schöne; was mich interessiert, ist die Intensität einer Persönlichkeit, unmittelbar und eindeutig in ihr Werk übergegangen ist der Mensch und seine Vitalität, der Blickwinkel, aus dem er die Bestandteile ansieht, und die Art und Weise, wie er es versteht, Empfindungen und innere Bewegung in einem Spitzengewebe aus Worten und Gefühlen einzufangen.

Dada versucht, die Bedeutung der Worte zu ergründen, ehe er sich ihrer bedient, nicht unter dem Gesichtspunkt der Grammatik, sondern unter dem der Darstellung. Gegenstände und Farben dringen durch denselben Filter. Nicht die neue Technik interessiert uns, sondern der Geist. Warum sollen wir uns denn Gedanken um eine Erneuerung in Malerei, Moral, Dichtung, Literatur, Politik oder Gesellschaft machen? Wir alle wissen, daß diese Erneuerungen der Mittel nur die Gewänder darstellen, die auf die verschiedenen Epochen der Geschichte gefolgt sind — wenig interessante Mode- und Fassade-Fragen. Wir wissen sehr wohl, daß die Leute in Renaissance-Gewändern etwa dieselben waren wie die heutigen und daß Tschuang-tse ebensosehr dada gewesen ist wie wir. Sie täuschen sich, wenn Sie Dada für eine moderne Schule oder auch nur für eine Reaktion gegen die augenblicklichen Schulen halten. Mehrere meiner Behauptungen sind Ihnen althergebracht und selbstverständlich erschienen: der beste Beweis dafür, daß Sie Dadaisten waren, ohne es zu wissen — und vielleicht sogar vor der Geburt Dadas.

Oft werden Sie sagen hören: Dada ist ein Geisteszustand. Sie können vergnügt, traurig, bedrückt, fröhlich, schwermütig oder dada sein. Ohne Literat zu sein, können Sie romantisch sein, träumerisch, müde, fantastisch, kaufmännisch, mager, hingerissen, eitel, liebenswürdig oder dada. Das wird im späteren Verlauf der Geschichte geschehen, wenn dada ein festumrissenes, gewohntes Wort wird und wenn die volkstümliche Wiederholung ihm die Bedeutung eines organischen Wortes mit dem ihm notwendigen Inhalt geben wird. Niemand denkt heute an die Literatur der romantischen Schule, wenn er einen See, eine Landschaft oder einen Charakter so bezeichnet. Langsam, aber sicher bildet sich ein Dada-Charakter heraus.

Dada ist da — überall eigentlich —, so wie es ist: mit seinen Mängeln, mit den Auseinandersetzungen zwischen den Leuten, die es sich ungerührt ansieht.

Häufig sagt man uns, wir seien inkonsequent, doch will man in dieses Wort etwas Herabsetzendes legen, das ich Mühe habe zu begreifen. Alles ist inkonsequent. Der Herr, der den Entschluß faßt, ein Bad zu nehmen, aber ins Kino geht. Ein anderer, der ruhig bleiben möchte, aber sagt, was ihm nicht einmal in den Sinn kommt. Noch ein anderer, der von etwas eine genaue Vorstellung hat, dem es aber nur gelingt, das Gegenteil davon in Worten auszudrücken, die für ihn eine schlechte Übersetzung sind. Keinerlei Logik. Relative Notwendigkeiten, die a posteriori entdeckt werden und bei denen nicht der Genauigkeits-, sondern der Erläuterungswert zählt.

Die Geschehnisse des Lebens haben weder Anfang noch Ende. Alles verläuft auf sehr *idiotische* Weise. Deswegen ist sich alles gleich. Die Einfachheit heißt Dada.

Einen unerklärlichen, momentanen Zustand mit der Logik in Einklang bringen zu wollen, scheint mir kein sehr unterhaltsames Spiel zu sein. Die Konvention der gesprochenen Sprache reicht uns bei weitem, doch für uns ganz allein, für unsere intimen Spiele und unsere Literatur brauchen wir sie nicht mehr.

Die Anfänge Dadas waren nicht die Anfänge einer Kunst, sondern die eines Ekels. Ekel vor der Erhabenheit der Philosophen, die uns seit 3000 Jahren alles erklärt haben (wozu?), Ekel vor der Anmaßung jener Künstler, die sich als Stellvertreter Gottes auf Erden gebaren, Ekel vor der Leidenschaft und der wirklichen, krankhaften Bosheit, die angewandt werden, wo es die Mühe nicht lohnt, Ekel vor einer falschen Form des Herrschens und der Vermassung, die nur die Herrschsucht des Menschen hervorhebt, statt sie zu dämpfen, Ekel vor allen katalogisierten Kategorien, vor den falschen Propheten, hinter denen man Geldinteressen, Hochmut oder Krankheiten suchen muß, Ekel vor den Vertretern einer merkantilen, arrangierten Kunst, die irgendwelchen kindischen Gesetzen nachgeschneidert ist, Ekel vor der Trennung zwischen Gut und Böse, Schön und Häßlich (denn warum ist es schätzenswerter, rot statt grün, links oder rechts, groß oder klein zu sein?), Ekel schließlich vor der jesuitischen Dialektik, die alles erklären und in armselige Gehirne abwegige, stumpf gewordene Gedanken bringen kann, die weder physiologische Grundlagen noch ethische Wurzeln haben – all das mit den gleisnerischen Künsten und den gemeinen Versprechungen von Scharlatanen.

Immer zerstörerischer schreitet Dada fort, nicht in die Breite, sondern in sich selber. Aus all seinem Ekel zieht es übrigens keinerlei Nutzen, Stolz noch Vorteil. Es kämpft nicht einmal mehr, weil es weiß, daß das zu nichts führt, daß all das ohne Bedeutung ist. Einen Dadaisten interessiert nur seine eigene Art zu leben. Doch damit berühren wir das große Geheimnis.

Dada ist ein Geisteszustand. Deshalb verwandelt es sich je nach den Rassen und den Ereignissen. Dada ist auf alles anwendbar, und dennoch ist es nichts, es ist der Punkt, wo das *Ja* und das *Nein* und alle Gegenteile zusammentreffen – nicht feierlich in den Schlössern der menschlichen Philosophen, sondern ganz schlicht an den Straßenecken wie Hunde und Heuschrecken.

Dada ist nützlich wie alles im Leben.

Dada erhebt keinerlei Anspruch, wie das Leben sein müßte.

Vielleicht werden Sie mich besser verstehen, wenn ich Ihnen sage, daß Dada eine jungfräuliche Mikrobe ist, die hartnäckig in alle Lücken dringt, die die Vernunft nicht mit Worten oder Konventionen hat ausfüllen können.

1924

RICHARD HUELSENBECK

Der neue Mensch

I

Benvenuto Cellini sehnt sich im Traume die Sonnenscheibe zu sehen, wir aber wollen sie am Tage fühlen als mächtig pulsierendes Herz, als absolute Maßregel unserer Persönlichkeit, als Ziel unseres Geistes. Wir hörten zuviel von den Dialogen der Toten, allzu Künstliches empfing unser Ohr, so daß wir Gefahr liefen, Innerlichkeiten zu verlieren. *Worte, Worte,* zuviel *Worte* – die Stille muß aufstehen und das Ohr muß für das Orphische heiligster Nächte parat sein. Es wechseln Tage und Nächte, Götter fallen von ihrem Thron, das aber bleibt, wodurch wir wachsen und Mensch sind. Wir haben ganz tief in uns hinein zu sehen, um begreifen zu können, was sich aus Menschlichem machen läßt und wo die Synthese aller Fähigkeiten und Dinge des Menschen zu suchen ist. Wir müssen ganz ehrfürchtig werden vor der Gewalt unserer Seele, wenn wir die Erfahrung erreichen wollen, die uns sagt, daß das Imponderabil eines erhabenen Augenblicks eine bessere Beantwortung kompliziertester Fragen sein kann als präziseste Berechnung. Die Banalität ist Wahrheit, daß zu sich selbst jasagen muß, wer berufen ist, zu vielem jazusagen.

Der neue Mensch muß die Flügel seiner Seele weit ausspannen, seine inneren Ohren müssen gerichtet sein auf die kommenden Dinge und seine Knie müssen sich einen Altar erfinden, vor dem sie sich beugen können. Er trägt das *Pandämonium naturae ignotae* in sich selbst und niemand kann etwas dafür oder dagegen tun. Verrenkt zum Göttlichen, der Erlösung entgegentaumelnd wie Fakire, Styliten und Lumpenmärtyrer aller Jahrhunderte, die geheiligt worden sind, sieht er sich eines Tages von der Glut seines Herzens erschlagen, verzehrt, niedergerissen — er der Jauchzende, Irrende, paralytisch Verzückte. Ahoi, ahoi, Geißeln und Hussah, Kriege seit Aeonen her und doch Mensch, der neue Mensch, gleichsam aus allen Aschen erstanden, von den Toxinen phantastischster Welten genesen, mit dem Erleben der Proskribierten, Vertierten, mit Kot und den teuflischen Ingredienzien beschmierten Europäer, Afrikaner, Polynesier jeder Art, jeden Geschlechts gesättigt, saturiert, vollgestopft bis zum Ekel: sieh da, der neue Mensch.

Er hat seine Kraft, die in zwei Vertikalen zum Himmel federt, doch liegt in der Ausbreitung nach oben nichts Gewaltsames und die Mystik der Steigerung ist nicht abenteuerlicher als ein *buon giorno* oder ein *felicissima notte.* Der neue Mensch findet sich selbst in ekstatischer Erlösung, er betet sich selbst an, so wie Maria den Sohn anbetet. Ipsum quem genuit adoravi Maria.

Der neue Mensch ist nicht neu, weil die Zeit es so will, die Neuorientierung, das Umsichtasten als Blindlinge und Maulwurfsmenschen — er ist nicht die unterirdische Quelle, die auf die Axt des Barbaren wartet, um eine Verwendung zu finden — er ist nicht neu, weil *gehillert* wird wie *gemüllert* wurde (der Tanz der Aktivisten, dieser Libertins der trockenen Seele ist ein Geräusch vor seinen Händen) — er ist der Gott des Augenblicks, die Größe der seligen Affekte, der Phönix aus dem guten Widerspruch, und er ist immer neu, der homo novus eigenen Adels, weil sein Herz ihm in jeder Minute die Alternative bereit hält: Mensch oder Unmensch. Seine Wurzel zieht Kräfte aus mykenischem Zeitalter (die Thyrsusstäbe und Schellenklappen antiker Tänzerinnen sind sein Nachmittagsgespräch) — er lebt einen Tag wie Lukian, wie Aretin und wie Christus — er ist alles und nichts, nicht heute, nicht gestern.

II

Man muß von ihm erzählen wie von einem Vater, der gestern starb — die Erinnerung an ihn überwältigt uns, so sehr sind wir noch er selbst. Seine beste Charaktereigenschaft ist die Demut, die große Demut, die nichts verzeiht, weil sie alles versteht und niemals straft. Alles Magisterhafte ist ihm fremd, er kennt kein System für Lebendes, Chaos ist ihm willkommen als Freund, weil er die Ordnung in seiner Seele trägt. Er liebt das Meer mehr als die Berge, weil es Symbol des Volkes ist, der Masse, der Verjüngung, des noch Nichts, des großen Formenkorbes, des Materials aller göttlichen Statuetten. Seine Stirn ist hoch und weit und umfaßt die menschlichsten Dinge, die Perlenkette der tabetischen Primadonna wie das Dekokt des besoffenen Kurpfuschers, den Harlekin der Straße wie den Dementen im Winkel der Krankenhäuser. Er kann sich so lächerlich machen, daß er mit jeder Geste seiner Hand an das Zwerchfell der versammelten Zuschauer rührt. Dann wird er zum Buckligen (zugleich hochgewachsen), der eine Rose im Knopfloch trägt und einen Orden auf dem Gesäß. Sein Gesicht leuchtet roter als Mohn, täuscht alle Farben vor, grau, violetten, hat den Perlmuttglanz venezianischer Schultern und schreit sich wie ein Marktschreier in die lachlustigen Herzen der Zuschauer. Die kleinen Mädchen werfen Äpfel nach dem Bauch seine Hänge-Hose, Steine werfen sie nach dem Schwein, das er sich als Haustier hält. Aber der neue Mensch entkleidet sich aller Häute, aller Brillen, Perücken, Postichen und Schürzenbänder — er tritt von der Bühne, die er für nötig hält, mit wachsamem Schritt: sieh da der neue Mensch, welch ein Held bleibt er inmitten der grausamsten Lächerlichkeiten, welche Kraft in seiner Hose, welche Erhabenheit in seiner Armmuskulatur — er ist es, der den Menschen ihre Würde zurückgibt und sie in ihrem Elend aufzurichten sucht. Wenn er von den Malern erzählt, die die Madonna malten, weil sie sich in göttliche Augen verliebt hatten (wer verliebt sich heute in göttliche Augen), fallen alle Steifheiten von seinem Buckel und dem Buckel der Umstehenden. Seine Stimme ist in der Glocke, die man über dem Marktplatz läutet — ave, ave Maria. Der neue Mensch ist nicht für oder wider, er kennt keine Schmerzen der Polarität, und Nationalitäten bedeutem ihm längst keine Gegensätze mehr. «Sie irren sich alle», sagt er, «die an den Wert einer aristokratischen Lebensordnung glauben. Alle Aristokraten, die wir sehen oder gar die Aristokraten der Bildung, des Reichtums, des Namens sind *wertlos;* denn es gibt nur die eine Seele, den einen Elan, die eine Tapferkeit, die jeder Mensch besitzt. Alle Pluralität ist ein Geschwätz und noch kein Treppenwitz der Weltgeschichte — ein Affe, der sich putzt, ist darum nicht mehr als sein Nachbar. Ja — so — ganz gleich tut ihr es mit angenommenen Eigenschaften, die ihr überschätzt — und wer sich nicht an einsamen Seen auf die Kiesel geworfen und seine Knie zerfleischt hat, ist ein Dieb am Leben. Falsch ist der Gedanke, daß mit der Macht der Geistigen eine Verbesserung der Welt erreicht werden könne — ach das Gegenteil wird sein; denn wir kennen *die kleinen Arroganzen der Geistlinge* und umgeschlagenen Literaten, die ihren dyspeptischen Tenor wie ein kostbares Wickelkind durch die langweiligen Räume der Revuen tragen, ohne der Langeweile Weisheit jemals begriffen zu haben. Die Macht ist Attribut und Glanz des Bösen und darum erstrebenswert (auch für die Frommen, die doch nur leben, weil es Böses gibt). Wem fehlte nicht bald in euerer Welt das schöne und grausame Vergnügen, mit Dickteufeln zu kämpfen? Verbessern? O – mon chéri – verbessere jene force extraordinaire deiner Seele und vergiß nicht, daß sie zugleich deine force sexuelle ist. Glaub nicht an das Geschrei der Kastraten und Schwachbrüstigen, die die Folter aus der Welt schaffen wollen und denke an die Memoiren des Totenhauses.»

Der neue Mensch glaubt nicht an die Phalanx der Geistigen, da er alle Schlachtordnungen in seinem Herzen trägt.

III

Der neue Mensch glaubt, nur einen Kampf zu kennen, den Kampf gegen die Trägheit, den Combat gegen die Dicken. Es handelt sich um das alte Gefecht der Dünnen gegen die Dicken, mein lieber Paul Beyer. Ronsard singt ein Lied gegen die Schwerköpfigen, die Igel, die Pfosten und Felsmauern – und so wünscht sich der neue Mensch das Schwert St. Georgs für seinen Drachen. Er sieht einen Baum an und findet, daß er nur die Fiktion eines Baumes vor sich hat, denn er sieht nur den Elan jeder Zelle, groß zu werden. Ein Baum, scheint ihm, ist nur Leidenschaft und Sehnsucht nach der Krone. Ja – er – der demütigste Mensch sucht sich seine Feinde (die rachitischen Möpse und Jungfern, die Pfäfflein der Temperamentlosigkeit), und er hat eine ausgemachte artistische Befähigung, sich seine Bürger aus den Löchern zu jagen. Sein Feind ist der Unehrliche (der neue Mensch ist ehrlich und wahrhaft, ganz männlich, holzgeschnitzt auch in pervertiertesten Lastern), der Halbe, der Dauerlügner und Trunkenbold eigener Hohlheit. Der Feind ist der Rufer an Europa (jener «späte Schwabingknabe») der den Mist seines Hauses nicht entfernt hat – der Rhythmenklüngel und phantastische Verssnob, der Mensch des Morphins, der bewußt Unnüchterne, der Verpester der gleichgültigen Augenblicke. Der neue Mensch, der das Gewicht seiner Persönlichkeit hat, haßt den Klamauk, den unnützen Lärm, das Plärren um des Plärrens willen, alle Faxen erogen excitierter Jugendlichkeit; denn er weiß zu gut, was die Zeit von ihm will – sie will das Männliche und Tüchtige, die Einfachheit, die Solidität.

Simplizität führt viel schneller zum Ziel als eine Verrenkung irgendwelcher Art, und der Eingeweihte bekommt einen scharfen Blick für gestellte Wunderlichkeiten und jonglierte Phantastik; und dies vor allem, es wird ihm zur Pflicht, der neue Mensch macht es sich zur Pflicht: alle Umwege der Artistik versperrt man sich selbst aus angeborenem Ordnungsgefühl und innerer Reinlichkeit. «Träge» nennt der neue

Mensch deshalb alle diejenigen, die unwahr, darum umwegig, harzeliert und verschwommen sind.

IV

Es bleibt das punktum maximum und die Frage aller Fragen. Was ist Demut? Waren die demütig, die die Menschen in naiven und guten Stunden verehrten, Christus, Göthe, Dostojewski? Der neue Mensch schickt sich an, zu antworten: Demütig sind alle die, die an den Sinn der kleinsten Dinge glauben und deshalb eine große Ruhe und gesicherte Erwartung in ihrem Herzen tragen.

Das langsame Wachsen der seelischen Erregung vergleicht der neue Mensch den natürlichen Dingen allein. Er richtet seinen Blick auf die Pflanzen, die an seinem Fuße blühen, und er beobachtet die Organismen, die er mit seinem Stiefel zu zertreten sich hüten muß. Ein Gewitter schwillt an, Wolken sammeln sich über der Stadt, brüllend folgt nun die Detonation. Ein Berg steht auf, dein erstaunter Blick hängt an ungeheuerer Schattenwand, und eine rote Sonne füllet die Welt gleichmäßig mit ihrer Wärme. Das Mannigfaltige aller Bewegungen, den Sturm und die Ruhe der großen Formen, das auf und ab, das hin und wieder, Ebbe und Flut, das Kreisen der Monde — alles umfaßt der neue Mensch mit seiner Seele, die an den Dingen wächst. Der neue Mensch fühlt seine Demut in der Kenntnis der Dinge. Er weiß das Leben der Protozoen, und er kennt das Wachstum der lebenden Substanz bis zu den Gehirnbahnen des Menschen — o — er hat sich vertieft in die barocke Wunderlichkeit ältester Gesteinsformationen, und der Dom von Toledo zählt zu seinen intimsten Freunden und Gesprächsgenossen. Der neue Mensch sagt: Die Modernen wissen von den Dingen nichts, sie haben keine Sehnsucht nach der Rundung der Gegenstände, die Sinnlichkeit der Formen rührt ihre Netzhaut nicht, am trägsten aber sind die Dichter. Mit Versen läßt sich keine Welt erobern. Die Modernen wissen nicht, daß ein Tropfen Wasser den Extrakt aller Dramen Shakespeares enthält, sie wissen nicht, daß der Blick auf ein engbegrenztes Stück Wiese eine Tiefe des Himmels entschleiern kann. Demut ist meine Kenntnis aller Formen und mein Glaube an ihre Göttlichkeit — wie kann man, frage ich, abstrakt sein, malen, schreiben, bildhauern, wenn man nicht Dinge hat, von denen sich abstrahieren ließe.

Der neue Mensch verwandelt die *Polyhysterie* der Zeit in ein ehrliches Wissen um alle Dinge und eine gesunde Sinnlichkeit. Der neue Mensch zieht es vor, ein guter Akademiker zu sein, wenn er die Möglichkeit hat, ein schlechter Revolutionär zu werden. Jenes antike Mädchen bleibt Vorbild, wenn sie sagt: *Nicht mitzuhassen, mitzulieben bin ich da.* Alle Problematik, jeder Satz, jede These kann und darf nur Interpretation dieser Sentenz sein.

V

Der neue Mensch hält folgende Rede an seine Jünger und Zuhörer: Suchet euch einen Mittelpunkt für euer Leben und beginnet wieder an die großen Eigenschaften der Heiden zu glauben. Wo ist euer Plutarch, aus dem ihr lernen könnt, was es heißt, für geistige Dinge zu sterben? Warum rührt es euch nicht zu Tränen, wenn ihr von den Märtyrern lest, die sich für ihre Überzeugung rädern ließen – warum habt ihr keinen Begriff von der Schönheit und dem Mut jener Jeanne d'Arc, warum fallt ihr nicht auf dem belebten Platz auf die Knie wie Raskolnikow und schreit: Herr, Herr, schaue auf mich herab, ich bin ein sündiger Mensch. Ihr habt kein Verhältnis zu den Dingen, ihr seht über die kleinen Dinge hinweg zu großen fiktiven Bergen – ihr sucht den Heiland in aller Welt und denkt nicht an euer Herz, das in ängstlicher Brust der Erlösung entgegenschlägt. Warum denkt ihr nicht an den Tod – jenen großen allmächtigen Tod, den Tod der spanischen Stierarena, den Tod der antiken Relieffe, den Tod der Cholera und Beulenpest – warum denkt ihr nicht an ihn, der die Glieder auseinanderreißt und die Familienmitglieder in Mordsucht aufeinander hetzt? Warum denkt ihr an nichts, was die Welt groß und furchtbar macht? Wie? Seid ihr nicht klüger als der kleinste Medizinstudent und naturwissenschaftliche Figurant, der eine physiologische Angelegenheit aus dem Leben der heiligen Mutter macht? Der neue Mensch weiß den Tod zu fürchten um des ewigen Lebens willen; denn er will seiner Geistigkeit ein Monument setzen, er hat Ehre im Leib, er denkt edeler als ihr. Er denkt: Malo libertatem quam otium servitium. Er denkt: alles soll leben – aber eins muß aufhören – der Bürger, der Dicksack, der Freßhans, das Mastschwein der Geistigkeit, der Tierhüter aller Jämmerlichkeiten.

1917

WALTER MEHRING

SENSATIONELL SENSATIONELL

ENTHÜLLUNGEN

Historischer Endsport mit Pazifistentoto

ΔΙΚΑΙΟΣ ΛΟΓΟΣ
ΑΔΙΚΟΣ ΛΟΓΟΣ
ΑΔ. φέρε δήμοι φρασσν
συνηγοροῦσιν ἐκ τίνων;
ΔΙΚ. ἐξ εὐρυπρώκτων. ΑΔ. πείομαι.
τί δαί; τραγῳδοῦσ' ἐκ τίνων;
ΔΙΚ. ἐξ εὐρυπρώκτων. ΑΔ. εὖλέγεις.
δημηγοροῦσι δ'ἐκ τίνων;
ΔΙΚ. ἐξ εὐρυπρώκτων. ΑΔ. ἆρα δῆτ'
ἔγνωκας ὡς οὐδὲν λέγεις;
καὶ τῶν θεατῶν ὁπότεροι
πλείους σκόπει. ΔΙΚ. καὶ δὴ σκοπῶ.
ΑΔ. τί δῆθ' ὁρᾷς;
ΔΙΚ. πολὺ πλείονας, νὴ τους θεούς,
τοὺς εὐρυπρωκτους.

Die Popularität einer Idee resultiert aus der Verfilmungsmöglichkeit ihres Anekdotenschatzes. Der Dadaismus als Weltprinzip, das heute in Weimar putscht, morgen die Brotkarte «Goethe» ausgibt und übermorgen beim Scheich ul Islam Hammelbraten luncht, füllt die Kinokassen der kommenden Saison. In Irrenhäusern und maisons de santé gehen aber noch täglich Menschen an der Fiktion zugrunde, es handle sich um eine ästhetische Kunstrichtung, die man im Anhang der Literaturgeschichten unter «Unsere Jüngsten» oder in Seitenkabinetten von Novembergruppen suchen müsse. Daher präge man sich schon jetzt den Satz ein:

DADA ist das zentrale Gehirn, das die Welt auf sich eingestellt hat.

Es wird bereits in der ersten Dynastie DADA in allen Schulen, auf Tag- und Nachtgeschirren, Museen etc. den Denkspruch: Feste druff! ersetzen. Seit seine Balkanabteilung * (Hausmann-Tzara) mit dem Wiener Bankverein und der italienischen Banca Commerciale das albanische interregnum startete und seine Missionstätigkeit unter den schiitischen Bektatschis begann, dämmert die Erkenntnis selbst im schlichten Börsenjobber: Vertreter dieser Riesenbewegung sind nicht in einem Plausch à la Eckermann, noch weniger in Hardeköpfen oder den beliebten: Wie Ich-Wurde politischer Provinz-Stars zu erschöpfen.

Die Annalen des Club DADA bestimmen die Denkarbeit vieler Generationen, die zum ersten Male rein praktisch jede Möglichkeit von Weltkriegen nimmt. Sie führt die Erde bis zur

transzendenten Pollution

im Geiste des Dadaismus.

* Siehe Piesecke: Circoscrizione dei communi del regno d'Italia e DADA

Während man augenblicklich Deutschland wie eine Zwiebel enthäutet *, um schließlich hinter sein verschämtes Nichts zu kommen, zieht die doppelte dadaistische Buchführung den Strich einer neuen Zeitrechnung, deren Berechnung zwar auf seine Initiative in den astrologischen Observatorien Chinas und Berlins geschah, deren Realität aber im Erlöschen des traditionellen Kulturkomplexes einsetzt.

Le monde est mort, vive le monde.

Aus der Asche der Gelehrten und Theologen, die sich noch um den Primäraffekt: Bibel oder Darwin prügeln, erhebt sich unser Phönix-Doppeldecker Dada mit der Forderung zur neuen historischen Einstellung (Weitergehen, Nicht Stehenbleiben!). Der Praedada umfaßt die Blamage des Jahrhunderts, das unfähig war, das zwanzigste zu werden. Europa ahnungslos fraß literarische Mürbekuchen, obgleich die Massengräber schon vor der Tür standen. Besessene taumelten zwischen der Christian science und dem monistischen Jahrhundert. Aus den Fäkalien der Großen krochen ellenlange Bandwürmer in die Bibliotheken, und in Schlesien dichtete ein Hauptmann mit zwei Köpfen. Eine Schlafkrankheit mit ethischen Trancezuständen und psychoanalytischen Träumen (die Gonoismen als Erreger in den Expressionen der unbefleckten Selbstbefruchtung) verheert die gesamte europäische Geisteswelt. Da braust von den Schweizer Bergen der Ruf wie Donnerhall etc. und in Mailand spricht Eusepia Palladino das Wort Dada **. Der blonde Messias Mr. Richards Wilson-Boche verschiebt das langbehütete europäische Gleichgewicht in den Brennpunkt seines orthozentrischen Monokels. Aus den Tresors der Intelligenz sind die Geheimmittel tausendjähriger Kulturen geraubt. Die Kunstbörsen stellen ihre Zahlungen ein. Geheiligte Throne fahren Karroussell. In den Villenvierteln der Kapitale weissagt der Architekt der blauen Milchstraße. Kaum ist die Schreckensnachricht von Sarajewo verhallt, schon stampfen die Rotationsmaschinen der gesamten Presse den Ukas des Cabaret Voltaire, ein antitektonisches Ecrasez l'infâme. Die Nationen der östlichen Hemisphäre antworten mit dem Hottentottengebrüll aus den bedrohten Tiefen ihrer kasernalen Krals. Dada lächelt zum Weltkrieg einzig im Besitz der Formel zur Nutzbarmachung angehäufter Geistigkeit. Die Menschen erfrieren mit unterbundener Nabelschnur ihrer gottgewollten Abhängigkeiten, die Christusse sterben zu Tausenden den Opfertod, aber der Platz am Kreuze bleibt unbesetzt. Denn einzig Dada erfand die Synthese des modernen Wesens: l'homme bruitiste sur la base simultane, den samsaro mit Handbetrieb, das aromantische Kataklisma von Asien in Amerika.

Der Weltmarsch startet in der Arena der futuristischen Gegenwart.

* Siehe Jahrbuch für Gynäkologie (1919): «Die Unschuld des Kaisers» und: Ebert: Ein Jahr im Sattel der deutschen Republik.

** C. Lombroso (Nachlaß): Sur les rapports metaphysiques du Dadaisme et spiritisme. (Handschriftlich im Archiv Dada.)

Eines Tages hält eine schlichte Limousine vor dem Weimarer Goethe-Haus, hinter dem *Ganz-Deutschland* die Glanznummer auf dem klassischen Sorgenstuhl verschläft. Inmitten seiner Anhänger prüft der berühmte Weltumsegler Walt Merin den 2-Zylinder-Motor. Im Mundwinkel rückt die Shag-pfeife an und das Startband fällt zur *transasiatischen Expedition* DADA *. Asien ist das moderne Importland für Mystik und Askese. Es beliefert die Wiener Werkstätten mit Mustern. Die Literaturgeschichte mit Ideen überhaupt. Die Einwohner bedienen sich dagegen teils des Bumerangs teils goldener Käfige, in denen sie ihre Dichter bis zum (wörtlichen) Platzen überfüttern. Seit H. H. Ewers dort sein Monokel verlor, droht es, ein zweites Italien zu werden, das unsere Geistesherosse bis zur Unkenntlichkeit befruchtet hat.

Die Beziehungen des gebildeten Europäers zu andern Zeiten und Ländern basieren auf der sadistischen oder masochistischen Triebhaftigkeit seines Christentums. Er ist der Transvestit par excellence. Die Gotik wird tränenden Augs zerschossen, um in Mietskasernen ihre renaissance zu feiern. Germanentum, Romanentum prügeln sich um den Messias jüdischer Herkunft. Sie brüllen Kant, wenn sie Luther meinen, und Ethik statt Dada.

Sie sammeln die Skalpe des Negers und kriechen in seine Schurzfelle.

Sie gehen nach Asien, um ihre Nekrophilie zu befriedigen.

Sie können aber bis zum Nordpol rennen und werden sich den Schädel an Dada einbeulen.

Ein Land ist reif für den Dadaismus, wenn es ihn versteht oder ableugnet. Indifferenz ist die oberste Todsünde. Was schert mich Weib, was schert mich Kind, Buddhismus, Pietät. Oder der Fakir – hast du Worte? – hält den Herzschlag an. Oder Kippling, der Mann mit der Wolfszunge. Und Goethes Faust oder der Hintern des La—o—tse. Das ist gehuppt wie gesprungen. Aber Farbe bekennen to be da – da or not to be DADA où la vie die Entscheidung auf der Luna-klinge. Deine Rede aber sei Da da und was darüber ist, nenn's Kunst, nenn's ethisch, metaphysisch, kallipygos, die Firma bleibt: Schall und Rauch.

Dada treibt Politik, wie man müllert.

Die Eroberung Asiens schmerzlos ohne Blaukreuz allein mit dem Rekordbrecher. Die Expedition beginnt am 30. August unter Glockengeläute der Schlacht von Tannenberg und endet in die Glanztage der ebertinischen Stuhlbesteigung. Sie löst in wenigen Monaten spielend die schwierigsten Aufgaben wie 1. Auffindung der Quellen der Steinerschen Theosophie, 2. Versuche mit Einimpfung von Antipsychin (Dadalymphe).

3. Herstellung des 11½ stündigen Pathé-freres-Films (the greatest image of the world).

Bild 1. Walt Merin, der Leiter der Expedition, wird von Unterarzt

* Merin: In der Opellimousine von Weimar bis Fe-san-pô.

Huelsenbeck auf Tropenfähigkeit untersucht. Seine Leutseligkeit: er klopft dem Monistenwachtmeister Ostwald (ältesten etatsmäßigen) auf die Schulter.

Bild 2. Die Opellimousine 606 und ihr Erbauer.

Bild 3. Nach Osten! Walt Merin als Gast des siegreichen Hauptquartiers in Ortelsburg. Oberst v. Brausemüller begrüßt ihn als schneidigen «Sänger von Tsingtau».

Bild 4. Ueberschreitung der Feuerlinie. Soirée Dada im Kreml. Besichtigung der Tolstoischen Gemüsezucht. Illuminierung der Uspenski-Kathedrale mit Magnesia-Wunderkerzen. Sympathie-Telegramme an Andrew Carnegie, das Prager Rabbinat und den Präsidenten des Erdballs.

Bild 5. Die Ostasiatische Gesellschaft protestiert gegen die Verhunzung asiatischer Kultur durch Dadaismus. Deutsche bei der Verfertigung von Hindenburgflaschen in den Konzentrationslagern von Krasnojarsk. Ein Gruß aus der Heimat! Leutnants der dritten Husaren brechen bei den Grammophonklängen von der schönen neuen grauen Felduniform in Tränen aus.

Bild 6. Die Wüste Gobi in bengalischer Beleuchtung. Wettlauf der Eingeborenen um den Kleistpreis und das E. K. II. Der Phallus des 67-jährigen Shintopriesters Tu-fu-tsin. Iinrikischakulis bestaunen Merin bei seiner morgendlichen Dadagymnastik. Begrüßung in Peking durch den Dadalai-Lama zur Stiftung eines Hausmannschen Klebetriptychons. Aufführung von Simultangedichten im Lung-fu-ße-Tempel.

(Grammophoneinlage.)

235 Chinesen, darunter 37 Straßenkehrer, musizieren auf ihren Gongs. Der Klang von 40 aneinanderschlagenden Gauklerschädeln. Walt Merin gibt seine Kasernenhofblüten zum besten. Ein interessanter Kampf mongolisch-preußisch: Plempe gegen Bambusrohr.

Bild 7. Seefahrt nach Japan (von einem Flugzeug der Kiautschoubesatzung aufgenommen) Kioto. Merin wird beinah gelyncht. Man hält ihn für den Chinesendichter Doeblin! Japanische Jugendwehr beim Exerzieren und Abkochen. Kunstschüler überreichen einen Buddha, der beim Aufheben Jesus, meine Zuversicht spielt. Herrliche Naturaufnahmen vom Fusiyama mit den Reklametafeln Amol tut wohl. Die Geishagirls. Merin beim Krabbenfang.

Bild 8. Die Nacht in Tokio. 10 Paare vollführen die 64 Liebesstellungen.

Der Tschuo und Mainitschi bringen spaltenlange Berichte. Ueberall auf dem Archipel stehen erregt debattierende Gruppen um die stündlich ausgegebenen Bulletins

Dada in Japan

(Eigene Drahtung)

1 Dadatag = 7 Erdumdrehungen.

Die ganze Stadt war mit herrlichen Papierdadas geschmückt. Auf den

Straßen wurden die Köpfe unserer Führer auf kaiserlich Japan als Fond für den Missionsdada verkauft. Den Fremden bot sich

ein schauerlicher Anblick.

Zwei Dichter und ein Maler, die bei der Abfassung von Pamphleten betroffen waren, wurden bei lebendigem Leibe genagelt. Um 10 Uhr sichtete man in Yokohama die ersten Dschungken, auf deren jeder ein Kormoran saß, der nach Fischen tauchte und Da—da— schrie. Am Strande winkten die Geishas mit ihren Kimonos. Edle Samurais warteten sporenklirrend zur Begrüßung. Walt Merin verlieh ihnen darauf sofort ein Monokel und den Dadaorden in Form eines Glasauges. Der Zug wurde von einem Bataillon Boxer eröffnet, die im Marschtakte rülpsten. Und die Bonzen hatten sich Lampions um die rosa Bäuche geschnillt. Beim Nahen der ersten Rikscha brach unter den Zuschauern ein tosender Lärm

von Tausenden von Waldteufeln

los. Merin dankte nach allen Seiten. Er trug einen weißen Zylinder mit grünen Volants. Kleine Kunstschülerinnen umringten ihn und baten um Dadazeichnungen für ihre Malhefte. Viel Aufsehen machte ein Gaukler, der einen Eichbaum aus dem Gesäß wachsen ließ, in dessen Zweigen Nachtigallen sangen. Beinah kam es zu einem blutigen Zusammenstoß mit einigen Taifunisten (einer Sekte expressionischer Kunstbonzen), die demonstrativ entgegenzogen und das Hohelied des Preußentums* sangen. Sie wurden von den Boxern mit wenigen Jiu-Jitsugriffen auseinander getrieben. Die Dadaisten aber tanzten in den Straßen von Tokio und brüllten

su-tling hoêi-pi
Achtung! Wer weitergeht, wird erschossen!

2. Dadatag = 13 Tagen M. E. Z.

Die Reihe der Sehenswürdigkeiten eröffnete eine Wallfahrt zum Felsentempel, wo der Pagodenheilige auf den Elefanten im Glaskasten thront. Nach Einwurf von einem Yen erscheint er im Nordlichtglanze und spricht Ra Ra. Merin tätschelte ihm die Backen, worauf er noch etwas über die Metaphysik der sphärischen oder Dadalaute und der submarinen AR- oder Magenlaute zum besten gab. Merin mietete für eine Nacht das Yoshiwaraviertel. Die Mädchen wurden in Reichswehruniform gesteckt, und die Dadaisten nahmen auf Maultieren unter Absingung des niederländischen Dankgebetes die Parade ab. Bei jedem Akte mußten sie «Durchhalten!» schreien. — Im Teehaus zur subkutanen Injektion lebte der uralte Dadayati, dem der Bernstein schon aus den Augen tropfte. Er hatte noch Chamisso gekannt und sagte gegen Trinkgeld Goethes Suleika auf. Als Merin ihn unter dem Bockskinn krabbelte, blies er seine resedafarbenen Hautlappen auf und explodierte unter großem Gestank.

* vgl. H. Walden, Kunsthandlung. Anm. d. Herausg.

Und am fünften Tage des fünften Monats, dem noborino sukku saß Walt Merin vor dem Shintomiratheater und 15 Geishas mit den kleinsten Füßen bewirteten ihn mit Milchreis und Tee und kraulten ihm seine herrlichen Fußsohlen. Und er spielte auf einer Siao-Flöte: Wenns die Soldaten durch die Stadt marschieren . . . und die Dadaisten begleiteten ihn auf Pî-p'â's und Ku-Kin's und Tang-lôs und Sheng's. Dann schritt er auf dem Blumensteg zur Bühne und sprach (leise anschwellend, sonor) folgende Original-Dada-Dichtung japanisch:

hong-ti
hong-si
akatsuki
tanna tanna
tariya-ranna
tarachiri ra
Thó-Thi-Kong DADA.

Der Abschied gestaltete sich sehr feierlich: dreißig japanische Klischnigger begleiteten in Froschmanier die Dadaisten zum Hafen, wobei sie eigentümlich balzende Laute von sich gaben. Die kaiserliche Kapelle blies: «Es gibt ein Wiedersehen» und lange bemerkte man noch die wahnsinnigen Sprünge harakirimachender Greise.

Damit beginnt der *Dadarückmarsch* über Tibet unter Führung der Dadaisten Tsei-fu-tin (China) und Mihomati (Japan). In einem schattigen Seitentale des Nan-schan erreicht eine Abordnung Ceylonischer Wedda's, die den Kuhschwanz (Dada) heilig halten, die Expedition. Das Schreiben, das auf dem linken Hinterbacken eines Kriegers eingeritzt war, lautet:

Dada bedeckt die Blöße der ganzen Welt.

Der König von Kuhschwanz' Gnaden wünscht dem Dadahäuptling Heil und Sieg.

Als einer der wichtigsten Zeitdokumente – neben dem Hado und der Versailler Stammtischrunde – gilt die Merin'sche

Osterbotschaft der großen Gründung
Hydraulisch in schattiger Lage. Verlangen Sie
Prospekt Ozon!!
Bisher ist das Zusammenleben der
Menschen von vegetativer Zufälligkeit.

Der Großstadtsumpf, in dem heterogenste Elemente stagnieren. Man träumt vom süßen Mädel, das am andern Ende wohnt, aber nebenan kotzt der dicke Reichspräsident sein Salvatorbräu aus. Man hat den erlösenden Menschheitsgedanken, aber die Schreibwarenlager feiern Sonntagsruhe und die Gläubigen schwofen am Spandauer Bock. Die schönen Seelen finden sich nicht, die eine oxydiert schon in N.O., die andere kegelt noch ahnungslos in W.W., aber nie Dada. Abhilfe ist möglich! Aber

??? Was ist Dadayama ???

Dadayama ist vom Bahnhof nur durch ein Doppelsalto zu erreichen. Dadayama hält das Blut in Wallung. Teils Stierkampfarena, teils Nationalversammlung, auf Eiffeltürmen der Welt von Eisenbeton und in den Tiefen des Lasters bei Opium und Burgeff-Grün *ständig in Betrieb*. Jede Stadt hat ihre Dadakulmination. In Dadayama kulminieren alle Städte, Revolutionen, Unzucht, Terror, Flaggellation. Gepeitscht durch Alleen russischer Dampfbäder du schwankst im Mondschein, schon plumpst du ärschlings durch die Falltür im Hyazinthenbeet. In Sackgassen, wo das Laternenlicht zu ff. Alpenmilch kondensiert, brüllt plötzlich ein Rumpf ohne Kopf und Unterleib. Dadayama behütet deinen Schlaf, reguliert deine Träume besser als Psychoanalyse homöopathisch. *Dadayama ist die erste Kolonie Dada*. Unter Mitwirkung von elftausend chinesischen Steinträgern erstehen die markantesten Straßenbilder wie die Berliner Friedrichstraße, die New-Yorker 5te Avenue, München-Schwabing und die Kölner Blutgasse in 41 Dadatagen. Zur Erhöhung der Vitalität ist die Anlage labyrinthisch gehalten und der Verkehr (1 Schwebebahn, 15 Rutschbahnen, 31 Berg- und Talbahnen) gestatten das Auf- und Abspringen nur während der Fahrt.

Mit Riesencomfort (Großluftschiffahrtskanal, automatischen Kirchenorchestrions, heizbaren W.C.'s pp.) vor allem das Wunderwerk moderner Technoplastik die elektrische Reklametrommel!! Nach jedem Bum-Bum transparente Ankündigung 5 Meilen im Umkreis sichtbar — spottbillig gleichzeitiger Akkumulatoranschluß für dreitausend bewegliche Figuren in allen Gegenden. Man frage nach Ursel! (Universal round sailing electrical) *atour of Dreamland!*

Rund durch Dadayama

!! (Tickets an der Hauptkasse im Palast Walt Merin) !!

Explosionsmotoren. Einphasiger Wechselstrom. 11 000 V. Achtung, Drahtleitung nicht berühren! (Elektromassage der lebende Leichnam.) Rechts sehen Sie das Wellblechviertel, zentrifugale Dichterspeisung, 4 Transformatoren für überspannte Gemüter. Links sehen Sie, rechts sehen Sie O Täler weit, o Höhen bis zum Himalaya und Sie landen parterre. Beim Ankersteinbau säbelt der kleine Mörder aus Wachs. (Haben Sie Bettnässen????) Kein Wattverlust. Enorme Stromersparnis. Der Gipfel der Ehrlichkeit. 5 % über dem Meeresspiegel. Und unten links Ein Blick aus der Vogelperspektive und unten links und oben rechts der Stadtbahnhimmel asphaltisch gewellt. Sie blicken in Spielhöllen. Paradiesbiergärten Eden-Hôtels, Masochistenkasernen tagelang vielleicht, bevor Sie einem lebenden Wesen begegnen. Jemand empfiehlt Ihnen Lecithin. Wir kurieren besser à la Lahmann. Erfolg garantiert 3 Wochen vor und nach Gebrauch. Schon nimmt Ihr Hirn die steilsten Kurven. Durch Freudparks sexualsymbolisch rund (die Analogen sind den Schutzmitteln des Publikums empfohlen). Hartgummi gegen Kurzschluß. Und die Dynamos schwitzen Blut. Und Wiesengrün und Atemnot. Und Weltpanorama und Angstgefühl. Dadayama reinigt den Magen von Zwangsvorstellungen! Z. B. Ein Brandmauer kommt von oben herunter mit Riesenaffichen.

Sechs sieben Etagen immer mehr . . .

In der 21ten liegen Kontors in grellem elektrischem Licht.

Die doppelte Buchführung schließt mit einem Saldo von Blut.

Ein Mann hängt gebrochenen Rückgrats über dem Drehstuhl.

Am siebenten Wirbel befindet sich ein talergroßer lila Fleck mit grünen Rändern.

(Steht im Bericht der Mordbereitschaftskommission.)

O Christi Barmherzigkeit! Kapitalist. Er tritt mit Todesschrei ins Leben.

Gott verläßt die Seinen nicht.

Die Anteilscheine flattern zurück zum dreifach vernieteten Arnheim (der Mord von rückwärts!).

Ein Druck auf die Alarmglocke verständigt das nächste Polizeirevier.

Policeman und Polente rückt an.

Zwei haben Lunte gerochen und türmen.

Die Gerechtigkeit nimmt ihren Lauf – wie immer in verkehrter Richtung!

Schon schleppt man Sie vors Tribunal. Schon transpirieren Sie auf dem Schafott. Vergeblich windet sich Ihre Unschuld in der Indizienkette und Sie bereuen zu spät: ein gutes Pneu ist das beste Ruhekissen.

Und der Motor verdoppelt die Tourenzahl.

Die Reeling schaukelt auf dahinter Hamburg. Im Seltergebrause dunkelt der Ozean. Die Imaginärkaschemmen der Vorstadt Dada mit den Kunstfabriken (Herstellung von täglich 10 000 Klebebildern auf Schnelldruckpressen und Export in alle Länder. Jedes außerhalb entstandene Kunstwerk wird nach Magistratsentscheidung für Schmeißbuden angekauft) und – jeden Sonntag bruitistische Volksandacht beim Buddha mit den Grammophonen.

Die Rundfahrt durch Dadayama vermittelt das anatomische Bild.

Das besondere Konstruktionsphänomen bedingt die orthozentrische Einstellung Ihres Bewußtseins, daß es gerade auf *Sie* ankommt, und der Hebel A schaltet die Passivität der Reisenden aus.

Jeder Besucher erhält außerdem folgendes:

Betriebsreglement für Dadayama.

DA 1919 I 138/61.

Achtung bei trübem Wetter auf die öffentlichen Kinovorstellungen mit den Wolkenprojektionsapparaten des Heartfield-Merin Mutoscop concerns!!!

Die Gasometer arbeiten nach patentierter Erfindung (DADA.R.P.) unter Mitwirkung aller Einwohner!!!

Sexuelle Handlungen finden allein statt in dem großen Glasbordell mit den Sexualschaukeln und Rängen der Voyeurs (Entwurf Brunhold Taut) und im Tempel der Selbstbefriedigung (Fetischisten, kauft nur Obersky-Korsetts!).

Zu diesem Behuf haben sich alle Einwohner zweimal monatlich vor der Untersuchungskommission im reingewaschenen Zustande zu melden.

Die Erreichung der Pubertät berechtigt zum Einjährig-Freiwilligen.

Gerichtliche Entscheidungen werden nach den Regeln des internationalen Londoner Boxingklubs getroffen. Anstelle der Freiheitsstrafen tritt die öffentliche Auspeitschung.

Die Ueberschreitung des 50. Lebensjahres ist nur Ehrendadas gestattet.

Dadayama im Hornung.

Mit der Anlage Dadayama stellt Merin den neuen *Gründerweltrekord* auf, der in allen zivilisierten Ländern, Deutschland ausgenommen, berechtigtes Aufsehen erregt.

Jetzt beginnt sich auch *Amerika* zu interessieren. Die Bethlehemsteel A.-G. will Dada zur Panzerplattenreklame aufkaufen, und Wilson warnt vor Gebrauch der Punkte des dadaistischen Zentralrats (Deutschland). Die Dadaisten antworten mit der Drohung, ihm das Weiße Haus grün anzustreichen. Eine Schwestergruppe amerikanischer Künstler zeigt zum ersten Male ihre *camera works* (Verwendung photogoraphischer Platte zu Simultanbildern) und die Presse schickt als Vertreter den bekannten Zeichner und Reporter

Böff

in den Goldgräberbars auch unter dem Namen Marschall Groß bekannt (Direktor der Edison-Yoga-kult A.-G. verfertigte das Standartwerk Deutschland, das mittels Motorantrieb vom Siegerrausch zur Revolution gebracht wird). Im Jahre 1916 vollzog er seinen endgültigen Uebertritt von den U.S.A. zum Dadaismus. Verhandlungen über den Ankauf des Buches *Hado* (Copyright by Baader, Oberdada, Präs. d. Erdb.) zwecks Aufstellung im Senat zu Washington (Bevollmächtigter Ben Hecht) zerschlagen sich zwar, aber die Zeitungen wetteifern weiter in sensationellen Artikeln über Dadasoireen und ihre Vertreter, vor allem die Person des großen Weltumseglers.

Die Melbourner Mittagszeitung (Australien) berichtet in dem ausführlichen Interview eines findigen Journalisten

the king of the founders 9. Nov. 18.
(Kabel):

Nach dreiwöchentlichen Mißerfolgen erreiche endlich auf Pumpstation der sibirischen Bahn eine Unterredung mit dem Gründerkönig. Während ich in einem schmalen Abteil des Salonwagens antichambriere, teilt sich plötzlich die Wand und ich sitze *ihm selbst* gegenüber. Der erste Eindruck ist eine agile Persönlichkeit, combination von cowboy und Fakir in hellem Nankinganzug. Auf dem Tisch stehen Photographien berühmter Dadaisten, Agitatoren etc. mit eigenhändiger Unterschrift, darüber zwischen den Fenstern ein Plan Dadayamas nach Merinschen Angaben: Lichtbildaufnahmen der Stadt in etwa 100 Schichten übereinandergeklebt sind aufklappbar wie ein anatomischer Handatlas.

Während der kurz bemessenen Zeit arbeitet er noch unaufhörlich in einen Parlographen.

time ist nicht nur money, sondern noch wertvoller Dada, bemerkt er lächelnd.

Noch heute (beginne ich) gibt es soviele Auffassungen vom Dadaismus wie Menschen. Läßt sich ein Kriterium kurz präzisieren?

Unter dem planetarischen Einfluß von Mars, Merkur und Mondhypertrophie tritt von Zeit zu Zeit Verfilzung des Gehirns zu intellektuellen Weichselzöpfen ein, d. h. die Drähte berühren sich und die Menschen halten das individuelle Schädelbrummen für göttliche Offenbarungen, statt auf die realen Klopfzeichen zu achten. Dada wird durch einen einzigen Handgriff eingeschaltet und verstärkt die Morsezeichen zur Tonstärke explodierender Handgranaten.

Verwenden Sie irgendwelche Bekehrungsmittel und welche?

Dada verzichtet im Prinzip auf terroristische Maßnahmen, bedient sich ihrer aber als vitales stimulans nach dem l'art pour l'art-System.

Welchen Einfluß hat die Einführung des Dadaismus auf den Gesundheitszustand der Bevölkerung?

Allerdings wächst die Sterblichkeitsziffer im Anfang rapide, sobald aber die Körper auf die Hochspannung trainiert sind, schlägt sie in niedagewesene Uebervölkerung um.

Basiert Ihre Bewegung auf geheiligten Traditionen?

Dada lehrt die Höherentwicklung des Individuums, aber nicht im Darwinschen Sinne, sondern datiert sie von der Erschaffung des Dadaismus.

Wenn er spricht, habe ich Muße, ihn zu betrachten. Sein Ausdruck wechselt von blutigster Raubtierenergie zu knabenhafter Anmut. Als ich nach seinem enormen Fingerring blicke, in dessen Fassung ein weißer Tropfen zittert, errötet er: «Eine Erinnerung an Japan.»

Zum Schluß frage ich noch etwas über die neue Zeitrechnung!

Die genauen Berechnungen fehlen noch. Helfferich, den wir mit der arithmetischen Kleinarbeit betrauen wollten, hat bei unbekanntem Aufenthalte leider abgelehnt.

Ein paar kräftige shake hands und vor dem eigenartigen Menschen schließt sich die Wand, auf der zugleich in Transparent die Worte aufleuchten:

Setzen Sie auf Dada!

Die Welt ist nur eine Filiale des Dadaismus.

Wir zahlen den Einsatz

aller Banken

als Gewinn!

1920

PAUL ELUARD

Dada-Entwicklung

Der Mensch hat Ehrfurcht vor der Sprache und betet das Denken an; öffnet er den Mund, dann sieht man seine Zunge unter einem Glassturz, und das Naphthalin seines Gehirns verpestet die Luft.

Für uns ist *alles* eine Gelegenheit zur Belustigung. Wenn wir lachen, dann entleeren wir uns, und der Wind springt in uns über, bewegt Türen und Fenster und führt die Nacht des Windes in uns ein.

Wind. Die vor uns gekommen sind, sind Künstler. Die anderen sind Bösewichte. Machen wir uns die Bösewichte zunutze, stellen wir uns und auch den Schwachsinnigen an die Stelle des Kopfes und der Hand.

Wir brauchen Zerstreuungen. Wir werden bleiben, was wir sind oder sein werden. Wir brauchen einen freien und leeren Körper, und wir brauchen nichts.

1922

Dada-Gebäck

Der Tisch ist rund, der Himmel ist stark, die Spinne ist dünn, das Glas ist durchsichtig, die Augen haben zehn verschiedene Farben, Louis Aragon hat das Kriegsverdienstkreuz, Tzara hat die Syphilis nicht, Elefanten sind schweigsam, der Regen fällt, ein Auto bewegt sich leichter als ein Stern, ich habe Durst, Luftströmungen sind unnütz, Dichter sind Nadelkissen — oder Schweine, Briefpapier ist bequem, der Ofen zieht gut, der Dolch tötet gut, der Revolver tötet besser, die Luft ist immer zu tief.

All das schlucken wir, und ob wir es verdauen, ist uns völlig schnurz.

1920

MARCEL DUCHAMP

Aussagen

Ich habe mich gezwungen, mir selber zu widersprechen, um
zu vermeiden, daß ich meinem eigenen Geschmack nachfolge. (1)

Ironie ist ein spielsamer Weg, um etwas zu akzeptieren. Meine Ironie ist die Ironie der Indifferenz, ist «Meta-Ironie». (1)

In diesem Leben befassen wir uns nie mit Absolutem, nicht wahr? Wir befassen uns nur mit dem, was sich in Fluß befindet, nicht mit dem, was vollendet und beständig ist ... (2)

Das große Ziel meines Lebens bestand in einer Reaktion gegen den Geschmack. (5)

Der Geschmack erzeugt eine sinnliche Empfindung, keine ästhetische Emotion. Er setzt einen dominierenden Zuschauer voraus, der befiehlt, was er gern hat und was er nicht mag, und der es übersetzt in «schön» und «häßlich». Anders ist es mit dem «Opfer» des «ästhetischen Echos»: dieses befindet sich in einer Situation, die vergleichbar wäre mit derjenigen eines verliebten Mannes oder eines Gläubigen, der automatisch sein forderndes Ich aufgibt und sich hilflos einem vergnüglichen, mysteriösen Zwang unterstellt. (2)

Der Sammler – der wahre Sammler, derjenige, den ich dem kommerziellen Sammler gegenüberstellte, der aus der modernen Kunst eine Wallstreet-Affäre gemacht hat ... dieser Sammler ist, meiner Meinung nach, ein Künstler «*im Quadrat*». Er wählt Bilder aus und hängt sie an seine Wände, mit anderen Worten: er malt sich selbst eine Sammlung. (2)

Die Kritik an der modernen Kunst ist die natürliche Folge der Freiheit, die dem Künstler gegeben ist, um seine individuelle Sicht darzustellen. Ich betrachte das Barometer der Opposition als eine gesunde Anzeige der Tiefe eines individuellen Ausdrucks. Je feindseliger die Kritik, desto mehr sollte der Künstler ermutigt sein. (2)

Den Toten sollte es nicht gestattet sein, so viel stärker als die Lebenden zu sein. (3)

Ich hatte stets einen Horror, ein «Berufs»-Maler zu sein. In dem Augenblick, wo man es wird, ist man verloren ... Ich war nie ein passionierter Maler. Ich hatte nie das olfaktorische Empfinden der meisten Maler. Diese malen, weil sie den Geruch des Terpentins gern haben. Ich persönlich malte zwei oder drei Stunden im Tag und konnte nie schnell genug davon wegkommen. (4)

Ich war unfähig, mich an eine Malerei zu gewöhnen, die mit dem Pinsel wahllos auf der Leinwand herumspritzt. Ich wollte auf eine absolut *trockene* Zeichnung zurückkommen, auf die Komposition einer *trockenen* Kunst: welch besseres Beispiel gab es hiefür als die mechanische Zeichnung? — Ich begann den Wert der Exaktheit, der Präzision, die Wichtigkeit des Zufalls zu schätzen ... (7)

Ich betrachte die Malerei als ein Ausdrucksmittel und nicht als ein Endziel. Als ein Ausdrucksmittel unter vielen anderen, und nicht als Endziel, das ein ganzes Leben ausfüllen soll. Das gleiche gilt für die Farbe: sie ist nur eines der Ausdrucksmittel und nicht das Endziel der Malerei. Anders gesagt: die Malerei soll nicht ausschließlich visuell oder retinal sein. Sie soll ebensosehr die graue Materie und unser Verlangen nach Verständnis interessieren. (7)

Seit dem Impressionismus bleiben die visuellen Produktionen an der Retina stehen. Impressionismus, Fauvismus, Kubismus, Abstraktion — immer handelt es sich um retinale Malerei. Ihr physisches Hauptanliegen: die Reaktionen der Farben, drängt die Reaktionen der grauen Materie in den Hintergrund. Das gilt nicht für alle Vertreter dieser Kunstrichtungen. Einige unter ihnen haben die Retina überwunden ... Männer wie Seurat oder Mondrian waren keine Retina-Maler, obwohl es den Anschein hat. (8)

Die Malerei hat sich heute wunschgemäß vulgarisiert — zum großen Vergnügen des Publikums, welches entzückt ist, in die Arkaden jener Dinge eintreten zu dürfen, die ihm bisher verboten waren. Jedermann hat heute den nötigen Wortschatz, um über die Malerei zu sprechen oder sie wenigstens zu verstehen. Während niemand ein Gespräch zwischen zwei Mathematikern unterbrechen würde, ohne sie lächerlich zu machen, ist es vollkommen normal, beim Diner lange Diskussionen über den Wert jenes Malers im Vergleich zu diesem zu hören. (8)

Alles Wichtige, was ich getan habe, kann in einen kleinen Koffer gepackt werden. (4)

Ich glaube, die Kunst ist die einzige Tätigkeit, durch die der Mensch als Mensch sich als wahres Individuum manifestieren kann. Durch sie allein vermag er das animalische Stadium zu überwinden, denn die Kunst ist ein Ausweg in Regionen, wo weder Zeit noch Raum herrschen. Leben heißt glauben, wenigstens glaube ich das. (7)

Die Produktion einer Zeitepoche ist stets ihre Mittelmäßigkeit. Was nicht produziert wurde, ist immer besser, als was produziert wird. Die wahren Werte sind unberührbar. Übrigens sehe ich nicht ein, weshalb man der Nachwelt das Privileg einräumen soll, zu entscheiden, was gut und was schlecht war. Um so weniger, als diese Nachwelt alle fünfzig Jahre wechselt. Ich sehe aber auch nicht ein, weshalb die Zeitgenossen besser zu urteilen verstünden. Die Idee des Urteils sollte verschwinden ... (8)

Die Kunst entsteht aus einer Reihe von Individuen, die sich selber ausdrücken; darin liegt keine Frage des Fortschritts. Der Fortschritt ist nichts anderes als eine riesige Prätention unsererseits. Es gab zum Beispiel keinen Fortschritt von Corot gegenüber Phidias. Und «abstrakt» oder «naturalistisch» – das sind heute bloß modische Redensarten. Es ist gar kein Problem: ein abstraktes Bild braucht in fünfzig Jahren keineswegs mehr «abstrakt» auszusehen. (9)

Dada war ein extremer Protest gegen die physische Seite der Malerei. Es war eine metaphysische Haltung. Bewußt und intim war es mit «Literatur» verwickelt. Es war eine Art Nihilismus ... ein Weg, um von einer bestimmten Geistesverfassung loszukommen – um zu vermeiden, daß man von seiner unmittelbaren Umgebung oder von der Vergangenheit beeinflußt wurde: um von den «Clichés» loszukommen ... (9)

Was würden Sie als die eigentliche Lösung betrachten? – Offensichtlich kann es gar keine Lösung geben, wenn es kein Problem gibt. Probleme sind Erfindungen des Geistes. Sie sind unsinnig. (4)

Der Futurismus war ein Impressionismus der mechanischen Welt. Er war die strikte Fortsetzung der impressionistischen Schule. Ich war daran nicht interessiert. Ich wollte vom physischen Aspekt der Malerei wegkommen. Ich war viel mehr daran interessiert, in der Malerei Ideen zu kreieren. Für mich war der Titel sehr wichtig. Ich war daran interessiert, daß die Malerei meinen Absichten diente und daß ich wegkam von der Stofflichkeit der Malerei. (9)

Für mich hatte Courbet das physische Pathos ins 19. Jahrhundert eingeführt. Ich war an Ideen interessiert – nicht bloß an visuellen Produkten. Einmal mehr wollte ich die Malerei in den Dienst des Geistes bringen. Und meine Malerei wurde natürlich gleichzeitig als eine «intellektuelle», «literarische» Malerei angesehen ... In Wirklichkeit ist alle Malerei bis in die letzten hundert Jahre literarisch oder religiös gewesen: sie ist im Dienste des Geistes gestanden. Im vergangenen Jahrhundert wurde dieses Charakteristikum nach und nach vergessen. Je sinnlicher der Appell eines Bildes — je tierischer —, desto höher wurde es eingeschätzt ... (9)

Die einzige wahre Kritik, die an diesem Bild («Des nus descendant un escalier») und überhaupt an vielen modernen Werken geübt werden kann, ist die, daß seine Formen ein willkürliches Muster bilden, das um seiner eigenen Schönheit willen betrachtet werden kann, während man die eigentliche Botschaft, die es in sich trägt — die Bewegung — vergißt. (10)

Die wahre Kritik der Kunst muß eine Teilnahme sein und nicht — wie in den meisten Fällen — eine bloße Übersetzung des Unübersetzbaren. (11)

Es sind immer die «Anschauer», die die Bilder machen. Heute entdeckt man El Greco: das Publikum malt seine Bilder dreihundert Jahre, nachdem ihr eigentlicher Urheber sie gemalt hat. (12)

Ich habe immer noch eine entschiedene Antipathie gegen die Ästhetik. Ich bin anti-künstlerisch. Ich bin anti-nichts. Ich lehne mich gegen die Rezeptemacher auf. (13)

Der Wandel ist notwendig. Man könnte heute kein wirklich kubistisches Bild mehr malen. Die Menschheit vermag nichts länger als 30 oder 40 Jahre auszuhalten. (13)

1958

MAN RAY

Einleitung zum Katalog der Man Ray-Ausstellung in Beverly Hills, Kalifornien, Dezember 1948

Von den vielen Fragen, die man an den Künstler stellt, ist die Frage «Wie gelingt es dir, das zu tun» diejenige, die er zuletzt beantworten sollte. Andrerseits, wenn man mich einfach fragt «Was tust du?» bin ich ganz von Ruhe und Heiterkeit erfüllt. Sofort fange ich an, alle meine Geheimnisse zu lüften, meine geheimen Schätze zu zeigen und meine Wünsche klarzumachen, bis zum Überfluß (möchte ich sagen), und ich kehre mich einen Dreck darum, ob es dir zuviel ist und ob meine Geduld dabei flöten geht. Soll der Fragesteller meiner überdrüssig werden und unsicher sein. Das ist besser, als daß er mich anstiert und mich nochmals fragt: «Ist das wirklich alles?» Man weiß nie, ob er genug gesehen hat oder ob er sich nur in Höflichkeit einwickelt. Man darf es deshalb niemals darauf ankommen lassen.

Vergnügen und die Suche nach Freiheit sind die Hauptmotive aller menschlichen Tätigkeit. Wenn man Freiheit haben will, muß man Arbeit leisten; die Suche nach Vergnügen ist eine Art Spiel, was man auch immer dagegen sagen mag. Jede Form von Kritik ist destruktiv, besonders aber Selbstkritizismus. Jede Art von Arbeit und jede Art von Vergnügen sind charakteristisch für ihre Urheber. Würdest du darauf dringen, daß ich meine Art, mich zu vergnügen, ändere oder gar mein Geschlecht? Bedenke, daß die Welt voll von Möglichkeiten ist, sie ist überreich an Material, deinen Geschmack und deine Wünsche zu befriedigen. Es gibt genug Raum für alle.

Wettbewerb, diese schlimmste aller menschlichen Aktivitäten existiert am wenigsten in der schöpferischen Arbeit. Der Künstler ist der einzige richtige Weise. Er nähert sich uns mit einem empfänglichen Geist und mit offenen Händen. Er steht nicht vor Gericht, wenn seine Arbeiten von anderen begutachtet werden. Umgekehrt, der Besucher ist es, der sich der Kritik aussetzt. Dies hat sich wieder und wieder gezeigt.

Man sagt uns, daß die Fähigkeit zu lachen das ist, was die menschliche Rasse von anderen Rassen unterscheidet, daß es das ist, was die menschliche Rasse den anderen überlegen macht. Jedoch – ich habe Esel und Affen in hysterisches Gelächter ausbrechen sehen. Ja, es ist dies: Die Beobachtung der menschlichen Rasse. Was diese unsere Rasse wirklich unterschiedlich macht, und das ist nur bei einigen Repräsentanten der Fall, ist die Fähigkeit, fast unfreiwillig Symbole zu schaffen. So als wenn wir Götter wären, die frei sind von der Notwendigkeit zu überleben. Man kann die Wissenschaft in diese Tätigkeit einordnen.

Aber Kunst hat mit Wissenschaft nichts zu tun. Kunst ist kein Experiment. Es gibt keinen Fortschritt in der Kunst, ebensowenig wie es Fortschritt in der Sexualität gibt. Um es einfach zu sagen: Es gibt nur verschiedene Wege, sie auf die Beine zu stellen. Es mag vielleicht einen gewissen Fortschritt der Individualität geben, aber die Grundzüge bleiben unverändert.

Wenn die Erleuchtung zu mir kommt, benutze ich einen Stock mit Haaren. Dann bin ich ein Maler. Mein Barbier und der Violinist über mir benutzen auch Stöcke mit Haaren. Wir haben viel gemeinsam, aber wir sind auch verschieden. Diese Leute tun ihre Arbeit, so gut sie können. Ich versuche nicht mehr und nicht weniger, als einfach frei zu sein. In der Art, in der ich arbeite; in der Wahl des Objekts. Niemand kann mir beibringen, was ich tun soll, und niemand kann mich beraten. Hinterher können sie mich vielleicht kritisieren, aber dann ist es zu spät. Die Arbeit ist vollendet. Ich habe die Freiheit gerochen. Es war harte Arbeit, aber es hat sich gelohnt.

Niemals, wissentlich oder unwissentlich, habe ich meine Arbeit einer

Jury unterbreitet, nicht mal einer, deren Teilnehmer nach meiner Ansicht gut genug waren, darüber zu urteilen.

Tut, was ihr wollt, sage ich. Rede hinter meinem Rücken, soviel du willst. Solltest du es direkt in mein Gesicht sagen, werde ich vielleicht in deins spucken. Wie könnte man mit dem Gesindel fertig werden, das keinen anderen Ehrgeiz kennt, als «auszustellen». Sehr einfach: Entweder mit Hilfe eines Glücksrades oder für Geld. Das erstere, denke ich, entspricht mehr der Anständigkeit. Ich glaube aber nicht, daß man es je versucht hat. Aber natürlich, da gibt es Preise, die man verteilt. Auch das, natürlich, ist eine Sache des Zufalls. Aber wenn man sagt, daß diejenigen, die die schlechtesten Arbeiten liefern, die ersten Preise gewinnen, wo sind wir dann . . .? Meine Herren, haben Sie kein Mitgefühl und keine Generosität? Der Schuldige verdient eine Vergütung für seinen miserablen Anlauf, man muß ihn trösten. Und — bedenken Sie den Fall, daß derjenige, dem Sie den Preis zugesprochen haben, ihn wirklich verdient — was für ein Triumph für Ihre kritische Kapazität. Denken Sie an die Zahl derjenigen, die durch Ihr Urteil geschädigt worden sind. Das sind die Tatsachen, wie sie sind. Jedoch immerhin, es gibt einen Trost: zum Beispiel dies — alle Meinungen sind zeitgebunden und alle Arbeit ist ewig.

1948

GABRIELLE BUFFET-PICABIA

DER «PRÄ-DADAISMUS» IN NEW YORK

Hätte es in der Welt nicht eine unwiderstehliche Denkströmung gegeben, die seit Beginn dieses Jahrhunderts ihren Ausbruch vorbereitete und sich um Ausdruck bemühte, dann hätte Dada nicht die Bedeutung einer «historischen Bewegung» erlangt, die es heute hat.

Auf den selbstzufriedenen Rationalismus des 19. Jahrhunderts folgte in allen Bereichen des Geistes — in Naturwissenschaft, Psychologie, Phantasie — eine gärende Fülle von Erfindungen, Anregungen und Erkundungen über das Sichtbare und Rationale hinaus und löste allmählich die menschlichen, gesellschaftlichen und geistigen Werte auf, die bis dahin fest gegründet schienen. Wir, die jungen Intellektuellen dieser Zeit, haben alle heftigen Abscheu vor einer so beschränkten Sicherheit und vor dem zunehmenden Scheitern der Vernunft und ihren Erfahrungen empfunden; außerdem vernahmen wir den Ruf einer anderen Vernunft, einer anderen Logik, die andere Erscheinungen, andere Erfahrungen und andere Symbole erforderte, wenn sie Ausdruck gewinnen sollte.

Von der Willkür und der Verlogenheit unserer armseligen Weltschöpfung überzeugt, warteten wir dennoch ergeben auf eine neue Trächtigkeit und suchten eine neue Willkür, die wir völlig neu schaffen mußten, ohne andere Hilfsmittel als die Hingabe an Zufall oder Intuition. In einer solchen Zwischenzeit der Ratlosigkeit und Finsternis erscheinen die begabtesten und wagemutigsten Männer.

Daß ich im Jahre 1908 zufällig einem von ihnen (Francis Picabia) begegnete, brachte mich in Berührung mit einem der symptomatischsten Experimente dieser Geistesverfassung: der abstrakten Malerei.

Seit frühester Jugend hatte mich eine unwiderstehliche Neigung zur Musik getrieben; zuerst war sie eine Quelle größten Genusses, den ich ohne jede Anregung noch Ausbildung, ebenso unmittelbar wie Wärme und Kälte aufnahm; dann wurde sie Gegenstand einer nicht minder leidenschaftlichen Neugier, die folgender in mir verwurzelten Erscheinung galt: der ungreifbaren, aber gebieterischen Wirklichkeit der Klangwelt in mir, der sozusagen viszeralen Vorliebe meines Individuums für diese oder jene Klangfarbe, diesen oder jenen hörbaren Rhythmus. Als ich schließlich in die Gliederung der Töne eingeweiht worden war, in ihre Überführung aus klingendem in «musikalischen» Stoff, gebändigt von Harmonie und Kontrapunkt, die den mehrschichtigen künstlerischen Aufbau bewirken, da wurden mir die Fragen der musikalischen Komposition zum Gegenstand ständigen Staunens und Nachdenkens. Ich war also gut darauf vorbereitet, von den umwälzenden Wandlungen im malerischen Sehen zu hören, die Picabia mir darlegte, und die Hypothese einer Malerei anzunehmen, die aus sich selber lebt, die den Bereich des Sichtbaren zu dem einzigen Zweck ausbeutet, Formen und Farben nach poetischer Willkür zu gliedern, unabhängig von einer Wiedergabe oder Umsetzung der Naturformen, wie wir sie — nach der Gepflogenheit optischer und malerischer Deutung — in den Raum einzuordnen gewohnt sind.

Soll ich gestehen, daß die ersten sogenannten abstrakten Gemälde mich ratlos ließen? Solche Macht besitzen die festgefahrenen Gepflogenheiten von Geist und Sinnen. Im übrigen war bei einigen Studien, die Picabia niemand zeigte, bereits eine völlige Abkehr von der traditionellen Malerei vollzogen, während andere sich zwar auf einem immer weniger fest umrissenen objektiven Grundschema aufbauten, aber erkennen ließen, daß — als Nachklang des Impressionismus — noch die Vorstellung einer Landschaft ihre Struktur bestimmte. Manche dieser Werke, die ich besitze, erschienen mir damals unvollständig und ungreifbar, während sie heute größte Bedeutung und höchste Präzision gewinnen; sie sind ein beredtes Zeugnis für den Willen, die überholten Formeln der Phantasie und des Ausdrucks aufzugeben, für die Bemühung, auf neuen Grundlagen zu bauen, die eine ständige schmerzhafte und quälende Suche im Gedanklichen und Handwerklichen mit sich brachten, und sie markieren die Stationen dieser Suche. Eine eigenartige Zeit der Trächtigkeit und der Anpassung ist es, in der die alten Werke ihre Dynamik und ihre Bedeutung einbüßen, während die neuen Werke nur Wirrnis, Zweifel und Unruhe stiften, solange sich die Geister nicht darauf eingestellt haben und nicht die Spiegelungen geschaffen sind, die ihnen entsprechen.

Im Jahre 1910, anläßlich einer Ausstellung bei Hédelbert, lernten wir durch die Vermittlung seines Freundes Dumont Marcel Duchamp kennen: damals noch ein ganz junger Mann, dessen Gedanken jedoch weit über seine bis dahin geschaffenen, noch unter dem Einfluß Cézannes oder der Kubisten stehenden Werke hinausgingen. Obwohl er den Konventionen seiner Zeit sehr fern stand, hatte er noch nicht seinen eigenen Ausdruck gefunden, was bei ihm zu so etwas wie Ekel an der Ausführung und zu Lebensuntüchtigkeit führte. Hinter der Fassade einer sozusagen romantischen Schüchternheit besaß er einen Geist, der dialektisch höchst anspruchsvoll und auf philosophische Spekulationen und zwingende Schlußfolgerungen äußerst erpicht war. Ich hatte immer den Eindruck, daß die Begegnung zwischen diesen beiden Persönlichkeiten — Picabia und Duchamp — für beide von entscheidender Bedeutung gewesen ist. Um diese Zeit führt Picabia ein recht aufwendiges und ausgefallenes Leben, während Duchamp sich in die Einsamkeit seines Ateliers in Neuilly verschließt und nur mit einzelnen Freunden in Verbindung bleibt, zu denen auch wir gehören. Manchmal geht er in seinem Zimmer «auf Reisen» und verschwindet für vierzehn Tage aus dem Umkreis von Freunden und Verwandten: eine Zeit inneren Ausbruchs, in der sich in einer ergreifenden und bedenklichen luziferischen Inkarnation die Wandlung des «Traurigen jungen Mannes in einem Zuge» vollzieht. Ihre abweichenden Temperamente und Grundauffassungen brachten sie an den Grenzpunkt einer Auflösung der Logik, der unmittelbaren Routine-Logik der Sinne. In ihren Reaktionen waren sie ebenso verschieden wie in ihren Verfahrensweisen; doch ihre Wege verliefen parallel und waren nach demselben Pol orientiert. Picabia überschritt die Grenzen seines Schaffensbereiches durch die Übersteigerung seiner stets unter Hochdruck stehenden lyrischen Ader und überließ sich dem Zufall sowie seinen ungewöhnlichen Phantasiekräften. Duchamp dagegen unterdrückte mit freiwilliger, sozusagen jansenistischer und mystischer Disziplin jeden Aufschwung, jedes Verlangen, jede Freude am Schaffen und zwang sich, um der Gefahr von Reminiszenzen oder herkömmlichen Reflexen zu entgehen, eine Verhaltensregel auf, die dem Natürlichen zuwiderlief. Sie wetteiferten jedoch miteinander darin, paradoxe und zersetzende Behauptungen, gotteslästerliche und unmenschliche Äußerungen zu tun, die sich nicht nur gegen die alten Mythen der Kunst, sondern gegen alle Grundlagen des Lebens im allgemeinen wandten. Oft beteiligte sich Guillaume Apollinaire an diesen Demoralisationsvorstößen, die auch Vorstöße in Geist, witzigen Aussprüchen und Jux waren. Wirkungsvoller als mit Hilfe einer rationalen Methode wurde damit die Zersetzung des Kunstbegriffes betrieben, wurden die kodifizierten Werte der formalen Schönheit durch die persönliche Dynamik, die individuellen Beschwörungs- und Gestaltungskräfte ersetzt. Diese spielerischen Ausblicke in eine unzugängliche Dimension und die unerforschten Bereiche des Seins, diese später nie wiedergefundene Atmosphäre der Neuerung hat, wie mir scheint, alle Keime dessen enthalten, was später Dada geworden, und sogar dessen, was später an neuen Stämmen gewachsen ist.

Auf diese Weise haben bestimmte Postulate Gestalt angenommen, die bald zu Geheimrezepten in der neuen Plastik, der neuen Poetik wurden — Apollinaires «Calligrammes», seine «Poèmes-Conversations» oder Picabias große orphische Arbeiten: «Udnie» und «Edtaonisl» oder auch Marcel Duchamps «Ready-Made». Und vor allem das Eindringen in den plastischen Bereich von «La Machine», der Neuankömmling, der aus dem Gehirn der Männer hervorging, eine echte, ohne Mutter geborene Tochter (wie Picabia sie in einem 1918 erschienenen Gedichtband nannte), die in ihrem Werk eine erhebliche Rolle gespielt hat.

Der heutigen Generation scheint es unverständlich, daß die Maschinen, die die sichtbare Welt bis dahin unbekannter, verblüffender und auffälliger Formen bevölkerten, in den offiziellen Kunstkreisen solange Gegenstand heftiger Ablehnung haben bleiben und ihrem Material und ihrer Funktion nach als wesenhaft antiplastisch haben gelten können. Ich erinnere mich an eine Zeit, in der ihre rasche Hervorbringung als Mißstand angesehen wurde, ja, in der jeder Künstler sich schuldig war, dem Eiffelturm den Rücken zu kehren, als Protest gegen die architektonische Blasphemie, die er am Himmel aussprach. Entdeckung und Rehabilitierung dieser seltsamen Gestalten aus Eisen und Stahl, die sich ebenso durch ihre Konstruktion wie durch die Dynamik der von ihnen hervorgebrachten automatischen Bewegungen grundlegend von den vertrauten Bildern der Natur unterschieden, waren in sich schon ein wagemutiger und revolutionärer Akt — ein Akt freilich, der noch immer der Landschaft und dem Stilleben benachbart gewesen wäre, wäre er nicht über die deskriptive Darstellung hinausgegangen; da die Maschinen jedoch um ihrer selbst willen inthronisiert wurden, sollten sie bald Anregungen hervorbringen, die außerhalb aller Traditionen lagen, vor allem den Vorschlag einer völlig neuartigen, außermenschlichen beweglichen Plastik, den man in den futuristischen Theorien der damaligen Zeit wiederfindet. Anscheinend haben die vielfältigen Möglichkeiten, die dieses unerschlossene Gebiet der Phantasie bot, Duchamp seine eigentliche Berufung offenbart. Man darf sagen, daß Duchamp zu seinem persönlichen Gebrauch eine mechanische Phantasiewelt geschaffen hat, die Ort, Klima und Stoff seiner Arbeiten geworden ist. Als auch Picabia sich von dem Thema der Maschinen reizen ließ, hat er sich seiner nur mit sehr unterschiedlichen Absichten und in humoristischem, symbolischem oder (später) literarischem Geist bedient. So wird er in Stieglitzens Zeitung, *291*, eine Reihe von Gegenstand-Porträts veröffentlichen. Stieglitz wird darin durch einen Fotoapparat dargestellt, er selbst symbolisiert sich durch eine Autohupe und betitelt sich «Der Heilige aller Heiligen». «Die junge

Amerikanerin» (Die Anheizerin) wird eine Zündkerze sein. Diese Gegenstände werden mit der Präzision und der Naturtreue eines Warenkatalogs übertragen, ohne jede Bemühung um künstlerischen Ausdruck. Sie unterscheiden sich nur durch ihre Isolierung und durch die Absichten, denen sie dienen, und stellen die ersten Symptome der Gegenstandskrise dar (entstellte, ihrem eigentlichen Zweck entfremdete Gegenstände), die im Dadaismus um sich gegriffen hat und — mit bestimmten seelischen Abweichungen — im Surrealismus ihren vollen Umfang annimmt. (Das Erscheinen der «Ready-Made» von Marcel Duchamp im Jahre 1913 darf nicht vergessen werden; «Ready-Made»: ganz alltägliche handgefertigte Gegenstände, die er zu «Kunstwerken» erklärt und als solche herausstellt.) Das bedeutet, daß er sie ihres Zweckdaseins entkleidet und ihnen ein neues Wesen einhaucht. Symptomatischer noch ist der «Zuckerkäfig»: ein wirklicher Vogelkäfig, der anstelle von Vögeln Zuckerstücke enthält, die ihrerseits aus Marmor sind. Nicht Mystifikation liegt vor, wie man glauben könnte, sondern ein sarkastischer Konflikt zwischen der Realität der Dinge und derjenigen, die man ihnen aufzwingt; eine Art Vexierbild ganz in seinem Stil, dank dessen er der Allgemeingültigkeit des äußeren Anscheins und den Zusammenhängen der Sinneswahrnehmung entkommt.

Übrigens scheint auf allen Gebieten die Erfassung des «Unmerklichen» die Tendenz des 20. Jahrhunderts gewesen zu sein, was den hermetischen Charakter der dichterischen und der plastischen Künste, die sie verdeutlichen, rechtfertigt und erhellt.

Die Kriegserklärung des Jahres 1914 mußte dieser Periode ein jähes Ende setzen, die von ebenso vielen Entwurzelungen wie fruchtbaren Leistungen gekennzeichnet war, deren Nachwirkung sich auch in unseren Tagen noch nicht erschöpft hat.

Der Ruf zu den Waffen traf jedermann in unserer Umgebung. Diese schlagartige Rückkehr zu den Werten verursachte in unserer kleinen Gruppe heftige Verwirrung. Unsere Welt der Abstraktion und der Spekulation schwand dahin, löste sich auf wie ein Schloß in den Wolken. Zugleich war damit ein Zeichen zu allgemeinem Aufbruch gegeben. Marcel Duchamp, der dienstuntauglich war, bereitete seine Abreise nach den Vereinigten Staaten vor; Guillaume Apollinaire ging zu den Soldaten; Picabia, der nie daran gedacht hatte, seine kubanische Staatsangehörigkeit zu beantragen, mußte auch den Waffenrock anziehen, der ihm schlechter stand als sonst irgend jemand, und wurde Chauffeur eines Generals, bis es eines Tages einem einflußreichen und verständnisvollen Freunde gelang, ihn der Kaserne zu entreißen, indem er ihn mit einem bedeutenden Zuckerankauf in Kuba betraute. Er mußte dazu über New York fahren und trat im April 1915 die Reise nach den Vereinigten Staaten an. Als er in New York ankam und dort Marcel Duchamp und eine Freundesgruppe aus früheren Zeiten wiederfand, vergaß er seinen Auftrag und setzte seine Reise nicht fort. Dieses völlige Unverständnis für die Erfordernisse des Krieges hätte sich sehr ungünstig für ihn auswirken können, wäre er nicht dank des überspannten Lebens in New York krank geworden. So wurde ihm eine zeitweilige Dienstuntauglichkeit zugesprochen, die ihm von Ersatzkommission zu Ersatzkommission bis zur Einstellung der Feindseligkeiten blieb.

Die Jahre 1915–1918, die wir – bis auf einige Unterbrechungen wie eine Reise nach Panama und einen mehrmonatigen Spanienaufenthalt – größtenteils in den Vereinigten Staaten verbrachten, haben in mir trotz der ungewissen Zeiten die Erinnerung an ein erlebnis- und ergebnisreiches Leben hinterlassen.

Freilich kann ich von den Begleitumständen – der Angst der Welt, die jeder, bewußt oder nicht, in sich trug – die Entwicklung der beiden Gestalten nicht trennen, von denen hier vorwiegend die Rede ist: die Entwicklung zu einem Nihilismus, der bis an seine äußersten Grenzen getrieben wurde. Schritt für Schritt habe ich damals die Entwicklung verfolgen können, die für den einen – Duchamp – trotz der Proteste seiner Freunde das Aufhören jeden künstlerischen Schaffens mit sich brachte und die aggressive und humoristische, oft grausame Phantasie Picabias zu einem spielerischen Gemetzel an allen menschlichen Daseinsberechtigungen (vielmehr -entschuldigungen) trieb.

Gleich bei unserer Ankunft wurden wir in eine zusammengewürfelte internationale Clique aufgenommen, die die Nacht zum Tage machte und in der sich Kriegsdienstverweigerer aller Stände und Nationalitäten in einem unvorstellbaren Toben von Sexualität, Jazz und Alkohol zusammenfanden. Eben erst dem Schraubstock kriegerischer Gesetze entronnen, glaubten wir uns zunächst in die gesegneten Zeiten völliger Gedanken- und Handlungsfreiheit zurückversetzt – eine Illusion, die übrigens rasch verflog. Die vielberufene amerikanische Neutralität war in Wirklichkeit nur ein brodelndes Gemisch aller Schlacken des Schmelzofens, der auf der anderen Seite des Wassers loderte. Ein brutales Leben, dem das Verbrechen nicht fremd war. Wir kannten das Opfer eines tödlichen Saufgelages, das zu dem Zweck angezettelt worden war, ihm seine Ausweispapiere zu entwenden. Die Propaganda lief auf Hochtouren, für den Internationalismus ebenso rührig wie für den europäischen Kreuzzug. In allen Gesellschaftsschichten wütete schamlose Spekulation. Kaum war ich an Land gekommen und hatte mich durch meinen französischen Akzent verraten, vertrauten mir der Schuhputzer im Hotel Brevoort, der Friseur im Macy und der Zahnarzt, während sie sich um mich bemühten, als tiefes Geheimnis an, daß ihnen unerschöpfliche Lager an Munition und Gewehren bekannt seien. Sie stellten mir auch einen verlockenden Anteil an ihrem Verdienst in Aussicht, um von mir zu erreichen, daß ich sie der französischen Kriegseinkaufskommission vorstellte, die ihren Sitz im Hotel Lafayette hatte und, glaube ich, zwischen Dollars und Whisky auch ein wenig den Kopf verloren hatte. Vom Broadway aus gesehen, wirkten die Gemetzel in Frankreich wie ein kolossales Werbevorhaben für ein weitgespanntes Handelsunternehmen. Auch die Spionage lief mit vollem Erfolg. Man hatte uns darauf hingewiesen und hinzugefügt, man müsse sich mit seinen Äußerungen in der Öffentlichkeit in acht nehmen. Bald hatten wir damit ein seltsames Erlebnis. Als wir zu einer Cocktailparty bei einer gewissen Mrs. W. eingeladen waren, die sich als Mäzenin für moderne Kunst gab, trafen wir unter den zahlreichen Gästen den Grafen Bernstorff, damals deutscher Botschafter in Washington. Die Dame des Hauses stellte ihn mir vor – mit oder ohne Absicht (?) – und fügte in übertrieben liebenswürdigem Ton hinzu, ich spräche alle Sprachen. «Mrs. Picabia speaks any language.» – «Aber welches ist Ihre Muttersprache?» fragte der Graf äußerst höflich. Und als ich darauf geantwortet hatte, ich sei Französin, woran mein Akzent keinerlei Zweifel lassen konnte, fuhr er in einwandfreiem Französisch fort: «Alors, Madame, vous me permettrez de parler français», und wir unterhielten uns eine Zeitlang in diplomatisch-mondänem Ton, aus dem sich allerdings heraushören ließ, daß wir beide auf der Hut waren. Am nächsten Morgen wurde Picabia zu der französischen Kommission zitiert. Dort wußte man bereits, daß wir Bernstorff bei Mrs. W. getroffen hatten. Wir erfuhren, daß der Mann unserer Gastgeberin vom Vortage einer der wichtigsten Lieferanten Frankreichs für Waffen, Munition und anderes Kriegsmaterial sei und daß Mrs. W. ihrerseits als Geliebte des deutschen Botschafters gelte, was mit Recht ziemlich verdächtig wirken konnte. Man bat Picabia, die Umstände und Mrs. W.s Gewogenheit ihm gegenüber dazu auszunutzen, ihr Vertrauen zu gewinnen und ihre wirkliche Rolle zu ergründen. Natürlich lehnte er alle derartigen Vorschläge ab, und kurz darauf fuhren wir nach Kuba.

Dennoch blieb auf diesem internationalen Jahrmarkt eine Insel der Gnade, wo sich das Leben der Künste und des Geistes hielt und Anregungen empfing, ja sogar außerhalb der offiziellen Kreise und Manifestationen eine ebenso außergewöhnliche wie revolutionäre Tätigkeit entfaltete. Eine kleine Anzahl von Künstlern, die größtenteils aus Europa kamen und deren unbestrittene Größen Duchamp und Picabia waren, scharten sich um Alfred Stieglitz in seiner Galerie 291, Fifth Avenue, und ebenso bei W. C. und Lou Arensberg, aufgeklärten und großzügigen Liebhabern und Mäzenen, bei denen man zu jeder Tages- und Nachtzeit sicher sein konnte, Sandwichs, hervorragende Schachspieler und eine Atmosphäre vorzufinden, die von traditionellen und gesellschaftlichen Vorurteilen frei war. Mit sympathischer, oft ein wenig besorgter Neugier nahm man dort die übertriebensten Äußerungen und Werke auf, die alle herkömmlichen Begriffe der Kunst im allgemeinen und der Malerei im besonderen über den Haufen warfen.

Die Abende im New Yorker Studio der Arensbergs, das bereits voll wertvoller moderner Kunstwerke war, habe ich in bester Erinnerung behalten. Arensberg befreite Cravan aus den Händen der Polizisten und zahlte die geforderte Kaution, als der sich einfallen ließ, sich in aller Öffentlichkeit auf einer Tribüne auszuziehen, von der er sprechen wollte, um die schönen Damen auf der Park Avenue in die Geheimnisse der abstrakten Malerei einzuführen.

Marcel Duchamp fanden wir dem heftigen Rhythmus New Yorks vollkommen angepaßt wieder. In intellektuellen Kreisen ist er der Held der Künstler und der Girls. Aus seiner sozusagen mönchischen Abgeschiedenheit hat er sich in sämtliche amerikanischen Saufereien und Exzesse gestürzt. Doch in der Leichtlebigkeit wie in der Askese ist er nicht minder bewußt und überlegt, und seine Gesten, so ausgefallen sie erscheinen mögen, entsprechen völlig dem Experiment, das er an sich vollführt: eine Persönlichkeit zu erschaffen, die außerhalb der normalen Zufälligkeiten des menschlichen Lebens steht. In der Kunst interessiert er sich nur für die Aufstellung neuer Formeln, die eine Bresche in die Tradition des Bildes und der Malerei schlagen. Trotz des unerbittlichen Pessimismus seines Geistes und der Haltung einer Absage an alles, sogar an sich selbst, die er scherzhaft zwischen zwei Whiskys und einem Kalauer an den Tag legt, ist seine Gleichgültigkeit gegen alle Werte, sogar Gefühlswerte, nicht der geringste Grund für die Neugier, die er in bewundernder Runde erregt, und für die Anziehungskraft, die er auf Frauen und Männer ausübt. Logisch bis ins letzte, wird er bald erklären, daß er auf jedes künstlerische Schaffen verzichte. Und wenn er noch an seiner großen Glasmalerei arbeitet, «Die von ihren Junggesellen entkleidete Braut», die er seit Jahren mit pedantischer Sorgfalt vorbereitet hat, dann deswegen, weil sie ihm noch vor Fertigstellung abgekauft worden ist. Fast wird er sich freuen, als sie beim Umladen zerbricht. Was die Malerei angeht, hat er Wort gehalten und nie mehr einen Pinsel angerührt. Doch in großen Abständen befaßt er sich mit der Anfertigung einiger seltsamer, eindeutig nutzloser und antiästhetischer Gegenstände oder Maschinerien, die einer seiner Darsteller sehr treffend «Wolfsfallen» genannt hat («für den Geist» hätte er hinzufügen sollen). Er betäubt sich am Schachbrett und spielt wie ein Professioneller Tag und Nacht. An den künstlerischen Kundgebungen, zu denen er geladen wird, nimmt er nur teil, um dabei einen Skandal hervorzurufen. So stellt er bei den Indépendants de New York unter der Bezeichnung «Springbrunnen» eine Urinflasche aus, die natürlich verworfen wird. Etwas wie ein okkultes Vorgefühl für Menschen und Dinge wird ihm jedoch außergewöhnlichen Einfluß auf alle künstlerischen Neuerer seiner Generation geben, vor allem bei den Surrealisten, für die er eine Art Symbol geworden ist. Obwohl er nur einen sehr begrenzten Vorrat an gemalten Werken oder erfundenen Gegenständen vorzuweisen hat, ist sein Beitrag erheblich, und der Sicherheit seines Urteils verdankt er, daß er später sogar in offiziellen Kreisen zum geachteten Ratgeber wird.

Gleich bei seiner Ankunft in New York hatte Picabia wieder zu malen begonnen, aber Inspiration und Ausführung seiner Werke nach einjährigem Kriegsdienst lassen einen völligen Bruch mit denen aus den

Jahren davor erkennen, von denen «Udnie», «Edtaonisl» und «Körperkultur» begeisterte und überzeugende Beispiele für die «orphische Formel» sind, wie Apollinaire es genannt hat. Jetzt entfernen sich seine Untersuchungen immer weiter von den Gegenständen und Kunstgriffen der Malerei. Sie beziehen ihre Anregung aus rudimentären, mechanischen oder geometrischen Formen und werden mit der Nüchternheit von Skizzen festgehalten. Die Farben sind karg und wenig zahlreich, manchmal fügt er dem Gemälde seltsame Stoffe hinzu: Holzstücke, die ein Relief bilden, Gold- und Silberpuder und vor allem dichterische Zitate, die in die Komposition eingehen oder den Titel des Werkes darstellen: sehr geheimnisvolle Titel für den, der darin Hinweise auf die Wirklichkeit zu finden hofft. Alles spielt sich in einem Phantasiebereich ab, in dem die Beziehungen zwischen Worten und Formen keinerlei objektiv darstellende Absicht haben, sondern eigene Verbindungen untereinander herstellen.

So weitab von der klassischen Malerei diese Werke auch liegen, sie haben dennoch plastische Kraft behalten und bleiben echte Gemälde. (Einige von ihnen wurden im Jahre 1915 bei Marius de Zayas in der Modern Gallery ausgestellt.)

Picabia wird anschließend, zwischen 1916 und 1918, eine Periode fast ganz ohne Malerei durchleben. Freilich reizen unsere Lebensumstände dazu auch nicht, während wir von neutralem Land zu neutralem Land gestoßen werden. Doch sein schöpferisches Getriebe bleibt intakt. Ganz in den Geist und seine Regungen gedrängt, wird er in anderer Gestalt seine Samen verbreiten, und aus dieser Saat wird ein neuer Quell dichterischen Ausdrucks hervorgehen, eine anarchische, aber nicht hermetische Sprache, in der die Worte ihren vordergründigen Sinn verlieren und die Erfordernisse des Satzbaus gegen die eines Rhythmus oder eines Bildes eintauschen – in der sie selber Plastiken werden.

Eines der verblüffendsten Zeugnisse dieser Periode bleibt die Zeitschrift 391, deren Texte und Illustrationen er während der sieben Jahre, in denen er ihre siebzehn Nummern erscheinen läßt, ganz oder doch fast ganz allein liefern wird.

Ich zitiere einen Artikel über *391*, den ich im Jahre 1936 für die Zeitschrift Plastique, herausgegeben von Sophie Taeuber-Arp, geschrieben habe.

Man fragt: «Warum 391?
Was ist 391?»

«Eine Geschichte, an die sich einige wechselvolle internationale Episoden knüpfen, die von New York bis Barcelona, von Zürich bis Paris schwingen und springen: über Meere, Jahre, Ereignisse und Zahlen hinweg. Denn vor *391* war *291*.»

1957

MARCEL DUCHAMP

Der schöpferische Akt

Sitzung zur Besprechung des «schöpferischen Aktes»
Treffen der «American Federation of Arts», Houston, Texas, April 1957

Professor Seitz, Princeton-Universität
Professor Arnheim, Sara Lawrence College
Gregory Batson, Anthropologe
Marcel Duchamp, nichts als Künstler

Wir wollen zwei wesentliche Faktoren betrachten, die zwei Pole des schöpferischen Aktes in der Kunst: einerseits den Künstler und andererseits den Betrachter, der später zur Nachwelt gehört.

Es scheint klar, daß der Künstler wie ein Geisterseher handelt, der, nachdem er das Labyrinth jenseits von Zeit und Raum erreicht hat, einen Ausgang zur Klarheit für sich sucht.

Wenn wir dem Künstler das Attribut eines Geistersehers zugestehen, müssen wir ihm den Zustand des Bewußtseins auf ästhetischem Gebiete versagen, hinsichtlich der Kenntnis, was er tut und warum er es tut. Alle seine Entscheidungen, soweit es sich um die künstlerische Ausführung seines Werkes handelt, bleiben innerhalb der reinen Intuition und können nicht in eine Selbstanalyse übersetzt werden, sie können weder ausgesprochen noch niedergeschrieben werden, nicht einmal ausgedacht.

T. S. Eliot schreibt in seinem Essay «Tradition und persönliches Talent»: «Je perfekter ein Künstler ist, desto völliger wird in ihm der leidende Mensch von dem schöpferischen Verstand getrennt sein; um so vollständiger wird der Verstand die Emotionen durchdringen und verändern — die Leidenschaften, die das Grundmaterial darstellen.»

Millionen von Künstlern schaffen. Nur einige Tausend werden diskutiert und vom Betrachter akzeptiert, und noch viel weniger gehen in die Nachwelt ein.

Um was es auch immer geht, ein Künstler, wenn er auch von allen Dächern herunterschreit, daß er ein Genie ist, er muß auf das Verdikt des Betrachters warten, so daß sich dann seine Erklärungen in soziale Werte verwandeln und daß damit die Nachwelt ihn in die Lesebücher der Kunstgeschichte einschließt.

Ich weiß, daß diese Behauptung von vielen Künstlern abgelehnt werden wird, die die mediumistische Rolle des Künstlers nicht verstehen und darauf bestehen, daß man im schöpferischen Akt sich seiner selbst bewußt sein muß. Jedoch, die Geschichte der Kunst hat immer die Qualität eines Kunstwerks von Gesichtspunkten aus betrachtet, die mit rationalistischen Erklärungen des Künstlers überhaupt nichts zu tun haben.

Wenn nun der Künstler, der Mensch, erfüllt von besten Absichten hinsichtlich seiner selbst und der ganzen Welt, keine Rolle bei der Beurteilung seines Werkes spielt – wie kann man das Phänomen beschreiben, das den Betrachter antreibt, ein Kunstwerk kritisch abzuschätzen. Mit anderen Worten: Wie kommt es überhaupt zu einer solchen Reaktion. Dieses Phänomen ist vergleichbar einer Beziehung zwischen dem Künstler und dem Beschauer in der Form einer ästhetischen Osmose, die sich durch die tote Materie aktiviert, nämlich Farbe, Töne oder Marmor.

Aber ehe wir weitergehen, möchte ich unseren Begriff Kunst klarmachen – natürlich ohne den Versuch einer wirklichen Definition.

Was ich meine, ist, daß Kunst schlecht, gut oder mittelmäßig sein kann. Jedoch, was für Adjektive wir auch immer benutzen, wir müssen es Kunst nennen, und so ist auch schlechte Kunst noch Kunst, so wie eine schlechte Leidenschaft noch eine Leidenschaft ist.

Wenn ich daher von einem Kunstkoeffizienten spreche, muß man begreifen, daß ich nicht nur von großer Kunst spreche, sondern daß ich versuche, den subjektiven Mechanismus zu beschreiben, aus dem Kunst entsteht – von den rohesten Anfängen – gut, schlecht oder mittelmäßig. In dem schöpferischen Akt bewegt sich der Künstler von der Absicht bis zur Realisierung. Er erlebt eine Reihe persönlicher Kunsterfahrungen primitiver Art. Das heißt, die Kunst, die er schafft, ist noch in einem Zustand primitiver «Roheit» und muß deshalb «raffiniert» werden, so wie man Zucker raffiniert, und zwar von dem Beschauer. Die Größe dieses Koeffizienten hat keine Beziehung zum endgültigen Urteil. Der schöpferische Akt zeigt noch ein verschiedenes Gesicht, wenn der Beschauer das Phänomen der Umwandlung erlebt. Durch die Tatsache, daß sich die tote Materie in ein Kunstwerk verwandelt, hat ein echter Akt der Transsubstantion stattgefunden, und die Rolle des Beschauers ist, den Wert der Arbeit hinsichtlich seiner ästhetischen Qualitäten zu bestimmen.

Um es noch einmal zusammenzufassen, der schöpferische Akt ist nicht vom Künstler allein in Szene gesetzt. Der Beschauer bringt das Werk in Kontakt mit der Außenwelt, indem er es entziffert und seine inneren Werte interpretiert. Auf diese Weise fügt er seinen Beitrag hinzu. Dies wird noch klarer, wenn die Nachwelt ihr endgültiges Urteil abgibt und manchmal einen vergessenen Künstler auf das Podest erhebt.

1958

EMMY HENNINGS-BALL

Der Dadaismus

Da Hugo Ball zusammen mit dem Dichtermaler Jean Arp, Richard Huelsenbeck und Tristan Tzara der Gründer der berühmten und berüchtigten Kunstbewegung, des Dadaismus, wurde, werde ich diese tumultane Episode in unserem Leben nicht ganz übergehen dürfen. Es begann zunächst ziemlich harmlos in der Spiegelgasse, in der «Holländischen Meierei», wo das literarische Kabarett «Voltaire» eröffnet wurde. Eine Pressenotiz besagte darüber folgendes: «‹Cabaret Voltaire›. Unter diesem Namen hat sich eine Gesellschaft junger Künstler und Literaten etabliert, deren Ziel es ist, einen Mittelpunkt für künstlerische Unterhaltung zu schaffen. Das Prinzip des Kabaretts soll sein, daß bei den täglichen Zusammenkünften musikalische und rezitatorische Vorträge der als Gäste verkehrenden Künstler stattfinden, und es ergeht an die junge Künstlerschaft Zürichs die Einladung, sich ohne Rücksicht auf eine besondere Richtung mit Vorschlägen und Beiträgen einzufinden.»

Ich erinnere mich, daß sich ungefähr als erster ein dunkelhaariger Rumäne meldete, der zum Verlieben hübsch aussah, sich die verschiedenen eigenen Gedichte aus verschiedenen Rocktaschen zog, ein wenig verknüllt; aber er wußte seine französischen Verse auswendig. Es waren zunächst kindliche Abschiedsgedichte, die er den zahlreich erschienenen Gästen mit mühsam verhaltener innerer Bewegung zum besten gab. «Adieu, ma mère; adieu, mon père.» Anfangs hielten wir ihn für einen kleinen Jungen, der von daheim aus Rumänien weggelaufen war und jetzt sein Heimweh in rührende, entschlossene Verse gebracht hatte. Es war Tristan Tzara, der später mit großem Erfolg den Dadaismus in Frankreich propagiert hat. Richard Huelsenbeck, der den Dadaismus in Amerika wie eine Religion gestartet hat, sang zur Negertrommel:

«Füllest wieder Busch und Schloß,
Pfeift der Rehbock, hüpft das Roß.»

Seine Augen und seine Stimme wirkten so überzeugend ernsthaft, daß man ihm jedes Wort glauben mußte. Das Paradoxe feierte Triumphe.

Jean Arp trat auf in seinem unvergeßlichen Pyramidenrock, führte seine in Freiheit dressierten Wolkenpumpen vor und vor allem sein unnachahmliches «Eierbrettspiel». Er schien auf dem Mars oder dem Großen Bären beheimatet zu sein, befand sich jedenfalls auf unserem Planeten nur vorübergehend auf der Durchreise. Manchmal klang es wie das Goethische Hexeneinmaleins aus dem Faust, sehr rätselhaft, aber durchaus annehmbar. Das Publikum ließ sich jedenfalls mit einer Bereitwilligkeit bezaubern, die mich anfangs in Verwunderung versetzte, doch gar bald wunderte man sich nicht mehr über die literarischen Wunder. Es sah aus, als könne Jean Arp auf einen Strahl des Scheinwerferlichtes einen Überrock aufhängen, und sein Kinderhut tanzte um eine Sonne herum. Beschreiben hilft leider nicht viel, doch wenn ich vergleichen darf, möchte ich sagen, Arp hatte mit seinen modernen Gedichten einen ähnlichen Erfolg wie der große, tiefsinnige und erschütternde Komiker Grock, der nur zwei Worte «Nicht möglich» zu sagen braucht, um das Publikum in Begeisterung zu versetzen. Arps damaliges Credo lautet wie folgt:

Ich bin der große Derdiedas
Das rigorose Regiment
Der Ozonstengel prima Qua
Der anonyme Einprozent.

Das P. P. Tit. und auch die Po
Posaune ohne Mund und Loch
Das große Herkulesgeschirr
Der linke Fuß vom rechten Koch.

Ich bin der lange Lebenslang
Der zwölfte Sinn im Eierstock
Der insgesamte Augustin
Im lichten Cellulosenrock.

Der aufgeklappte Ohnegleich
Der garantierte Herr Herrje
Die edelweiße Wohlgeburt
Der vielgenannte Domine.

Der Dichter schien befallen, überwältigt von Phrasen, begann mit den Vokalen zu spielen, und daß diese sonderbare Revolte in der Kunst als eine Übergangserscheinung zeitbedingt war, auch aus dem Chaos des Geschehens kam, wird bereits erkannt worden sein.

Ball selbst trug aus seinem phantastischen Roman vor, in dem zum Teil die Komplexe der Zeit sich nahezu unmittelbar zeigen. Ist die Kunst einmal das Sinnbild unserer Zeit, die dichterische Übertragung des Geschehens und Erlebens, das so tief beunruhigend und verwirrend ist, kann der Dadaismus, und auch der spätere Surrealismus, eigentlich niemanden in Erstaunen versetzen. So war auch Ball ein rechtes Kind seiner Zeit, blieb es aber nicht, da er sich der Mutterbrust entwöhnte, und so ist es ihm auch gelungen, über das Zeitliche hinauszusteigen; aber dies war ein ziemlich langwieriger Prozeß, der ihm viel zu schaffen gemacht hat. Seine Lautgedichte zelebrierte er mehr, als daß er sie las, aber Lautgedichte muß man wie Musik hören, und daher will ich keines hierhersetzen, dafür ein Intermezzo, das er vortrefflich zum Vortrag brachte.

Ich bin der große Gaukler Vauvert.
In hundert Flammen lauf ich einher.
Ich kniee vor den Altären aus Sand,
Violette Sterne trägt mein Gewand.
Aus meinem Mund geht die Zeit hervor,
Die Menschen umfaß ich mit Auge und Ohr.

Ich bin aus dem Abgrund der falsche Prophet,
Der hinter den Rädern der Sonne steht.
Aus dem Meere beschworen von dunkler Trompete.
Flieg ich im Dunste der Lügengebete.
Das Tympanum schlag ich mit großem Schall.
Ich hüte die Leichen im Wasserfall.

Ich bin der Geheimnisse lächelnder Ketzer,
Ein Buchstabenkönig und Alleszerschwätzer.
Hysteria clemens hab ich besungen
In jeder Gestalt ihrer Ausschweifungen.
Ein Spötter, ein Dichter, ein Literat
Streu ich der Worte verfängliche Saat.

Er trug eine Art Ritterrüstung aus blauem Glanzpapier, und sein langes, schmales, abgründig ernstes Gesicht war auch sonst dem eines Don Quijote recht ähnlich, wie man sich den Ritter von der traurigen Gestalt vorstellt, und wie ihn etwa Goya gemalt hat. So konnte er sonderbar erregt und herrschsüchtig deklamieren.

Wir, Johann Amadeus Adelgreif,
Fürst von Saprunt und beiderlei Smeraldis,
Erzkaiser über allen Unterschleif
Und Obersäckelmeister von Schmalkaldis

Erheben unsern grimmen Löwenschweif
Und dekretieren vor den leeren Saldis;
«Ihr Räuberhorden, Eure Zeit ist reif.
Die Hahnenfeder ab, ihr Garibaldis.»

Man sammle alle Blätter unserer Wälder
Und stanze Gold daraus, soviel man mag,
Das ausgedehnte Land braucht neue Gelder,

Und eine Hungersnot liegt klar am Tag.
Sofort versehe man die Schatzbehälter
Mit Blattgold aus dem nächsten Buchenschlag.

(Ein Gedicht aus den «Sieben schizophrenen Sonetten»)

Ich selbst sang ein Soldatenlied von Ball, einen «Totentanz», der nach der Melodie «So leben wir» gesungen wird.

So sterben wir, so sterben wir.
Wir sterben alle Tage,
Weil es so gemütlich sich sterben läßt.
Morgens noch in Schlaf und Traum
Mittags schon dahin.
Abends schon zuunterst im Grabe drin.

Die Schlacht ist unser Freudenhaus.
Von Blut ist unsere Sonne.
Tod ist unser Zeichen und Losungswort.
Weib und Kind verlassen wir –
Was gehen sie uns an?
Wenn man sich auf uns nur
Verlassen kann.

So morden wir, so morden wir.
Wir morden alle Tage
Unsre Kameraden im Totentanz.
Bruder, reck dich auf vor mir,
Bruder, deine Brust,
Bruder, der du fallen und sterben mußt.

Wir murren nicht, wir knurren nicht,
Wir schweigen alle Tage,
Bis sich vom Gelenke das Hüftbein dreht.
Hart ist unsere Lagerstatt
Trocken unser Brot.
Blutig und besudelt der liebe Gott.

Wir danken dir, wir danken dir,
Herr Kaiser, für die Gnade,
Daß du uns zum Sterben erkoren hast.
Schlafe nur, schlaf sanft und still,
Bis dich auferweckt,
Unser armer Leib, den der Rasen deckt.

Doch wurde dieses Lied nicht nur in der Spiegelgasse gesungen, sondern wenige Monate später auf Postkarten gedruckt und von einem Flugzeug aus in vielen Exemplaren in die deutschen Schützengräben geworfen, wo man das Lied wahrscheinlich nicht laut, aber mit geschlossenem Mund gesungen hat.

1953

HANS RICHTER

Die schlecht trainierte Seele

Die Elemente des Bildes untersuchend, fand *Viking Eggeling* in der Synthese der Anziehungs- und Abstoßungskraft, dem Verhalten von Kontrasten und Analogien das grundlegende Prinzip der Gestaltung. Die Möglichkeit, diese am statischen Bild gewonnenen Erfahrungen auch nacheinander, d. h. rhythmisch abzuwandeln, auch in der Zeit zu verwenden, führte ihn 1919 dazu, die ersten Entwürfe für einen *Film* (s. Abb.) zu machen, der auf solchen, in der bildenden Kunst gewonnenen Resultaten beruhte und das erste Werk gesetzmäßigen Aufbaus der modernen Kunst, insbesondere die Zeit betreffend, darstellte.

Die Tat E.'s, einen schöpferischen Gesichtspunkt für die Gestaltung gefunden zu haben, geht über jede Spezialität (auch die des Films) hinaus und verankert die Erfahrungen der Sinne im Gebiet tiefsten Wissens.

Empfindungen, heißt es, kommen einem im Schlaf, brüten sich selbst aus, sind einfach da! Das stimmt nicht. Empfinden ist ein ebenso präzise organisierter und mechanisch exakter Prozeß wie Denken; aber das Bewußtsein dieses Prozesses oder noch mehr die *Identität* mit ihm ging verloren, fehlt; deswegen wurde «Fühlen» = «Sich hingeben» — ein Gebiet getrennt von der Einsicht und Aktivität des heutigen Menschen.

Von allen Gebieten, die sich um unser Empfindungsvermögen bemühen, wird dieser Mangel am deutlichsten im Film, der keine traditionelle Vorurteile hat und deswegen den Zustand einer sentimentalen Passivität in monumentalsten Proportionen ausbreiten kann.

Das heutige Kino zeigt weder die eigentlichen Möglichkeiten der *Photographie* noch die der *Bewegung*. Es fehlt dem Film allgemein heute noch der Überblick über die Mittel, durch die er wirkt, es fehlt ihm Verständnis dafür, daß schöpferische Gestaltung, Beherrschung des Materials ist, in Übereinstimmung mit den Funktionen unseres Empfindungsapparates (daß darin Aufgaben liegen —) und — es fehlt ihm die Kenntnis dieser Funktion. — Die heutigen Spielfilme sind auf grobe Effekte aus, im Sinne des Theaters. — Unter Film verstehe ich optischen Rhythmus, dargestellt mit den Mitteln der Phototechnik; beides als Material einer Phantasie, die aus dem Elementaren und Gesetzmäßigen unserer Sinnesfunktionen heraus schafft. — In das Gebiet dieser Frage gehört der abgebildetete Film.

Nicht bei Ansichtskartenansichten ausruhen können — erwartete Liebesszenenhaltung mit wohlverdientem Endeffekt, nicht vorfinden — anstelle von bekanntem Arrangement der Beine, Arme, Köpfe, in Prunksalons und Fürstenhöfen ... nur Bewegung zu sehen, organisierte Bewegung — weckt auf, weckt Opposition, weckt Reflexe (?) aber — vielleicht — auch Genuß.

Dieser Film hier gibt keine «Haltepunkte», an denen man in Erinnerungen umkehren könnte, man ist — ausgeliefert — zum «Fühlen» gezwungen — zum Mitgehen im Rhythmus — Atmen — Herzschlag; — ... der durch das Auf und Ab des Vorgangs, das deutlich machen kann, was Fühlen und Empfinden eigentlich ist ... ein Prozeß — Bewegung.

Diese «Bewegung» hat ihre organischen Voraussetzungen, ist nicht gebunden an das Erinnerungsvermögen (Sonnenuntergänge, Beerdigung —), nicht an das «Ideal» (Held, keusche Jungfrau, smarter Geschäftsmann), nicht an Gefühle des Mitleids (Streichholzmädchen, ehemals berühmter, jetzt armer Geiger, betrogene Liebe —), überhaupt nicht an einen «Inhalt», sondern folgt unabhängig von diesem bestimmten, dieser «Bewegung» eigentümlichen mechanischen Gesetzen.

Die lebendige Kraft, die wir in dieser «Bewegung» besitzen, an und für sich ein wunderbares Phänomen, kann ebensogut lahmliegen wie zum Bestandteil menschlicher Macht werden — aber man müßte imstande sein, diesen Prozeß zu beherrschen, um das Gebiet der Empfindungen ebenso unserem Urteil zugänglich zu machen, wie die anderen menschlichen Willensgebiete, aus deren Entwicklung die «Seele» bisher ausgeschaltet blieb.

Die allgemeinen Grenzen des Prozesses, die Art seines Entstehens charakterisieren im wesentlichen folgende 3 Hauptmomente, deren Kenntnis ich Viking Eggeling verdanke, auf dessen grundlegenden Forschungen meine Arbeit beruht.

1.

Äußerster Gegensatz:

Um wahrzunehmen, müssen (ganz gleich, ob es sich um optische, akustische etc. Eindrücke handelt oder um reine Phantasie-Vorstellungen) Unterscheidungsmerkmale, Gegensätze verstanden sein, geschaffen werden. Was nicht unterschieden ist (keine Grenze hat), ist nicht wahrnehmbar. Die äußersten Pole bezeichnen die äußerste Wahrnehmbarkeit.

2.

Innerste Verwandtschaft:

Um zu einer Vorstellung dieser wahrgenommenen Unterschiede zu kommen, d. h. um die Menge der Verschiedenheiten als Teile eines Ganzen sehen zu können – müssen Ähnlichkeiten, Verwandtschaften bestehen. So wie Trennung notwendig ist, um physisch wahrzunehmen, dem Wahrgenommenen Grenzen zu geben, so ist Bindung nötig, um das Wahrgenommene in Verbindung zueinander zu setzen.

3.

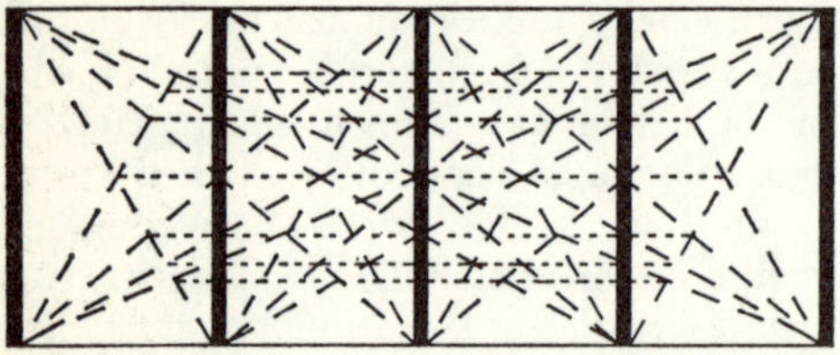

Funktion aus beiden:

Durch das zusammenhängende Funktionieren beider, durch das Wechselwirken von Trennen und Verbinden entsteht Empfinden.

Dieser Prozeß ist schöpferischer Art.

Der Film macht es möglich, diesen an sich elementaren Vorgang auf die mannigfaltigste Weise zu gestalten. – Ob das in Form von «abstrakten» Lichtspielen, Abenteurerfilmen oder durch heute noch unbekannte Mittel geschieht, ist nebensächlich gegenüber der Tatsache – daß *unsere Vorstellungen einer funktionellen Gesetzmäßigkeit unterliegen*, von der die Einheitlichkeit und Stärke unserer Empfindungen abhängt. – In dieser Hinsicht (von Einheitlichkeit und Stärke) wären aber doch noch weitgehende Anforderungen zu stellen! – Was heute als «Empfinden» blüht, ist ein passives Ausgeliefertsein an Unkontrollierbares ... (von Helden, keuscher Jungfrau und smarten Geschäftsmann, s. oben) von konfektionierten Gefühlen vergangener und nie dagewesener Jahrhunderte, aus denen sich unsere Seele als ein tolles Wesen zusammensetzt, das uns tyrannisiert und das Weltbild hin- und herzerrt.

Die lebendige Kraft, die wir im Empfinden besitzen, ist verfettet, der Atmungsprozeß gehemmt, die Seele ohne eine Kultur ihrer Mittel, weniger eine Macht als eine Schwäche.

Aber für den heutigen Europäer sind das im allgemeinen «formale» Spezialfragen.

Das eben ist ein Irrtum.

Die Kultur solcher «Gesetzmäßigkeiten» gibt keineswegs nur die Möglichkeit, neuartige oder «bessere» Kunsthandelsprodukte zu starten, sondern gehört zu den elementaren Erziehungsfragen unserer Psyche, die auf diese Weise mit einer gewissen «Denkfähigkeit» ausgestattet wird – einer solchen, die zwar in ihrem Bau vorgesehen ist, aber brach liegt. Diese Denkfähigkeit gibt der Seele Machtmittel: Urteilskraft und Aktivität, d. h. Eigenschaften, die dem ganzen Menschen in seinem Handeln zugute kommen und für seine allgemeine Orientierung unentbehrlich sind.

A. Beispiel für einheitliche Gestaltung von Bewegung

Fortlaufender Rhythmus, gegengespielt von schlagartiger Begleitung (rechts, links, mittel) – Ruckartiger – Abschluß

Die Massen wachsen an
lösen sich auf
vereinigen sich maximal

Im Wechsel von
hell : dunkel
horizontal : vertikal
groß : klein
schnell : langsam
etc.

untereinander durch verwandte Eigenschaften wieder verbunden.

Die einzelhafte «sinnliche Gestalt», die «Form» – ob abstrakt oder gegenständlich – ist vermieden. Dieser Film ist auf den Bewegungsvorgang konzentriert.

– und □ ($^1/_1$, $^1/_2$ und $^1/_3$) dienen als einfachstes, ökonomischstes Gestaltungsmittel, um die – Bewegung räumlich zu begrenzen; im Bau des □ sind die wesentlichen Elemente der Orientierung – horizontal : vertikal – als Dominante gegeben. Die Form ist also nicht willkürlich gewählt. – Improvisation ist ausgeschaltet. Sowohl der Bau des Rhythmus als auch die formalen Verhältnisse im einzelnen sind gebildet innerhalb einer bewußten Ordnung.

B. Beispiele für die Verschiedenartigkeit der Ausdrucksmittel – selbst bei Beibehaltung des «formalen» Elements

a) Lage Bewegungsart } in Fläche: Raum / als Schlag: Gleiten

b) Proportion Bewegungsart = Stillstand : Spiel
Lage etc.

c) Lichtsphäre Zahl
Proportion etc.

1929

RICHARD HUELSENBECK

Einleitung zum Dada-Almanach

I

Man muß Dadaist genug sein, um seinem eigenen Dadaismus gegenüber eine dadaistische Stellung einnehmen zu können. Es gibt Berge und Meere, Häuser, Wasserleitungen und Eisenbahnen. In den Pampas lassen die Cowboys ihre weiten Lassos fliegen, und in dem Golf von Neapel auf millionenmal gemaltem, besungenem und stereoskopiertem Hintergrunde schaukelt der romantische Äppelkahn, der das deutsche Hochzeitspaar in seine schweren Träume wiegt. Dada hat das alles begriffen. Dada hat die Möglichkeiten der physikalischen Bewegung à outrance ausgenützt. Da bringen sie einem Weltanschauungen und Vereinsstatuten, da stehen die Styliten einer späten Kultur mit dem Glanz eines rechthaberischen Gesichtskrampfes: – Dada. Mohammedaner, Zwinglianer, Kantianer – jok, jok, jok. Dada hat die Weltanschauungen durch seine Fingerspitzen rinnen lassen, Dada ist der tänzerische Geist über den Moralen der Erde. Dada ist die große Parallelerscheinung zu den relativistischen Philosophien dieser Zeit, Dada ist kein Axiom, Dada ist ein Geisteszustand, der unabhängig von Schulen und Theorien ist, der die Persönlichkeit selbst angeht, ohne sie zu vergewaltigen. Man kann Dada nicht auf Grundsätze festlegen. Die Frage: «Was ist Dada?» ist undadaistisch und schülerhaft in demselben Sinn wie es diese Frage vor einem Kunstwerk oder einem Phänomen des Lebens wäre. Dada kann man nicht begreifen, Dada muß man erleben. Dada ist unmittelbar und selbstverständlich. Dadaist ist man, wenn man lebt. Dada ist der Indifferenzpunkt zwischen Inhalt und Form, Weib und Mann, Materie und Geist, indem es die Spitze des magischen Dreiecks ist, das sich über der linearen Polarität der menschlichen Dinge und Begriffe erhebt. Dada ist die amerikanische Seite des Buddhismus, es tobt, weil es schweigen kann, es handelt, weil es in der Ruhe ist. Dada ist deshalb weder Politik noch Kunstrichtung, es votiert weder für Menschlichkeit noch für Barbarei – es «hält den Krieg und den Frieden in seiner Toga, aber es entscheidet sich für den Cherry Brandy Flip». Und doch hat Dada seinen empirischen Charakter, weil es Phänomen unter Phänomenen ist. Da Dada der direkteste und lebendigste Ausdruck seiner Zeit ist, wendet es sich gegen alles, was ihm obsolet, mumienhaft, festsitzend erscheint. Es prätendiert eine Radikalität, es paukt, jammert, höhnt und drischt, es kristallisiert sich in einem Punkt und breitet sich über die endlose Fläche, es ist wie die Eintagsfliege und hat doch seine Brüder unter den ewigen Kolossen im Niltal. Wer für diesen Tag lebt, lebt immer. Das bedeutet: Denn wer den Besten seiner Zeit gelebt, der hat gelebt für alle Zeiten. Nimm und gib dich hin. Lebe und stirb.

II

Dada ist also auch eine Tätigkeit, es ist sogar die exponierteste und anstrengendste Tätigkeit, die es gibt. Dada hat für seine Aktivität ein kulturelles Gebiet gewählt, obwohl es ebensogut als Überseekaufmann, Börsianer oder Kinokonzerndirektor hätte auftreten können. Es hat das kulturelle Gebiet nicht aus der Sentimentalität heraus gewählt, die den «geistigen Werten» einen Höchstrang innerhalb der überkommenen Werteklimax zuweist. Die große Mehrzahl der Dadaisten kennt «die Kultur» aus den Berufen des Schriftstellers, Journalisten, des Künstlers. Der Dadaist hat eine eingehende Erfahrung darüber zusammengebracht, wie «Geist» gemacht wird, er kennt die gedrückte Lage des geistigen Produzenten, er hat mit den vielgedruckten Geistschmusern und Manulescus unter den Schreiblingen jahrelang an einem Tisch gegessen, die tiefsten Geheimnisse und die Geburtswehen der Kulturen und der Moralen hat er sich angesehen. Dada macht eine Art Anti-Kultur-Propaganda, aus Ehrlichkeit, aus Ekel, aus tiefstem Dégout vor dem Erhabenheitsgetue des intellektuell approbierten Bourgeois. Da Dada die Bewegung ist, das Erlebnis und die Naivität, die Wert darauf legt, «bon sens» zu besitzen – einen Tisch für einen Tisch und eine Pflaume für eine Pflaume zu halten, da Dada die Beziehungslosigkeit gegenüber allen Dingen ist und daher die Fähigkeit hat, mit allen Dingen in Beziehung zu treten, wendet es sich gegen jede Art von Ideologie, d. h. jede Art von Kampfzustand, gegen jede Hemmung, Barriere. Da Dada die Elastizität in sich selbst ist und nicht begreifen kann, wie man sich auf etwas festsetzt, sei es Geld, sei es eine Idee – gibt es das Beispiel einer vollkommenen unpathetischen Freiheit des Charakters. Der Dadaist ist der freieste Mensch der Erde. Ideologe ist jeder Mensch, der auf den Schwindel hereinfällt, den ihm sein eigener Intellekt vormacht, eine Idee, also das Symbol einer augenblicksapperzipierten Wirklichkeit habe absolute Realität. Man könne mit einer Sammlung von Begriffen umgehen wie mit Dominosteinen. Ideologe ist auch der, welcher die «Freiheit», die «Relativität», insgesamt die Einsicht, daß sich die Kontur jedes Dinges verrückt, nichts Bestand hat, zu einer «festen Weltanschauung» macht; wie denn die Nihilisten fast immer die unglaublichsten und beschränktesten Dogmatiker sind. Dada ist davon weit entfernt. Es bekämpft zum Beispiel die Kulturideologie, die es für eine der größten und infamsten Lügen hält – rein aus Lust an der Bewegung, wenn man will aus Grausamkeit, vielleicht aus Koketterie. Der Bürger, der satte Karpfen, und Viehhändler, der sich am Sonntag für 20 Mark Kunst kauft, um am Alltag seinen verbrecherischen Fellhandel mit Vorteil weiterbetreiben zu können, soll von Dada ermordet, abgemurkst, für immer unschädlich gemacht werden.

III

> Aber der «Geist», insbesondere der «historische Geist» ersieht sich auch noch an dieser Verzweiflung seinen Vorteil: immer wieder wird ein neues Stück Vorzeit und Ausland versucht, umgelegt, abgelegt, eingepackt, vor allem studiert: – wir sind das erste studierte Zeitalter in puncto der «Kostüme», ich meine der Moralen, Glaubensartikel, Kunstgeschmäcker und Religionen, vorbereitet, wie noch keine Zeit es war, zum Carneval großen Stils, zum geistigsten Faschingsgelächter und Übermut, zur transzendentalen Höhe des höchsten Blödsinns und der aristophanischen Weltverspottung. Vielleicht, daß wir hier gerade das Reich unserer Erfindung noch entdecken, jenes Reich, wo auch wir noch Original sein können, etwa als Parodisten der Weltgeschichte, und Hanswürste Gottes – vielleicht, daß, wenn auch nichts von heute sonst Zukunft hat, doch gerade unser Lachen noch Zukunft hat!
>
> Nietzsche, Jenseits von Gut und Böse.

«Na also» höre ich den Mann sagen, der gesichert im Sessel irgendeiner Weltanschauung sitzt, «Dada ist also nur destruktiv. Bolchevism in art. Wozu das in einer Zeit, wo Ruhe und Ordnung notwendig ist?» Oder «Was gibt Dada denn eigentlich Positives — wo ist die Leistung?» Oder «Dada ist gegen den Geist»? Das ist leicht gesagt, wenn man keinen Geist hat. «Wofür ist Dada denn eigentlich?» Wer so fragt, ist vom Dadaismus weiter entfernt als irgendein Tier von erkenntnistheoretischen Grundsätzen. Dada hat das Bedürfnis nach Ruhe und Ordnung längst als eine Eigenschaft von Menschen erkannt, die ein Erleben durch eine Moral bewiesen haben wollen. Dada läßt sich nicht durch ein System rechtfertigen, das mit einem «Du sollst» an die Menschen heranträte. Dada ruht in sich und handelt aus sich, so wie die Sonne handelt, wenn sie am Himmel aufsteigt oder wie wenn ein Baum wächst. Der Baum wächst, ohne wachsen zu wollen. Dada schiebt seinen Handlungen keine Motive unter, die ein «Ziel» verfolgen. Dada gebiert nicht aus sich heraus Abstraktionen in Worten, Formeln und Systemen, die es auf die menschliche Gesellschaft angewendet wissen will. Es bedarf keines Beweises und keiner Rechtfertigung, weder durch Formeln noch durch Systeme. Dada ist die schöpferische Aktion in sich selbst. Dada hat die Erstarrung und das Tempo dieser Zeit aus seinem Kopf geboren — Dada ist eminent zivilisatorisch, aber es hat die Fähigkeit, selbst die Begrenztheit seiner Erscheinung in der Zeit historisch zu sehen, es relativiert sich selbst in seiner Zeit. Dada ist ephemer, sein Tod ist eine freie Handlung seines Willens. Dada hat das Reich der Erfindung entdeckt, von dem Friedrich Nietzsche in jenen oben angeführten Zeilen spricht, es hat sich zum Parodisten der Weltgeschichte und zum Hanswurst Gottes gemacht — aber es ist nicht an sich gescheitert. Dada stirbt nicht an Dada. Sein Lachen hat Zukunft.

IV

Dies Buch ist eine Sammlung von Dokumenten des dadaistischen Erlebens, es vertritt keine Theorie. Es spricht vom dadaistischen Menschen, aber es stellt keinen Typus auf, es schildert, es untersucht nicht. Die Auffassung der Dadaisten vom Dadaismus ist eine sehr verschiedene: das wird in diesem Buch zum Ausdruck kommen. In der Schweiz war man z. B. für abstrakte Kunst, in Berlin ist man dagegen. Der Herausgeber, der von einem höheren Standpunkt parteilos verfahren zu sein hofft, scheut im einzelnen den Angriff nicht, da der Widerstand von allen Seiten eine Notwendigkeit und Freude seiner dadaistischen Existenz ist. Er freut sich vorher auf den Kritiker, der behaupten wird, «das alles sei schon dagewesen», oder Expressionismus, Futurismus und Cubismus dort gefunden zu haben glaubt, wo der Dadaismus sich darstellt. Der Dadaist hat die Freiheit, sich jede Maske zu leihen, er kann jede «Kunstrichtung» vertreten, da er zu keiner Richtung gehört. Der Herausgeber hofft in diesem Buch zu zeigen, daß Dada nichts mit «Verrücktheit» zu tun hat. In letzter Zeit haben sich viele Verleger aus Geschäftsrücksichten und viele Dichter aus Ehrgeiz des Dadaismus bemächtigt, indem sie durch blödes Gestammel die Aufmerksamkeit der Leute auf sich zu ziehen suchten. Diese Individuen machen aus Dada die Religion ihrer Hysterie, sie verabsolutieren das Nichts ihrer Hohlköpfe. Dada ist eine Angelegenheit für Eingeweihte: quod licet jovi, non licet bovi. Dada lehnt Arbeiten wie die berühmte «Anna Blume» des Herrn Kurt Schwitters grundsätzlich und energisch ab. Ich übergebe dieses Buch dem Publikum einer Zeit, die in ihrer Querköpfigkeit und in ihrem Eigensinn fast eine heroische Geste erreicht hat. Die Zeit ist dadareif. Sie wird in Dada aufgehen und mit Dada verschwinden.

1920

RAOUL HAUSMANN

Club Dada

Berlin (1918–1920)
Es ist fraglos, daß das Wort DADA-Steckenpferd – erstmalig im Februar 1916 in Zürich von einer Gruppe junger Künstler angewandt wurde, ohne deshalb auch schon sehr klare, anderen Bewegungen entgegengesetzte Besonderheiten zu umreißen. Der Dadaismus Zürichs unterschied sich von den Bewegungen des Kubismus und des Futurismus zunächst scheinbar dadurch, daß er kein Programm hatte, sondern im Bewußtsein seiner Gründer ein Protest gegen veraltete Ästhetiken und gegen «vernunftvolle» Regeln der Dichtung war.

In Berlin hat der Dadaismus im Jahre 1918 Fuß fassen können, weil ihm die Zeitschrift «Die Freie Straße» eine psychologische Grundlage bot. Die «Freie Straße» wurde von Franz Jung und Richard Oehring im Februar 1916 gegründet, ihre Mitarbeiter waren: der Psychologe Otto Gross, der Maler Georg Schrimpf, zu denen später noch Raoul Hausmann und Johannes Baader kamen; Richard Huelsenbeck nahm am achten Heft, der Dada-Nummer, teil.

Die «Freie Straße» vertrat eine neue, gegen Freud gerichtete Psychoanalyse; es war Otto Gross, der die Grundformel gefunden hatte: die des Konflikts des «Eigenen» und des «Fremden» für die Entwicklung der Persönlichkeit. Hiermit war die Distanz zur Freudschen Formulierung, daß aus dem Wahrnehmen des Ödipuskomplexes sich das ES und die moralischen Hemmungen ergeben, gefunden. Die mit der «Freien Straße» verbundenen Schriftsteller und Maler, zu denen auch George Grosz und John Heartfield zählten, entwickelten eine neue Einstellung zur Gesellschaft und zur Kunst, indem sie erkannten, daß alle geistige Gestaltung eine Art Selbsterziehung des Menschen darstellt, in der die Routine und die Konventionen unerbittlich ausgeschaltet werden mußten.

Diese geistige Haltung war es, in die Richard Huelsenbeck, im Frühjahr 1917 aus der Schweiz zurückgekehrt, das Wort «dada» warf. Nach einem ersten, tastenden Versuch Huelsenbecks, gelegentlich eines Vortragsabends im März 1918 in der Galerie J. B. Neumann, wo er unerwarteterweise von DADA sprach und nach mehreren Besprechungen mit Franz Jung, George Grosz, Raoul Hausmann und John Heartfield, wurde aus propagandistischen Gründen im Anfang April 1918 die Gründung des «Club dada» vorgenommen und der erste Vortragsabend auf den 12. April festgelegt.

Huelsenbeck schrieb ein erstes «Dadaistisches Manifest», das von Tristan Tzara, Franz Jung, George Grosz, Marcel Janco, Richard Huelsenbeck, Gerhard Preiß, Raoul Hausmann unterzeichnet war, und das erstmalig eine Fortentwicklung vom Zürcher Antiästhetizismus umschrieb. Wenn in diesem ersten Manifest dada «existenzialistische» Ideen spukten, so war dies keineswegs mehr der Fall in dem von Hausmann Ende April 1918 veröffentlichten «Manifest gegen die weimarische Lebensauffassung». Die Abkehr von aller bisherigen Moral und Ästhetik findet sich darin erstmalig ausgesprochen und setzt hiermit die Berliner Bewegung scharf von Zürich ab. Ein elementarer Unterschied der beiden Bewegungen lag auch darin, daß in der Schweiz dada mehr als «künstlerisches Spiel» auftreten konnte, während Berlin den Konflikten des Krieges und später des Bolschewismus unmittelbar entgegentreten mußte.

Als Huelsenbeck uns 1917 zum erstenmal mit seinen «Phantastischen Gebeten» und dem «Cabaret Voltaire» bekannt machte, sah die Gruppe, in welcher Richtung der Kampf um eine neue Kunst geführt werden konnte. Es bildeten sich zwei Anschauungen heraus: die eine neigte zu einer Art satirischem Überrealismus, die andere zur gegenstandslosen Kunst. In der Bildenden Kunst wurde diese Tendenz durch die Schaffung der Fotomontage (Baader, Hausmann, Heartfield, Höch, Grosz) umschrieben, die in die bildhafte Darstellung gleichzeitige verschiedene Blickpunkte und perspektivische Ebenen, einem unbewegten Überlagerungsfilm ähnlich, einführte; in der Literatur war sie bezeichnet durch die Erkenntnis der Bedeutung des «Unbewußten» und des Automatismus, wie sie das «Manifest von der Gesetzmäßigkeit des Lautes» und die «Lautgedichte» Hausmanns zeigten (1918).

Die bewußte neue geistige Haltung der Berliner Dadagruppe wurde dadurch unterstrichen, daß die Vortragsabende gewisse aggressive, jedoch nicht, wie stets fälschlich wiederholt wird, bolschewistische Absichten verfolgten, die in verschiedenen vorgetragenen Manifesten gegen die bürgerliche Verklitterung, gegen einen verschrobenen Expressionismus und gegen eine unwahre Pathetik kämpften.

Der Club dada hat zwölf Vortragsabende und Matineen veranstaltet: 12. April 1918 in der «Neuen Sezession» in Berlin; im Juni 1918 im Café «Austria»; 30. April 1919 im «Graphischen Kabinett J. B. Neumann»; am 24. Mai 1919 im «Meister-Saal» in Berlin; zwei Matineen am 7. und 13. Dezember im Theater «Die Tribüne»; Dresden und Leipzig im Januar 1920; im März 1920 in Teplitz-Schönau und zwei Abende in Prag.

Die Zeitschrift «Der Dada» wurde von Raoul Hausmann im Juni 1919 gegründet; die dritte Nummer wurde gemeinsam im Malik-Verlag von Hausmann, Heartfield und Grosz herausgegeben.

Einzelveranstaltungen, die öffentliches Aufsehen erregten, waren: die Ansprache Baaders am 16. November 1918 im Berliner Dom (Jesus Christus ist uns wurst) und der Abwurf eines Flugblattes «Die grüne Leiche» in der Nationalversammlung von Weimar, in der Baader die Übernahme der Regierungsgewalt durch das «Dadaistische Centralamt» forderte. Die erste Ausstellung (Mai 1919) von Dada-Malerei und Plastik wurde im Graphischen Kabinett J. B. Neumann gezeigt.

Der Höhepunkt und das Ende des «Club dada» war die große «Internationale Dada-Messe» in der Galerie Burchard in Berlin im Jahre 1920.

Richard Huelsenbeck ließ im Verlag Erich Reiss in Berlin 1920 den «Dada-Almanach» erscheinen und er veröffentlichte ein kleines Buch «en avant dada» im Verlag Steegemann in Hannover.

Die politischen Ereignisse und die Uneinigkeit der Mitglieder führten ganz selbstverständlich zur Auflösung der Berliner Dadabewegung.

Diese Bewegung hat wichtige Beiträge zur Psychologie des Individuums und der Massen sowie des bildenden Künstlers und des Dichters geliefert.

1958

FRANCIS PICABIA

Francis Picabia und Dada

Ich habe mich von gewissen Dadas losgesagt, weil ich unter ihnen zu ersticken drohte. Mit jedem Tag wurde ich trauriger, ich langweilte mich furchtbar. Ich würde gerne in einem Zirkusrund des Nero gelebt haben. Rund um einen der Tische des Certa zu leben, dem Ort der dadaistischen Verschwörungen, ist mir einfach unmöglich!

Nicht daß ich hier etwa eine komplette Chronik der Dadabewegung bringen will; zwei Worte bloß, um die Dinge anzudeuten: der Dadageist hat in Wirklichkeit nur drei bis vier Jahre existiert, Marcel Duchamp und ich drückten ihn gegen Ende des Jahres 1912 aus, Huelsenbeck, Tzara und Ball haben 1916 den «Goldnamen» Dada gefunden. Mit diesem Wort erreichte die Bewegung ihren Zenit, setzte aber ihre Entwicklungsstadien fort, und jeder von uns trug soviel Leben als möglich dazu bei.

Endlich war der große Erfolg da! Wir wurden wie Narren, wie Windmacher und Clowns etc. etc. behandelt! Dieser Erfolg, die Freude am Spiel, zog 1918 Leute hinzu, die von Dada nicht mehr als den Namen an sich hatten, alles änderte sich um mich herum, ich hatte den gleichen Eindruck wie beim Kubismus! Dada fing an, Schüler zu haben (solche «die verstehen würden»), und ich hatte bald nur mehr einen einzigen Gedanken, nämlich so weit als möglich fortzufliehen, um diese Herren zu vergessen. Zugegeben, einige Stunden hatte es mir, den Kopf im frischen Wind, Vergnügen gemacht, ihnen so zuzusehen, wie sie kommod von ihrem Opportunismus profitierten, um auch den seriösen Leuten und der *Nouvelle Revue Français* zu schmeicheln.

Nun besitzt Dada bereits ein Advokatentribunal und wahrscheinlich sehr bald auch eines mit Gendarmen und einem Monsieur Deibler. Es wird ebenso wie mit Lenins Antimilitarismus werden, der einen General, um ihn zu unterdrücken, zum gemeinen Soldaten machte oder umgekehrt.

Dada läßt mich an eine Zigarette denken, die ehedem recht angenehm roch. Diese Zigarettenmarke ist inzwischen aufgegeben worden, was bleibt, ist der Tabak, und ich rechne auf das Genie, das es verstehen wird, ihm wieder einen neuen Namen zu geben. An die Vergangenheit aber glauben wir nicht mehr, mag die Zigarette geduftet haben, wie sie will. Das Leben ist nichts als ein Schatten, bewahren wir uns also die Illusion, daß unser Denken diesen Schatten übertrifft.

Muß man stets nach unten blicken, so ist der Schwindel heftiger. Wir alle sind Reisegefährten und den größten Teil der Zeit genügend physisch aufgepulvert, wir helfen den Gezeiten, jede Ebbe ist gleich neu wie jede Flut. Das nennen die Menschen dann Entwicklung oder Fortschritt, obwohl es ja doch immer dasselbe ist. Die einzige Kraft, die uns zu helfen vermöchte, diesen Gang zu unternehmen, ist der Stolz. Unendlich wie das All muß unser Stolz sein.

Aber diese Parabel entfernt mich etwas vom Zweck meines Artikels: Ich habe mich von Dada losgesagt, weil ich an das Glück glaube und weil mir übel wird, wenn ich ans Erbrechen denke, Garküchendüfte beeindrucken mich auf höchst unangenehme Weise.

Ich schäme mich, schwach zu sein, aber was wollen Sie? Ich mag keine Illustrationen, und die Herausgeber der *Littérature* sind nichts andres als Illustratoren. Ich spaziere gerne aufs Geratewohl herum, wie die Straße aber gerade heißt, interessiert mich wenig, jeder Tag gleicht dem andren, wenn wir uns nicht auf subjektive Weise die Illusion einer Neuheit schaffen. Und Dada ist nicht mehr neu ... jedenfalls nicht im Augenblick.

Die Bourgeoisie stellt das Endlose dar. Dada, dauerte es zu lange, wäre genauso wie sie.

1921

BENJAMIN PÉRET

Quer durch meine Augen

1. Dada ist tot! Dada ist tot! Dada ist tot!
2. Dada wollte zerstören, verstreute sich jedoch, ehe sich seine Aktion hörbar machte.
3. Dada war kein Anfang, wohl aber ein Ende.
4. Die große Lockung, die die von Dada getragenen Ideen auslösten, verursachte, daß man sich mit ihnen, ohne viel nach anderen zu suchen, begnügte. Daraus zeitigte sich eine Unmöglichkeit der Umbildung und der Tod Dadas.
5. Der Widerspruch, welcher erlaubt, beinahe gleichzeitig zwei ungleiche Meinungen über einen Gegenstand zu haben ist Dada.
6. Der Zweifel ist vielleicht nicht Dada.
7. Man ist heutzutage beim Lesen eines Dadagedichtes nicht weniger überrascht als bei einem symbolistischen oder futuristischen. Viele erwarten bereits das Erscheinen von «Dadadichtung in 20 Lektionen».
8. Reverdy: eine oxydierte Schraubenmutter; Jean Cocteau: ein Engelsdreck; Raymond Radiguet: die Haut vom Engelsdreck; Max Jacob: das Herz Jesu; Tristan Tzara: Dada; Man Ray: das Haar der Netzhaut; Georges Ribemont-Dessaignes: die Viertelstunde Gottes ... (und ich gehe darüber!) haben sich in den Schatten gesetzt und schlafen.

9. Guillaume Apollinaire und Marcel Duchamp warten auf uns.
10. Ich nehme die Dadabrille ab und sehe mich reisefertig, von wo der Wind weht, ohne mich zu beunruhigen, wie er werden wird und wo er mich hinträgt.
11. Morgen werde ich sogar bereit sein, in den Wagen meines Nachbarn zu springen, auch wenn er sich anschickt, eine andere Richtung als die meinige zu nehmen.

1922

RAOUL HAUSMANN

Rückkehr zur Gegenständlichkeit in der Kunst

Die Kunst ist eine Sache der Nation. Nationalität ist der Unterschied zwischen Polenta, Bouillabaisse, Powidl, Roastbeef, Pirogen und Kloßbrühe. Insofern ist es wichtig, der Kunst einen nationalen Charakter zu geben, um die gastronomischen Feinheiten, die eine bessere Kunst darstellen, als z. B. der Expressionismus ist, vom internationalen Standpunkt aus zu verwerten. Objektiv ist es eine Unmöglichkeit, Minestra oder Bouillabaisse zu essen, und in Mystik zu machen, oder Pirogen mit Klarheit zu verwechseln – alles dies ist eine Sache des gastrischen Klimas und damit des Gehirns, das in Rußland anders funktioniert als in Italien. Gefährlich ist nur eine unentschiedene Mischung wie Kloßbrühe; vielleicht könnten aber doch durch Erziehung zur Disziplin die Klöße trocken gegessen werden, was der Sauberkeit in der Wiedergabe des Vorstellungswesens sehr zuträglich wäre. So, wie die Gedanken der Männer einer Nation sich auf der Straße von der Form der Frauenbeine ablesen lassen, so sicher gestaltet die Ableitung des Hungers, der nationale Geschmack, den Geist. Letzten Endes formt eine Rasse die Neigung zur Sachlichkeit im Essen; trockene Nahrung erzeugt gute Frauengestalten und eine leichtere Sexualität, die durch Beeinflussung des Verdauungstraktes zur Ablehnung des Unerklärlichen, der Mystik, führt. Dies ist die einzige Unerklärbarkeit: die Metaphysik der Nahrungsgestaltung und die Ausprägung der Nationen. Eine Nation unter den Menschen ist die Modifikation der Hungerbefriedigung. Jede Nation mit trockener und eindeutiger Nahrung wird das Blödsinnige, also in der bildlichen Darstellung das, was man durchaus mit nichts vergleichen oder bezeichnen kann, ablehnen. Daher entstand in Italien als Übergangskunst ein Realismus, der Futurismus, während in Frankreich wegen des Suppeneinschlags der Kubismus in Erscheinung trat. Deutschland, das Mittelland Europas, schwankte von linken zu rechten Beeinflussungen, von westlichen Formeln zu östlicher Formlosigkeit und gebar endlich den

Expressionismus, in dem alles Unklare, Unfaßbare des deutschen Gemüts friedlich und versöhnt umherschwamm — wie eben Klöße in der Brühe. Der Mensch liebt es im allgemeinen nicht, sich zu sehen, wie er wirklich ist — hinter der Epidermis und dem Speckbauch saugende, pumpende, übelriechende Maschinerien, die Eingeweide. Analog der Kurzsichtigkeit sich selbst gegenüber, lieben es die Menschen, der Unendlichkeit einen Sinn zu verleihen, ohne den Mut zu haben, den nur scheinbaren Sinn, die von der Nützlichkeit diktierte Wertung der Dinge als Unsinn zu sehen. Der praktische Sinn der Nahrung ist zwar das Weiterleben, aber über das Leben kann keine Auskunft gegeben werden. Da nun der sinnfällige Unsinn in Italien zu Frittura, in Böhmen zu Schinken, in England zu Beefsteaks, in Frankreich zu Chateaubriand, in Rußland zu Schtschi und in Deutschland zu Schmorbraten verarbeitet wird, so sind die Anschauungen über den Wert der Gegenständlichkeit auf dem Gebiet, das man Kunst nennt, national verschieden, so wie die Getränke ebenfalls den Wirklichkeitssinn oder die Mystik hervorrufen. Roter Wein ist eine Sache von Präzision. Bier verdickt und macht schwerfällig, Kwas aber muß wild und formlos machen. Ein Volk wie die Italiener, mit ihrem Kalbfleisch, ihrer Polenta und ihrem Rotwein, muß immer, in jeder Weltsituation zur Klarheit neigen, wie dagegen der Deutsche es neben Suppen und Stullen und seinem Bier nur zu einer ekelhaften Verdunkelung der Dinge, Expressionismus genannt, gebracht hat. Der erste Expressionist, ein Mensch, der die «innere Freiheit» erfand, war ein verfressener und versoffener Sachse, Martin Luther. Er hat die protesthafte Wendung des Deutschen zu einer unerklärbaren «Innerlichkeit» gleich Verlogenheit, ein Jonglieren mit eingebildeten Leiden, Abgründen der «Seele» und ihrer Macht neben einer knechtischen Fügsamkeit gegenüber der obrigkeitlichen Gewalt herbeigeführt, er ist der Vater Kants, Schopenhauers und des heutigen Kunstblödsinns, der an der Welt vorüberstarrt und sie damit zu überwinden meint. Sein immerhin klarster Ausdruck sind die Frankfurter Würstchen, die aber auch nur aus protesthaften Regungen gegen die jüdische Realitätswertung entstanden, so wie alles Deutsche, das etwas Klarheit aufweist, als Protest, nicht aus einer Erfassung der Wirklichkeit, der menschlichen Gegebenheit manipuliert wurde. Rußland, die Slawen überhaupt, ist eine Angelegenheit selbständiger Art. Das gastrische Klima bedingt Überwucherungen der Realität, eine Überhitzung mit Fett, die ganz anders geartet ist, als die deutsche Nüchternheit und Unfähigkeit. Wenn romanische Völker eine gute Verdauung besitzen, die Slawen alles verdauen können, so leidet der Deutsche an einem schmachvollen Wechsel von Verstopfung und Durchfall, der sich entweder in Kants Philosophie oder in Goethes zweitem Faust oder etwa in Stramms Wortfolgen zeigt; die Äußerungen sind beim Deutschen klumpig, oder er kann nichts bei sich behalten, jedenfalls zieht er aus allem einen Sinn, der nachhinkt oder voreilig ist, ohne jemals die Realität zu treffen. Das Gewolke Goethes kehrt in der expressionistischen Kunst der Unerklärbarkeit subjektiver gastrischer Störungen wieder. Man halte dieser Abstrakt-tuerei den Ausspruch Courbets entgegen «Engel malen — ja, wer Engel gesehen hätte», und man wird erfreut sein über die Perspektive der Natürlichkeit, der Vernunft im Essen und Trinken, die sich hier auftut, trotzdem Courbet sogar zeitweise das Bier liebte. Der Mensch einer ausgesprochenen Nation wird das Erklärbare, das Allgemeine lieben, nicht die Extravaganzen des dunklen Blödsinns. Er wird die Gegenständlichkeit der Umwelt und die Sachlichkeit des Geschehens fassen wollen, ohne bloße Ausschnitte oder Clichées noch den berühmten Temperamentswinkel der Natur zu geben; seine Ironie gegenüber sich selbst wird dies nicht zulassen und sein Bewußtsein, daß die Dinge nicht Vereinzelungen sind. Er wird das Porträt eines Menschen nicht im Vergessen der Eingeweide und die Wichtigkeit von Maschinen nicht in Unabhängigkeit einer richtigen Perspektive erleben wollen, der sauberen Nutzlosigkeit geometrischer Gebilde in Verbindung mit dem Himmel sich bewußt sein. Die Laune der Realitätsbetrachtung wird national verschieden sein, von einem romanischen zu einem moskowitischen Pol schwingen; den Deutschen aber dürfte geraten sein, sich zuerst mit einer planmäßigen Trennung von Kloßbrühe in Klöße und Brühe zu befassen — andernfalls werden sie niemals über weibliche Würstelbeine, Weltbeherrschungspläne und Expressionismus, also die Kultur der verlogenen Dummheit, hinausgelangen.

1920

RICHARD HUELSENBECK

Aus: «En avant Dada»

Dada wurde im Frühjahr 1916 in Zürich von den Herren Hugo Ball, Tristan Tzara, Hans Arp, Marcel Janco und Richard Huelsenbeck in einer kleinen Kneipe, dem Cabaret Voltaire, gegründet. Hier hatte Hugo Ball mit seiner Freundin Emmy Hennings eine Varieté-Miniatur gegründet, an der wir alle als Mitarbeiter aktivsten Anteil hatten. Wir waren alle durch den Krieg über die Grenze unserer Vaterländer geworfen worden. Ball und ich kamen aus Deutschland, Tzara und Janco aus Rumänien, Hans Arp aus Frankreich. Wir waren uns darüber einig, daß der Krieg von den einzelnen Regierungen aus den plattesten materialistischen Kabinettsgründen angezettelt worden war; wir Deutschen kannten das Buch «J'accuse», ohne das wir auch kaum zu der Überzeugung zu bringen gewesen wären, daß der deutsche Kaiser und seine Generäle sich anständige Kerle nennen durften. Ball war Refraktär und ich selbst hatte mich nur mit genauer Not vor den Nachstellungen der Henkersknechte retten können, die für ihre sogenannten patriotischen Zwecke die Menschen in den Schützengräben Nordfrankreichs massierten und ihnen Granaten zu fressen gaben. Wir hatten alle keinen Sinn für den Mut, der dazu gehört, sich für die Idee einer Nation totschießen zu lassen, die im besten Fall eine Interessengemeinschaft von Fellhändlern und Lederschiebern, im schlechtesten eine kulturelle Vereinigung von Psychopathen ist, die, wie im deutschen «Vaterlande», mit dem Goetheband im Tornister auszogen, um Franzosen und Russen auf Bajonette zu spießen. Arp hatte als Elsässer den Kriegsanfang und die ganze nationalistische Hetze in Paris mitgemacht und brachte ein unendliches dégout vor den kleinlichen Schikanen und der jammervollen Veränderung einer Stadt und eines Volkes mit, an das wir vor dem Kriege unsere Liebe verschwendeten. Politiker sind sich überall gleich, flachköpfig und gemein. Soldaten haben überall denselben Gestus jener forschen Brutalität, die eine Todfeindschaft jeder geistigen Regung darstellt. Die Energien und Ehrgeize der Mitarbeiter des Cabaret Voltaire in Zürich waren von Anfang an rein künstlerische. Wir wollten das Cabaret Voltaire zu einem Brennpunkt «jüngster Kunst» machen, obwohl wir uns nicht scheuten, auch hin und wieder den feisten und vollkommen verständnislosen Zürcher Spießbürgern zu sagen, daß wir sie für Schweine und den deutschen Kaiser für den Initiator des Krieges hielten. Das gab dann jedesmal großen Lärm, und die Studenten, die auch in der Schweiz das dümmste und reaktionärste Gesindel sind, wenn dort überhaupt wegen der obligatorischen Nationalverblödung irgendeine Gruppe von Menschen den Superlativ der Verblödung und Dummheit für sich in Anspruch nehmen kann – die Studenten gaben an Grobheit und Wut eine Ahnung von dem Widerstand des Publikums, mit dem Dada später seinen Siegeslauf durch die Welt gemacht hat. Das Wort Dada wurde von Hugo Ball und mir zufällig in einem deutsch-französischen Diktionär entdeckt, als wir einen Namen für Madame le Roy, die Sängerin unseres Cabarets, suchten. Dada bedeutet im Französischen Holzpferdchen. Es imponiert durch seine Kürze und seine Suggestivität. Dada wurde nach kurzer Zeit das Aushängeschild für alles, was wir im Cabaret Voltaire an Kunst lancierten. Unter «jüngster Kunst» verstanden wir damals im großen und ganzen: abstrakte Kunst. Die Idee des Wortes Dada hat sich dann späterhin in mancherlei Weise geändert. Während die Dadaisten der Ententeländer unter der Führung von Tristan Tzara, unter Dadaismus heute noch nicht viel anderes verstehen als «l'art abstrait», hat Dada in Deutschland, in dem die psychologischen Voraussetzungen für eine Tätigkeit in unserem Sinne ganz andere sind als in der Schweiz, in Frankreich und in Italien, einen ganz bestimmten politischen Charakter angenommen, den wir unten ausführlich auseinandersetzen wollen. Die Mitarbeiter des Cabaret Voltaire waren alle Künstler in dem Sinne, daß sie die letzten Entwicklungen der artistischen Möglichkeiten in ihren Fingerspitzen empfanden.

Ball und ich hatten in Deutschland den Expressionismus in aktivster Weise verbreiten helfen; Ball war ein intimer Freund Kandinskys und hatte versucht, mit ihm in München ein expressionistisches Theater zu gründen. Arp war in Paris mit Picasso und Braque, den Führern der kubistischen Richtung zusammengewesen und von der Notwendigkeit einer Abkehr von der naturalistischen Auffassung in jeder Form durchaus überzeugt. Tristan Tzara, jene romantisch-internationale Type, deren propagandistischem Eifer wir eigentlich die ungeheuere Verbreitung des Dadaismus zu verdanken haben, brachte aus Rumänien eine unbegrenzte literarische Versiertheit mit. Abstrakte Kunst bedeutete uns damals, als wir allabendlich im Cabaret Voltaire tanzten, sangen und rezitierten, soviel als unbedingte Ehrlichkeit. Naturalismus war psychologisches Eingehen auf die Motive des Bürgers, in dem wir unseren Todfeind sahen, und psychologisches Eingehen brachte, mochte man sich auch dagegen sträuben, eine Identifikation mit den verschiedenen bourgeoisen Moralen mit sich. Archipenko, den wir als unerreichtes Vorbild in der plastischen Kunst verehrten, behauptete, die Kunst dürfe weder realistisch noch idealistisch sein, sie müsse wahr sein, womit vor allen Dingen gesagt sein sollte, daß jede, auch versteckte Imitation der Natur eine Lüge sei. Dada sollte der Wahrheit in diesem Sinne einen neuen Stoß geben. Dada sollte der Sammelpunkt abstrakter Energien und eine ständige Fronde der internationalen großen Kunstbewegungen sein. Durch Vermittlung von Tzara standen wir auch in Beziehung zur futuristischen Bewegung und unterhielten einen Briefwechsel mit Marinetti. Boccioni war damals schon gefallen. Wir kannten aber alle sein dickes theoretisches Buch «Pittura e scultura futuriste». Wir fanden Marinettis Weltauffassung realistisch und liebten sie nicht, obwohl wir den von ihm sooft verwendeten Begriff der Simultaneität gern übernahmen. Tzara ließ zum erstenmal Gedichte gleichzeitig auf der Bühne sprechen und hatte damit großen Erfolg, obwohl das poème simultané in Frankreich schon von Derème und anderen bekanntgemacht worden war. Von Marinetti übernahmen wir auch den Bruitismus, le concert bruitiste, das seligen Angedenkens beim ersten Auftreten der Futuristen in Mailand als Reveil de la capitale so ungeheueres Aufsehen erregt hatte. Ich habe über die Bedeutung des Bruitismus in öffentlichen Dada-Soireen oft gesprochen. «Le bruit», das Geräusch, das Marinetti in der imitatorischen Form in die Kunst (von einzelnen Künsten, Musik oder Literatur kann man hier kaum noch sprechen) einführte, daß er durch eine Sammlung von Schreibmaschinen, Kesselpauken, Kinderknarren und Topfdeckel «das Erwachen der Großstadt» markieren ließ, sollte im Anfang wohl nichts weiter als ein etwas gewaltsamer Hinweis auf die Buntheit des Lebens sein. Die Futuristen fühlten sich, im Gegensatz zu den Kubisten oder gar den deutschen Expressionisten, als reine Tatmenschen. Während alle «abstrakten Künstler» über der Auffassung, daß der Tisch nicht sein Holz und seine Nägel, sondern die Idee aller Tische sei, im Begriff waren zu vergessen, daß man einen Tisch gebrauchen könne, um etwas darauf zu stellen, wollten die Futuristen sich in die «Kantigkeit» der Dinge hineinstellen – für sie bedeutete der Tisch ein Utensil des Lebens wie jedes andere Ding auch. Neben den Tischen gab es Häuser, Bratpfannen, Pissoirs, Weiber usw. Marinetti und seine Anhänger liebten deshalb den Krieg als höchsten Ausdruck des Widerstreites der Dinge, als eine spontane Eruption von Möglichkeiten, als Bewegung, als Simultangedicht, als eine Sinfonie von Schreien, Schüssen und Kommandoworten, bei der eine Lösung des Problems des Lebens in der Bewegung überhaupt versucht wurde. Die Bewegung bringt Erschütterung. Das Problem der Seele ist vulkanischer Natur. Jede Bewegung bringt natürlicherweise Geräusch. Während die Zahl und deshalb die Melodie Symbole sind, die eine Abstraktionsfähigkeit voraussetzen, ist das Geräusch der direkte Hinweis auf die Aktion. Musik ist so oder so eine harmonische Angelegenheit, eine Kunst, eine Tätigkeit der Vernunft – Bruitismus ist das Leben selbst, das man nicht beurteilen kann wie ein Buch, das vielmehr ein Teil unserer Persönlichkeit darstellt, uns angreift, verfolgt und zerfetzt. Bruitismus ist eine Lebensauffassung, die, so sonderbar das im Anfang scheinen mag, die Menschen zu einer definitiven Entscheidung zwingt. Es gibt nur Bruitisten und andere. Um bei der Musik zu bleiben. Wagner hatte die ganze Verlogenheit einer pathetischen Abstraktionsfähigkeit gezeigt – das Geräusch einer Bremse konnte einem wenigstens Zahnschmerzen verursachen. Dieselbe Initiative, die in Amerika die Steps und Rags zur Nationalmusik machte, war in einem späten Europa Krampf und Tendenz zum «bruit».

Der Bruitismus ist eine Art Rückkehr zur Natur. Er gibt sich als eine Sphärenmusik der Atome, so daß der Tod weniger ein Entweichen der Seele aus irdischem Jammer als ein Erbrechen, Schreien und Würgen ist. Die Dadaisten des Cabaret Voltaire übernahmen den Bruitismus, ohne seine Philosophie zu ahnen – sie wollten im Grunde das Gegenteil: die Kalmierung der Seele, ein unendliches Wogalaweia, Kunst, abstrakte Kunst. Die Dadaisten des Cabaret Voltaire wußten eigentlich überhaupt nicht, was sie wollten – unter «Dada» sammelten sich die Fetzen einer «modernen Kunstbetätigung», die irgendwo und irgendwann in den verschiedenen Köpfen hängengeblieben war. Tristan Tzara wurde von Ehrgeiz verzehrt, in den internationalen Kunstzirkeln als Gleichberechtigter oder gar als «Führer» zu figurieren. Seine ganze Aktivität war Ehrgeiz und Unruhe. Er suchte für seine Unruhe einen Pol und für seinen Ehrgeiz einen Orden. Welche außerordentliche, nie wiederkehrende Möglichkeit bot sich ihm hier, als Gründer einer Kunstrichtung die unvergängliche Rolle eines literarischen Mimen zu spielen!

Es war in Deutschland jene Stimmung, die immer einem sogenannten idealistischen Aufschwung, einem Turnvater-Jahn-Exzeß, einer Schenkendorfperiode vorauszugehen pflegt. Nun kamen die Expressionisten, wie jene sagenhaft berühmten praktischen Ärzte, bei denen «alles immer wieder gut» wird, mit dem Augenaufschlag einer sanften Muse, wiesen auf «die Schätze unserer reichen Literatur», zogen die Leute sanft am Ärmel und führten sie in das Halbdunkel der gotischen Dome, wo man den Straßenlärm nur noch wie ein fernes Gemurmel hört und nach dem bekannten Grundsatz, daß die Katzen im Dunkel ohne Unterschied grau sind, alle Menschen gute Kerle sein müssen. Der Mensch ist eben gut. Der Expressionismus, der den Deutschen so viele willkommene Wahrheiten brachte, war demnach durchaus eine «nationale Tat». In der Kunst wollte er Abkehr von jeder Gegenständlichkeit, Verinnerlichung, Abstraktion. In meinem Kopf haften, wenn der Name Expressionismus fällt, vor anderen die drei Namen Däubler, Edschmid und Hiller. Der erste Däubler als Gigantosaurus der expressionistischen Lyrik, Edschmid als Prosaiker und Prototyp eines expressionistischen Menschen und Kurt Hiller, der mit seinem Meliorismus, gewollt oder ungewollt, als Theoretiker der expressionistischen Epoche aufgetreten ist.

Aus allen diesen Erkenntnissen heraus, aus der psychologischen Einsicht, daß eine Abkehr von den gegenständlichen Dingen zu gleicher Zeit alle jene Komplexe von Müdigkeit und Feigheit in sich schloß, die einer verrotteten Bourgeoisie genehm sind, unter dem Eindruck der «Aktion», wie sie uns von unserem Eintreten für die Prinzipien des Bruitismus, der Simultaneität und die Verwendung des neuen Materials überliefert war, richteten wir uns in Deutschland sogleich mit aller Schärfe gegen den Expressionismus. Das erste von mir geschriebene deutsche Dada-Manifest enthält die Sätze: «Die Kunst ist in ihrer Ausführung und Richtung von der Zeit abhängig, in der sie lebt, und die Künstler sind Kreaturen ihrer Epoche. Die höchste Kunst wird diejenige sein, die in ihren Bewußtseinsinhalten die tausendfachen Probleme der Zeit präsentiert, der man anmerkt, daß sie sich von den Explosionen der letzten Woche werfen ließ, die ihre Glieder immer wieder unter dem Stoß des letzten Tages zusammensucht. Die besten und unerhörtesten Künstler werden diejenigen sein, die stündlich die Fetzen ihres Leibes aus dem Wirrsal der Lebenskatarakte zusammenreißen, verbissen in den Intellekt der Zeit, blutend an Händen und Herzen. Hat der Expressionismus unsere Erwartungen auf eine solche Kunst erfüllt, die eine Ballotage unserer vitalsten Angelegenheiten ist? *Nein! Nein! Nein!* Haben die Expressionisten unsere Erwartungen auf eine Kunst erfüllt, die uns die Essenz des Lebens ins Fleisch brennt? *Nein! Nein! Nein!* Unter dem Vorwand der Verinnerlichung haben sich die Expressionisten in der Literatur und in der Malerei zu einer Generation zusammengeschlossen, die heute schon sehnsüchtig ihre literatur- und kunsthistorische Würdigung erwartet und für eine ehrenvolle Bürger-Anerkennung kandidiert. Unter dem Vorwand, die Seele zu propagieren, haben sie sich im Kampf gegen den Naturalismus zu den abstrakt-pathetischen Gesten zurückgefunden, die ein inhaltloses, bequemes und unbewegtes Leben zur Voraussetzung haben. Die Bühnen füllen sich mit Königen, Dichtern und faustischen Naturen jeder Art, die Theorie einer melioristischen Weltauffassung, deren psychologisch naive Manier für eine kritische Ergänzung des Expressionismus signifikant bleiben muß, durchgeistert die tatenlosen Köpfe. Der Haß gegen die Presse, der Haß gegen die Reklame, der Haß gegen die Sensation spricht für Menschen, denen ihr Sessel wichtiger ist als der Lärm der Straße und die sich einen Vorzug daraus machen, von jedem Winkelschieber übertölpelt zu werden. Jener sentimentale Widerstand gegen die Zeit, die nicht besser und nicht schlechter, nicht reaktionärer und nicht revolutionärer als alle anderen Zeiten ist, jene matte Opposition, die nach Gebeten und Weihrauch schielt, wenn sie es nicht vorzieht, aus attischen Jamben ihre Pappgeschosse zu machen – sie sind Eigenschaften einer Jugend, die es nie verstanden hat, jung zu sein. Der Expressionismus, der im Ausland gefunden, in Deutschland nach beliebter Manier eine fette Idylle und Erwartung guter Pension geworden ist, hat mit dem Streben tätiger Menschen nichts mehr zu tun. Die Unterzeichner dieses Manifests haben sich unter dem Streitruf *Dada!* zur Propaganda einer Kunst gesammelt, von der sie die Verwirklichung neuer Ideale erwarten.» Und so fort. Hier ist der Unterschied zu der Tzaraschen Auffassung deutlich ersichtlich. Während Tzara noch schrieb «Dada ne signifie vien» – hat es in Deutschland seinen l'art pour l'art Charakter schon beim ersten Vorstoß verloren. Anstatt weiter Kunst zu machen, hat sich Dada einen Gegner gesucht, es stellt sich in direkten Gegensatz zur abstrakten Kunst. Die Bewegung, der Kampf wurde betont. Aber wir bedurften noch eines direkten Aktionsprogramms, wir mußten genau sagen, was unser Dadaismus wollte. Dies Programm wurde von Raoul Hausmann und mir aufgestellt. Wir nahmen dadurch zu gleicher Zeit mit vollem Bewußtsein eine politische Stellung ein.

1920

GEORGES RIBEMONT-DESSAIGNES

Das Gemetzel der Unschuldigen
Epistel an die reuigen Dadaisten

Das Zeitalter ist krank, dem Zeitalter tut das Herz weh. Magen und Gefühle: so sieht das Herzweh aus. Und seine Pfleger, bedeutende Tierärzte und schmutzige Apotheker, können ihre Injektionsspritzen oder ihre Reagenzgläser schwingen, können analysieren, kanalisieren und laut von der moralischen Gesundheit reden – sie selber leiden an derselben Krankheit. Und von den hohen Stelzen aus, auf denen sie gehen, damit jeder sie bewundern kann, bemerken sie überhaupt nicht die Speie, die sich in ihre Reden mischt, oder die Abszesse auf ihrer Stirn. Nicht in dem, was sie schmähen, liegt der Fehler – sie selber sind die verlogenen und heuchlerischen Gesichter, die sich um ihr Heil vor der Menschheit quälen, sind die Gewissensbelecker, die Onanierer des Guten, die krampfädrigen Mahomets und einbeinigen Götter. Sie rannten und warfen Exkremente in die heiligen Stätten oder spuckten in die Schlagsahne der gutbürgerlichen Vespermahlzeiten. Sie traten als Antichrist im Automobil oder als moderner Teufel auf. Und die Steine der Steinigung waren für sie, wie es schien, süß wie Pfefferkuchen. Die Zauberkünste des Fakirs verwandeln augenblicklich das Samenkorn in einen Baum. Es ist sehr viel leichter, einen Stein in eine Blume zu verwandeln, wenn er einer parabolischen Wurfbahn folgt. Deswegen hat man diese Scharlatane mit der durchbrochenen Maske in schönen Särgen aus Mimosenholz und Lapislazuli beerdigt, man wird sie mit der öffentlichen Anerkennung beweihräuchern, das große Band der Ehrenlegion wird ihr Aas zieren, und die kleinen Kinder der guten Gesellschaft werden aus ihren Werken die Wahrheit lernen.

Dort liegt die Krankheit: es ist eine Krankheit des Wörterbuchs, eine nominalistische Krankheit. Man entdeckt, daß sich hinter den Worten nichts als die Bedeutung der Worte verbirgt; nach einer Stunde der Freiheit und der Trunkenheit schwimmt die Ordnung obenauf: die Worte nehmen wieder ihren Zweck und ihre Bedeutung an, und mit ihrer Bedeutung die Anhäufung von Kenntnissen und die Gewißheit. Zur Guillotine ist es nicht weit.

Zerstörung und Aufbau. Der schöne Traum von der völligen Auflösung scheint zu verblassen. Muß man die Augen schließen und sich auf die Gebirgsgletscher zurückziehen? Die Rippen der Gesellschaft heben sich für den Atem, den ihr Leben bringt. Sie will leben; alle Poren ihrer Haut sträuben sich. Ja, ja, ja, ja. Aufbauen, aufbauen, bis man daran verreckt. Es gibt durchaus eine Möglichkeit, sich über die Gesellschaft hinwegzusetzen. Man muß sie nur zur Tränke und zur Krippe führen, sich an ihre Spitze stellen und noch lauter als sie den Glauben verkünden, während man die Fäden in der Hand hält, die kleinen trügerischen Fäden der Auflösung. Aber eines Tages muß doch ... Es sei denn, dieser Tag verschiebt sich bis zu unserem Tode. Es geht um Vergnügen und nicht um Dogmatik. Das harte glatte Vergnügen, in der hohlen Hand ein wenig graue Asche zu halten, die alles umfaßt, was für einige Augenblicke der Koran, der Discours de la Méthode oder die Mona Lisa hat sein können, oder ganz einfach das erste beste Wort, wie Schnupftabak und Schminkpflästerchen.

Zerstören. Nicht die systematische Skepsis, die nichts zerstört. Sondern die geheimnisvolle Auflösung der Bedeutung und der Werte, die die Erscheinungswelt wie einen dunstigen Staub bestehen läßt, den der Blick durchdringt und die körperliche Berührung durchbricht. Die Besonderheit jedes Dinges zunichte gemacht und auf den Zustand von

Papiergeld zurückgeführt: das Tauschgeschäft – Sie erhalten einen Erzengel für eine Tafel Schokolade oder ein Fahrrad für eine nackte Amerikanerin. Was ist Jesus oder mein Auge? Was bedeutet der Schlafende, die grüne Heuschrecke oder das syphilitische Fleisch? Was ist das Heldentum des Helden, die Säure des Essigs, die Vollkommenheit Gottes? Auch die Beschaffenheit verliert ihr Besonderes. Und ihre Eigentemperatur und ihr spezifisches Gewicht, die auf entsprechenden Instrumenten verzeichnet sind, verdunsten. Schließlich atmet man die Luft ein wie auf einer sturmüberwehten Hochebene oder angesichts von Wogen. Man atmet Worte – atmet Steine ein.

Das physiologische Bedürfnis, verschiedene Geschmäcker auf der Zunge zu spüren, zwischen Kalt und Warm abzuwechseln, hat das Hemd des Glaubens ausgezogen, und indem es gezeigt hat, was er ist, in immer kleinere Stücke zerschnitten, hat es Dada Bahn gebrochen. Die Knochen der Schönen sind Puddingpulver. Dada hat das Verbum *sein* wieder in die Grammatik eingeführt. Man entdeckt heute, daß Dada das eigentliche Gesicht dessen ist, was zwischen Süd- und Nordpol gedacht wird. Doch das Herzweh? Das Gesicht alles dessen, was gedacht wird, hat plötzlich eine glänzende Nase, glänzend wie die Doppelsonnen des Bewußtseins, und die exkrementiellen Kalkulationen überstürzen sich. Was für ein schöner Diamant! Wieder ersteht das Gleichgewicht, der Teufel und Gottvater, und die Unterscheidungskünstler und die Einheit.

Wer nicht an Dada teilnahm und es mißachtete, war dada. Dada bleibt, und wer nicht daran teilnimmt, scheint nicht mehr dada zu sein. Aber mehr noch: Dada hat seine Krise gehabt, es hat erwogen aufzubauen! Der Aufbau inmitten der Zerstörung. Der Abszeß ist geplatzt und hat dabei einen Wirbel schmutziger Tiaren zum Himmel geschleudert. Die neue Lebensweisheit wird mit Eiterbuchstaben geschrieben; und die neuen Weisen streiten, definieren, wägen ab und setzen Werte auf dieselben Tafeln, die allem dienen, was gedacht wird.

Zu allen Idioten, die die Blüte der Menschheit sind, kommen blütengewordene Idioten hinzu. Eine hehre Sippe, ein schöner Botanischer Garten. Ein Schauspiel, ganz dazu angetan, den Uneigennützigen bescheiden zu machen. Wie denn, man kann sich so leicht zu den gestürzten großen Männern erheben, zu den großen Idioten, die die Bewunderung der Massen auf sich vereinigen? So wenig trennt uns von dieser Krämerware? Auch wir könnten ... Ebenso wie sie ihrerseits der Meinung sind, daß die Größe, die sie ihrem schöpferischen Vermögen, ihrer Person, ihrem Ruhm zusprechen, ein kleiner Goldfisch in einem Glas ist und daß das Leben im Sudan, in China oder in den Meerestiefen weitergeht, wenn der kleine Fisch seinen bleichen Bauch in die Luft streckt. Zwischen ihrer Frau, ihrem Kindermädchen und ihren Schmarotzern sind sie weit vom Strahlenglanz Shakespeares entfernt. Es ist eine kleine Patience. Ein einziges Individuum kann Gott erschaffen.

Aber welchen Gott! Die Dimension des Genies wird am Taillenumfang gemessen.

Zu gut kenne ich die Art ihrer Einsamkeit im Dunkel des Zimmers, auf ihrem Bett, wo das Verlangen nach dem Thron und die Verzweiflung darüber gären, in Wirklichkeit so wenig zu sein — die ständige Sorge um den Spiegel, der den Anblick der künftigen Leiche absondert und die Stirn mit so hübschen Zierden für die Lorbeerblätter schmückt, die Lorbeerblätter Apolls sein sollen —, zu gut weiß ich das, um hinzunehmen, daß sie prahlerisch ihre Blase auf Straßenlaternen schwenken und Lebenslust spielen. Noch kitzelt sie der frühere Nihilismus, und die neue Blütenpracht läßt sie ungestillt wie arme Raubtiere, die in Käfige gesteckt worden sind, damit die Bürgerfrauen sich abends hysterisch auf ihrem Bettvorleger wälzen und rufen können: o mein Löwe, mein Tiger, mein Eisbär! Sie tragen Rimbaud und Lautréamont wie abgenutzte und beleidigende alte Decken vor sich her, sie bedecken damit den Bauch ihrer früheren Freunde, die außerhalb der tätigen Erneuerungswelle geblieben sind, doch insgeheim durchbohren sie mit einer Nadel, die von ihrer Syphilis infiziert ist, die Augen dieser Vogelscheuchen, um sie dafür büßen zu lassen, daß sie im Leben so mager gewesen sind und im Tode so stark zunehmen. Sie möchten Rimbaud, Lautréamont, Napoleon und Wagner zugleich sein. Man muß sie verehren oder töten. Anbeten, denn sie sind der ständige Ausdruck für die aufbauende Kraft der Menschheit, was schlechthin verehrungswürdig ist. — Töten, um sie von der Qual der Kuh zu befreien, die männlich sein will, und von ihrem unvermeidlichen Unvermögen, sich auf der Sonne zu pfählen. Dazwischen gibt es nichts.

Aus der vorübergehenden Schwangerschaft Dadas geboren, können sie durch ihre offene Tyrannei Dada nur die Kraft zurückgeben, die sie ihm absprechen. Die volkstümliche Zustimmung zur völligen Verneinung war nur ein sekundenlanger Übergang zu einem Punkt unfreiwilligen Gleichgewichts. Wieder ist Dada so jung, so jung. Apostolate, zentripetale Dogen: achtet auf eure Gesundheit, auf die Luft eurer Nacht, auf den Geschmack der Soße. Wenn nicht an Dada, werdet ihr doch noch am Tode sterben.

P. S. — Um ihr Seelenheil zu retten, stellen sich diese Reuigen wie Reuige, die die Reue der letzten Stunde zeigen. Dann hauchen sie schon ihr Leben aus. Lebt wohl, ihr Büßer! Das Totenhemd ist kein kleines Brauttaschentuch. Heraus kommt man hier nicht. Hier tritt man nicht ein. Verwest.

1923

MAN RAY

Dadamade

Wer machte Dada? Keiner und jeder. Ich machte Dada, als ich ein Baby war und von meiner Mutter dafür Klapse bezog.

Jetzt beansprucht jeder für sich, Dada erfunden zu haben. Seit den letzten dreißig Jahren.

In Zürich, in Köln, in Paris, in London, in Tokio, in San Franzisko, in New York.

Ich könnte für mich beanspruchen, daß ich Dada in New York erfunden habe. 1912 vor Dada.

Im Jahre 1919 brachte ich Dada mit Erlaubnis und Zustimmung anderer Dadaisten in New York heraus. Nur einmal. Das reichte. Die Zeit verdiente nicht mehr. Es war ein Dada-Datum. Die eine Ausgabe des New York Dada trug nicht einmal die Namen ihrer Schöpfer. Wie ungewöhnlich für Dada! Natürlich gab es eine Anzahl Mitarbeiter. Freiwillige und unfreiwillige. Überzeugte und zweifelnde. Was kam dabei heraus? Nur eine Ausgabe. Vergessen – selbst nicht einmal von den meisten Dadaisten und Antidadaisten gesehen.

Jetzt versuchen wir, Dada wieder zum Leben zu erwecken. Warum? Wen kümmert's? Wen kümmert's nicht? Dada ist tot. Oder lebt Dada noch? Wir können nicht etwas Lebendiges zum Leben erwecken, ebensowenig wie wir etwas lebendig machen können, was schon tot ist.

Ist Dada tot?
Lebt Dada?
Dada ist.
Dadaismus.

1958

PRÄSENTATION II

Prosatexte

HANS ARP

Einführung zu «Histoire Naturelle»

die medaille geht auf während die sonne sich nach fünfzigjähriger dienstzeit in die kalzinierten räder des lichtes zurückzieht.

der mensch hat die wecker durch erdbeben die dragee- durch hagelschauer ersetzt. die begegnung zwischen dem schatten des menschen und dem einer fliege verursacht eine überschwemmung. der mensch auch hat die pferde gelehrt einander wie präsidenten zu küssen. mit diesen elfeinhalb schwänzen zählt der mensch elfeinhalb gegenstände im möblierten zimmer des alls: die vogelscheuchen die in ihren knopflöchern vulkane und geysire tragen die schaufenster der ausbrüche die auslagen der lavaschnur die sonnengeldsysteme die etikettierten bäuche die von den dichtern abgerissenen mauern die paletten der cäsaren die völlig stillen stilleben die ställe der sphinxe und die augen des menschen der versteinert ist weil er nach sodom geschielt hat.

betritt die kontinente ohne anzuklopfen aber mit einem maulkorb aus filigranfäden.

blätter wachsen nie an bäumen. wie ein von oben gesehener berg haben sie keine perspektive. vor einem blatt nimmt der betrachter immer eine falsche stellung ein. zweige stämme und wurzeln erkläre ich für die lügen eines kahlkopfes. wie ein löwe der blutdürstig ein leckeres brautpaar wittert wächst die linde gehorsam auf bretterbedeckten ebenen. der start des kastanienbaumes und der eiche erfolgt auf ein fahnenschwenken. die zypresse ist nicht die wade eines eucharistischen balletts.

wie die friedhöfe der bauchredner oder die felder der ehre zu viert vor die vier vorhergehenden gespannt kommen die insekten daraus hervor. da ist eva die einzige die uns bleibt. sie ist die weiße helfershelferin der zeitungsdiebe. hier finden sie den originalkuckuck der wanduhr. das geräusch seines kiefers ist wie das eines starken haarausfalls. so zählt man zu den insekten das schutzgeimpfte brot den chor der zellen die unter vierzehnjährigen blitze und ihren untertänigsten diener.

der himmel der seestücke ist von expressionistischen tapezierern dekoriert worden die einen schal mit eisblumen aufgehängt haben. um die zeit der ehediamantenernte trifft man auf den meeren riesige spiegeltürschränke an die auf dem rücken treiben. der spiegel ist durch gewichste parkettfußböden und der schrank selber durch goldene schlösser ersetzt. diese spiegeltürschränke werden als boxring an hebammen und an störche vermietet die darin ihre unzähligen runden austragen können — oder auch als kissen an riesenhafte verrostete münder die darauf ruhen und manchmal — *kuskus* — ein paar küsse darauf drücken. deshalb nennt man auch die meere kuskus denn *kus* heißt kuß und zweimal kuß gibt *kuskus*.

sie sehen also daß man seinen herrn vater nur scheibe um scheibe verzehrt. ausgeschlossen damit bei einem einzigen frühstück im grünen fertig zu werden und selbst die zitrone fällt angesichts der schönheit der natur auf die knie.

1926

VINCENT HUIDOBRO

Vielleicht ein Manifest

Kein wahrer Weg und eine an sich selbst zweifelnde Poesie.

Nun? Man wird stets suchen.

Ohne Gitarre, ohne Unruhe, meine Nerven in Erlebnisse verspreitet, solcherart das Ding fern vom Gedicht, dem Pol den Schnee und dem Seemann die Pfeife stehlen.

Einige Tage hernach kam ich dahinter, daß der Pol eine Perle für meine Krawatte war.

Und die Forschungsreisenden?

Sie waren Poeten geworden und sangen, aufrecht stehend, über den erregten Wogen.

Und die Poeten?

Sie waren Forschungsreisende geworden und suchten in den Gurgeln der Nachtigallen nach Kristallen.

Deshalb ist der Poet dem Globetrotter, der keinen aktiven Beruf ausübt, gleich, und der Globetrotter dem Poeten, der keinen passiven Beruf hat.

Vor allem muß man ohne die obligatorischen Zweideutigkeiten (jedoch mit einigen geordneten Wogen) singen oder wenigstens reden.

Keine fiktive Erhebung, sondern die wirkliche, die organisch ist. Laßt die Himmel den Astronomen, die Zellen den Chemikern.

Nicht immer ist der Poet ein ins Gegenteil verstellbares Teleskop, und schmiegt sich der Stern im Inneren der Röhre bis ans Aug, so geschieht das nicht durch einen Aufzug, wohl aber durch ein erfundenes Glas.

Keine Maschine, auch nicht das moderne *an sich*. Kein Golfstrom, auch nicht der Cocktail, denn Golfstrom und Cocktail sind maschineller als eine Lokomotive oder ein Taucheranzug geworden und moderner als New York und die Kataloge.

Mailand ... kindliche Stadt, von den Alpen zermüdete Jungfrau, aber dennoch Jungfrau.

UND DER GROSSE FEIND DES GEDICHTES IST DIE DICHTUNG

Nun, ich sage euch, laßt uns anderswo suchen, fernab der Maschinen und des Morgenrots und ebenso fernab von New York als von Byzanz.

Fügt dem, was bereits ohne euer Zutun Dichtung ist, keine Dichtung hinzu. Honig auf Honig, das ist ekelhaft!

Laßt den Rauch der Fabriken und die Taschentücher der Abschiede an der Sonne trocknen. Stellt eure Schuhe ins Mondlicht, und wir wollen nachher darüber reden; und vor allem vergeßt nicht, daß der Vesuv trotz Futurismus voller Gounod ist.

Und das Unvorhergesehene?

Obgleich es sehr gut eine Sache sein könnte, die sich mit der Unparteilichkeit der zufallsgeborenen, ungewollten Geste darstellt, so muß sie dennoch ausgeschaltet werden, da sie dem Instinkt zu nahe steht, also mehr animalisch ist und nicht menschlich.

Gut ist der Zufall, wenn die Würfel fünf Asse oder wenigstens ein Carrée Damen zeigen; anders hat er ausgeschlossen zu sein.

Als Los wird kein Gedicht gezogen, es gibt kein grünes Tuch auf dem Tisch des Poeten.

Und wenn das beste Gedicht in der Kehle zu machen ist, dann nur deshalb, weil die Kehle zwischen Herz und Hirn die goldne Mitte bildet.

Macht Dichtung, aber hängt sie nicht rund um Dinge auf.

Erfindet.

Der Dichter darf nicht länger Instrument der Natur sein, sondern soll die Natur zu seinem Instrument machen. Das ist genau der Unterschied zu den alten Schulen.

Hier haben wir, was euch eine neue Tatsache bringt, ganz einfach in seinem Wesen, unabhängig von jeder anderen äußerlichen Erscheinung, eine menschliche Schöpfung, sehr rein und mit der Geduld einer Auster erarbeitet.

Dies ist ein Gedicht. Oder ist es vielleicht was anderes?

Es bedeutet wenig.

Es bedeutet wenig, ob das Geschöpf nun ein Mädchen oder ein Knabe ist, ein Advokat, ein Ingenieur oder ein Biologe, vorausgesetzt, daß es da ist.

Das lebt und das schwirrt herum, ja selbst auf sehr stillem Grunde. Vielleicht ist das nicht das herkömmliche Gedicht, aber ein Gedicht ist es dennoch.

Also Premiereffekt des Gedichtes, Wandlung unsres täglichen Christus, kindliches Durcheinander, weit aufgerissen die Augen am Ufer der strömenden Worte, das Gehirn absinkend in die Brust, aufsteigend das Herz in den Kopf, Herz und Gehirn in ihren wesentlichen Funktionen verbleibend, endlich die totale Revolution. Die Erde bewegt sich verkehrt, die Sonne geht im Westen auf.

Wo seid ihr?

Wo bin ich?

Verloren, den vier Assen eines Kartenspiels gleich, sind die Richtungen der Windrose unter der Menge.

Nachher liebt man oder lehnt ab. Die Illusion jedoch saß in kommoden Stühlen, die Langeweile fand sich gut ab, und das Herz ist wie eine umgekehrte Flasche.

(Liebe oder Ablehnung haben für den echten Poeten keinerlei Wichtigkeit, denn er weiß: die Welt zieht von rechts nach links und der Mensch von links nach rechts. Das ist das Gesetz des Gleichgewichtes.)

Und dann: es ist meine Hand, die euch geführt hat, die euch die gewünschten Landschaften gewiesen hat und die einen Bach aus dem Mandelbaum hervorsprudeln machte, ohne diesen mit einem Speerwurf die Weichen zu durchbohren.

Und da sich die Dromedare eurer Einbildungskraft verlaufen wollten, habe ich sie, besser als ein Räuber der Wüste, trocken gehalten. Keine unschlüssigen Spaziergänge!

Geld oder Leben.

Das ist sauber, das ist klar. Keine persönliche Verdolmetschung.

Geld heißt nicht Herz, noch das Leben die Augen.

Das Geld ist das Geld, das Leben ist das Leben.

Jeder Vers ist eine sich schließende Türe und keine sich sperrangelweitöffnende.

Das Gedicht, wie es hier dargestellt ist, ist nicht realistisch, sondern menschlich.

Es ist nicht realistisch, sondern wird zur Realität.

Kosmische Realität mit eigenständiger Atmosphäre, und gewiß hat sie Erde und Wasser, wie doch alle Welten, die auf sich halten, Wasser und Erde haben.

In diesen Gedichten soll man überhaupt nicht nach einem Abglanz gesehener Dinge suchen, noch nach der Möglichkeit, durch sie andere zu sehen. Ein Gedicht ist ein Gedicht wie eine Orange eine Orange ist und nicht ein Apfel.

Ihr werdet darin weder Dinge finden, die schon im voraus existieren, noch solche, die einen direkten Bezug zu den Gegenständen der äußeren Welt haben.

Der Poet ahmt nicht mehr die Natur nach, denn er eignet sich nicht das Recht an, Gott zu plagiieren.

Ihr werdet hier finden, was ihr noch nirgendwo gesehen habt: das Gedicht. Eine Schöpfung des Menschen.

Und unter allen menschlichen Kräften ist es die Schöpferkraft, die uns am meisten interessiert.

1924

PAUL ELUARD – MAX ERNST

Zerbrochene Fächer

Die heutigen Krokodile sind keine Krokodile mehr. Wo sind die guten alten Abenteurer geblieben, die einem winzige Fahrräder und Eisgehänge in die Naslöcher steckten? Die Läufer in die vier Himmelsrichtungen verfolgten die Geschwindigkeit mit dem Finger und machten einander Komplimente. Wie vergnüglich war es damals, sich mit anmutiger Unbekümmertheit auf diese angenehmen mit Tauben und Pfeffer bestreuten Flüsse zu stützen!

Es gibt keine echten Vögel mehr. Die Stricke, die abends über die Rückwege gespannt waren, brachten niemanden zum Stolpern, doch bei jedem falschen Hindernis umränderten sich die Augen der Gleichgewichtskünstler etwas mehr mit Lächeln. Der Staub roch nach Blitz. Früher trugen die guten alten Fische schöne rote Schuhe an den Flossen.

Es gibt keine echten Wasserfahrräder mehr, keine Mikroskopie und keine Bakteriologie. Wahrhaftig, die heutigen Krokodile sind keine Krokodile mehr.

1922

Auf der Suche nach der Unschuld

In der durchsichtigen Luft der Gebirge ist einer von zehn Sternen durchsichtig. Denn es gelingt den Eskimos nicht, das Licht in ihren scheußlichen Gletschern zu begraben.

Für einen Augenblick der Vergessenheit dreht das Licht sich um und legt sorgfältig die zärtlichen Küsse einer vorbildlichen Mutter fest. Das nutzen die Turteltauben dazu aus, Mond und Schmerz in die schwankenden Gebüsche zu versenken.

Schweigend erträgt der geliebte Engel die Bedächtigkeit der zahnlosen Sätze. Ganz sachte schmilzt er, ein erstes Frührot.

1922

FRANZ JUNG

Amerikanische Parade

Wind segelt Kurve. Freie Bahn – anschwellend Ebenen, Häuser, ein Laternpfahl, Motor. Man achte auf den Rum – Tum – Tiddle – Dance. Geist – flatternd – geistert nicht mehr. Beine, Hosengurt, verbündet sicherem Schuh, Hut in Diagonale, lächelnd leicht licht. Kulis, Japaner als Schulmeister setzen sich mit in Bewegung, mehr verdrossen. Triumphiert Kaugummi, später Havannah, später Whisky, dann zerhackter Knäuel quetscht sich die Philosophie, die Methode des Lebens, die Religion, sofern man das schwankende Ichgefühl in Kontakt dazu bringt, und die so benannten großen Gesten, wie Gebet, Revolution und Singsang. Liebe ist das Gebet der Menschen zu- und miteinander — es liegt mir daran, allgemein verständlich zu bleiben.

Trotzdem handelt es sich um das Unglück. Ich will, daß das Unglück marschiert. Merry-Makers Tanz. Ich selbst bin unglücklich (will sein). Wenn auch nicht vollkommen — etwas Derartiges hier zu schreiben ist schon Pech. Man weiß, daß ich mich dagegen wende. Das Unglück wird alle Dämme niederreißen. Gott Unglück — ich bewege mich in Kindheitserinnerung. Das Unglück, das sich aufbäumt gegen das Licht.

Das Unglück, das Glieder und Gedärme frißt. Das Unglück — Leid ist nur eine schwache Vorahnung. Schmerz wie Absinth, Cocain, Malaria und Guillotine während der großen Revolution — das Unglück ist sozusagen fabelhaft erstklassig und hält durch. Unglück gegen Glück — keine Frage. Eine Frau vergräbt ihr Kind, das sich an sie anklammern will, ein Mann, von Liebe umlagert, zerbeißt eine Dynamitpatrone, nicht mehr mithalten zu können im verantwortlichen Rhythmus des Sichsehnens, wie das Kind, das sich noch anklammern will, mit einem Wort: das Erleben, das ist Unglück.

Gut geschrien. Die Pechfritzen, Weltverbesserer, Sexualitäter paffen die Gesetzeswolken. Immer neues Pech. Die Pechiater sind Hans im Glück. Zwischen Pech und Glück liegt die Stellung zur Ordnung, die für jeden einzelnen so tausendfältig differenzierte, so daß jeder gleich 10 Stellungen in einer dazu aufbringt. Aus diesem Chorgesang um die Gnade des Herrn, dann Scheck. Rrum — Tum. Massen! Massen — — Es genügt nicht, den Japaner zu verachten, ehemals zu belächeln, gegenwärtig zu fürchten. Unterkriegen, gelber werden. Randlaken und in Spannung halten.

Dabei wird der einzelne jünger. Jung, Franz Jung. Demokratie gleich Freibier. Wer abfällt, fällt ab. Die Sekten werden schärfer.

Es wird ein verfluchter Schwindel damit getrieben, daß irgend etwas gehemmt sein soll, wo nur aufgeräumt wird. Es fehlt das Konsortium dafür, die Abgestempelten. Es regiert noch das Gesetz — man könnte eine Tirade dranhängen: über Hoch und Niedrig lastend und lockend zu sanfter Ruh, geschmäht, gefürchtet und in bitteren Zweifelstränen ersehnt aus dem Besten des Menschen zum Besten, das Gesetzglück, dem der Widerspruch (auf dem Marsch) noch nicht genügend Balance zu halten gelernt hat — das Unglück. Ich bitte um Verzeihung: Unglück ist mehr wie Glück — obwohl das schon in der Bibel steht. Aber ich meine nicht das Pech. Die Leute, die heute jammern, haben Pech. Pech heißt: das Gesetz über dir.

Sich erleben, das Glück — Pech erleben, das Unglück erleben. Erleben erleben — Weil wer Hilfe schreit — vielleicht noch nicht einmal der Autor — weil wer noch irgendwo zappelt, das Blatt Papier, der Gedanke, die Masse biegt um die Ecke — Alexanders ragtimes band — die Partei, der Autor. Darum wird die Zertrümmerung unseres Seins dennoch marschieren.

Das Unterkriegen, in fremden Spannungen fixiert.

Der Pfiff!!

1918

KURT SCHWITTERS

Die weisslackierte schwarze Tüte

Es war Milch, als Emilie einen Nichtraucher. Ausgerechnet einen Nichtraucher! Was war da viel zu überlegen? Emilie litt Sauerkohl. Wie aufstoßender Himbeersaft. Und dabei war das Tischtuch weiß gescheuert. So konnte und durfte es nun nicht mehr weitergehen, das wußte Emilie. Da kam ihr endlich der rettende Gedanke: sie kaufte sich schwarzen Lack. Eine kleine leere Flasche voll. — Plötzlich nahm sie ein Beil zur Hand und öffnete die Flasche. Viel Zeit hatte sie nun nicht mehr zu verlieren. Darum ließ sie zunächst das Tischtuch weiß und nahm die Büste der Venus zur Hand. Es war eine prachtvolle Büste, Marmor fourniert, nackt, ein ganzes Prachtstück. Emilie lackierte sie spaßeshalber schwarz an. Daraufhin lackierte sie den Kanarienvogel, und siehe da, als sie ihn wieder in sein Bauer setzte, sang das liebe Tierchen nur noch Negerlieder. Es war einfach erstaunlich. Emilies Mutter glänzte vor Begeisterung wie Fett. Es war einfach erstaunlich, welchen Trost der Lack zu spenden imstande zu sein fähig war. Die ganze Verwandtschaft stand unter Hypnose von dem schwarzen Lack.

Nun wurde der Mann lackiert. Zunächst lackierte sie seine Finger schwarz. Die Füße waren inzwischen nach innen gekrampft. Die Fingernägel wurden ausrasiert. Das sah so komisch aus, daß die Mutter laut lachen mußte. Darum nahm Emilie den Lackpinsel wieder und lackierte jetzt seine Ohrläppchen. Die Ohren selbst wurden kirschrot angestrichen. Ich erwähne das ausdrücklich, weil es nur eine vorübergehende Maßregel war. Später lackierte Emilie auch seine ganzen Ohren schwarz.

Darauf nahm sie weißen Lack. Zunächst wurde der Rest des schwarzen Lacks weißlackiert. Sie glauben ja gar nicht, wie das bloß aussieht! Es entstand auf diese einfache Weise schwarzlackierter weißer Lack. Aber kein Mensch glaubt es, wie das bloß aussieht. Immerhin gab es eine Kreuzung zwischen schwarzem und weißem Lack.

Einen Augenblick überlegte nun Emilie. Dann nahm sie wieder ihren weißen Lack. Zunächst wurde seine Nase weiß lackiert, dann die Stiefel weiß, der Zylinderhut weiß, die Knöpfe weiß. Der Lack war gut und trocknete an der Luft in 2 Sekunden. Der Mann war nun klar. Der Bart wurde ihm blankgeputzt, und jedes Härchen erhielt eine kleine, weißlackierte Spitze. Das sah aus wie Rauhreif.

Nun hatte sie endlich erreicht, was sie wollte, und brachte voller Zuversicht ihre Lackflasche fort. Die Katze sollte nun parfümiert werden. Emilie wählte Hundegeruch.

Und nun kam die Hauptsache. Der Mann wurde ganz mit guter Butter eingeschmiert. Sein Hosenboden wurde mit Schwefelsäure gereinigt. Sehen Sie, so präpariert, konnte er getrost das erste Salpetersäureklistier nehmen.

Auf diese einfache Weise entstand die Stadt Babylon.

1923

ARTHUR CRAVAN

Dichter und Boxer

Hujajajah. In zweiunddreißig Stunden sollte ich nach Amerika fahren. Ich war in London, seit zwei Tagen erst aus Bukarest zurück, und hatte den Mann gefunden, den ich brauchte: er zahlte mir alle Reisekosten für eine sechsmonatige Tournee, ohne Garantie – ach so! –, aber na, das war mir schnuppe. Und dann dürfte ich nicht meine Frau betrügen... Scheiße auch. Und dann – Sie würden nie erraten, was ich tun sollte: ich sollte unter dem Pseudonym Mysterious Sir Arthur Cravan kämpfen, der Dichter mit den kürzesten Haaren der Welt, natürlich Enkel des Kanzlers der Königin, abernatürlich Neffe Oscar Wildes, aberabernatürlich Großneffe Lord Alfred Tennysons (ich werde gescheit). Mein Kampf war etwas völlig Neues: der tibetische Kampf, der wissenschaftlichste, den man kannte, schrecklicher noch als Jiu-Jitsu, ein Druck auf irgendeinen Nerv oder eine Sehne, und fft! fiel der Gegner (der nicht bestochen war... nur ein ganz klein bißchen) wie vom Blitz getroffen um. Es war schon zum Totlachen: hujajajah, abgesehen davon, daß es Barrengold bedeuten konnte, denn wenn das Unternehmen gut lief – hatte ich mir ausgerechnet –, konnte es mir an die 50 000 Francs einbringen, und das war nicht zu verachten. Jedenfalls war es immer noch besser als der spiritistische Trick, den ich angefangen hatte vorzuführen.

Ich war siebzehn Jahre alt, war Villa und ging zurück, um die Neuigkeit meiner besseren Hälfte zu erzählen, die im Hotel geblieben war, in der Hoffnung auch, etwas aus ihr herauszuholen, zusammen mit zwei trübfleischigen Schwachköpfen, eine Art Maler und ein Dichter (gereimt, gereckt: am Arsch geleckt), die mich bewunderten (sag bloß!) und mich fast eine Stunde lang mit Geschichten über Rimbaud, den *vers libre*, Cézanne und Van Gogh angeödet hatten – Van Gogh und ... ohje ohje, ich glaube Renan und was weiß ich noch.

Madame Cravan war alleine, und ich erzählte ihr, was mir widerfahren war; dabei packte ich meine Koffer, denn es hieß sich sputen. Innerhalb von zwei Takten, drei Bewegungen legte ich meine seidenen Socken zu 12 Francs das Paar, die mich Raoul le Boucher gleichstellten, und meine Hemden, in denen Überbleibsel von Morgenröte hingen, zusammen. Morgens gab ich meiner angetrauten Frau meinen bunten Stekken, überreichte ihr anschließend fünf kühle Abstraktionen zu je 100 Francs und ging dann mein Pferdewasser lassen. Abends spielte ich ein paar Schrummfidebums auf meiner Geige, küßte das Mummelmündchen meines Jüngsten und machte Ei-ei mit meinen hübschen Rangen. Dann, während ich darauf wartete, daß die Zeit für die Abreise käme und dabei von meiner Briefmarkensammlung träumte, zertrat ich den Fußboden mit meinen Elefantenschritten, balancierte mit meiner strahlenden Birne und atmete den so rührenden, überall verbreiteten Furzduft ein. 18.15 Uhr. Husch, die Treppe hinunter. Ich sprang in ein Taxi. Die Stunde des Aperitifs: der Mond, unermeßlich wie eine Million, wies große Verwandtschaft mit einer verdauten Pille gegen blaue Lumbago auf. Ich war 34 Jahre alt und Zigarre. Meine zwei Meter hatte ich in das Auto verstaut, wo meine beiden Knie zwei verglaste Welten verschoben, und auf den Pflastern, die ihre Regenbögen verbreiteten, bemerkte ich, wie sich granatrote Knorpel mit grünen Steaks kreuzten, wie Goldproben an Bäume mit irisierenden Strahlen, Sonnenkerne an stehengebliebene Zweifüßer streiften, kurz, ich sah, mit rosa Fransen und Hinterbacken voll gefühlvoller Landschaften, die Vorübergehenden des angebeteten Geschlechts, und in Abständen erschienen zwischen den entflammten Scheißern schimmernde Phönixe.

Mein Impresario erwartete mich, wie verabredet, auf Bahnsteig 8, und sofort fand ich erfreut seine ganze Gewöhnlichkeit wieder, seine Wange, von der ich bereits gekostet hatte wie von Kalbfleisch mit Karotten, seine Haare, die Gelb und Zinnober hervorbrachten, seinen käferhaften Verstand und, dicht bei seiner rechten Schläfe, einen Pickel von so einzigartigem Zauber wie die strahlenden Poren seines goldenen Chronometers.

Ich suchte mir eine Ecke im Abteil erster Klasse aus und machte es mir bequem. Das heißt, ich stützte meine Totschläger auf und streckte schlicht und einfach die Beine von mir.

Über meinem Hummerschädel schwang ich die Weltmeisterfäuste,
Damit alles zusammenströmte, und da sah ich nah'n
Einen Herrn, Notar vielleicht oder Apotheker,
Der wie ein Hausmeister roch, wie ein Pelikan;
Hm, das sagte mir zu, denn seine Gefühle
Nahmen Formen wie bei einem Pflanzenfresser an,

Und sein Kopf erinnerte mich an die Zeiten,
Als ich noch traut mit meinem Stemmgewicht schlief;
wahrhaftig, in so etwas wie wirklicher Verehrung
und anderem
Dem perlmuttenen Egoisten gegenüber
schwer Ausdrückbarem,
Den ich mit meinen atlantischen Augen verschlang,
Bestaunte ich andächtig meines Vorderarms Mitte
Und verglich meinen Leib mit dem, was aus Schaufenstern drang.
Die Fahrkarten, bitte.

Beim Henker, ich bin sicher und gewiß, daß 999 von 1000 Personen durch die Stimme des Schaffners in ihrer Nahrungsaufnahme völlig verstört worden wären. Ich bin überzeugt davon, und doch versichere ich in aller Aufrichtigkeit, daß sie mir keinerlei Unbehagen bereitete, daß im Gegenteil ihr Klang in dem homogenen Abteil so lieblich war wie das Gezwitscher kleiner Vögel. Die Schönheit der Bänke wurde durch sie womöglich noch gesteigert, so sehr, daß ich mich fragte, ob ich nicht das Opfer einer beginnenden Ataxie sei, um so mehr, als ich noch immer den verdammten Kleinbürger anstarrte, der so zärtlich in seinem Arschloch war, und mich fragte, was so Besonderes an dem Benehmen des Schwergewichts sein könne, das mir gegenüber tief zu schnarchen schien.

Ich dachte: Oh, noch nie ist von einem Schnurrbart eine so geballte Körperlichkeit ausgegangen, und vor allem: Herrgott, wie gern ich dich habe;

Und ich, der Allophage*,
Verliebt in deine Heizanlage,
Seh unsere Westen
Sich lila bepesten;
Bin Herzblatt und -stiel:
Ich kenn deine Ton-
Und Farbskalen schon,
Und wenn im Gesiehl
Von Johnson, Seehund und Zinken
Unsre Scheißen opalen blinken,
Geht fft! und saus!
Die Luft der Jacke aus
Im abdominalen
Finale.

Alle Besitzenden sind Termiten, sagte ich unvermittelt – es ging darum, den kleinen Alten, der mich voll und ganz beschäftigte, aufzuwekken und zu empören. Dann, als ich ihm ins Weiß seiner Augen blickte, ein

* Neubildung: Bezeichnet den, der in Gedanken den anderen kostet oder verspeist.

zweites Mal: ja, durchaus, mein Herr, ich fürchte mich nicht davor, es zu wiederholen (und sollte ich mich damit auch bloßstellen): daß für mein wehrhaftes Etwas und die Bikamäre meines Grusikums alle Besitzenden Teer-mieten sind. Aus seinem höchst angewiderten Gesichtsausdruck schloß ich, daß er mich für einen Verrückten oder für einen schrecklichen Gauner hielt, daß er aber so tat, als verstünde er nicht, so groß war seine Angst, ich könnte meine Faust auf seiner Schnauze plattschlagen.

Trotzdem mußte ich — und nun gar bei meiner Mentalität — dumm sein, daß ich nicht eher schon eine Amerikanerin mit ihrer Tochter bemerkt hatte, die mir fast gegenüber saßen. Um meine Aufmerksamkeit zu erregen, hatte die Mutter auf die Toilette gehen müssen, wo ich übrigens gefühlsdüsig mit ihr blieb.

Dachte an ihre Börse und ihre Exkremente,
Und als sie wieder Platz genommen hatte, bekam ich auf ihre Ohrringe Lust und stellte mir vor, daß sie schön sei
mit ihrem Geld
und, trotz ihrer Falten und ihres alten Gestells,
Wirklich reizvoll
für ein Herz, das aus Eigennutz handelt,
Dem alles schnuppe ist, wenn's nur was einbringt,
und wütend sagte ich mir:
Rrr, weil du dir einen abwichst, werd ich dir's im Lokus besorgen, alte Schlampe, du.

Das Komischste und für mich ganz Typische ist, daß mich, als ich anschließend die Jüngere hernahm und davor davon geträumt hatte, ihrem Muttchen mit allen Mitteln die Barschaft abzuluchsen, meine verteufelte Natur so weit gebracht hatte, daß ich mir eine bürgerliche Existenz in ihrer Gesellschaft wünschte. Es stimmte, und ich konnte nicht anders — ich dachte: Mensch, was bist du für eine komische Nummer.

Weißt du, Kleines, du könntest mein Leben in ganz andere Richtung lenken. Ach, wenn du mich nur heiraten wolltest. Ich werde nett zu dir sein, überall gehen wir hin
und kaufen das Glück,
werden aber in einem schicken Hotel in San Francisco wohnen. Auf meinen Impresario pfeif ich (der Hund ahnt nicht das geringste!). Ganze Nachmittage verbringen wir auf den Sofas im Wohnzimmer und lieben uns mit getauchten Köpfen und lichtvollen Leibern. Wenn du auch nur das Geringste brauchst, klingeln wir nach den Mädchen.

Sieh, die Teppiche werfen Flammen;
Die Originalgemälde, die mästenden Möbel,
Die eingerollten Büfetts und die zentrierten Anrichten
Mit den errötenden Geflechten
Werden unsere vergoldeten Organe anfüllen bis zum Rande.

Die paralytischen Wände
Verlieren Saphire,
Turnen behende
Wie Ibisse und wie Tapire,
Auf Sesseln voll Süße
Die Schwimmhautfüße,
Entspannen wir wuchtige Brustmuskeln beide
und schlingen
im Singen
Unsre Zungen, leckerer noch als Maränen;
Wir lassen samtene Fiste in Seide,
Teigwarengleiche. Wie Gänse stopft uns
banales Denken,
Indes unsre verzwirnten Mägen,
Kräftiger als zwei Schuhe,
Leberwärme verbreiten
Und sich in Eingeweidefrühröt tränken.
I say, boy, here we are: Liverpool, das war die Stimme meines Managers.
ALL RIGHT.

1957

ANDRÉ BRETON

DIE DIEBISCHEN REPTILE

Auf der eisernen Stange im Hof hatte die kleine Marie Wäsche zum Trocknen gehängt. Es war eine Aufeinanderfolge erst kurz zurückliegender Tage: der Heirat ihrer Mutter (das schöne Hochzeitskleid war zerfetzt worden), einer Taufe, die Vorhänge aus der Wiege des kleinen Bruders lachten im Winde wie Möwen auf den Küstenfelsen. Das Mädchen blies die Blüten der Wäsche aus wie Kerzen und überzeugte sich von der Langsamkeit des Lebens. Gelegentlich ertappte sie sich dabei, wie sie ihre ein wenig allzu rosigen Hände betrachtete und sich – für später, wenn sie eine Anemone am Gürtel trüge – ins Wasser des Waschzubers zurücklegte. Langsam wurde es Nacht. Die genauen Angaben der Seekarten zählten kaum noch; ockerfarbene Rauchschärpen und Abschiedsgrüße hingen über den Brücken. Über den mit Milchfunken bedeckten «Kittel» gleiten nacheinander die Trägheit der Zerstreuungen, der Sturm der Liebe und die zahlreichen Wolken von Insekten der Sorge hin. Marie weiß, daß ihre Mutter nicht mehr im vollen Besitz ihrer Kräfte ist: von Überlegungen bedeckt, die noch stärker gefalzt sind als im Traum, beißt sie ganze Tage lang ins Tränenhalsband des Lachens. Erinnert sie sich daran, daß sie schön gewesen ist? Den ältesten

Einwohnern der Gegend machte es Sorgen, daß die Dachdecker auf die Stadt zurückgekommen waren, Regen im Hause wäre ihnen lieber gewesen. Aber der Himmel! Die Illusionsbienenstöcke füllen sich mit seltsamem Gift an, je höher die junge Frau die Arme zum Kopf hebt, um dann zu sagen: lassen Sie mich. Sie bittet um Vulkanmilch, und man bringt ihr Mineralwasser. Sie faltet die Hände, bevor sie ein Blatt — grüner noch als Flaschenlicht — zum Schreiben nimmt. Über die Schulter hinweg lauscht man (die Engel lassen sich nichts davon entgehen, wenn sie, von der Spur Federn geführt, die sie nicht mehr trägt, ankommen): «Meine liebe kleine Marie, eines Tages wirst du wissen, welches Opfer kurz vor seiner Vollziehung steht, mehr sage ich dir dazu nicht. Werde glücklich, meine Tochter. Die Augen meines Kindes sind zartere Gardinen als die Gardinen in den Hotelzimmern, wo ich mit Piloten und grünen Pflanzen zusammen gewohnt habe.» Der Schatz, der in der Asche des Kamins versteckt ist, löst sich in kleine phosphoreszierende Insekten auf, die eintönig summen, doch was könnte sie den Heimchen sagen? Gott fühlte sich nicht heftiger geliebt als gewöhnlich, aber der Leuchter der blühenden Bäume diente einem Zweck. Leichtfertige Dämonen nisteten sich darin ein, wechselhaft wie das Wasser aus den Quellen, das über die Seide der Steine und den schwarzen Samt der Fische rinnt. Was hat plötzlich Maries Aufmerksamkeit erregt? Es ist August, und seit dem Grand Prix sind die Autos ausgewandert. Wen wird man in diesem einsamen Viertel auftauchen sehen: den Dichter, der seine Behausung flieht und seine Klage mit Perlenschienen moduliert, den Verliebten, der davoneilt, um seine Söhne auf einem Blitz zu treffen, oder den Jäger, der zwischen scharfen Grashalmen kauert und friert? Das Mädchen reicht der Katze ihre Zunge, sie brennt darauf zu erfahren, was sie nicht weiß — die Bedeutung dieses langen Fluges dicht überm Boden, den schönen sündhaften Bach, der zu fließen beginnt. Mein Gott, da sinkt sie ja auf die Knie, und das Ächzen klingt im oberen Geschoß weniger dumpf, die Fensterluke spiegelt alles wider, was vorgeht, und eine Seele steigt zum Himmel auf. Man weiß nichts; das vierblättrige Kleeblatt öffnet sich leicht in den Strahlen des Mondes, es bleibt nichts übrig, als der Feststellungen wegen das leere Haus zu betreten.

1920

ANDRÉ BRETON – PHILIPPE SOUPAULT

Aus: «Les champs magnétiques»

In Wassertropfen eingeschlossen, sind wir ständig nur Tiere. Wir laufen durch die geräuschlosen Städte, und die verzauberten Anschläge berühren uns nicht mehr. Wozu diese schwankenden großen Begeisterungsausbrüche, diese dürren Freudensprünge? Wir wissen von nichts mehr als von toten Gestirnen; wir sehen uns die Gesichter an; wir seufzen vor Vergnügen. Unser Mund ist trockener als die entlegenen Strände; unsere Augen drehen sich ziel- und hoffnungslos. Nur die Cafés sind noch, in denen wir zusammenkommen, um die kühlen Getränke, die verwässerten Schnäpse zu trinken, und die Tische sind klebriger als die Gehsteige, auf die unsere toten Schatten vom Vorabend gefallen sind.

Zuweilen umgibt uns der Wind mit seinen kalten großen Händen und bindet uns an Bäume, die die Sonne ausgezackt hat. Alle lachen, alle singen wir, doch niemand fühlt sein Herz mehr schlagen. Das Fieber verläßt uns.

Nie mehr bieten die wunderbaren Bahnhöfe uns Schutz: die langen Gänge erschrecken uns. Es gilt also, weiterhin zu ersticken, um diese seichten Minuten, diese zerfetzten Jahrhunderte zu durchleben. Einst liebten wir die Sonne, wie sie zum Jahresende scheint, die engen Ebenen, die unsere Blicke durchliefen wie die ungestümen Flüsse unserer Kindheit. Nur noch ein Widerschein ist in diesen Wäldern, die sich wieder mit absurden Tieren, mit bekannten Pflanzen bevölkert haben.

Die Städte, die wir nicht mehr lieben wollen, sind tot. Blickt um euch: nur noch der Himmel ist da und die öden weiten Gelände, die wir schließlich wohl verwünschen werden. Mit Händen greifen wir die zarten Sterne, die unsere Träume bevölkerten. Dort soll es, wie man uns gesagt hat, herrliche Täler geben: für immer verlorene Ritte in diesen Fernen Westen, der ebenso langweilig ist wie ein Museum.

Wenn die großen Vögel ihren Flug anheben, brechen sie ohne einen einzigen Schrei auf, und der geriffelte Himmel hallt nicht mehr von ihrem Rufe wider. Über Seen, über fruchtbare Sümpfe ziehen sie hin; ihre Flügel beseitigen die allzu schmachtenden Wolken. Nicht einmal setzen dürfen wir uns noch: sofort kommt Gelächter auf, und wir müssen laut unsere Sünden hinausrufen.

An einem Tage, dessen Farbe nicht mehr bekannt ist, haben wir stille Mauern entdeckt, die stärker waren als Denkmäler. Wir standen vor ihnen, und aus unseren geweiteten Augen drangen Freudentränen. Wir sagten: Die Planeten und Sterne erster Ordnung sind nicht mit uns vergleichbar. Welches also ist diese Macht, die schrecklicher ist als die Luft? Schöne Augustnächte, wundervolle Dämmerungen am Meer, wir lachen über euch! Das Chlornatron und die Linien unserer Hände werden die Welt lenken. Geistige Chemie unserer Pläne: du bist stärker als die Sterbeschreie und die rostigen Stimmen der Fabriken! Ja, an diesem Abend, der schöner war als alle anderen, haben wir weinen können. Frauen gingen vorüber und reichten uns die Hand, boten uns ihr Lächeln dar wie einen Strauß. Die Verzagtheit der vorangegangenen Tage drückte uns das Herz zusammen, und wir wandten den Kopf ab, um nicht mehr die Springbrunnen zu sehen, die sich mit den anderen Nächten vereinigten.

Nur noch der undankbare Tod achtete uns.

Jedes Ding ist an seinem Platz, und niemand kann mehr zu uns sprechen: jeder Sinn erlahmte, und Blinde waren würdiger als wir.

Werkstätten für billige Träume sind uns gezeigt worden und Kaufhäuser voll abwegiger Dramen: ein großartiger Film, dessen Rollen mit früheren Freunden besetzt waren. Wir verloren sie aus den Augen und würden sie jederzeit an dieser selben Stelle wiederfinden. Sie schenkten uns verfaulte Leckereien, und wir erzählten ihnen von unserem geplanten Glück. Sie hielten die Blicke starr auf uns geheftet und sprachen: kann man sich wirklich an diese scheußlichen Worte, an ihre entschlafenen Gesänge erinnern?

Wir haben ihnen unser Herz geschenkt, das nur ein blasses Lied war.

1921

JEAN COCTEAU

Über Kunst

Die Maschinen und Bauten der Amerikaner gleichen insofern der griechischen Kunst, als ihnen ihre Zweckbedingtheit eine nüchterne, von allem Überfluß gereinigte Größe verleiht. Das ist aber nicht Kunst. Aufgabe der Kunst ist es, den Zeitgeist zu erfassen und aus dem Anblick des praktisch Nüchternen ein Gegengift wider die Schönheit des Unzweckmäßigen, die allen Überfluß ermutigt, zu schöpfen.

1923

JOHANNES THEODOR BAARGELD

Röhrensiedlung oder Gotik

Jazz, Jazzband, Bandwurm. Der Burschensaft thomasinischer *Printengänger* vel expressive Spekulatiusarchitekten ist bei der Renovierung seiner durchlaufend honorierten Arbeiten auf den Kriminalvorwurf No. 2333/1920 geh. gestoßen. Der Podrekt 2333/1920 geh. wurde am 15. Januar 11^{30} vorm. persönlich durch den Komunalbaueleven moritz remond eingebacken und verhandelt die Besandung des Röhrensystems durch den Auflauf des Kölner Doms. Nachdem die philoporne Klingel des Bundes zu dem Podrekt durch Ansaugen von Gefrierhosen Stellung genommen, erklärt der außerhalb der Haftpflicht stechende Pornodidakt rauchlose ernst die Einfühlung der Kommunalgotik als Abbau der Ehe und droht mit der Kommunalisierung seiner Frau. Während albert einstein und die Sozialistin auguste rodin Glückwunschtelegramme häkeln, sägt die Zentrale w/3 der Bewegung dada für das einjährig-freiwillige Diözesan-Derby einen Vergleich auf dem Boden der Röhrenarchitektur aus. Die Abstimmungsgebiete werden sich bestimmen lassen, ob die Gewölbepartien des Eiffelturmes zu vergraben sind, der ein freigelegter Keller ist und den Verstimmungen des Betriebsröhrengesetzentwurfes widerspricht. Der Kosmopolid leo seiwet hat seine Geliebte geheiratet. Das Jubelpaar hat sich an die Zentrale w/3 Abt. Röhrenarchitinktur mit dem Büttel gesandt, der durch Anbringen von Röhrenfarcaden an den Brandmauern und Häuserhintern seines Viertels dem Tag ein Psychoparallelepitaph setzt. Der Geheimurn «Stätteerweiterung» des Dada Maschke B. D. B. hat in den Bäumen des städt. Ziertierentwertungsverwalts (Nippes, Schiefersburgerweg 150—154, Tel. A 4491) eine plananatomische Ornamentalwarte verrichtet. Das Institut beabsichtigt mit einer Aufzahl Entwachsungen, abnormer Haarungen, Kotsteinerungen und Perlbildungen am weiblichen Akt den Ornamentalkanon der Röhrenaphrotektur auszukauen. Das Kinoweilchen clever hasenfalter wird weite' wiede' von seinem Sohn begossen. hasenwalter ist durch Verführung des Dadaisten johann r. rubiner in der Röhrensiedlung Sylt mit seinem Sohn konstipiert worden. Als Folge des Januarhochwassers sind die Vasen der Dadaistin rosala meerfeld geplatzt. Die Konsumentenvereinigung hat daher die Kanarisierung des Dezernentenwesens durch Harzer Roller beantragt. Trotzdem hat der Propagandist der Interjektion Prof. wilh. fachinger - bonn in studentischer Sitzung der Bonnendiplombeflissenen die expressionistische Ausmalung seiner Gattin verelendet. Das ergriffene Altarwerk «mein einzige Passion» wurde nachm. 3^{15} vom Erzbischof Dr. schultze zweimal durch die Offizien des Domkapitels geweht. Der Satinist hans arp, Emissär des Internationalen Aktionsausschusses «D» hat der Nitte des Philatheleten Prof. leopold von schäler den amor intellektualis dei vertragen. Dagegen wird der verliebte Philathelet in seiner nächsten Puberkation seiner Nitte die Vorgüsse der Augustinischen Röhrensynthese geleisen. arp glaubt zu dem Ergebnis zu kommen, daß die Gotik eine erektive Vomationserscheinung der Zahnfäule ist, und bereits eine Dränagedräsine mit Hilfe des Röhrensystems. Die Ortsnucke Zürich der dadaistischen Bewegung hat 920 deutsche Roßhaarzahnwürste an die rheinischen Commilitonen Sozial-Kompottstudierenden ausgeglichen. Wir sollen die Röhrenarchitektur an und in der Röhre. Röhrenbein. Pegoud steht Röhre. Die — anni — besant steht Röhre. Wieland Heartfield (aus dem Englischen unterschlagen von der Gesellschaft der Künste in Köln Ausgabe «A») steht Röhre. Steht Röhren! Collaborate! Stehröhre: Die Gotik ist der grimassierende Exhibitionalis der Klotzeier. Der Gotiker ist der Selbstmörder in Geschlechtsverkleidung. Collabor, Bohrrohr, die Harmröhre, röhrt, rrrrrrumpfsdada.

1920

FRANCIS PICABIA

Jesus Christus als Hochstapler

DAS GESETZ DER WAHRSCHEINLICHKEIT

Es steht nicht fest, ob unsere Gedanken das Ergebnis chemischer Reaktionen sind. Angenommen, es gäbe mehrere Probleme zu lösen, ist die Welt, die Sie zu kennen glauben, die Maske der Einsamkeit; Sie stehen unter der Herrschaft der epidemischen Werte: der Neurose der Liebe, der Neurose der Kunst, der Neurose der Gottgläubigkeit.

Die Neigung zum Alten ist nur eine skeptische und abseitige Synthese, die Sie an die Tiefe des Menschen glauben macht, die neuen Entwicklungen sind nur Rätsel für Auge oder Ohr.

Die Musik ist für die Ohren und nicht für die Augen geschaffen, jetzt sage ich nicht, daß die gegenteilige Behauptung für die Nichtvergifteten nicht zutreffender sei.

Künstler sind ein Ergebnis des Geizes der Natur. Das wenige an Geist, das sie haben, wird ihnen von der Bosheit verliehen; Degas, der typische «Arrivierte», ist ein Beispiel dafür. Übrigens habe ich einen sehr bedeutenden Künstler sagen hören, Degas sei eine gescheiterte Existenz gewesen!

DER SATYR MIT DEM RATTENSCHWANZ

Mittag am Himmel, ähnlich einem Pergament, mit einer einzigen Hoffnung gewappnet, den verwandelten Erinnerungen. Eine einzige Hoffnung, umfassender als zwei gegeneinandergepreßte Münder; Sie erraten meinen Gedanken, es gilt, seinen Weg zu finden, und die Wege führen nirgendwo hin!

Sie betrachten das Leben mit einem Pinsel, und Sie brauchten eine Gasmaske, jedoch: nur das Geld hat Genie; man muß sich entscheiden, mit dem Genie oder der Gunst der Zeit leben. Ich bin ein unbeweglicher Reisender, die Länder gleiten mit ihren beweglichen Rätseln an mir vorüber.

Ich meide das Glück, damit es sich nicht wegstiehlt.

UNSER KOPF
HAT ZWEI BEDÜRFNISSE
WIE DER BAUCH

Bei grünem Licht werden Ihre Handlungen unter den Moralpredigten der Anständigkeit beleuchtet; die Musik des Geschmacks gestikuliert Tradition, sogar diejenigen der Kopisten im Louvre, die nach bestem Vermögen die Bilder der großen Meister imitieren, so wie Chardin nach bestem Vermögen ein weichgekochtes Ei oder eine Kaffeemühle imitierte.

Sie täten besser daran, meine Herren, die Steilküste von Dieppe blau und rot anzumalen, die Natur ist einfach nicht mehr modern genug!

Damit man dieses Buch nicht mißversteht, schließe ich mit folgendem kleinen Gedicht:

DADA ist ungreifbar
Wie die Unvollkommenheit.
Es gibt keine hübschen Frauen,
Ebensowenig wie es Wahrheiten gibt.

1920

HUGO BALL

Aus: «Die Flucht aus der Zeit»

Zürich, 2. II. 1916 ‹Cabaret Voltaire. Unter diesem Namen hat sich eine Gesellschaft junger Künstler und Literaten etabliert, deren Ziel es ist, einen Mittelpunkt für die künstlerische Unterhaltung zu schaffen. Das Prinzip des Kabaretts soll sein, daß bei den täglichen Zusammenkünften musikalische und rezitatorische Vorträge der als Gäste verkehrenden Künstler stattfinden, und es ergeht an die junge Künstlerschaft Zürichs die Einladung, sich ohne Rücksicht auf eine besondere Richtung mit Vorschlägen und Beiträgen einzufinden.›

(Pressenotiz.)

Das Lokal war überfüllt; viele konnten keinen Platz mehr finden. Gegen sechs Uhr abends, als man noch fleißig hämmerte und futuristische Plakate anbrachte, erschien eine orientalisch aussehende Deputation von vier Männlein, Mappen und Bilder unterm Arm; vielmals diskret sich verbeugend. Es stellten sich vor: Marcel Janco der Maler, Tristan Tzara, Georges Janco und ein vierter Herr, dessen Name mir entging. Arp war zufällig auch da, und man verständigte sich ohne viele Worte. Bald hingen Jancos generöse «Erzengel» bei den übrigen schönen Sachen, und Tzara las noch am selben Abend Verse älteren Stiles, die er in einer nicht unsympathischen Weise aus den Rocktaschen zusammensuchte. 3. II.

Verse von Kandinsky und Else Lasker. Das «Donnerwetterlied» von Wedekind: 6. II.

‹In der Jugend frühster Pracht
tritt sie einher, Donnerwetter!
Ganz von Eitelkeit erfüllt,
das Herz noch leer, Donnerwetter!›

«Totentanz» unter Assistenz des Revoluzzerchors. «A la Villette» von Aristide Bruant (übersetzt von Hardekopf). Es waren viele Russen da. Sie richteten ein Balalaika-Orchester von reichlich zwanzig Personen ein und wollen ständige Gäste bleiben.

Verse von Blaise Cendrars und Jacob van Hoddis. Ich lese «Aufstieg des Sehers» und «Café Sauvage». Madame Leconte debütiert mit französischen Liedern. 7. II.

Humoresken von Reger und die 13. Rhapsodie von Liszt.

Huelsenbeck ist angekommen. Er plädiert dafür, daß man den Rhythmus verstärkt (den Negerrhythmus). Er möchte am liebsten die Literatur in Grund und Boden trommeln. 11. II.

Verse von Werfel: «Die Wortemacher der Zeit» und «Fremde sind wir auf der Erde alle». 26. II.

Verse von Morgenstern und Lichtenstein.

Ein undefinierbarer Rausch hat sich aller bemächtigt. Das kleine Kabarett droht aus den Fugen zu gehen und wird zum Tummelplatz verrückter Emotionen.

27. II. Eine «Berceuse» von Debussy, konfrontiert mit «Sambre et Meuse» von Turlet.

Das «Revoluzzerlied» von Mühsam:

‹War einmal ein Revoluzzer,
im Zivilstand Lampenputzer,
ging im Revoluzzerschritt
mit den Revoluzzern mit.
Und er schrie: ‚Ich revolüzze'.
und die Revoluzzermütze
schob er auf das linke Ohr.
Kam sich höchst gefährlich vor.›

Ernst Thape, ein junger Arbeiter, liest eine Novelle «Der Selbstsüchtige». Die Russen singen im Chor den «Roten Sarafan».

28. II. Tzara liest wiederholt aus «La Côte» von Max Jacob. Wenn er mit einer verzärtelten Melancholie sagt: ‹Adieu ma mère, adieu mon père›, fallen die Silben so rührend entschlossen, daß alle in ihn verliebt sind. Er steht dann auf dem kleinen Podium kräftig und hilflos, wohl bewehrt mit einem schwarzen Kneifer, und man überzeugt sich leicht, daß ihm Kuchen und Speck von Vater und Mutter nicht übel angeschlagen haben.

29. II. Mit Emmy las ich «Das Leben des Menschen» von Andrejew, ein schmerzhaft legendäres Spiel, das ich sehr liebe. Nur die beiden Hauptfiguren erscheinen als Menschen von Fleisch und Blut, alle andern als traumhafte Marionetten. Das Stück beginnt mit einem Geburtsschrei und endet in einem wilden Tanze grauer Schatten und Larven. Noch das Alltägliche grenzt an ein Grauen. Auf der Höhe seines Lebens, in Reichtum und Glanz, wird der Künstler von den ihn umsitzenden Mummen respektvoll ‹Herr Mensch› genannt. Das ist alles, was er erreicht.

1. III. Arp erklärt sich gegen die Geschwollenheit der malenden Herrgötter (Expressionisten). Marcs Stiere sind ihm zu fett; Baumanns und Meidners Kosmogonien und irrsinnige Fixsterne erinnern ihn an Bölsche und Carus Sterne. Er möchte die Dinge strenger geordnet wissen, weniger willkürlich, weniger strotzend von Farbe und Poesie. Er empfiehlt die Planimetrie gegen die gemalten Weltauf- und -untergänge. Wenn er für das Primitive eintritt, meint er den ersten abstrakten Aufriß, der die Komplikationen zwar kennt, aber sich nicht mit ihnen einläßt. Das Sentiment soll fallen und auch die erst auf der Leinwand erfolgende Auseinandersetzung. Eine Verliebtheit in Kreis und Würfel, in scharf schneidende Linien. Er ist für die Verwendung eindeutiger (am liebsten gedruckter) Farben (buntes Papier und Stoff); überhaupt für die Einbeziehung der maschinellen Akkurateß. Mir scheint, er liebt Kant und

Preußen, weil sie (auf dem Exerzierplatz und in der Logik) für die geometrische Aufteilung der Räume sind. Jedenfalls liebt er das Mittelalter am meisten seiner Heraldik wegen, die phantastisch und doch präzis, ganz da ist, bis in die letzte überhaupt hervortretende Kontur. Wenn ich ihn recht verstehe, kommt es ihm nicht so sehr auf Reichtum, als auf Vereinfachung an. Was die Kunst vom Amerikanismus in ihre Prinzipien aufnehmen kann, darf sie nicht verschmähen; sie verbleibt sonst in einer sentimentalen Romantik. Gestalten heißt ihm: sich abgrenzen gegen das Unbestimmte und Nebulose. Er möchte die Imagination reinigen und alle Anspannung auf das Erschließen nicht so sehr ihres Bilderschatzes als dessen richten, was diese Bilder konstituiert. Seine Voraussetzung dabei ist, daß die Bilder der Imagination bereits Zusammensetzungen sind. Der Künstler, der aus der freischaltenden Imagination heraus arbeitet, erliegt in puncto Ursprünglichkeit einer Täuschung. Er benutzt ein Material, das bereits gestaltet ist, und nimmt also Klitterungen vor.

Producere heißt herausführen, ins Dasein rufen. Es müssen nicht Bücher sein. Man kann auch Künstler produzieren. Erst wo die Dinge sich erschöpfen, beginnt die Wirklichkeit.

In einem Aufsatz «Die Alten und die Jungen» findet jemand, daß ich 2. III.
den Geist verhöhne und daß man das nicht ungestraft tun darf. Er zitiert dafür folgenden Vers von mir:

> Bambino Jesus klettert auf den Treppen
> und Anarchisten nähen Militärgewand.
> Sie haben Schriften viel und höllische Maschinen.
> Die Füsillade klatscht sie an die Kerkerwand.

Schickele plant eine Ausstellung (Meidner, Kirchner, Segal) und eine internationale Ausstellung wäre schön. Eine spezifisch deutsche aber hat wenig Sinn. Wie die Dinge liegen, würde sie der Rubrik Kulturpropaganda verfallen.

Unser Versuch, das Publikum mit künstlerischen Dingen zu unterhalten, drängt uns in ebenso anregender wie instruktiver Weise zum ununterbrochen Lebendigen, Neuen, Naiven. Es ist mit den Erwartungen des Publikums ein Wettlauf, der alle Kräfte der Erfindung und der Debatte in Anspruch nimmt. Man kann nicht gerade sagen, daß die Kunst der letzten zwanzig Jahre heiter gewesen und daß die modernen Dichter sehr unterhaltsam und volkstümlich seien. Nirgends so sehr als beim öffentlichen Vortrag ergeben sich die Schwächen einer Dichtung. Das eine ist sicher, daß die Kunst nur so lange heiter ist, als sie der Fülle und der Lebendigkeit nicht entbehrt. Das laute Rezitieren ist mir zum Prüfstein der Güte eines Gedichtes geworden, und ich habe mich (vom

Podium) belehren lassen, in welchem Ausmaße die heutige Literatur problematisch, das heißt am Schreibtische erklügelt und für die Brille des Sammlers, statt für die Ohren lebendiger Menschen gefertigt ist.

‹Die Sprachlehre ist die Dynamik des Geisterreichs.› (Novalis.)

Der Künstler als das Organ des Unerhörten bedroht und beschwichtigt zugleich. Die Bedrohung erregt eine Abwehr. Da sie sich aber als harmlos herausstellt, beginnt der Beschauer sich selber ob seiner Furcht zu verlachen.

Russische Soirée

4. III. Ein kleiner gutmütiger Herr, der schon beklatscht wurde, ehe er noch auf dem Podium stand, Herr Dolgaleff, brachte zwei Humoresken von Tschechow, dann sang er Volkslieder. (Kann man sich denken, daß jemand zu Thomas oder Heinrich Mann Volkslieder singt?)

Eine fremde Dame liest «Jegoruschka» von Turgenjew und Verse von Nekrassow.

Ein Serbe (Pawlowacz) singt passionierte Soldatenlieder unter brausendem Beifall. Er hat den Rückzug nach Saloniki mitgemacht.

Klaviermusik von Skrjabin und Rachmaninoff.

5. III. Die Theorien, Kandinskys z. B., immer auf den Menschen auf die Person anwenden, und sich nicht in die Ästhetik abdrängen lassen. Um den Menschen geht es, nicht um die Kunst. Wenigstens nicht in erster Linie um die Kunst.

Daß das Bild des Menschen in der Malerei dieser Zeit mehr und mehr verschwindet und alle Dinge nur noch in der Zersetzung vorhanden sind, das ist ein Beweis mehr, wie häßlich und abgegriffen das menschliche Antlitz, und wie verabscheuenswert jeder einzelne Gegenstand unserer Umgebung geworden ist. Der Entschluß der Poesie, aus ähnlichen Gründen die Sprache fallen zu lassen, steht nahe bevor. Das sind Dinge, die es vielleicht noch niemals gegeben hat.

Alles funktioniert, nur der Mensch selber nicht mehr.

7. III. Den Sonntag hatten wir den Schweizern eingeräumt. Die Schweizer Jugend aber ist zu bedächtig für ein Kabarett. Ein trefflicher Herr gab der dasigen Ungebundenheit die Ehre und sang ein Lied vom «Schönen Jungfer Lieschen», das uns allesamt errötend in den Schoß blicken ließ. Ein anderer Herr trug «Eichene Gedichte» (eigene Gedichte) vor.

Einige Sätze von Suarès über Péguy sind mir im Ohr geblieben:

Le drame de sa conscience l'obsédait.
Se rendre libre est la seule morale.
Etre libre à ses risques et périls, voilà un homme.

Ich habe diese Sätze jenem Herrn geschickt, der sagte, daß ich den Geist verhöhne.

Am 9ten las Huelsenbeck. Er gibt, wenn er auftritt, sein Stöckchen aus spanischem Rohr nicht aus der Hand und fitzt damit ab und zu durch die Luft. Das wirkt auf die Zuhörer aufregend. Man hält ihn für arrogant, und er sieht auch so aus. Die Nüstern beben, die Augenbrauen sind hoch geschwungen. Der Mund, um den ein ironisches Zucken spielt, ist müde und doch gefaßt. Also liest er, von der großen Trommel, Brüllen, Pfeifen und Gelächter begleitet: 11. III.

‹Langsam öffnete der Häuserklump seines Leibes Mitte.
Dann schrien die geschwollenen Hälse der Kirchen nach den Tiefen über ihnen.
Hier jagten sich wie Hunde die Farben aller je gesehenen Erden.
Alle je gehörten Klänge stürzten rasselnd in den Mittelpunkt.
Es zerbrachen die Farben und Klänge wie Glas und Zement,
und weiche dunkle Tropfen schlugen schwer herunter ...›

Seine Verse sind ein Versuch, die Totalität dieser unnennbaren Zeit mit all ihren Rissen und Sprüngen, mit all ihren bösartigen und irrsinnigen Gemütlichkeiten, mit all ihrem Lärm und dumpfen Getöse in eine erhellte Melodie aufzufangen. Aus den phantastischen Untergängen lächelt das Gorgohaupt eines maßlosen Schreckens.

Statt der Prinzipien Symmetrien und Rhythmen einführen. Die Weltordnungen und Staatsaktionen widerlegen, indem man sie in einen Satzteil oder einen Pinselstrich verwandelt. 12. III.

Die distanzierende Erfindung ist das Leben selber. Seien wir neu und erfinderisch von Grund aus. Dichten wir das Leben täglich um.

Was wir zelebrieren, ist eine Buffonade und eine Totenmesse zugleich.

Französische Soirée 14. III.

Tzara las Verse von Max Jacob, André Salmon und Laforgue.

Oser und Rubinstein spielten den 1. Satz aus der Sonate op. 32 von Saint-Saëns für Klavier und Cello.

Lautréamont, woraus ich übersetzen und lesen wollte, traf nicht rechtzeitig ein.

Dafür las Arp aus «Ubu Roi» von Alfred Jarry.

Das Schnäuzchen der Madame Leconte sang «A la Martinique» und einige andere graziöse Dinge. –

Solange sich nicht eine Verzückung der ganzen Stadt bemächtigt, hat das Kabarett seinen Zweck verfehlt.

15. III. Das Kabarett bedarf einer Erholung. Das tägliche Auftreten bei dieser Spannung erschöpft nicht nur, es zermürbt. Inmitten des Trubels befällt mich ein Zittern am ganzen Körper. Ich kann dann einfach nicht mehr aufnehmen, lasse alles stehen und liegen und flüchte.

26. III. Heute las ich zum erstenmal «Untergang des Machetanz», ein Prosastück, in dem ich eine von allen Schrecken und Furchtbarkeiten untergrabene Existenz darstelle; einen Dichter, der, an unerklärlichen und unübersehbaren Tiefen erkrankend, in Nervenkrämpfen und Paralyse zerfällt. Eine hellsüchtige Überempfindlichkeit ist der verfängliche Ausgangspunkt. Er kann sich den Eindrücken weder entziehen noch sie bändigen. Er erliegt den unterirdischen Gewalten.

30. III. Alle Stilarten der letzten zwanzig Jahre gaben sich gestern ein Stelldichein. Huelsenbeck, Tzara und Janco traten mit einem «Poème simultan» auf. Das ist ein kontrapunktliches Rezitativ, in dem drei oder mehrere Stimmen gleichzeitig sprechen, singen, pfeifen oder dergleichen, so zwar, daß ihre Begegnungen den elegischen, lustigen oder bizarren Gehalt der Sache ausmachen. Der Eigensinn eines Organons kommt in solchem Simultangedichte drastisch zum Ausdruck, und ebenso seine Bedingtheit durch die Begleitung. Die Geräusche (ein minutenlang gezogenes rrrrr oder Polterstöße oder Sirenengeheul und dergleichen) haben eine der Menschenstimme an Energie überlegene Existenz.

Das «Poème simultan» handelt vom Wert der Stimme. Das menschliche Organ vertritt die Seele, die Individualität in ihrer Irrfahrt zwischen dämonischen Begleitern. Die Geräusche stellen den Hintergrund dar; das Unartikulierte, Fatale, Bestimmende. Das Gedicht will die Verschlungenheit des Menschen in den mechanistischen Prozeß verdeutlichen. In typischer Verkürzung zeigt es den Widerstreit der vox humana mit einer sie bedrohenden, verstrickenden und zerstörenden Welt, deren Takt und Geräuschablauf unentrinnbar sind.

Auf das Poème simultan (nach dem Vorbild von Henri Barzun und Fernand Divoire) folgen «Chant nègre I und II», beide zum erstenmal. «Chant nègre (oder funèbre) N. I» war besonders vorbereitet und wurde in schwarzen Kutten mit großen und kleinen exotischen Trommeln wie ein Femegericht exekutiert. Die Melodien zu «Chant nègre II» lieferte unser geschätzter Gastgeber, Mr. Jan Ephraim, der sich vor Zeiten bei afrikanischen Konjunkturen des längeren aufgehalten und als belehrende und belebende Primadonna mit um die Aufführung wärmstens bemüht war.

Frank und Frau haben dem Kabarett ihren Besuch gemacht. Ebenso Herr von Laban mit seinen Damen. 2. IV.

Einer unserer unentwegtesten Gäste ist der bejahrte Schweizer Dichter J. C. Heer, der vielen tausend Menschen mit seinen holden Blütenhonigbüchern Freude macht. Er erscheint stets im schwarzen Havelock, und streift, wenn er zwischen den Tischen durchgeht, mit seiner umfangreichen Mantille die Weingläser von den Tischen.

Die Maudits und Décadents leben, diejenigen aber, die ihnen den 5. IV.
Himmel streitig machten, sind verschwunden. Wie ist das möglich? Sie müssen gesünder gewesen sein und weniger verrucht, als es den Anschein hatte. Sind aber Tod und Teufel nicht identisch? Und wer sterben kann, hat er denn gelebt; blieb er nicht von Anfang an in der Materie stecken? Alle Hierarchie, ja vielleicht alle Ordnung auf Erden hängen von der Dauer und ihren Gradstufen ab. Was überholt und überboten werden kann, ist schon gerichtet.

Mit H. läßt sich gut debattieren, obgleich oder weil er im Grunde gar nicht hinhört. Er weiß zuviel, aus Instinkt, als daß er auf Worte und Gedanken etwas gäbe. Wir diskutieren die Kunsttheorien der letzten Jahrzehnte, und zwar immer in einem Sinn, der das fragwürdige Wesen der Kunst selber, ihre vollkommene Anarchie, ihre Zusammenhänge mit Publikum, Rasse und momentaner Bildung betrifft. Man kann wohl sagen, daß uns die Kunst nicht Selbstzweck ist — dazu bedürfe es einer mehr ungebrochenen Naivität —, aber sie ist uns eine Gelegenheit zur Zeitkritik und zum wahrhaften Zeitempfinden, Dinge, die doch Voraussetzung eines belanglosen, eines typischen Stiles sind. Dieser letztere erscheint uns keineswegs als eine so einfache Sache, wie man gemeinhin zu glauben geneigt ist. Was besagt ein schönes harmonisches Gedicht, wenn es niemand liest, weil es im Zeitempfinden gar keine Resonanz finden kann? Und was besagt ein Roman, der von Bildungs wegen zwar gelesen wird, der aber weit davon entfernt ist, die Bildung auch zu bewegen? So sind unsere Debatten ein brennendes, täglich flagranteres Suchen nach dem spezifischen Rhythmus, nach dem vergrabenen Gesicht dieser Zeit. Nach ihrem Grund und Wesen; nach der Möglichkeit ihres Ergriffenseins, ihrer Erweckung. Die Kunst ist dazu nur ein Anlaß, eine Methode.

Der Prozeß der Selbstzerrüttung bei Nietzsche. Woher sollten Ruhe und 6. IV.
Simplizität denn kommen, wenn nicht ein Unterminieren, ein Abbauen und Aufräumen der verquollenen Basis vorausginge? Auch Goethes höflicher, peripathetischer Stil ist nur Vordergrund. Dahinter ist alles problematisch und unausgeglichen, voller Widersprüche und Disharmonien. Seine Totenmaske verrät es. Vom Optimisten ist in diesen Zügen nicht viel zu lesen. Eine aufrichtige Forschung dürfte das nicht ver-

tuschen. Der sogenannte Furor Teutonicus, der Haß, der Eigensinn, das Besserwissen, die triebhafte Schadenfreude und Rachsucht geistigen Triumphen gegenüber, das alles sind Folgen einer vielleicht rassenhaften, physiologischen Unfähigkeit, oder aber einer Katastrophe, die den Kern betroffen hat. Wenn man aber das zuverlässige, das spezifische Wesen nicht zu Gesicht bekommt, trotz allen Tastens und Suchens, wie soll man es lieben und pflegen können?

Zwei Erbübel haben das deutsche Wesen zugrunde gerichtet: ein falscher Freiheitsbegriff und die pietistische Kaserne. Alle Begeisterung hat man auf einen frömmelnden Abfall vom Einen, alle Bemeisterung auf ein verlogenes Kuschen verwiesen. Die ganze Folge der Entwicklungen, der ganze Kulturbegriff wurde so allgemach bis in die Wurzel verstört und verkehrt, ein Palimpsest von Entstellungen. Möglich, daß eine Katastrophe dies richten kann, indem eine ganze Schicht ihr Prestige und ihren Einfluß verliert. Möglich aber auch, daß der Grund unangetastet bleibt und alles sich noch unendlich mehr kompliziert. Dann ist alle Aussicht vorhanden, daß der ‹Ewige Jude› ein Pendant findet im ‹Ewigen Deutschen› und daß wir zum Beispiel werden für eine Gesinnung, die alle Hauptsachen des Lebens zu Dingen der Peripherie und der Zutat herabsetzt.

Den Sinn schärfen für die einzigartige Spezialität einer Sache. Die Nebensätze vermeiden. Immer geradezu und direkt vordringen.

8. IV. Die vollendete Skepsis ermöglicht auch die vollendete Freiheit. Wenn über den inneren Umriß eines Gegenstandes nichts Bestimmtes mehr geglaubt werden kann, muß oder darf — dann ist er seinem Gegenüber ausgeliefert, und es kommt nur darauf an, ob die Neuordnung der Elemente, die der Künstler, der Gelehrte oder Theologe damit vornimmt, sich die Anerkennung zu erringen vermag. Diese Anerkennung ist gleichbedeutend mit der Tatsache, daß es dem Interpreten gelungen ist, die Welt um ein neues Phänomen zu bereichern. Man kann fast sagen, daß, wenn der Glaube an ein Ding oder an eine Sache fällt, dieses Ding und diese Sache ins Chaos zurückkehren, Freigut werden. Vielleicht aber ist das resolut und mit allen Kräften erwirkte Chaos und also die vollendete Entziehung des Glaubens notwendig, ehe ein gründlicher Neuaufbau auf veränderter Glaubensbasis erfolgen kann. Das Elementare, Dämonische springt dann zunächst hervor; die alten Namen und Worte fallen. Denn der Glaube ist Maß der Dinge, vermittels des Wortes und der Benennung.

Die Kunst unserer Zeit hat es in ihrer Phantastik, die von der vollendeten Skepsis herrührt, zunächst nicht mit Gott, sondern mit dem Dämon zu tun; sie selber ist dämonisch. Alle Skepsis aber und alle skeptische Philosophie, die dieses Resultat vorbereiteten, sind es ebenso.

Man plant eine «Gesellschaft Voltaire» und eine internationale Ausstellung. Der Ertrag der Soiréen soll einer herauszugebenden Anthologie zugute kommen. H. spricht gegen ‹Organisierung›; man habe genug davon. Ich bin ganz seiner Meinung. Man soll aus einer Laune nicht eine Kunstrichtung machen. 11. IV.

Spät gegen zwölf kommt eine ganze Gesellschaft holländischer Jungs. Sie haben Banjos und Mandolinen mitgebracht und benehmen sich wie die kompletten Narren. Einen ihrer Klique nennen sie den ‹Öl im Knie›. Dieser Herr Ölimknie macht den Obermimen, indem er drapiert aufs Podium steigt und unter allerlei Verrenkungen, Beugen und Schlottern der Knie Exzentricsteps vorführt. Ein anderer, lang, blond (‹brav Kerl, dem was Rechts aus den Augen schaut›) nennt mich in einem fort und unendliche Male forciert ‹Herr Direktor› und bittet um die Erlaubnis, ein wenig tanzen zu dürfen. Also tanzen sie und stellen schließlich das ganze Lokal auf den Kopf. Sogar der alte Jan mit seinem gepflegten Bart und ergrauten Haar, unser würdiger Grill-Room- und Herbergsvater, beginnt feurige Augen und Klappschritte zu machen. Die klimpernde Kirmeß setzt sich bis auf die Straße fort.

Abstrakte Kunst (für die unentwegt Hans Arp eintritt). Die Abstraktion ist Gegenstand der Kunst geworden. Ein Formprinzip vernichtet das andere, oder: die Form vernichtet den Formalismus. Das abstrakte Zeitalter ist im Prinzip überwunden. Großer Triumph, der Kunst über die Maschine. 13. IV.

Als Huelsenbeck seine Umbas gestern kräftig wieder intonierte, mußte ich unwiderstehlich an Freiligrath denken. Von Seekühen und Affen schreiben, während man in aller Gemütsruhe den Stiefelzieher eines chambre garni benützt, dieses kann nicht richtig sein. ‹Yoshiwara› und die ‹Sykomore›, das ist schließlich ein und dasselbe. Rimbaud ist wirklich geflüchtet, er hat die Exotik erlebt und ein Angebinde davon nach Hause gebracht, das ihn das Leben kostete. Wir andern dagegen schwärmen für den Wüstenkönig und sind sanftlebige Tartarins.

Unser Kabarett ist eine Geste. Jedes Wort, das hier gesprochen und gesungen wird, besagt wenigstens das eine, daß es dieser erniedrigenden Zeit nicht gelungen ist, uns Respekt abzunötigen. Was wäre auch respektabel und imponierend an ihr? Ihre Kanonen? Unsere große Trommel übertönt sie. Ihr Idealismus? Er ist längst zum Gelächter geworden, in seiner populären und seiner akademischen Ausgabe. Die grandiosen Schlachtfeste und kannibalischen Heldentaten? Unsere freiwillige Torheit, unsere Begeisterung für die Illusion wird sie zuschanden machen. 14. IV.

16. IV. Wenn man in Sternheims Komödien die ‹menschlichen Werte› vermißt, sollte man bedenken, daß die Komödie ohne Humanität überhaupt nicht vorhanden und fühlbar zu machen ist. Alle Komik entsteht aus der humanen Beleuchtung verbildeter Gegenstände. Der Komödiendichter empfindet das Leben zwiefach: als Utopie und als Wirklichkeit, als Hintergrund und als Figur. Der Abstand zwischen beiden erscheint ihm als Zerrbild, und um so mehr, je mehr er auf seiten des Ideals steht. Ein solcher Dichter ist immer kritisch beanlagt. Er leidet an seiner Zeit und Umgebung. Seine gleichwohl versöhnliche Einstellung zur Gestalt und zum Leben ergibt die Komik. Den Abstand vom Ideal deutlich zu machen, ohne über das Korrektiv zu verfügen, ist gar nicht möglich. Eine andere Frage ist, wie weit sich innerhalb der Person eines solchen Dichters jene Schwankungen ebenfalls zeigen, von deren Widerspruch sein Werk lebt. Sternheims Entdeckung ist der schöngeistige Banause, der Snob, der stämmige Schwärmer, ein Typus von einigem Umfang. Ihn festzustellen und in den verschiedensten Formen abzuwandeln, dazu bedarf es eines für die Verstiegenheit und den Überschwang sehr reizbaren Geschmackes und einer ebenso vielseitigen wie durchdringenden Beobachtung der Widerstände, denen das normhaft Schöne täglich erliegt. Man wird leicht sagen können, dies alles seien keine ‹menschlichen Werte›.

17. IV. Der Dandysmus ist eine Schule der Paradoxie (und der Paradoxologie). Heraklit erzählt bewußt Wundergeschichten. Er ist darum (nach Diog. Laert.) ein Paradoxologe. Die großen Paradoxen Brummel, Baudelaire, Griffith, Wilde, und des letzteren Pariser Begegnungen:

Lucien de Rupembré (eine Figur Balzacs)
Gérard de Nerval (Leben von Delvan)
Chatterton, Poe, Huysmans, Xavier de Montépin.

Es gibt einen Essay von Wilde, der in dieser Hinsicht sehr aufschlußreich ist: «Vom Verfall der Lüge». Ich will einige Sätze daraus notieren:

‹Eine der Hauptursachen, die zur Deutung des sonderbar trivialen Charakters des größten Teiles unseres heutigen Schrifttums angeführt werden können, besteht zweifellos im Verfall der Lüge als einer Kunst, einer Wissenschaft und einer geselligen Unterhaltung.›

‹Lügen und Dichten sind, wie Plato erkannte, miteinander verwandt.›

‹Mancher junge Mensch tritt ins Leben mit der natürlichen Anlage zu übertreiben, einer Anlage, die man mit Sorgfalt pflegen und an Hand der höchsten Beispiele züchten sollte, daß etwas Großes und Wunderbares aus ihr werde.›

‹Überall, wo der Orientalismus die Oberhand behalten hat, sei es durch direkte Berührung wie in Byzanz, Sizilien und Spanien, oder wie im übrigen Europa durch die Einflüsse der Kreuzzüge, sind herrliche Werke des Schöpfergeistes entstanden, in denen die sichtbaren Dinge des Lebens künstlerisch umgewandelt, und solche, die das Leben nicht kennt, zu seiner Lust erschaffen wurden.›

‹Das 19. Jahrhundert, wie wir es kennen, ist zum größten Teil eine Erfindung Balzacs.›

‹Was die Kirche angeht, so gibt es nach meinem Dafürhalten nichts Günstigeres für die Kultur eines Landes als Menschen, die es für ihre Pflicht halten, an das Übernatürliche zu glauben und täglich Wunderwerke zu verrichten, denn dadurch nähren sie jenen mythenbildenden Geist, der die Seele der Phantasie ist.›

«O-AHA!» heißt die Weltseele in Wedekinds gleichnamigem Stück. Sie tritt gegen Ende dieser Satire auf, das heißt, sie wird in einem Wägelchen auf die Bühne gefahren und diktiert, in vollkommener Demenz, dem Redaktionsstab einer bekannten satirischen Wochenschrift ihre tiefsinnigen Orakel. Ich habe das Stück heute wieder angesehen und finde es doch recht witzig. Mit der Hegelschen Weltseele ist O-Aha kaum mehr verwandt. Es hat inzwischen eine ziemliche Entartung stattgefunden. Immerhin ist auch O-Aha noch ein Symbol, das seine lebendigen Stützen hat. Bei der Aufführung in München 1913 gab es einen gewaltigen Lärm. Über nichts ärgern sich ja die Menschen so sehr als über einen Aufwand von Bildung und Intelligenz, der ihnen geschenkt wird. Man hat es sich etwas kosten lassen. Man beherrscht fünf Sprachen, dreiundzwanzig Literaturgeschichten und das Geistesleben von Nimrod bis Zeppelin. Und nun geschieht es, daß einer daherkommt und fröhlich verkündet, man habe ihn nicht übergimpeln können. 18. IV.

Tzara quält wegen der Zeitschrift. Mein Vorschlag, sie Dada zu nennen, wird angenommen. Bei der Redaktion könnte man alternieren: ein gemeinsamer Redaktionsstab, der dem einzelnen Mitglied für je eine Nummer die Sorge um Auswahl und Anordnung überläßt. Dada heißt im Rumänischen Ja, Ja, im Französischen Hotto- und Steckenpferd. Für Deutsche ist es ein Signum alberner Naivität und zeugungsfroher Verbundenheit mit dem Kinderwagen.

Die Nummer 1 der Schweizer «Weißen Blätter» ist erschienen. Es ist mir daran gelegen, das Kabarett zu behaupten und es dann aufzugeben. 21. IV.

Es ist eine Unsumme von Geist unterwegs; nach der Schweiz ganz besonders. Die Bonmots hageln nur so. Die Köpfe kreißen und strömen einen ätherischen Glanz aus. Es gibt eine Partei der Geistigen, eine Politik des Geistes, die Finessen erschweren geradezu den Verkehr. ‹Wir Geistigen› ist bereits zum Schnörkel der Umgangssprache und zu einer Floskel der Geschäftsreisenden geworden. Es gibt geistige Hosenträger, geistige Hemdenknöpfe, die Journale strotzen von Geist und die Feuilletons übergeistern einander. Wenn das so weitergeht, ist der Tag nicht mehr fern, an dem der spontane Ukas einer Zentrale für geistige Sammlung die allgemeine Psychostasie und das Ende der Welt verkündet.

7. V. ‹Der Stern dieses Kabaretts aber ist Frau Emmy Hennings. Stern wie vieler Nächte von Kabaretts und Gedichten. Wie sie vor Jahren am rauschend gelben Vorhang eines Berliner Kabaretts stand, die Arme über die Hüften emporgerundet, reich wie ein blühender Busch, so leiht sie auch heute mit immer mutiger Stirn denselben Liedern ihren Körper, seither nur wenig ausgehöhlt von Schmerz.› (Zürcher Post.)

24. V. Wir sind fünf Freunde, und das Merkwürdige ist, daß wir eigentlich nie gleichzeitig und völlig übereinstimmen, obgleich uns in der Hauptsache dieselbe Überzeugung verbindet. Die Konstellationen wechseln. Bald verstehen sich Arp und Huelsenbeck und scheinen unzertrennlich, dann verbinden sich Arp und Janco gegen H., dann H. und Tzara gegen Arp usw. Es ist eine ununterbrochen wechselnde Anziehung und Abneigung. Ein Einfall, eine Geste, eine Nervosität genügt, und die Konstellation ändert sich, ohne den kleinen Kreis indessen ernstlich zu stören.

Gegenwärtig ist mir Janco besonders nahe. Er ist ein großer schlanker Mensch, der auffällt durch die Eigenschaft, für alle Art fremder Torheit und Bizarrerie Verlegenheit zu empfinden und dann mit einem Lächeln oder einer zärtlichen Bewegung um Nachsicht oder Verständnis zu bitten. Er ist der einzige unter uns, der keine Ironie braucht, um mit der Zeit fertig zu werden. Ein melancholischer Ernst gibt seinem Wesen in unbewachten Momenten eine Nuance von Verachtung und süperber Feierlichkeit.

Janco hat für die neue Soiree eine Anzahl Masken gemacht, die mehr als begabt sind. Sie erinnern an das japanische oder altgriechische Theater und sind doch völlig modern. Für die Fernwirkung berechnet, tun sie in dem verhältnismäßig kleinen Kabarettraum eine unerhörte Wirkung. Wir waren alle zugegen, als Janco mit seinen Masken ankam, und jeder band sich sogleich eine um. Da geschah nun etwas Seltsames. Die Maske verlangte nicht nur sofort nach einem Kostüm, sie diktierte auch einen ganz bestimmten pathetischen, ja an Irrsinn streifenden Gestus. Ohne es fünf Minuten vorher auch nur geahnt zu haben, bewegten wir uns in den absonderlichsten Figuren, drapiert und behängt mit unmöglichen Gegenständen, einer den andern in Einfällen überbietend. Die motorische Gewalt dieser Masken teilte sich uns in frappierender Unwiderstehlichkeit mit. Wir waren mit einem Male darüber belehrt, worin die Bedeutung einer solchen Larve für die Mimik, für das Theater bestand. Die Masken verlangten einfach, daß ihre Träger sich zu einem tragisch-absurden Tanz in Bewegung setzten.

Wir sahen uns jetzt die aus Pappe geschnittenen, bemalt und beklebten Dinger genauer an und abstrahierten von ihrer vieldeutigen Eigenheit eine Anzahl von Tänzen, zu denen ich auf der Stelle je ein kurzes Musikstück erfand. Den einen Tanz nannten wir «Fliegenfangen». Zu dieser Maske paßten nur plumpe tappende Schritte und einige hastig fangende, weit ausholende Posen, nebst einer nervösen schrillen Musik. Den zweiten Tanz nannten wir «Cauchemar». Die tanzende Gestalt geht aus geduckter Stellung geradeaus aufwachsend nach vorn. Der Mund der Maske ist weit geöffnet, die Nase breit und verschoben. Die drohend erhobenen Arme der Darstellerin sind durch besondere Röhren verlängert. Den dritten Tanz nannten wir «Festliche Verzweiflung». An den gewölbten Armen hängen lang ausgeschnittene Goldhände. Die Figur dreht sich einige Male nach links und nach rechts, dann langsam um ihre Achse und fällt schließlich blitzartig in sich zusammen, um langsam zur ersten Bewegung zurückzukehren.

Was an den Masken uns allesamt fasziniert, ist, daß sie nicht menschliche, sondern überlebensgroße Charaktere und Leidenschaften verkörpern. Das Grauen dieser Zeit, der paralysierende Hintergrund der Dinge ist sichtbar gemacht.

Annemarie durfte uns zur Soiree begleiten. Sie geriet ob all den Far- 3. VI.
ben und des Taumels außer Rand und Band. Sie wollte sogleich auf das Podium und ‹auch etwas vortragen›. Wir konnten sie nur mit Mühe davon abhalten. Das «Krippenspiel» (Concert bruitiste, den Evangelientext begleitend) wirkte in seiner leisen Schlichtheit überraschend und zart. Die Ironien hatten die Luft gereinigt. Niemand wagte zu lachen. In einem Kabarett und gerade in diesem hätte man das kaum erwartet. Wir begrüßten das Kind, in der Kunst und im Leben.

Es waren Japaner und Türken da, die recht verwundert dem Treiben zusahen. Ich empfand zum erstenmal mit Beschämung den Lärm unserer Sache, das Durcheinander der Stilarten und der Gesinnung, Dinge, die ich physisch schon seit Wochen nicht mehr ertrage.

«Cabaret Voltaire» enthält Beiträge von Apollinaire, Arp, Ball, Can- 4. VI.
giullo, Cendrars, Hennings, Hoddis, Huelsenbeck, Janco, Kandinsky, Marinetti, Modigliani, Oppenheimer, Picasso, van Rees, Slodki und Tzara. Es ist auf zwei Bogen die erste Synthese der modernen Kunst- und Literaturrichtungen. Die Gründer des Expressionisme, Futurisme und Cubisme sind mit Beiträgen darin vertreten.

Was wir Dada nennen, ist ein Narrenspiel aus dem Nichts, in das alle 12. VI.
höheren Fragen verwickelt sind; eine Gladiatorengeste; ein Spiel mit den schäbigen Überbleibseln; eine Hinrichtung der posierten Moralität und Fülle.

Der Dadaist liebt das Außergewöhnliche, ja das Absurde. Er weiß, daß sich im Widerspruche das Leben behauptet und daß seine Zeit wie keine vorher auf die Vernichtung des Generösen abzielt. Jede Art Maske ist ihm darum willkommen. Jedes Versteckspiel, dem eine düpierende Kraft innewohnt. Das Direkte und Primitive erscheint ihm inmitten enormer Unnatur als das Unglaubliche selbst.

Da der Bankrott der Ideen das Menschenbild bis in die innersten Schichten zerblättert hat, treten in pathologischer Weise die Triebe und Hintergründe hervor. Da keinerlei Kunst, Politik oder Bekenntnis diesem Dammbruch gewachsen scheinen, bleibt nur die Blague und die blutige Pose.

Der Dadaist vertraut mehr der Aufrichtigkeit von Ereignissen als dem Witz von Personen. Personen sind bei ihm billig zu haben, die eigne Person nicht ausgenommen. Er glaubt nicht mehr an die Erfassung der Dinge aus *einem* Punkte, und ist doch noch immer dergestalt von der Verbundenheit aller Wesen, von der Gesamthaftigkeit überzeugt, daß er bis zur Selbstauflösung an den Dissonanzen leidet.

Der Dadaist kämpft gegen die Agonie und den Todestaumel der Zeit. Abgeneigt jeder klugen Zurückhaltung, pflegt er die Neugier dessen, der eine belustigte Freude noch an der fraglichsten Form der Fronde empfindet. Er weiß, daß die Welt der Systeme in Trümmer ging, und daß die auf Barzahlung drängende Zeit einen Ramschausverkauf der entgötterten Philosophien eröffnet hat. Wo für die Budenbesitzer der Schreck und das schlechte Gewissen beginnt, da beginnt für den Dadaisten ein helles Gelächter und eine milde Begütigung.

13. VI. Das Bild unterscheidet uns. Im Bilde ergreifen wir. Was immer es sei — es ist Nacht —, wir halten den Abdruck in Händen.

Das Wort und das Bild sind eins. Maler und Dichter gehören zusammen. Christus ist Bild und Wort. Das Wort und das Bild sind gekreuzigt.

Es gibt eine gnostische Sekte, deren Adepten vom Bilde der *Kindheit* Jesu derart benommen waren, daß sie sich quäkend in eine Wiege legten und von den Frauen sich säugen und wickeln ließen. Die Dadaisten sind ähnliche Wickelkinder einer neuen Zeit.

15. VI. Ich weiß nicht, ob wir trotz all unserer Anstrengungen über Wilde und Baudelaire hinauskommen werden; ob wir nicht doch nur Romantiker bleiben. Es gibt wohl noch andere Wege, das Wunder zu erreichen, auch andere Wege des Widerspruches —: die Askese zum Beispiel, die Kirche. Sind diese Wege aber nicht völlig verbaut? Es ist zu befürchen, daß immer nur unsere Irrtümer neu sind.

Huelsenbeck kommt, um auf der Maschine seine neuesten Verse abzuschreiben. Bei jeder zweiten Vokabel wendet er den Kopf und sagt: ‹Oder ist das etwa von dir?› Ich schlage scherzhaft vor, jeder solle ein alphabetisches Verzeichnis seiner geprägtesten Sternbilder und Satzteile anfertigen, damit das Produzieren ungestört vonstatten gehe; denn auch ich sitze, fremde Vokabeln und Assoziationen abwehrend, auf der Fensterbank, kritzle und schaue dem Schreiner zu, der unten im Hof mit seinen Särgen hantiert. Wenn man genau sein wollte: zwei Drittel der wunderbar klagenden Worte, denen kein Menschengemüt widerstehen mag, stammen aus uralten Zaubertexten. Die Verwendung von ‹Siegeln›, von magisch erfüllten fliegenden Worten und Klangfiguren kennzeichnet unsere gemeinsame Art zu dichten. Solcherlei Wortbilder, wenn sie gelungen sind, graben sich unwiderstehlich und mit hypnotischer Macht dem Gedächtnis ein, und ebenso unwiderstehlich und reibungslos tauchen sie aus dem Gedächtnisse wieder auf. Ich erlebe es häufig, daß Leute, die unvorbereitet unsere Abende besuchten, von einem einzelnen Worte oder Satzglied derart beeindruckt wurden, daß es sie wochenlang nicht mehr verließ. Gerade bei lässigen oder apathischen Menschen, deren Widerstand gering ist, entwickelte sich diese Art Plage. Huelsenbecks Götzengebete und einzelne Kapitel meines Romans wirken so.

Die Bildungs- und Kunstideale als Varietéprogramm —: das ist unsere 16. VI.
Art von «Candide» gegen die Zeit. Man tut so, als ob nichts geschehen wäre. Der Schindanger wächst, und man hält am Prestige der europäischen Herrlichkeit fest. Man sucht das Unmögliche möglich zu machen und den Verrat am Menschen, den Raubbau an Leib und Seele der Völker, dies zivilisierte Gemetzel in einen Triumph der europäischen Intelligenz umzulügen. Man führt eine Farce auf, dekretierend, nun habe Karfreitagsstimmung zu herrschen, die weder durch ein verstohlenes Klimpern auf halber Laute, noch durch ein Augenzwinkern dürfe gestört und gelästert werden. Darauf ist zu sagen: man kann nicht verlangen, daß wir die üble Pastete von Menschenfleisch, die man uns präsentiert, mit Behagen verschlucken. Man kann nicht verlangen, daß unsere zitternden Nüstern den Leichendunst mit Bewunderung einsaugen. Man kann nicht erwarten, daß wir die täglich fataler sich offenbarende Stumpfheit und Herzenskälte mit Heroismus verwechseln. Man wird einmal einräumen müssen, daß wir sehr höflich, ja rührend reagierten. Die grellsten Pamphlete reichten nicht hin, die allgemein herrschende Hypokrisie gebührend mit Lauge und Hohn zu begießen.

Wir haben die Plastizität des Wortes jetzt bis zu einem Punkte getrie- 18. VI.
ben, an dem sie schwerlich mehr überboten werden kann. Wir erreichten dies Resultat auf Kosten des logisch gebauten, verstandesmäßigen Satzes und demnach auch unter Verzicht auf ein dokumentarisches Werk

(als welches nur mittels zeitraubender Gruppierung von Sätzen in einer logisch geordneten Syntax möglich ist). Was uns bei unseren Bemühungen zustatten kam, waren zunächst die besonderen Umstände dieser Zeit, die eine Begabung von Rang weder ruhen noch reifen läßt und sie somit auf die Prüfung der Mittel verweist. Sodann aber war es der emphatische Schwung unseres Zirkels, von dessen Teilnehmern einer den andern stets durch Verschärfung der Forderungen und der Akzente zu überbieten suchte. Mag man immer lächeln: die Sprache wird uns unseren Eifer einmal danken, auch wenn ihm keine direkt sichtbare Folge beschieden sein sollte. Wir haben das Wort mit Kräften und Energie geladen, die uns den evangelischen Begriff des ‹Wortes› (logos) als eines magischen Komplexbildes wieder entdecken ließen.

Mit der Preisgabe des Satzes dem Wort zuliebe begann resolut der Kreis um Marinetti mit den «parole in libertà». Sie nahmen das Wort aus dem gedankenlos und automatisch ihm zuerteilten Satzrahmen (dem Weltbilde) heraus, nährten die ausgezehrte Großstadtvokabel mit Licht und Luft, gaben ihr Wärme, Bewegung und ihre ursprünglich unbekümmerte Freiheit wieder. Wir andern gingen noch einen Schritt weiter. Wir suchten der isolierten Vokabel die Fülle einer Beschwörung, die Glut eines Gestirns zu verleihen. Und seltsam: die magisch erfüllte Vokabel beschwor und gebar einen *neuen* Satz, der von keinerlei konventionellem Sinn bedingt und gebunden war. An hundert Gedanken zugleich anstreifend, ohne sie namhaft zu machen, ließ dieser Satz das urtümlich spielende, aber versunkene, irrationale Wesen des Hörers erklingen; weckte und bestärkte er die untersten Schichten der Erinnerung. Unsere Versuche streiften Gebiete der Philosophie und des Lebens, von denen sich unsere ach so vernünftige, altkluge Umgebung kaum etwas träumen ließ.

20. VI. In unserer Astronomie darf der Name des Arthur Rimbaud nicht fehlen. Wir sind Rimbaudisten, ohne es zu wissen und zu wollen. Er ist der Patron unserer vielfachen Posen und sentimentalen Ausflüchte; der Stern der modernen ästhetischen Desolation. Rimbaud zerfällt in zwei Teile. Er ist ein Poet und ein Refraktär, und das letztere mit überwiegender Bedeutung. Er opfert den Dichter dem Flüchtling auf. Als Poet hat er Großes geleistet, doch nicht das Letzte. Ihm fehlt die Gelassenheit, die Gabe des Zuwartenkönnens. Eine wilde oder verwilderte Anlage steht den priesterlich-sanften, den maßvollen Grundkräften eines synthetischen Menschen, eines geborenen Dichters, bis zur Vernichtung im Wege. Einklang und Equilibre erscheinen ihm nicht nur zeitweise, sondern fast ununterbrochen als sentimentale Schwächen, als luxuriöse Inkantationen; als ein vergiftetes Angebinde der sterbesehnsüchtigen europäischen Welt. Er fürchtet, der allgemeinen Erschlaffung und Verweichlichung zu erliegen; fürchtet, der Dupe einer nichtswürdigen Dekadenz zu sein, wenn er den schüchternen, stilleren Regungen folgte.

Er kann sich nicht entschließen, diesem Europa die Fatamorgana glanzvoller Abenteuer zu opfern.

Rimbauds Entdeckung ist der Europäer als der ‹falsche Neger›. Die hypokrite Verkafferung Europas, die allgemeine Selbstentseelung, das humanitäre Kapua der Geister bis zum Opfer seiner Begabung durchlitten zu haben, dies ist seine Spezialität. Als er dann nach Harrar und Kaffa kam, mußte er einsehen, daß auch die echten Neger seinem Ideal nicht entsprachen. Er suchte eine Wunderwelt: Rubinregen, Amethystbäume, Affenkönige, Götter in Menschengestalt und phantastische Religionen, in denen der Glaube zum Fetischdienst an der Idee und am Menschen wird. Er fand zuletzt auch die Neger nicht der Mühe wert. Er resignierte als freundlicher Medizinmann und Götze inmitten begrenzter banausischer Landmannschaft. Er hätte das, etwas langsamer, auch in der Bretagne oder in Niederbayern haben können. Die Neger waren jetzt schwarz, früher waren sie weiß. Diese züchteten Strauße, jene züchteten Gänse. Das war der ganze Unterschied. Er hatte das Wunder der Plattitüde und die Mirakel des Alltags noch nicht entdeckt. Man kann von ihm lernen, wie man es nicht machen soll. Er ging einen falschen Weg bis zum Ende.

Er hatte ein religiöses, ein Kultideal, von dem er selbst freilich nur das eine wußte, daß es größer und wichtiger sei als eine poetische Sonderbegabung. Diese Ahnung gab ihm die Kraft, freiwillig auszuscheiden, annullierend, was er geschaffen, wären es selbst Meisterstücke dessen, was man zu seiner Zeit unter europäischer Dichtkunst verstand.

Sapienti Sade. Dem Weisen genügt ein Blick in die Bücher des lasterhaften Marquis, und er erkennt, daß noch die krüdesten Elaborate mit dem Anspruch entstehen, die Sache der Wahrheit und Aufrichtigkeit zu vertreten. **22. VI.**

Sade meint, daß das Laster die ‹eigentliche› Natur des Menschen ausmacht. Er beichtet aber nur die Sünden des ancien régime. Er hat dafür siebenundzwanzig Jahre in der Bastille gesessen. Es gibt eine Kategorie von Büchern, die man ohne Empörung nur hinnehmen kann, wenn man sie — als Beichtspiegel betrachtet.

Der Marquis hat einen Feldzug mitgemacht! Die Tugendphrasen seiner Zeit erregen ihn bis zur Wut. Er will den Urtext wiederherstellen. Er ist völlig hemmungslos und infantil. Er begeht die schlimmsten Vergehen, ohne sie irgendwie zu empfinden. Man steckt ihn ins Irrenhaus. Aber dort macht er sich zum Narrenkönig und stellt die ganze Anstalt durch seine ad hoc geschriebenen obszönen Komödien auf den Kopf. Der Irrenarzt bittet den König flehentlich, diesen schrecklichen Mann doch aus der Anstalt zu entfernen. Aber wo soll man hin mit ihm? – Er stammt aus einer Familie, der hohe Beamte, Dichter und Kardinäle angehören.

25. VI. Die Leistung ist unendlich wichtiger als das Experiment. Widerstände zu sehen, dazu bedarf es nur eines scharfen Auges. Sie zu durchdringen und aufzulösen, setzt außerdem eine gestaltende Kraft voraus. Das eigentlich Schwierige und Besondere einer Frage erhebt sich erst dort, wo das Definitive verlangt wird. Dem Dandy ist alles Definitive verhaßt. Er sucht den Entscheidungen auszuweichen. Ehe er seine Schwäche gesteht, wird er geneigt sein, die Stärke als eine Brutalität in Verruf zu bringen.

Ich habe eine neue Gattung von Versen erfunden, «Verse ohne Worte» oder Lautgedichte, in denen das Balancement der Vokale nur nach dem Werte der Ansatzreihe erwogen und ausgeteilt wird. Die ersten dieser Verse habe ich heute abend vorgelesen. Ich hatte mir dazu ein eigenes Kostüm konstruiert. Meine Beine standen in einem Säulenrund aus blauglänzendem Karton, der mir schlank bis zur Hüfte reichte, so daß ich bis dahin wie ein Obelisk aussah. Darüber trug ich einen riesigen, aus Pappe geschnittenen Mantelkragen, der innen mit Scharlach und außen mit Gold beklebt, am Halse derart zusammengehalten war, daß ich ihn durch ein Heben und Senken der Ellbogen flügelartig bewegen konnte. Dazu einen zylinderartigen, hohen, weiß und blau gestreiften Schamanenhut.

Ich hatte an allen drei Seiten des Podiums gegen das Publikum Notenständer errichtet und stellte darauf mein mit Rotstift gemaltes Manuskript, bald am einen, bald am andern Notenständer zelebrierend. Da Tzara von meinen Vorbereitungen wußte, gab es eine richtige kleine Premiere. Alle waren neugierig. Also ließ ich mich, da ich als Säule nicht gehen konnte, in der Verfinsterung auf das Podest tragen und begann langsam und feierlich:

gadji beri bimba
glandridi lauli lonni cadori
gadjama bim beri glassala
glandridi glassala tuffm i zimbrabim
blassa galassasa tuffm i zimbrabim . . .

Die Akzente wurden schwerer, der Ausdruck steigerte sich in der Verschärfung der Konsonanten. Ich merkte sehr bald, daß meine Ausdrucksmittel, wenn ich ernst bleiben wollte (und das wollte ich um jeden Preis) dem Pomp meiner Inszenierung nicht würden gewachsen sein. Im Publikum sah ich Brupbacher, Jelmoli, Laban, Frau Wiegman. Ich fürchtete eine Blamage und nahm mich zusammen. Ich hatte jetzt rechts am Notenständer «Labadas Gesang an die Wolken» und links die «Elefantenkarawane» absolviert und wandte mich wieder zur mittleleren Staffelei, fleißig mit den Flügeln schlagend. Die schweren Vokalreihen und der schleppende Rhythmus der Elefanten hatten mir eben noch eine letzte Steigerung erlaubt. Wie sollte ich's aber zu Ende führen? Da bemerkte ich, daß meine Stimme, der kein anderer Weg mehr blieb, die uralte Kadenz der priesterlichen Lamentation annahm, jenen Stil des Meßgesangs, wie er durch die katholischen Kirchen des Morgen- und Abendlandes wehklagt.

Ich weiß nicht, was mir diese Musik eingab. Aber ich begann meine Vokalreihen rezitativartig im Kirchenstile zu singen und versuchte es, nicht nur ernst zu bleiben, sondern mir auch den Ernst zu erzwingen. Einen Moment lang schien mir, als tauche in meiner kubistischen Maske ein bleiches, verstörtes Jungensgesicht auf, jenes halb erschrockene, halb neugierige Gesicht eines zehnjährigen Knaben, der in den Totenmessen und Hochämtern seiner Heimatpfarrei zitternd und gierig am Munde der Priester hängt. Da erlosch, wie ich es bestellt hatte, das elektrische Licht, und ich wurde vom Podium herab schweißbedeckt als ein magischer Bischof in die Versenkung getragen.

Vor den Versen hatte ich einige programmatische Worte verlesen. Man 24. VI.
verzichte mit dieser Art Klanggedichte in Bausch und Bogen auf die durch den Journalismus verdorbene und unmöglich gewordene Sprache. Man ziehe sich in die innerste Alchimie des Wortes zurück, man gebe auch das Wort noch preis, und bewahre so der Dichtung ihren letzten heiligsten Bezirk. Man verzichte darauf, aus zweiter Hand zu dichten: nämlich Worte zu übernehmen (von Sätzen ganz zu schweigen), die man nicht funkelnagelneu für den eigenen Gebrauch erfunden habe. Man wolle den poetischen Effekt nicht länger durch Maßnahmen erzielen, die schließlich nichts weiter seien als reflektierte Eingebungen oder Arrangements verstohlen angebotener Geist-, nein Bildreichigkeiten.

1927

RAOUL HAUSMANN

Optofonetische Konstruktion 1922

Ich sah eine Bogenlampe, sie sang. Armer Spaß eines Elektrotechnikers. Wer kennt nicht das Kaleidoskop?

Ich sah das Licht. Ich sah den Raum. Kann man den Lichtraum nachbilden? Man kann die Bewegungen des Lichtes im Raum bilden. Man kann diese Relationen durch geometrische Zeichen aufzeichnen. Das

Licht lief steil im Raum auf das Auge, auf mich zu. Mein Auge, eine Kugel, wendete es hin und her, kehrte es um. Das ist die Selektionsform des Lichtes, die wir erzeugen, als Millionen Farbsplitterchen.

Ich nahm: ein paar Gerade, die sich in Kreuzpunkten spiegeln. Oben wie Unten – Fern und Nah, auf meiner Fläche, die nicht der Raum war, den wir wissen, nicht sehen. Ich nahm: einige Kreise und Kegelschnitte. Ihre mathematische Berührung mußte sich in gewissen Schnittpunkten neu umbilden, die, mir hörbar, unsichtbare Zeichen gaben, die ich aufzeichnete, auf meiner Fläche, Träger meines Tonsehens.

Entwicklungen in zahlenmäßigen Fortschreitungen.

Wir wollen kein: Abbild geben. Wir wollen Grundbilder geben. Doch das Bild spricht durch die Zahl, die es umschließt. Es tönt. Signum des Unsichtbaren. Formsprache des Ungehörten. Stationäres Bild des Bewegten.

Nicht Euklid, nicht Newton bestimmten diesen Hörbildraum, in dem meine Hand sah was mein Auge hörte:

Optofonetische Vorzeichen.

Wir sind nicht Fotografen.*

1939

RICHARD HUELSENBECK

Aus: «Dr. Billig am Ende»

Dem gewöhnlichen Bocher, der lebt, seine Examinas macht, Kinder zeugt und stirbt, indem er Gott einen guten Mann sein läßt, bleibt nicht viel Zeit, in die Tiefen des Lebens zu sehen. Der verfluchte Beruf und die Sentimentalität nehmen die besten Augenblicke, und dann – dann endlich, wenn die Kulissen einmal auseinandergeschoben zu werden scheinen, wenn das Orchester mit einem Marsch einsetzt, aus dem der Klang der Fanfare steigen muß – es ist Erwartung in den Menschen und man fühlt den heißen Atem der Frauenleiber um sich, der Impresario verspricht den Himmel und die Hölle – dann kracht sicher das Gebäude zusammen oder das Geschäft wird liquidiert, weil ein betrügerischer Teilhaber das notwendige Kapital unterschlagen hat. In deinem tiefsten Herzen möchtest du etwas Gutes, etwas Geändertes, die Welt ist dir zu schlecht und zu langweilig. Und am Ende hoffst du zu erkennen, was dich an einer endlichen Befreiung von dieser ganzen Pathologie Gottes hindert: die organisierte Dummheit und die organisierte Brutalität. Der Oberkellner, der dir mit freundlichem Lächeln die Tasse Kaffee

* Der Herausgeber bestätigt Herrn Raoul Hausmann, daß er im Jahre 1918 in Berlin das sogenannte lettristische Lautgedicht erfunden hat.

bringt, trägt den Revolver in der Tasche, um dich niederzuknallen, wenn du ihn um fünf Pfennig seines Trinkgeldes betrügst. Es ist dir manchmal, als ob die Sonne über dem Rande der Häuser stände, aber ein Irrer hat es dir vorgelogen, ein hysterisches Weib hat ihre Faxen gemacht. Die Straßen sind voller Nebel, die phantastischen Köpfe der Droschkengäule schnappen nach Menschenfleisch, und schon geht der Pfiff der Schutzmannschaft, die hinter der Mörderbande rast. Billig strafft sich auf einem Sitz in der dunklen Ecke eines Caféhauses — verflucht, jetzt will ich mit aller Gewalt vorgehen, sie fallen gemeinsam über mich her, sie sind organisiert, mir die Kleider auszuziehen. Vor dem nahen Tritt eines Mannes im Gehrock erbebt er im Innersten. Beider Blicke sind starr aufeinander gerichtet, und jeder Moment kann die Entscheidung bringen. Billig liebt den Zoologischen Garten, er beobachtet den schwarzen Panther, er hört das Geschrei der Meerkatzen und wandelt, in böse Träume versunken, durch den herbstenden Park. Ein Regenschauer durchnäßt ihn vollständig. Als er wieder in den Straßen der Stadt steht, flammen die Lichter der Restaurants auf, Bogenlampen zischen über seinem Kopf — verflucht, jetzt will ich mit Brutalität vorgehen. Sie kommen mit Keulen und Messern und wollen mir ans Leben. Die alten Weiber hetzen ihre syphilitischen Huren auf mich, man hat Rowdys gemietet, die mir den Kopf einschlagen sollen. Da bemerkt Billig, daß man ihm die Uhr gestohlen hat. Ein Mensch im Zylinder und mit rostroten Glacéhandschuhen entspringt in die Menge — es ist der Taschendieb. Aber Billig bleibt hilflos — er kann nur mit den Zähnen knirschen, er denkt: die Wäscherin hat meine Hemden zerrissen, ich fiel über meinen Stock und zerbrach ihn, nun fehlt mir die Uhr. Eins geht nach dem andern fort — sie machen mich zum Bettler und Liederjahn. Eine Frau spricht ihn an. Es ist in der Friedrichstraße gegen zwölf Uhr nachts. Man lebt hier wie in einem Taumel, der Krieg hat alle diese harmlosen bürgerlichen Menschen zu Bestien gemacht. Sie kreischen wie die Irren, es kommt zu Streit und Zweikämpfen, sie flöten und johlen, als wären sie in der Manege eines Zirkus. Dabei fällt das rote und violette Licht aus den ersten Etagen der Cafés in die erregte Straße — die Städte sind bezecht, und die Wolken wandern als grüne Teufel über den Dächern. Das fühlt Billig alles und er hört den drohenden Lärm der Untergrundbahn unter seinen Füßen, der ein Gewitter anzukündigen scheint, das gellende Schreien und Rattern der Straßenbahnen schiebt ihn fort, er ist umwoben von dem Gespräch der trappelnden Pferdebeine. Hundert verschiedene Gesichter sind hundert verschiedene Typen, die hundert verschiedene Leben einschließen und darstellen. An der Straße, um die weißen Marmortische der Cafés hocken Familien ohne Kopf, eine Mutter, die nur aus einem großen Bauch besteht, Mädchen, von denen nur einige tanzende Spinnenarme ans Leben erinnern. Hüte wandern allein durchs Lokal und bestellen zu essen, vor einem Kleiderständer redet ein Mensch seinen Überzieher an, sucht ihn zu überreden und verläßt ihn enttäuscht und in tiefer Traurigkeit. Billig hat die Fähigkeit der Begeisterung. Er sagt: «Dreh dich! Dreh dich! — Knalle! Explodiere!» Da spricht ihn die Frau an, als er ungefähr an der Ecke der Mauerstraße angekommen ist. Sie hat einen Hut aus rotem Samt, ist gepudert wie eine Königin aus Frankreich, auf hohen Beinen, ständig bereit zu fliehen, aber mit Augen, die wie Hände greifen können. Sie fordert mit ihrem ganzen Körper auf, sie lügt mit ihren Hüften einen Roman von Glückseligkeit, Genuß und Lebensfreude. Billig lächelt. Er spuckt aus, er jagt sie mit einem Fluch fort. Eine halbe Stunde Bahnfahrt bringt ihn zu Margot. «Ha!» schreit er, «als wenn ich nicht bei Margot zu jeder Zeit willkommen wäre. Ich bin ihr offizieller Liebhaber. Auf ein Wort von mir tun sich alle Pforten des Himmels auf.» Dann dreht er um, rast die Stufen der Untergrundbahn hinab, landet am Bayerischen Platz und findet Margot, wie sie auf dem Sofa liegt und liest. Er ist erschüttert, beseligt, ein Irrer an Glück und Begierde. Er wirft sich vor ihr auf die Knie, faßt ihre Hand und ruft: «Margot! Margot! Ich liebe dich, ich liebe dich. Ich, der Dr. Billig, kann keine Minute mehr ohne Margot sein. Ich sterbe ohne Margot — da ist nun einmal nichts zu machen.» Sie zieht ihn zu sich herauf, küßt ihn und flüstert ihm Dinge ins Ohr, die ihm das Bewußtsein nehmen wollen. Er taumelt, weint wie ein Kind und kennt seine Worte nicht mehr.

Die Skelette der Häuser erhoben sich in der Nacht, hier gingen die durchsichtigen Menschen mit schweren rohgezimmerten Särgen auf den Rücken. «Ich sage, daß sie einen Meineid geschworen hat», sagt neben Billig ein Weib mit ganz unschuldigem Gesicht und weichen, kaum geküßten Lippen. «Sie starb zu schnell», flüsterte ein alter Mann, «zu schnell für die Familie — um 8 war sie im Krankenhaus, als ich um 12 anläutete, sagte man mir, die Ärzte schritten im Augenblick zur Operation. — Um 3 — ich schrie ins Telefon — die alte Mutter neben mir konnte es nicht fassen — sei sie gestorben — sie haben einen elenden Ton, einem solche Dinge mitzuteilen.» «Ich bleibe dabei», sagte wieder das Weib, «sie hat einen Meineid geschworen. Arno versicherte mir, er habe bemerkt, wie sie ihm verkleidet gefolgt sei, mit einer schwarzen Perücke und einem großen roten Hut.» — Wie durch Fenster sah man in das Schicksal Hunderter von Menschen. Drei galizische Juden standen neben Billig. Sie zeigten sich beschmutzte Papiere und sprachen leise aufeinander ein. Billig sah den Mond, als er ausstieg, wie den Bauch eines schwangeren Tieres in ungeheuerer Größe auf den Dächern liegen. «Er fällt herab», sagte er, «er fällt herab und zerschmettert die Straße. Es wird Feuersbrünste, Mord und plötzlich Todesfälle geben.» Er erkannte jetzt, daß er falsch gefahren war. Er stieg an einem Platz aus, den er einmal gesehen zu haben meinte. Die Fläche war weit und blau unter dem Abend, ins Unendliche von grauen Häusern begleitet, aus denen zuweilen ein Lichtschimmer fiel. Gestalten standen auf und warfen einen plötzlichen breiten Schatten. Grelles rotes Licht stieg aus einer Destille, Billig hörte das Grammophon, den Two-Step «Le délice», nach dem er sich oft im Monico an der Place Pigalle gedreht hatte. Durch unergründete Dunkelheiten, an Torwegen und mit Geröll und Handkarren überlasteten Höfen vorbei fand sich ein Ausweg zu größerer Freiheit: der Arm eines Kanals bog hier sein metallisches Wasser, in dem die Schreie mancher Wahnsinnigen erstickt waren. Billig sah einen fernen Glanz, ein rötliches Leuchten über dem Horizont, in das die ungeheueren Schwingen zahlloser Nachtvögel zu schlagen schienen. Ein Krankenwagen auf Gummirädern, der heimtückisch Annäherung gesucht hatte, lief plötzlich in Billigs Nähe, und ein Mann mit einer Sanitätsmütze schwenkte mit irrsinnigem Eifer von erhobenem Kutschbock eine weiße Fahne, bis die Nacht auch diese zerfetzte. Billig erkannte den maßlosen Ehrgeiz der berühmten Chirurgen, die in ihren Filzschuhen mit langer Lederschürze um den Leib der geduldigen Mütter schleichen. Sie wollen Blut, und die Därme gleiten ihnen durch die geölte Hand wie gleichgültige Gummibänder. Ihr Gesicht glüht von einer roten Spitzflamme, die von unten her leuchtet, vor dem Kommando des Schnurrbarts zittern die Schwestern, die ihre weißen Hauben als kokette Wäschestücke zu benutzen wissen. Billig fühlte sich von einer großen Angst ergriffen. Er sah wieder den Mond, wie er auf den Kanten der Dächer balancierte und er erkannte in seinem Glanz den Ausdruck eines unglaublichen Hohnes. Das war der dicke, gutbewertete mit teueren Schmuckstücken versehene Zuschauer der Welt, das war der Zirkusdirektor und Rennstallbesitzer, der sich auf die fetten Schenkel klatschte, wenn der Artist von seinem Trapez fiel. Looping the loop schrien die endlosen Massen, die beim Gekreisch des Gongs aus den Häusern krochen und das große Rad, la grande roue du monde, begann sich zu drehen, nach allen Seiten Schwärmer und buntes Feuerwerk über die Erde spritzend. Billig sah die Mondblase zwischen den Kaminen tanzen. «Sie zieht alles zu sich herauf. Sie verführt die Stadt zu ihren alchimistischen Perversionen.» Ein Mann kam die Straße herabgerannt, mit ausgebreiteten Armen und laut schreiend. Billig sah, daß er nicht allzu weit von einem Absteigequartier Margots entfernt war, wo sie von Zeit zu Zeit, unbeachtet von ihren Freunden in einem Kreise ausgewählter Frauen und Männer Bacchanalien feierte. Billig entsann sich des Juliabends, als die Frau, stilisiert unter einer Hermelin- und Throndraperie, die Glückwünsche nacktester Gesandtschaften angenommen hatte, weil man ihr die Erfindung des Odeur de la Pudeur zuschrieb. Ein kleiner Raum voll der Himmel niederhängender Marquisen, aus der Tiefe aufbrechend mit dem heißen Fleisch der gezeichneten Ottomanen, Menschen enthaltend und verschiebend wie Spielzeug auf Bromsilberplatten oder japanische Teeprojektionen. Dieser Mond, der hier zwischen den Kaminen ein allzu trauriges Spiel trieb, hing damals als Lampion über dem Haar der Frau, der Göttin, der Darstellung der keuschen

Wollust, um die, auf roten Bällen mit äußerster Kunst dargestellt, die Zähne der Dämonen tanzten. Eine Bernsteinkette schloß ihre Brüste ab und fiel mit gelber Flamme in einen Schoß, der vieler heiligen Riten Sinn begriffen hatte. Billig fühlte sich heute voll der wunderlichen und unerhörten Dinge. Er sah eine Parade von Kindersärgen über eine trostlose Chaussee ziehen. Mütter jammerten wie Unken aus dem Moor. Männer mit dicken glühenden Köpfen sangen einen peinlichen Refrain. Billig näherte sich jetzt dem Wasser, eine Brücke zog ihn über den Kanal, plötzliche Rollwagen und Gezeter hungernder Menschen stießen ihn durch langgestreckte pessimistische Straßen. Der Himmel war grau und undurchsichtig, die Häuser rückten zusammen, Laternen gab es nicht mehr. Manchmal aber erhellte sich in einem Augenblick die Straße, als hätte man unvermutet in einen Bauch hineingeleuchtet — eine Granatenfabrik, die durch die Nächte arbeitete, verteilte Dutzende von rotglühenden Fenstern. Aus dem Licht schossen die Hunde in Rudeln, die Huren drückten sich mit fieberglänzenden Augen, ihre Taschen schwenkend, am Rande der Rinnsteine.

1921

JOHANNES BAADER

Es hat angefangen ein neuer Akt
der göttlichen Komödie und sein
Leitspruch lautet: Die Menschen
wissen, daß sie im Himmel sind.

Die acht Weltsätze

DES MEISTERS JOHANNES BAADER
ÜBER DIE ORDNUNG DER MENSCHHEIT IM HIMMEL
NEBST ERKLÄRUNGEN DESSELBEN

Mit einigen Worten über sein Leben versehen,
herausgegeben und verlegt bei den Saturnen in
Mühlheim an der Donau
A. D. MCMXIX

Die Menschen sind Engel und leben im Himmel.
Sie selbst und alle Körper, die sie umgeben, sind Weltallkumulationen gewaltigster Ordnung.
Ihre chemischen und physikalischen Veränderungen sind zauberhafte Vorgänge, geheimnisvoller und größer als jeder Weltuntergang oder jede Weltschöpfung im Bereich der sogenannten Sterne.
Jede geistige und seelische Äußerung oder Wahrnehmung ist eine wun-

derbarere Sache als das unglaublichste Begebnis, das die Geschichten von Tausendundeine Nacht schildern.
Alles Tun und Lassen der Menschen und aller Körper geschieht zur Unterhaltung der himmlischen Kurzweil als ein Spiel höchster Art, das sovielfach verschieden geschaut und erlebt wird, als Bewußtseinseinheiten seinem Geschehen gegenüberstehen.
Eine Bewußtseinseinheit ist nicht nur der Mensch, sondern auch alle die Ordnungen von Weltgestalt, aus denen er besteht, und inmitten deren er lebt, als Engel.
Der Tod ist ein Märchen für Kinder und der Glaube an Gott war eine Spielregel für das Menschenbewußtsein während der Zeit, da man nicht wußte, daß die Erde ein Stück des Himmels ist wie alles andere.
Das Weltbewußtsein hat keinen Gott nötig.

Wo anders sollen wir sein als im Himmel? Nennen Sie mir ein größeres Wunder als das Dasein der Welt und des Menschen.
Was ist ein Weltall und eine Weltallkumulation?
Der biologischen Wissenschaft gelang es auszurechnen, wie viele Milliarden von Weltall-Kosmen in einer einzigen Zelle der menschlichen Leber kreisen. Es sind 227 000 Milliarden. So viele Moleküle sind notwendig, damit das einzige Stäubchen von Zelle, das sie enthält, so arbeite, wie der gesunde Mensch es von den Zellen seiner Leber gewohnt ist.
Wie groß sind diese Moleküle?
Steigen Sie ein in das Himmelsflugzeug, das über den Mond und die Sterne fortfliegt. Und weit über den Sternkranz der Milchstraße weg in den leergesehenen Weltraum. Sehen Sie, wie die Erde klein wird, und der Mond und die Sonne. Und wie der Sternkranz der Milchstraße zusammenschrumpft, je weiter wir von ihm fort in den Raum fahren.
Und sind wir noch eine Strecke fortgeschwommen im Dunkel des Weltraums, dann ist auch der Sternkranz der Milchstraße als Strich verschwunden und zu einem Pünktchen geworden, das vor uns flimmert.
Hätten wir aber vergessen, daß wir von dort her kamen; vergessen, daß wir an Monden und glühenden Sonnen vorbeireisten, aus einer Welt, darinnen es Dinge gab, wie den Deutschen Reichstag und den Deutschen Kaiser und Nationen, die sich zerfleischten in zerbrochenen Wäldern, und sich töteten mit giftigen Gasen, und sich ertränkten in wogenden, wasserspritzenden Weltmeeren; hätten wir alles vergessen und stünden wir mit dem Auge des unbeschwert Neugeborenen im Weltenflugzeug und sähen das zitternde flimmernde Pünktchen still vor uns schwimmen; wer wollte uns sagen, daß dieser Punkt mehr wäre, als der letzte glühende Funke am Zündholz, das wir nach Tisch bei unserer Zigarre achtlos hinaus in das fressende Dunkel des Raums werfen. *Beides ein Punkt, der nur darum klein ist, weil wir mit oberflächlichem Maßstab messen und eine Weltstrecke von ihm entfernt sind.* Wohnen

wir innen in beider Gehäuse und messen wir mit dem Maßstab des Innern, so ist der *Milchstraßenpunkt* und der *Streichholzfunke* und das *Molekül* von der gleichen unmeßbaren Weltgröße.

Johannes Baader wurde im Jahre 1875 zu Stuttgart geboren. Seines Berufes war er Architekt. Am 19. Juli 1918 schrieb er die acht Weltsätze, von denen er selber sagt: «Sie können nicht oft genug wieder gedruckt werden». Er trug den Titel eines Oberdada und nannte sich Präsident des Erdballs. Er starb zu Berlin am 1. April des Jahres neunzehnhundertneunzehn.

1919

PRÄSENTATION III
Lyrische Texte

LOUIS ARAGON

Selbstmord

A b c d e f
g h i j k l
m n o p q r
s t u v w
x y z

1920

E. L. T. MESENS

Das Taubblinden-Alphabet

A

lt einundzwanzig
uf keinen fall etwas
nziehend finden
ber hilfreich beim
bverkauf
ntiker proverben
uch gegen ungeliebtheit
usgerüstet

B

oot
estürmt von den wellen
arrikade der augen
arriere vor edlen likören
alsam der feinsten farben
alsam des negers und
alsam der mama
alsamierer

C

hloroform
hromdol
he (rü
klings ermeu
heltes opfer!) tots
hläger
olts: laut
orpus juris
orpora delicti

D

rohende angst
u meiner tage
uftende göttin
u meiner nächte
unkle sehnsüchte
auernd bereit lautlos
urchzugehen

E

wiges wiederkehren
igenartig fremder bilder
mailliert meinen
nthusiasmus
rschreckt meine sinne ich bitte
uch schont mich solang ich diesen teich
rblicke mit den schwimmenden schwänen

1933

KURT SCHWITTERS

Ursonate

rakete rinnzekete
rakete rinnzekete
rakete rinnzekete
rakete rinnzekete
Beeeee
bö. 1

bö
bö
bö
bö
bö
böwö
böwö
böwö
böwö
böwö
böwö
böwörö
böwörö

böwörö
böwörö
böwörö
böwörö
böwöböpö
böwöböpö
böwöböpö
böwöböpö
böwöböpö
böwöböpö
böwöröböpö
böwöröböpö
böwöröböpö
böwöröböpö
böwöröböpö
böwöröböpö
böwörötääböpö
böwörötääböpö
böwörötääböpö
böwörötääböpö
böwörötääböpö
böwörötääböpö
böwörötääzääböpö
böwörötääzääböpö
böwörötääzääböpö
böwörötääzääböpö
böwörötääzääböpö
böwörötääzääböpö
böwörötääzääUu böpö
böwörötääzääUu böpö
böwörötääzääUu böpö
böwörötääzääUu böpö
böwörötääzääUu böpö
böwörötääzääUu böpö
böwörötääzääUu pögö
böwörötääzääUu pögö
böwörötääzääUu pögö
böwörötääzääUu pögö
böwörötääzääUu pögö
böwörötääzääUu pögö
böwörötääzääUu pögiff
böwörötääzääUu pögiff
böwörötääzääUu pögiff
böwörötääzääUu pögiff
böwörötääzääUu pögiff

böwörötääzääUu pögiff
fümmsböwötääzääUu pögiff
fümmsböwötääzääUu pögiff
fümmsböwötääzääUu pögiff
fümmsböwötääzääUu pögiff
fümmsböwötääzääUu pögiff
fümmes bö wö tää zää Uu,
pögiff,
kwiiee
kwiiee
kwiiee
kwiiee
kwiiee
kwiiee.

Dedesnn nn rrrrr, (E) 2
Ii Ee,
mpiff tilff toooo;
Dedesnn nn rrrrrr
desnn nn rrrrrr
nn nn rrrrrr
nn rrrrrr
Iiiii
Eeeeee
m
mpe
mpff
mpiffte
mpiff tilll
mpiff tillff
mpiff tillff toooo,
Dedesnn nn rrrrr, Ii Ee, mpiff tillff toooo,
Dedesnn nn rrrrr, Ii Ee, mpiff tillff toooo, tillll
Dedesnn nn rrrrr, Ii Ee, mpiff tillff toooo, tillll, Jüü-Kaa?
(gesungen).

Fümms bö wö tää zää Uu, pögiff, kwiiee. ü:
Dedesnn nn rrrrrr, Ii Ee, mpiff tillff toooo, tillll, Jüü-Kaa. 1
(gesungen) 2
Rinnzekete bee bee nnz krr müüüü, ziiuu ennze ziiuu 3

rinnzkrrmüüüü,
Rakete bee bee.

Zikete bee bee (F) 3
Rinnzekete bee bee
Rakete bee bee
Zikete bee bee ennze
Rinnzekete bee bee ennze
Rakete bee bee ennze
Zikete bee bee nnz krr
Rinnzektete bee bee nnz krr
Rakete bee bee nnz krr
Zikete bee bee nnz krr müüüü
Rinnzekete bee bee nnz krr müüüü
Rakete bee bee nnz krr müüüü
Zikete bee bee nnz krr müüüü, ziiuu
Rinnzekete bee bee nnz krr müüüü, ziiuu
Rakete bee bee nnz krr müüüü, ziiuu
Zikete bee bee nnz krr müüüü, ziiuu ennze
Rinnzekete bee bee nnz krr müüüü, ziiuu ennze
Rakete bee bee nnz krr müüüü, ziiuu ennze
Zikete bee bee nnz krr müüüü, ziiuu ennze ziiuu rinnzkrrmüüüü
Rinnzekete bee bee nnz krr müüüü, ziiuu ennze ziiuu rinnzkrrmüüüü
Rakete bee bee nnz krr müüüü, ziiuu ennze ziiuu rinnzkrrmüüüü,
Rakete bee bee.
Rummpfftillfftoooo?
Ziiuu ennze ziiuu nnz krr müüüü, ziiuu ennze ziiuu rinnzkrrmüüüü;
Rakete bee bee,
Rakete bee zee.

ü:
Fümms bö wö tää zää Uu, pögiff, kwiiee. 1
Dedesnn nn rrrrrr, Ii Ee, mpfiff tillff toooo, tillll, Jüü-Kaa. 2
(gesungen)
Rinnzekete bee bee nnz krr müüüü, ziiuu ennze ziiuu 3
rinnzkrrmüüüü,

1932

LANKE TR GL
skerzo aus meiner soonate in uurlauten

lanke tr gl
pe pe pe pe pe
ooka ooka ooka ooka
lanke tr gl
pii pii pii pii pii
züüka züüka züüka züüka

lanke tr gl
rmp
rnf
lanke tr gl
ziiuu lentrl
lümpf tümpf trl
lanke tr gl
rumpf tilf too
lanke tr gl
ziiuu lentrl
lümpf tümpf trl
lanke tr gl
pe pe pe pe pe
ooka ooka ooka ooka
lanke tr gl
pii pii pii pii pii
züüka züüka züüka züüka
lanke tr gl
rmp
rnf
lanke tr gl?

1919

An Anna Blume

O du, Geliebte meiner siebenundzwanzig Sinne, ich
liebe dir! – Du deiner dich dir, ich dir, du mir.
– Wir?
Das gehört (beiläufig) nicht hierher.
Wer bist du, ungezähltes Frauenzimmer? Du bist
–– bist du? – Die Leute sagen, du wärest, – laß
sie sagen, sie wissen nicht, wie der Kirchturm steht.
Du trägst den Hut auf deinen Füßen und wanderst
auf die Hände, auf den Händen wanderst du.
Hallo, deine roten Kleider, in weiße Falten zersägt.
Rot liebe ich Anna Blume, rot liebe ich dir! – Du
deiner dich dir, ich dir, du mir. – Wir?
Das gehört (beiläufig) in die kalte Glut.
Rote Blume, rote Anna Blume, wie sagen die Leute?
Preisfrage: 1.) Anna Blume hat ein Vogel.
2.) Anna Blume ist rot.
3.) Welche Farbe hat der Vogel?
Blau ist die Farbe deines gelben Haares.

Rot ist das Girren deines grünen Vogels.
Du schlichtes Mädchen im Alltagskleid, du liebes grünes Tier, ich liebe dir! – Du deiner dich dir, ich dir, du mir, – Wir?
Das gehört (beiläufig) in die Glutenkiste.
Anna Blume! Anna, a-n-n-a, ich träufle deinen Namen. Dein Name tropft wie weiches Rindertalg.
Weißt du es, Anna, weißt du es schon?
Man kann dich auch von hinten lesen, und du, du Herrlichste von allen, du bist von hinten wie von vorne: «a-n-n-a».
Rintertalg träufelt streicheln über meinen Rücken.
Anna Blume, du tropfes Tier, ich liebe dir!

1919

ERHABENHEIT
Gedicht 8

Kirchen türmen ein Mensch.
Lastet Sonne Hochgebirge.
Steil durchbrechen.
Glut verrinnt umragen Zacken.
Leiberheiß – seelennah.
Wärme umglutet Gluten!
Klein ich?
Groß!
Arm ich?
Reich!
Wuchtet Riesen Hochgebirge,
Wuchtet Riesen ich!
Kirchen türmen, lastet steil!
Gluten Mensch wuchtet lasten Sonne.
Ich?
Umglute
Steil!

ICH WERDE GEGANGEN
Gedicht 19

Ich taumeltürme
Welkes windes Blatt
Häuser augen Menschen Klippen
Schmiege Taumel Wind
Menschen steinen Häuser Klippen
Taumeltürme blutes Blatt.

Nächte
Gedicht 7

Innige Nächte
Gluten Qual
Zittert Glut Wonne
Schmerzhaft umeint
Siedend nächtigt Brunst
Peitscht Feuer Blitz
Zuckend Schwüle.
O wenn ich das Fischlein baden könnte!
Zagt ein Innen
Zittert enteint
Giert schwül
Herb
Du –
Duft der Braut
Rosen gleißen im Garten.
Schlank stachelt Fisch in der Peitschluft.
Wunden Knie
Wogen Brandung Wonne
O diese Qual, daß ich nicht fliegen kann!
Wonne umtaucht
Geistert Pfiff.
Ich sehne deine Wogen
Du!
Meine Glut fiebert Tod!
Ich umwoge

Du

Meine Singe ist leer.
Schreien gähnt,
Schreien weitet,
Brüllt gähnen weitet;
Ich herbe Du.
Ich herbe Deinen Hauch,
Ich singe Deine Augen,
Dein Schreiten sehnt meine Augen,
Dein Plaudern sehnt mein Ohr.
Ich lechze Duft die Stunden.
Du bist mein Sehnen
Du bist Dein Schreiten, Deine Augen, Dein Gebet.
Dein Lachen betet,

Dein Plaudern betet,
Dein Auge betet.
Mein Sehnen fernt Dein Beten Schrei.
Ich
Ferne Du

1919

Kümmernisspiele
Ein dramatischer Entwurf

a. Mein Herr:
b. Bitte?
a. Sie sind verhaftet.
b. Nein.
a. Mein Herr, Sie sind verhaftet.
b. Nein.
a. Mein Herr, Sie sind verhaftet.
b. Nein.
a. Mein Herr, ich werde schießen.
b. Nein.
a. Mein Herr, ich werde schießen.
b. Nein.
a. Mein Herr, ich werde schießen.
b. Nein.
a. Ich hasse Sie.
b. Nein.
a. Ich werde Sie kreuzigen.
b. Nicht.
a. Ich werde Sie vergiften.
b. Nicht.
a. Ich werde Sie lustmorden.
b. Nicht.
a. Denken Sie an den Winter.
b. Niemals.
a. Ich hasse Sie.
b. Niemals.
a. Ich töte Sie.
b. Wie gesagt, niemals.
a. Ich werde schießen.
b. Das haben Sie schon einmal gesagt.
a. Also bitte kommen Sie.
b. Sie können mich nicht verhaften.
a. Warum nicht?

b. Sie können mich höchstenfalls festnehmen.
a. Dann werde ich Sie also festnehmen.
b. Dann bitte.
b läßt sich von a festnehmen und abführen. Die Bühne verdunkelt sich. Das Publikum fühlt sich fälschlich veräppelt und johlt und pfeift. Der Chor schreit:

«Dof.» «Dichter rrraus!» «Son Blödsinn!»

1919

TRISTAN TZARA

Der annähernde Mensch

VI

noch unter der rinde der birken verliert sich das leben in
blutigen mutmaßungen
wo die spechte gestirne picken und die füchse inselhafte echos
niesen
doch welchen tiefen entsteigen die flocken ruhloser seelen
die mit ihrer trägen wärme die teiche trunken machen
gurgelt der schwan sein wasserweiß
weiß ist der widerschein dessen dunst über der kräuselung des
seelöwen wogt
draußen ist weiß
ein flügelsingendes aufklaren saugt den mistral in seiner
pfauendolde auf
die der regenbogen vom kreuze der erinnerung nimmt
die zähne des himmels reibend die wäsche im bache klopfend
wirbeln die weißen mühlen
zwischen den seelenflocken die die opiumsüchtigen im schatten
der sperber rauchen

der zwischen zwei gegensätzlichen nachrichten eingezwängte mund
klammert sich
unerwartet wie die welt zwischen seinen kiefern fest
und der knappe laut zerbricht an der fensterscheibe
denn nie hat ein wort die schwelle des körpers überschritten
tot ist der auftrieb der das schlechte wetter in den behältern
der armseligen scheußlichen köpfe – unserer nachbarn – zum
brodeln brachte
und trotz des städtischen matsches unserer gefühle
ist draußen weiß

was besagt schon unser abscheu da unsere kraft feuerun-
empfindlicher ist als der tod
und seine glut weder unsere farben noch unsere liebschaften
zerstören wird
muschelschalen und in sprichwortstockwerken geschichteter
sandstein
der sinn ist das einzige unsichtbare feuer das uns verzehrt
seit dem aufkommen der ersten zahl
sprechen die vogelzüchter eine einfache sprache
die aus einem vogelalphabet mit weißem draußen besteht
weiß ist der finger den die denker so oft gegen ihre schläfe
gerieben haben
wir sind keine denker
wir sind aus spiegeln und luft gemacht
und dennoch unbefriedigt finster mürrisch undurchdringlich
die sägezähne die unsere stirne zieren sind dem tode benachbart
und springen das ganze wörterbuch entlang von einer sache zur
anderen in die augen
die zähne des himmels reibend die wäsche im bache klopfend
von den weißen kämmen verspien gerinnt der nebel unter uns
und bald werden wir im dichten schlammigen stoff gefangen
werden bald von der schwammigen lethargie des eisens aufgesogen
sein
die um die länge einer schmerzlichen litanei bahre und lüge
überdauert
welchem schneidenden gletscher entstiegen dessen weißes draußen
— wolkengegurgel —
an den wurzeln unserer iris den honig der kommenden jahrhunderte
saugt
von der synthese gebrandmarkt der unbeugsame
in locken erblühte tonträger freihäutig
mauerhoch
geht der tägliche tod um mein tag ist dünne schlaflosigkeit
lacht auf der vorder- weint auf der kehrseite

die muschelschalen und der in sprichwortstockwerken geschichtete
sandstein
sind von oben nach unten zu lesen vorsicht glas zerbrechlich
das kriechende gelächter besamt die bienensternbilder mit sturm
und die schnecken wittern den verfluchten aufruhr der sturzregen
lacht auf der vorder- weint auf der kehrseite
denn draußen ist immer weiß
und wie die forelle sich stromaufwärts müht die staudämme in der
gegenrichtung der wasserfälle
überspringt

gehst du deine ergrauende jugend zurück bis dorthin wie die sonne
ihre eier gelegt hat
und wenn jedem friedlichen lichtschimmer eine flimmernde aureole
von grüßen enttaucht
weiß man nicht welche flut von zauber sich auf die eroberung der
neuen umkehrpunkte stürzt
so fängst du in schattennetzen die ungestümen willensregungen die
ihr leben damit verbringen verquer
zu sterben
und die ständigen tode die nicht zum sterben gelangen
der mensch melkt in sich selber die ewige subtraktion jeder
scheibe seiner schuld
an die strengen sonnen die er noch reifen lassen muß
lacht auf der vorder- weint auf der kehrseite

zuckungsreiterin tief ist das antikenschubfach
das der pfirsich der dämmerung und die eisige opfergabe bis zum
ausruhen der worte dort bewacht
haben
gebäude aus stadtteig
die zähne des himmels reibend die wäsche im bache klopfend
wenig milch wenig zucker wenig
im schatten des dampfenden gestrüpps unter den arkaden deines herzens
singt als nachtlicht ein rosenkranz gewachster augen
und entzündet sich unfroh der freie ausfluß im auge des vulkans
die wogende druckwelle freier luft die vom flugzeug ausgeht
zuckungsreiterin wind ist dein denken blitz die verfolgte
sturm die botanische besessenheit dein bett
der strauß von pfaden erhebt sich und schreitet voran
und die langen hänge gleiten leicht die prozessionen dort
der auszug der blätter zu anderen wiesen fetterem frühlicht
so schmilzt deine heimatlose erinnerung an der kerze
der regen hat die krankheit der frommen steine angenagt
nahrung der mäuse machen die haumesser sich die beute der
schlupfwinkel streitig
und die asche der kadaver trägt beim knirschen der ineinander-
gefalzten abgründe
im schatten des dampfenden gestrüpps als nachtlicht ihre hinter-
hältige nutzlosigkeit

wer wird uns die bittere stunde nennen da der thymian vor list
vergeht
und seine farbe im zärtlichen wasser der spöttischen küsse
zergehen läßt
draußen ist weiß

weiß auch dein lächeln das aushängeschild deines leibes der
weißer ist als jede erfahrung
die zähne des himmels reibend die wäsche im bache klopfend
wenn ich mich an den quellen stärke die eiserne libellen anzeigen
dann weil
und wenn ich abirre dann weil
kaskadenreiterin die zeit ihre gefahren und die belohnungen
auf sich genommen hat
ich war stärker und das einst war mein marmorner gefährte
noch erheben sich die fäuste der abgestorbenen bäume
und liefern gegen den herbst des firmaments
das ist meine hoffnung

jetzt tauche ich deine augen in den dunklen grund des bettelliedes
der wein wird feuriger sein wenn er durch die nachmittagsgottes-
dienste deiner augen gelaufen ist
falter
jetzt schmelze ich an der kerze — heimatlose erinnerung —
mit labyrinthen an den schatten meiner schritte gehaftet irre ich
umher
mit schweren paketen von labyrinthen auf dem rücken
verloren im inneren meiner selbst verloren
wohin niemand sich auf der tragbahre der schwingen des vergessens
verirrt
und trotz der im inneren des erdballs aufgestiegenen raketen
schlummert das geologische wappen im schlunde des berges
dessen unentzifferbares schweigen die raben stören
die ihre weiten harten stahlspiralen um den einzigartigen flug
ziehen
im inneren seiner selbst verloren wohin niemand sich außer dem
vergessen verirrt

1931

JEAN COCTEAU

Die Vögel sind im Schnee...

Die vögel sind im schnee sie ändern das geschlecht
Ein morgenrock hat unsre eltern und die frivole
Liebe mit der sich Elise ärgert getäuscht.
Schmetterlingsrebusse ihr seid mir durchschaubar.

Ich kenne dich schöne maske und springe auf deine

Flötenbezauberte naive kruppe einer vogelscheuche.
Man sieht in den romanen die das komödiantenkind
Las die kirschbäume in blüte fahnen des monats mai.

Bett tolle schäferei Louis Seize — schaum
Unser epitaph ist in mohnsamen geschrieben
Sein gedenken ein bildnis auf der kohlenglut
Eines zarten madrigals schafft eine neue trauer.

Wie der russische schlitten der von glatt von verkehrt
Die wölfinnen anleuchtet so wiederkehrt Narziß
(Ist das schließlich ein verbrechen?) dein unmenschliches
Hymen schatz der geizigen woge in der sich deine hand wäscht.

1921

MARIA D'AREZZO

STRASSEN

Dieses Wandern — immer dieses Wandern
alle Straßen begehen
an allen Straßenecken stehen
sich kreuzigen an allen Kreuzungen
ohne auszuruhen —
Rast gibt es nicht für den der alle Straßen kennt
alle Straßen des Weltalls:
die lautlosen Spiralen der Gestirne
das irrsinnige Wirbeln gelber Blätter
die Siebenmeilenschritte des Windes
die rasende schwindelnde Flucht des Blutes
die Straßen aller Kreaturen
ob gerettet oder verloren
so viele Wege
so viele Schicksale
bei Nacht mit erschreckten Augen
im Morgengraun mit geläuterten Augen
am Abend mit seligen Augen
die Wege des guten Herzens
jene der Verdorbenheit
die Wege der Liebe und des Schmerzens
die verschlungenen Wege des Geschickes
die unergründlichen Wege des Todes
alle die Linien ohne Zahl

die das Unendliche zusammenweben –
wandern immer nur wandern
ohne je auszuruhen
bis uns gegeben wird zurückzukehren
in einen Winkel toskanischen Landes
so müde – aus so weiter Ferne!
daß man nicht die Kraft hat die Hand zu heben
und sich dann eine winzige Grube graben
sich dort hinablassen vorsichtig
sich ausstrecken und die Arme kreuzen
mit verträumten Augen über uns
den großen Frieden der Sterne anstarren
und entschlafen nach langsamem Todeskampf
sanft wie ein Gegrüßetseistdumaria
wenn wer es spricht eine anima pia:
so sei es –

1917

PAUL ELUARD

Der Ungeduldige

So betrübt über seine falschen Berechnungen,
Daß er seine Zahlen verkehrt herum aufschreibt
Und einschläft.

Eine noch schönere Frau –
Und hat nie
Die rosigen Gedanken der kaum Fünfzehnjährigen gefunden
Oder gesucht,
Nie unbewußt, ohne Kompliment,
Der Jugend der Zeit zugelacht.

Bei der Begegnung
Mit dem, was neulich
vorüberging,

Mit der Frau, die sich langweilte,
Unter einer Wolke
Die Hände am Boden hielt.

Die Lampe entzündete sich bei den Untaten des Gewitters,
An den schönen, ungetrübten Augusttagen,

Die Streichelnde küßte die Luft, die Wangen ihrer Gefährtin,
Schloß die Augen
Und verlor sich wie abends das Laub
Am Horizont.

1922

BEISPIELE:

NÄRRISCHER EINWOHNER

Zeitloses Gesicht,
Gesicht, Fenster und Stein,
Die Wände des Hauses ähneln mir wie
Eine Maske,
Sie haften an meinem Fleisch.

Die Sonne erzeugt –
Jung und weiblich, und aus der
Starr bemalten Wand
Treten Steine.

Auf den Steinen sitzt, von links nach rechts,
Ein Kind neben einem Greis,
Ein Gesicht.

In der Ferne
Tanzt meine Mutter
Wie eine Staubwolke.

1921

VIER GÖREN

Der verarmte Vielfraß,
Der seine Backen aufbläst,
Eine Blume hinunterschluckt,
Duftende innere Haut.
Ein braves Kind,
Pfeife,
Zwangsläufig rosiger Mund,
Leichtfertiger Mund unter dem schweren Kopf,
Eins bis zehn, zehn bis eins.
Die schwarzverhüllte
Brust, die das Waisenkind nährt,

Wird es nicht waschen.
Schmutzig
Wie ein Wald in einer Winternacht.
Tot,
Die schönen Zähne, aber die schönen Augen reglos,
Starr!
Welche Fliege seines Lebens
Ist die Mutter der Fliegen seines Todes?

1921

PHILIPPE SOUPAULT

Westwego

Eines sommers ging ich in London umher
die füße brennend und das herz in den augen
vor schwarzen mauern vor roten mauern
an den großen docks
wo riesige policemen wie gereizte
fragezeichen stehn
Man konnte mit der sonne spielen
die sich wie ein vogel auf alle
monumente setzte
zugtaube
alltagstaube
Ich ging durch dieses viertel das Whitechapel heißt
pilgerfahrt meiner jugend
wo ich nichts antraf
als sehr gut gekleidete leute
die zylinderhüte trugen
und streichholzverkäuferinnen
mit strohhüten auf
die gleich den bäuerinnen Frankreichs riefen
um die kunden anzulocken
penny penny penny
Ich betrat eine kneipe
wagon dritter klasse
Daisy Mary Poppy
da saßen sie um den tisch
neben den fischhändlern
die augenzwinkernd kauten
um die nacht zu vergessen

die nacht die mit wolfsschritten kam
mit eulenschritten
die nacht und der flußgeruch und der der gezeiten
die träume zerreißende nacht

es war ein trauriger tag
aus kupfer und sand
der träge zwischen den erinnerungen glitt

1922

Ich lüge

für André Breton

Mein zimmer ist mit inselsouvenirs möbliert
Und das meer ist ganz nah
Oder die métro
Ein buch sagt ein wort
Verlang nicht mehr von mir anzuzünden
Eure stimmen sind blumen
Dort drunt oder sogar hier
Ihr seid tot zweifellos
Ich höre nicht mehr
Aber was
Manchmal wandern wir und reden über den regen
Oder den sonnenschein

Wir lachen

1920

GEORGES RIBEMONT-DESSAIGNES

ô

Er setzte seinen Hut auf den Boden und füllte ihn mit Erde
dann säete er mit dem Finger eine Träne hinein.
Eine große Geranie wuchs daraus, ach so groß.
Unter dem Blätterwerk reiften zahllose Kürbisse.
Er öffnete seinen Mund, der voller goldplombierter Zähne war, und sagte:
I grec!
Er schüttelte die Zweige der Babylonischen Weide, die die Luft erfrischte —

und seine schwangere Frau zeigte ihrem Kind durch
die Haut ihres Bauches das Horn eines totgeborenen
Mondes.
Er setzte auf seinen Kopf den Hut, der aus Deutschland importiert worden war.
Die Frau kam mit einer Frühgeburt nieder, deren
Urheber Mozart war.
Unterdessen jagte ein Harfenspieler in einem abgeblendeten Auto dahin
und mitten im Himmel fraßen Tauben, ach so süße
mexikanische Tauben: — Kanthariden.

1920

BENJAMIN PÉRET

Text zum Katalog der Max Ernst-Ausstellung in der Galerie van Leer, Paris 1926

Er hatte die ohren einer auster
und seine haare tanzten auf dem moos
da lösten sich die weißen felsen
in fliegenschwärme auf
Er hatte die augen blau wie oliven
und forderte von den kaminen das geheimnis
des rauchs
der wie der schnee der gespenster
auf der achse seiner augen läuft
da kleideten sich die steine nach der art ihrer väter
deren füße sich wie ein strahl der sonnen verlängern
entlang von schiefern
von trikolorenwäldern
von tulpen die wie ein strahl auf der straße gefrorner füße schwimmen
von skeletten aus grammophonknochen
von schnitzelgleichen weißen fensterscheiben
von radieschenstatuen
von toten kupfern
und vor allen von süßwasserfasern die am grunde von heiligenohren wallen.

1926

PHILIPPE SOUPAULT

Täuschung

Die weißen winden ersticken HORCH NICHT ZU
HEUT ABEND ICH WEISS
VERWEILE
die funkelnden lippen
DU SIEHST DAS DUNKEL ERWACHT SACHT UND WEICH
VERWEILE
IN DEM
SCHATTEN
ich spürte das
trunkne wasser
das hochstieg

1917

Ich komme nach Hause

Mein hut ist verbeult
ich höre nun das gebell von eben
gleich klatscht mir das fenster beifall
und es lächelt mein tisch

ich erblicke von weitem den knopf der klingel
und der rührige wind erregt meine haare
das geschöpf unzähliger flügel ich bin es gleich
ich ging fort und vergaß mein gehirn

1917

Strassenkreuzung

III Uhr

Die wagen fahren und halten
plötzlich

der düstre ruf
eines horns
zernarrt
einen schwar
zen mann

DIE GELESENEN ZEILEN
VOR MEINEN AUGEN
ZIEHEN NOCH VORBEI

violette malven
apfelsinenberge
grüne blätter

ein
un
end
li
ches
ge
spie
gel
rich
tet
sich auf

DOCH DIE VERSPÄTUNG

drei kinder
laufen
das eine
schreit

1917

J. EVOLA

Gelbkreuz

aaaa sinuoidalförmig
sie bevölkern die atmosphäre verschlucken euch bis an
die augen aber versucht nicht euch zu befreien denn die rosen
ficken euch die augenlider und ihr verspürt das heiße quecksilber der
desperaten passionspusteln die euch die brüste umschließen die brüste
semiramis ihr verspürt heißes quecksilber perlen sterbt

bis daß ich umfalle bis zur verabscheuung entsetzlicher sultan
sterbt ihr verspürt blut perlen es ist das
eure ihr habt davon mehr in den metallischen wäldern
fernab bebende kinder abfädelnd kleine blumen
der passagier ist unschlüssig und alle passionen verschlingen ineinander
die segel schwingen sich und die lichter aber die haare
lösen sich hinauszögernd eure seelen lutschend auf
nutzlos berauschen sich kleine schlangen im grünen gegen die syntax
(wohlan) samsâra
wie lange wie lange
was ein tanz zu dritt ist entschlingt sich auf Bladlaglabla denn familie
hinterfotziger parfums wird ganz wahnwitz und die wellen
ich verehre euch

1920

CLÉMENT PANSAERS

Klütenwurst und Scheissgaulschiss

der ANGOSTURA unter-schweinisch dosiert mit tropfenzähler insofern KNICKEBEIN vorteilhafterweise den buddelrand erreicht und die seidenquaste des Whisky gewinnt
die vibrationssumme metallische ist der kupferknopfreflex hinterm londoner nebel — mit all dieser CRISTAL PALACE essenz NAVY CUT duft VICTORIA perücke heraufbeschwörend cirkus gotischen stils eilt dem maurischen stil zur hilfe

Honny soit qui mal y pense

raciale equivalenz der

GRAPPA

maskuliner sprit femininer anatomie pfeffersauce schmerbäuchlein ölpfütze 'ne art bucht von NEAPEL und maccaroni in der trockenkammer zwischen jungfernlinnen läuseschiß und inzest veronesischer grünsonnen
wenn dies alles ein in widersprechend ungleichseitenrandigem homiliensyllabus ist warum auf brandenburger wacholderlandschaft in eine vorspeise verdrehen und schwarzwälder KIRSCH fortabrakadabrern die racialen principien in einem cylinderhut und den utensil-burschenschnurzegal zu welcher belustigung aufhenken id est die antidoxe immunität des internationalen cosmopolitentums der so herzrührenden

BLAUOGRAPHIE

in diesem augenblick auf die cabalo-methylische ästhetik draufkommen dosierungskunst — man cocktailliert — die gemäß des grades der hypersensibilität der spirituosa widersprechenden ursprungs ein gerichtsarchiv darstellt um damit das PLASMA zu destillieren welches hinwiederum der unbedingte

ÄTHERSPRIT

genannt wird der adjuvante effect in widerspruch mit jeglicher hypothese nicht und eigentlich doch mit einer schneckenspirale die aus einer wohlconditionierten conjunction euklidisch congruent abtropft die sich in der sprengkanne aufrichtende milz also schmierölreservoir

1921

RENÉ CREVEL

NACHT

Um heute abend im schatten des vergessens
zu schlafen
werde ich ganz gelassen
die herumtreiber töten
die stillen tänzer
der nacht
deren schwarze samtfüße
meinem nackten fleisch strafe sind
eine strafe
angenehm wie die flügel der fledermaus
und leicht um das grauen
in die winkel zu tragen darin die haut bang wird, enthaart
um besser zu lieben, um angst zu haben
vor einem andren leib und vor der kälte

Welchen fluß aber o mein verstand um zu fliehen?

Dies ist die stunde der bösen buben
die stunde der bösen strolche.
Zwei große schattenaugen in der nacht
die wären mir so angenehm, so angenehm.

Gefangener der traurigen jahreszeiten
ich bin allein, ein schönes vergehen ihr
dort drunt dort drunt am horizont,
eine natter vielleicht und gefroren um nicht zu lieben.

Doch wo rinnt, wo rinnt fernab
der fluß den man heut abend
zum fliehen braucht o mein verstand?
Auf den böschungen gehen die mädchen
ihre augen sind müd, ihr haar glänzend

Ich kann diesen mädchen nichts sagen
diesen mädchen zu denen
die bösen buben gehören
zu denen die frechen
zuhälter gehören

Ich bin allein, ein schönes vergehen ihr
Zwei große schattenaugen in der nacht
die wären mir so angenehm, so angenehm.
Dies ist die stunde der bösen strolche.

1924/1925

WALTER SERNER

Manschette 7
(Romance)

Es ist nicht schwierig blond zu sein

Seit es in manchen Nächten
rote Ringe sprengt einher
ist jede Hoffnung auf den Sinn der Stunde
faul

Schau mir ins Auge
Krachmandel auf Halbmast
Cointreau triple sec mit Doppeltaxe
Jede Halswolke ein Fehlgriff
Jede Bauchfalte ein Vollbad
Jedes Hauptwort ein Rundreisebillett
Je te crache sur la tête
Schau mir ins Auge
A

Ist es so schwierig blond zu sein

Manschette 9
(Elegie)

Sprich deutlicher

Ein gelber Spazierstock rutscht mir quer durchs Haupt
Es ist in allen Kellern
heller als in meinem Darm

Sprich deutlicher

Ich höre gerne den Hieb auf nackte Babyhintern
seit es dich entzückte
wenn ich davon wirbelte bloß
O warum nicht sich langsam streicheln
Stiefelknechte still verzückt begrüßen
jenseits jeder bürgerlichen Küche

o sprich deutlicher

Mach platzen deinen feisten Dreckhügel
ob deinem Bauch
durch ein gewaltiges metaphysisches Rülpsen

Manschette 5
(Epitaph postal)

Du hast die nassen Fetzen nie geliebt
Auf deinem Tische jede Semmel war ein Grund
Auf deiner Oberlippe schwang der letzte Rand
Du pfiffst Vokale aus wie stets an mir
An deinem Handgelenk hing alles heftig
Du warst Versand
Du gabst mich auf

1919

IWAN GOLL

Nil

Nil
Verbrecherischer
Schieber mit perlmutternem Horizont, Fabrikant der Golffische Hamsterer der Sterne

Empörter Kaiser
Wann hören deine Wellen deine Hügel deine Dromedare auf zu wandern und die Erde heimzusuchen
Nil
Wann wirst auch du dürsten nach Allah
Irdischer Sieger von Palmenschwestern umfächelt, von Wolkenengeln besungen
Mars
Hindenburg
Nil
Die Städte stöhnen unter der Peitsche der Propheten
Gebirge befragen die Hieroglyphen der Blitze
Und der Mond besucht die alten Weiber
Vergebens vergebens
Unserer Erde Vater und Blut
Aber die Diamantene Sphinx
Lächelt einsam
Die Zeit.

1921

Ein Gesang

«Isabel du schwarzer Pyjama
Draußen die Welt klingt von den Kronen Gottes
Auf den Zwillingen spielen verlassene Mandolinen
Außer dir
Und außer mir
Wäre die Welt nicht mehr möglich
Aber doch kann ein Baum der Felsschlucht mit der grünen Seele sich nach uns tasten
Eine Trambahn drüben am trostlosen Endpunkt aller Haltestellen
Wartet zwischen Schuppen und Kartoffeln auf ihre Schwester
Und stirbt zehnmal an Schwindsucht und Sehnsucht
Glocken erwecken uns immer aus dem Schlafgrab
Ach Isabel du schwarzer Pyjama es gibt noch tausend andere Glücke
Jedes Streichholz kann dir Bengalien wert sein
Außer dir und außer mir das All!»

Aber im Nebenzimmer Nummer 19 sang der Seifenfabrikant
Ganz dasselbe wie ich seiner blonden Emmi
Und der Pikkolo sang das Gleiche der schwangeren Köchin
Und am nächsten Morgen streichen wir alle Semmeln und goldenen Honig: das heißt Liebe!
Sehnsucht der unaufhörlichen Welle
Meere fahren vorbei mit Karawanen und Oasen

Ganze Völker des Wassers
Jede einzelne Wellenschwester kennt mich
Isabel, mein Blut ist dieses Meer
Ich hörte den Regenfall dieser sternarmen Nacht
Jeder Tropfen beklopfte mein Herz
Wieviel Tropfen starben in Narzissenkelchen und Gosseneimern
Wieviel Leben wieviel Sehnsucht der ganzen Welt

Man könnte auch Revolutionär werden
Misanthrop aus Menschenliebe
Das Wort Barrikade ist ultramarinblau und gefällt mir sehr
Ich sah einen Bettler auf den Fortifikationen
Ein gelber gestohlener Fisch hing wie ein Bart von seinem sauren Munde
Und doch war ein Heiligenschein um seinen Schlapphut
An jenem Tage wurde ich Sozialist
Gewiß das Bier am ersten Mai schmeckt frischer als im Hofbräu
Und die Arbeiterkinder haben Tuberkulose

Zunächst verfaßt man ein Pamphlet:
Der grüne Soldat schweigt steif in seinen Monumenten
Sardinenbüchsen Helme und Troddeln der Kultur bammeln im Wind
Ich glaube aber daß es immer Schlächter geben wird
«Ehre» ist das Mißtrauen gegen sich selbst
Früher war Ehre ein Scheck auf die Bank Roland & Siegfried
Genossen! Die Kartoffel und der Gulasch! Hurra!
Und dann blutet man leise
Aus der Stirn
Der Eiffelturm speit brennende Opfersprüche nach Nauen
Am Niagara schöpft man die Pferdekräfte
Zur Verurteilung der Verbrecher: Sing-Sing

Man könnte also auch Revolutionär werden!
Später erörtert man folgendes:
Ich bin ein guter Mensch ich bin kein guter Mensch
Ich bin ein guter Mensch ich bin kein guter Mensch
Ich bin ein guter Mensch ich bin kein
Dies tägliche Gebet zu Gott! Aber Vera-Shoe bleibt immer der beste!
Schließlich muß man den Wechsel des Spediteurs eintreiben
Dann wird man geborener Revolutionär
Ich werfe zehn Centimes unter die Menge der Papst schickt mir ein Radiogramm
Die Illustrierten Blätter lassen mich in effigie lächeln
Und alle Friseure zeigen mich den Kunden
O Herr der Menschen, ich bin unfähig
Vera-Shoes an feine Damen zu verkaufen
Unfähig Isabel immer Semmeln mit Honig zu streichen

Unfähig zum Revolutionär der Bauern und Tiere
Ich bin unbegabt für Europa
Auf irgendwelcher Hemisphäre schluchzt eine Witwe:
«Ich liebe ihn er liebt mich nicht!»
Mein spöttisches Profil liegt in ihrem Herzen auf rotem Samt
Eventuell könnte die Stadt Ottawa mich zum Bürgermeister wählen
Aber ich kann keine Antrittsrede halten
Und Felix ist ein schlechter Name für diese Zeit

Doch fühle ich Lerchen gurgeln in meiner Kehle
Der Baum klagt in meinem Gerippe der jetzt mit dem Sturm kämpft
Überall scheint der Mond und Schopenhauer ist in jeder Buchhandlung käuflich
Das Wohnzimmer meiner Mutter ist gelb und violett mit Blümchen tapeziert
Dies alles und meine Zigarette der Stern der Motten
Ich bin wie Gott

Frag nicht mehr ob gut ob nichtgut
Buddha ging im Frühling nicht aus um kein Leben zu töten
Und atmete doch daß tausend Miasmen immer dran starben
Frag nicht mehr ob gut ob nichtgut
Der Baum frißt die Luft Käfer den Baum Vogel den Käfer
Schlange den Vogel Erde die Schlange Luft die Erde
Warum soll ich sein? Warum
Nicht sein? Was ist das Beste?
«Vera-Shoe ist der beste!»
Mensch ich verbiete dir das Warum

Wir müssen uns sehr in uns zusammenfalten
Was schiert es den Bambus was schiert es die Ratte
Die Zahlen unseres Hirns sind zu schwach Sekunden zu tragen
Weise ist der schweigende Stein
Gut ist der Klee der die Blättchen auf- und zumacht
Der Klee ist einsam
Und einfach
Seien wir einsam
Und einfach

1921

Vive la France!

Unfall
Rumoren
Sekundenfilm
Ein Kopf

Ein Hut
Ein Kopf von fünfzigtausend Köpfen
Scheitel gut bürgerlich
Ein Kopf
Fällt
Rollt
O unerbittlich Autorad
Blut
Sterne -o!
O Kopf mit väterlichem Bart
Vielleicht war es Jochanaan
Soeben aus der Untergrundbahn aufgestiegen
Irgend ein Kopf
Mein Kopf vielleicht . . .

1922

GEORGE GROSZ

London

London –
Dumpf drollten Häuser gehockt.
und Trockendocks – – –

Am Sanct Pancras vorbei
fährt der Kohlendampfer in die Themsemündung.
Ketten klirren tief und hoch,
immer wieder hernieder,
klirren, rasen, zischend.
Dampf entquirlt,
die Wand speit Wasser –
Neger, Chinesen,
Indier – alle laden Kohlen – –
da ist Jack the Ripper,
Burke und Hare –
Es stinkt aus Whitechapel nach abgestochenem Schwein.

Come on and hear – – –
Ja! wenn der Mann
in dem Mond
wäre ein Nigger,
was würde es sein – – ? ? ? ?
– –
Der Himmel hängt beblutet und tief –
Fladen von Blut treiben den Hafen herab,

ausgemergelte Leichen türmen haufenhoch –
– Die Spitale qualmen –
– Vom Schreien erblindete Fenster der Sanatorien
und dazwischen der grüne geplünderte Baum.
Straßen, Straßen, Straßen – ein gelber Himmel.
Gastanks, und die Fabriken,
und ausgestorbene Schulen – – –
Pferde stehen in Ställen, harmlos
und immer böse Menschen, entartete,
großhändig, mit Ballenfüßen.
– –
Ein graues Wrack treibt am Straßenbord
hart, klobig gegen entzündete Wolkenbäuche,
gittrig vergrämte Fenster – ein Gesicht –
Klammerhände –
Totenschiff –
Heimlich reist der Scharfrichter,
pickfein im Besuchsanzug,
mit verwaschenen Blutspritzerchen auf dem Faltenhemd
im Abteil zweiter aus Magdeburg – –
oben zynischblank,
oh unschuldsblank
das Hackbeil.
Indessen: trinkt noch einmal er,
sein Patzenhofer Versand,
noch gefaßt,
vielleicht hoffend noch –
es sind noch acht Stunden –
«Bis früh um fünfe süße Maus»
– immerhin: Jesus der die Sünde auf sich nahm.

Die Elektrischen ersterben knarrend
hinten über den Villentürmchen,
hinter der Gründerzeit und dem Burgenstil
Laternen,
immer in die Ferne führend.
Neubauten,
Fabriken,
Brauereien
und oh Schweinerei:
die rote Protestantenkirche.
– –
Denkmale,
Straßenzeilen barock gebaut
mit Erker und Rouleau

und kleinen Ziergärten — —
Fern jodelt eine Porzellanfuhre.
— —
Der Vorort schwillt schwarzblau wie eine Beule,
ein Knurrhund fliegt im Nachthimmel herum.
Dort wo die Gasometer stehn.
D-Züge toll
klirren vorüber —
Pessimistische Totenhalle
liegt tief der Bahnhof — — —
Es gibt so leicht hier keinen Gott!!!
Die Erde stinkt nach Natur!
Schwach versucht der Mond
Dem Dichter zu erscheinen — —

Es kommt ein rosenrotes Haus,
daran das Stelzbein lehnt —
wo Billardbälle klirren —
Das Gaslicht schminkt
die Straßenplatte gelb ... — — — — — — — —
....
Emma!! Aas, mein kleines Schwein, Prost!!!!!
Ich gieße
Rosenlikör auf meine Lebenslampe! !
— —
....
Es duftet nach Chlorblumen
und seltsamsten Vögeln — —
Der Regulator sanft
schlägt $11^1/_2$
— Trompeter Du, von Säckingen ‹noch einmal bläst er!›
oh trauter Abschied
aus der Rosenlaube! !

1917

WALTER MEHRING

Dadayama

??? Was ist DADAyama ???
DADAyama ist
von Bahnhöfen nur durch ein Doppelsalto erreichbar
Hic salto mortale/
Jetzt oder nirgends/

DADAyama bringt
das Blut in Wallung so wie
die Volksseele zum Kochen
im melting pot/
(teils Stierkampfarena – teils Rotfrontmeeting – teils
Nationalversammlung) –
$^1/_2$ Goldblech – $^1/_2$ Eisen versilbert
plus $\frac{\text{Mehrwert}}{\infty} = \text{Alltag}$
-halbseiden – Tout-le-monde: Die Halbwelt auf
Eiffeltürmen
in den Tiefen des Lasters bei Sekt, bei Kaviar
und Opium . . .
of the . . . by the . . . for the people/
Jede Stadt
hat ihre DADAkulmiNation-
In
DADAyama kulminieren alle
Städte (Sodom, Lourdes, Potsdam –)
Revolutionen, Terror . . .
Unzucht und Heimweh . . .
Darum:
Jedermann keinmal in
DADAyama . . .
(DADAyama napoli e mori!)

1919

RICHARD HUELSENBECK

Aus den «Phantastischen Gebeten»

Ebene
Schweinsblase Kesselpauke Zinnober cru cru cru
Theosophia pneumatica
die große Geistkunst = poème bruitiste aufgeführt
zum erstenmal durch Richard Huelsenbeck DaDa
oder oder birribum birribum saust der Ochs im Kreis herum oder
Bohraufträge für leichte Wurfminen-Rohlinge 7,6 cm Chauceur
Beteiligung Soda calc. 98/100 %
Vorstehund damo birridamo holla di funga qualla di mango
damai da dai umbala damo
brrs pffi commencer Abrr Kpppi commence Anfang Anfang
sei hei fe da heim gefragt

Arbeit
Arbeit
brä brä brä brä brä brä brä brä brä
sokobauno sokobauno sokobauno
Schikaneder Schikaneder Schikaneder
dick werden die Ascheneimer sokobauno sokobauno
die Toten steigen daraus Kränze von Fackeln um den Kopf
sehet die Pferde wie sie gebückt sind über die Regentonnen
sehet die Parafinflüsse fallen aus den Hörnern des Monds
sehet den See Orizunde wie er die Zeitung liest und das Beefsteak verspeist
sehet den Knochenfraß sokobauno sokobauno
sehet den Mutterkuchen wie er schreiet in den Schmetterlingsnetzen der Gymnasiasten
sokobauno sokobauno
es schließet der Pfarrer den Ho-osenlatz rataplan rataplan den Ho-osenlatz und das Haar steht ihm au-aus den Ohren
vom Himmel fä-ällt das Bockskatapult das Bockskatapult und die Großmutter lüpfet den Busen
wir blasen das Mehl von der Zunge und schrein und es wandert der Kopf auf dem Giebel
es schließet der Pfarrer den Ho-osenlatz rataplan rataplan den Ho-osenlatz und das Haar steht ihm au-aus den Ohren
vom Himmel fällt das Bockskatapult das Bockskatapult und die Großmutter lüpfet den Busen
wir blasen das Mehl von der Zunge und schrein und es wandert der Kopf auf dem Giebel
Dratkopfgametot ibn ben zakalupp wauwoi zakalupp
Steißbein knallblasen
verschwitzt hat o Pfaffengekrös Himmelseverin
Geschwür im Gelenk
balu blau immer blau Blumenpoet vergilbt das Geweih
Bier bar obibor
baumabor botschon ortitschell seviglia o ca sa ca ca sa ca ca sa ca ca sa ca ca sa ca ca sa
Schmierling in Haut gepurpur schwillt auf Würmlein und Affe hat Hand und Gesäß
O tscha tschipulala o ta Mpota Mengen
Mengulala mengulala kulilibulala
Bamboscha bambosch
es schließet der Pfarrer den Ho-osenlatz rataplan rataplan den Ho-osenlatz und das Haar steht ihm au-aus den Ohren
Tschupurawanta burruh pupaganda burruh
Ischarimunga burruh den Ho-osenlatz den Ho-osenlatz
kampampa kamo den Ho-osenlatz den Ho-osenlatz

katapena kamo katapena kara
Tschuwuparanta da umba da umba da do
da umba da umba da umba hihi
den Ho-osenlatz den Ho-osenlatz
Mpala das Glas der Eckzahn trara
katapena kara der Dichter der Dichter katapena tafu
Mfunga Mpala Mfunga Koel
Dytiramba toro und der Ochs und der Ochs und die Zehe voll
Grünspan am Ofen
Mpala tano mpala tano mpala tano mpala tano ojoho mpala tano
mpala tano ja tano ja tano ja tano o den Ho-osenlatz
Mpla Zufanga Mfischa Daboscha Karamba juboscha dada eloe

Baum

Langsam öffnete der Häuserklump seines Leibes Mitte dann
schrien die geschwollenen Hälse der Kirchen nach den Tiefen
über ihnen
hier jagten sich wie Hunde die Farben aller je gesehenen Erden
alle je gehörten Klänge stürzten rasselnd in den Mittelpunkt.
es zerbrachen die Farben und Klänge wie Glas und Zement und
weiche dunkle Tropfen schlugen schwer herunter.
im Gleichschritt schnarren die Gestirne nun und recken hoch die
Teller in ihrer Hand
O Allah Cadabaudahojoho O hojohojolodomodoho
O Burrubu hihi o Burrubu hihi o hojolodomodoho
und weiß gestärkte Greise ho
und aufgeblasene Pudel ho
und wildgeschwungne Kioske ho
und jene Stunden die gefüllt sind mit der Baßtrompeten Schein
Fagotte weit bezecht die auf den Gitterspitzen wandeln und
Tonnen rot befrackt gequollne Dschunken ho
Oho oho o mezza notte die den Baum gebar
die Schattenpeitschen schlagen nun um deinen Leib
weiß ist das Blut das du über die Horizonte speist
zwischen den Intervallen deines Atems fahren die bewimpelten
Schiffe
Oho oho über den Spiegel deines Leibes saust der Jahrhunderte
Geschrei
in deinen Haaren sitzen die geputzten Gewitter wie Papageien
Luftschlangen und Flittergold sind in den Runzeln deiner Stirne
alle Arten des Verreckens liegen vor dir begraben oho
sieh Millionen Grabkreuze sind dein Mittagsmahl
die Kadenz deines Kleides ist wie Ebbe und Flut

und wenn du singst tanzen die Flüsse vor dir
Oho joho also singst du also geht deine Stimme
O Alla Cadabaudahojoho O hojohojolodomodoho
O Burrubuh hibi o burrubuh hihi o hojohojolodomodoho

Flüsse

Aus den gefleckten Tuben strömen die Flüsse in die Schatten der lebendigen Bäume
Papageien und Aasgeier fallen von den Zweigen immer auf den Grund
Bastmatten sind die Wände des Himmels und aus den Wolken kommen die großen Fallschirme der Magier
Larven von Wolkenhaut haben sich die Türme vor die blendenden Augen gebunden
O ihr Flüsse Unter der ponte dei sospiri fanget ihr auf Lungen und Lebern und abgeschnittene Hälse
In der Hudsonbay aber flog die Sirene oder ein Vogel Greif oder ein Menschenweibchen von neuestem Typus
mit eurer Hand greift ihr in die Taschen der Regierungsräte die voll sind von Pensionen allerhand gutem Willen und schönen Leberwürsten
was haben wir alles getan vor euch wie haben wir alle gebetet vom Skorpionstich schwillet der Hintern den heiligen Sängern und Ben Abka der Hohepriester wälzt sich im Mist
eure Adern sind blau rot grün und orangefarben wie die Gesichte der Ahnen die im Sonntagsanzuge am Bord der Altäre hocken
Zylinderhüte riesige o aus Zinn und Messing machen ein himmlisches Konzert
die Gestalten der Engel schweben um eueren Ausgang als der Widerschein giftiger Blüten
so formet ihr euere Glieder über den Horizont hinaus in den Kaskaden
von seinem Schlafsofa stieg das indianische Meer die Ohren voll Watte gesteckt
aus ihren Hütten kriechen die heißen Gewässer und schrein
Zelte haben sie gespannet von Morgen bis Abend über eurer Brunst und Heere von Phonographen warten vor dem Gequäck eurer Lüste
ein Unglück ist geschehen in der Welt
die Brüste der Riesendame gingen in Flammen auf und ein Schlangenmensch gebar einen Rattenschwanz
Umba Umba die Neger purzeln aus den Hühnerställen und der Gischt eueres Atems streift ihre Zehn
eine große Schlacht ging über euch hin und über den Schlaf eurer Lippen
ein großes Morden füllete euch aus

DADADADADA – DIE DAME die ihre alte Größe erreicht hat
die Impotenz der Straßenfeger ist skandalös geworden
wer kann sagen ich bin seit er bin und du seid dulce et decorum est pro patria mori oder üb immer Treu und Redlichkeit oder da schlag einer lang hin oder ein Tritt und du stehst im Hemd wer wagt es Rittersmann oder Knapp und es wallet und siedet und brauset und zischt Concordia soll ihr Name sein schon bohren die Giraffen die Köpfe in den Sand und noch immer donnert das Kalbfett nicht was wollen Sie von mir in meiner Jugend eine Schönheit jagt die andre und der Polarhase sprang vom Kreuzbein ab o ah o die Negerinnen rasen auf die Trommeln paukend am Abhang der Berge einige kriechen andere fliegen einige platzen andere zerren sich und die vielen länglich hinab was will man von mir in meiner Jugend an meinen Haaren lassen sich die jungen Affen blitzschnell herab auf die Fläche meiner Zähne grasen die blauen Pferde in meinen Brüsten hockt wechselnd das RHINOZEROS surre surre hopp hopp hopp surre surre hopp hopp hopp wer brachte den Panther in die Straßenbahn wer trat der Tante in das Gummigesäß ich bins meine Damen und Herren ich bin das Ereignis seit Sonnenaufgang drei Kinder schenkte mir Mafarka der Futurist und schon schmort das dritte in der Kasserolle aus glänzendem Stahlblech denn wie sagt schon Vater Homer schlagt sie haut sie prügelt sie bis der Absinth in den Capillarröhren tanzt ich bin der Papst und die Verheißung und die Latrine in Liverpool

Mafarka

der Raben Kreise zitronengelb
tiefdunkle kalte Schattenwände
der Schattenwände hat der Masken
o o ho oho in holzgeschnitzten Beinen
Association und Baudelaire Mafarka blüht
der Kirschbaum blüht blau Glockenton
langsam steigt es aus dem Dunkeln aus dem Weißen fällt es ihm entgegen schneller schießt es und zerbricht die Perspektiven löst sich eilends in den Riesenflächen lehrt anbeten ruft das Gelb das Rot o das Indianerrot das Totem ruft die Armesünderglocke ruft die Regenschirme krapprot gleiten schwimmen über den Fontänen es sitzt es sitzet es sitzet und lacht es sitzet und lachet die Kai-aiserin aus Porzellan die Kai-aiserin die Drachen werfen ihre Zungen von den Kapitäls – o – o – o die Kapitäls stehen in Flammen die blauen Flammen der Kapitäls schlagen über den Meeren zusammen farbig sind die Meere unter dem Klang der Flammen o – o die Lassos schwirren weit an dem Aequator hin

Chorus sanctus

a a o
u u o
ha dzk
ha haha

a e i
u u e
drrr bn
hihihi

i i i
u i e
obn br
lilili

o i i
a a i
buß bum
leiomen

Die Primitiven

«indigo indigo
«Trambahn Schlafsack
«Wanz und Floh
«indigo indigai
«umbaliska
«bumm DADAI

Claperston stirbt an Fischvergiftung

Sie haben keine Augen
Ihre Bäuche sind große Kupfertrommeln
Die Leichenwagen durchziehen ihr Ohr mit Heulen und Jammern
O — o sehet die Nasen die an den Türflügeln hängen
Wir halten den Faust in der Hand und singen die Wacht am Rhein
Wir nehmen die Suppenterrine und verstummen in Ehrfurcht
Die Flamme schlug aus der Stadt und die Fische stehen in Reih und Glied
Sehet die Postbeamten und den Busen der Primadonna
Die Geistlichen haben sich organisiert
Die Ascheneimer haben sich organisiert
Trumpf ist der Mord
Darum sei gebenedeit unter den Weibern
Alter Junge ['s ist Zeit — 's ist Zeit]

für Hans Kasiske

Hymne

O du Metallvogel der du im Zeichen des Krebses flatterst
O du Transparentherz und Kaffeekanne über den blauen Zinnen meiner Burg
O du Metallvogel und Lämmergeier o du Aufstieg meiner Seele aus einem Knockabout
Awu Awu burrubuh burrubuh die Irren sind los und der Papst geht hoch
Das Auge fällt aus und die Pfeife zerbrach
Littipih littipih o du sanft gefiedertes Händepaar meiner Seele

O du Pferd meiner Seele du Fagott meiner Braut
O du Riechwurz des Esels du Schlangenhaut
Ajo doldeldoh ajo dodeledodeldoh
Große messingene Töpfe fallen aus den Kaminen
Aus den Fenstern springen die Soubretten und schrein
Tonpfeifen im Mund kommen die Kadaver der
Universitätsprofessoren
Wie Bosketts wachsen die Leichname der Embryos um meine
Stirn
Trächtig ist meine Stirn von sieben Kühen und sie hanget
weit über
Weit über hanget sie — o du verfluchter Lämmergeier
Denn siehe denn siehe ich bin der Dämon
Oho jodeldóh ohó rataplan
Meine Schenkel sind Obstkähne
Fliegenwedel aber sind meine Arme
Littipih littipih denn siehe — denn siehe
Aus den Eisenbahnzügen klettern die Moskitos den Stock in
der Hand
Auf den Pinguinen reiten die schönen Turnvereine
O schwing den Arm o schwing das Bein
O du Metallvogel meiner Seele — o du verfluchter Lämmergeier

MAX ERNST

Gertrud

miesmaus mieskatze miesmauschel
schießen salut zur abschaffung des guten geschmacks
serviergeneräle welche schon speicheljahresringe ansetzten
plaudertaschentücher kußhandtücher
geben den gebackenen korallenchoral zu protokoll
kolik – faux col
walkürie Eliassohn b-moll

Lisbeth

Schoßente, Kalikokokotte, Krickhündchen durch-
rieseln das Telefonzellengewebe
am frühtag mit helio-anthro-trop
koklikokohorten, erkorener chor der guten Familien
pomeranzenwangen der blühenden kneiferzangen
protuberanzen und schrapnells im auge des nächsten,
besuchen Sie meine ausstellung
lispelt lisbeth

WORRINGER, profetor DaDaistikus

6 Uhr v. der profet vernimmt in der Ohrmuschel den furor dadaisticus der neuen tiefschlürfenden Gemeinschaft. hihi.
8.12 v, missa exhibitionalis in der unsichtbaren kathedrale der geistigen und privatprofeten. titi.
9.17 bis 9.25 v. ambigente und würdigung des irrenden irrsals kokoschka in gänsepantöffelchen. lilli.
9.26 bis 10.13 v. ob der mensch a priori gut sei zu der neuen menschheitskonturbine DaDa? pfiffi.
10.14 bis 10.14 v. ubi bene ibi DaDa. pippi bibbi
10.14 v. lichtbild der unendlichen hodelie der gotischen lilli in irischem ornat minni.
10.15 v. heute rot morgen gotik mimmi. kri.
10.16 bis 11.9 v. mit dem einfühlungsfinger der rechten hand DaDaeindadaaus – aber ! ! willi
11.10 bis 5.23 nachm. unio expressiva erotica et logetica oder die begattungskrämpfe des bruders pablo mysticus und der Schwester scholastica Feininger oder die ethik picassos.
kille killi
6.0 n. picastrate Eum!

DIE SCHAMMADE

(dilettanten erhebt euch)

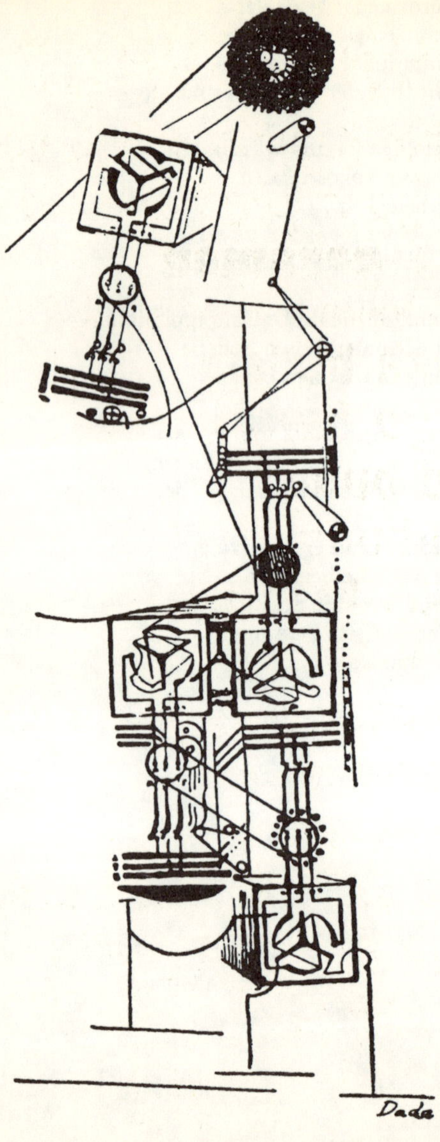

1920

KARAWANE

jolifanto bambla ô falli bambla
grossiga m'pfa habla horem
égiga goramen
higo bloiko russula huju
hollaka hollala
anlogo bung
blago bung
blago bung
bosso fataka
ü üü ü
schampa wulla wussa ólobo
hej tatta gôrem
eschige zunbada
wulubu ssubudu uluw ssubudu
tumba ba- umf
kusagauma
ba - umf

1917

ERWIN BLOOMFELD

ATZE

Dunkel ist das Weltgewissen,
ATZE, willste mir die Fresse küssen.

Das Blut ist ROT
Und
dunkel
ist das Weltgewissen.

Wer hat dich, du schöner Wald,
ATZE, hörste, wie es knallt,

Das Blut ist ROT
Und
wer hat
dich, du schöner Wald.

Ich weiß an der Wieden ein kleines Hotel.
ATZE, küsse schnell, o schnell.

Das Blut ist ROT
Und
ich weiß
an der Wieden ein kleines Hotel.

1920

JOHANNES THEODOR BAARGELD

Bimbamresonnanz 1.

Stutzflügelalwa schlägt die flügelfeder
schlägt alwa stutzuhr bimbamresonnanz
Breschkowska-revolution der großmütter schlägt die augenleder
und ihren kalzionierten Jordanwasserschwanz

alwa pissoirgeläute brütet stutzige Landeseier
Ländnerin herien und hierin alwe
doch verbimmeltes pedal toniert schon alwenweiher
flügeluhr schlägt bim auf ländnermalve

breschkowskaja schlägt die Lederdrüse
bis die muttermöndchen bimmeln schöpfersalbe
Und des Ewigen scheerenfernrohr überkrebst als alwe
Bimmelnd toten alwa landgemüse

Bimmelresonnanz II

Bergamotten faltern im Petroleumhimmel
Schwademasten asten Schwanenkerzen
Teleplastisch starrt das Cherimbien Gewimmel
In die überöffneten Portierenherzen
Inhastiert die Himmelbimmel

Feldpostbrief recochettiert aus Krisenhimmel
Blinder Schläger sternbepitzt sein Queerverlangen
Juste Berling rückt noch jrad die Mutterzangen
Fummelmond und ferngefimmel
Barchenthose flaggt die Kaktusstangen

Lämmergeiger zieht die Wäscheleine
Wäschelenden losen hupf und falten
Zigarrinden sudeln auf den Alten
Wettermännchen kratzt an ihrem Beine
Bis alle Bimmeln angehalten

1920

MATTHEW JOSEPHSON

Mit dem Verstand am Lenkrad
Mit dem Auge auf der Straße
Und die Hand auf der Linken
Möge dir der Erfolg blühen
Forscher, Hersteller von Dingen, Philosoph der Stoa
tue wie es dir paßt
Ändere dich
Ändere dich in irgend etwas
Ändere deine Schnelligkeit, ändere deine Unterkleidung
Hier steht die Stadt, hier dreht die Mühle
Nichts kann dich mehr aufregen, alter Pferdeschwanz
Guzzle, guzzle geht die Sirene
Und die Welt wird lernen dich zu bewundern. Sie wird
Deine Kleinlichkeit applaudieren, deine strenge Art mit den
Angestellten umzugehen. Dein Gerechtigkeitsgefühl, für deine Freunde.
Deinen Stolz – man wird sie nicht beiseite schieben
Dein Glaube wird unbeschädigt weiterleben.

1924

HANS ARP

Kaspar ist tot

weh unser guter kaspar ist tot.

wer trägt nun die brennende fahne im wolkenzopf verborgen täglich zum schwarzen schnippchen schlagen

wer dreht nun die kaffeemühle im urfass

wer lockt nun das idyllische reh aus der versteinerten tüte

wer verwirrt nun auf dem meere die schiffe mit der anrede parapluie und die winde mit dem zuruf bienenvater ozonspindel euer hochwohlgeboren

weh weh weh unser guter kaspar ist tot. heiliger bimbam kaspar ist tot.

die heufische klappern herzzerreissend vor leid in den glockenscheunen wenn man seinen vornamen ausspricht. darum seufze ich weiter seinen familiennamen kaspar kaspar.

warum hast du uns verlassen. in welche gestalt ist nun deine schöne grosse seele gewandert. bist du ein stern geworden oder eine kette aus wasser an einem heissen wirbelwind oder ein euter aus schwarzem licht oder ein durchsichtiger ziegel an der stöhnenden trommel des felsigen wesens.

jetzt vertrocknen unsere scheitel und sohlen und die feen liegen halbverkohlt auf dem scheiterhaufen.

jetzt donnert hinter der sonne die schwarze kegelbahn und keiner zieht mehr die kompasse und die räder der schiebkarren auf.

wer isst nun mit der phosphoreszierenden ratte am einsamen barfüssigen tisch.

wer verjagt nun den sirokkoko teufel wenn er die pferde verführen will.

wer erklärt uns nun die monogramme in den sternen.

seine büste wird die kamine aller wahrhaft edlen menschen zieren doch das ist kein trost und schnupftabak für einen totenkopf.

1912

THEO VAN DOESBURG

Das Ende der Kunst*

Man kann die Kunst nicht wieder beleben.
«Kunst» ist eine Erfindung der Renaissance, die sich heute aufs äußerste verfeinert hat.
Eine enorme Konzentration war nötig, um gute Kunst herzustellen. Man konnte diese Konzentration nur dadurch aufbringen, daß man (so wie in der Religion) das Leben vernachlässigte oder es fortwarf. Heute ist dies unmöglich, da wir an nichts als am Leben selbst interessiert sind. Das ganze Leben von heute steht im Gegensatz zu der religiösen und ästhetischen Anstrengung der Vergangenheit. Es ist gar nicht mehr in der Mode, heutzutage sich nur einer Sache zu widmen.
Das neue Leben ist auf der Konstruktion basiert. Das heißt: die Verteilung von Druck, die Ausgleichung zwischen Zug und Gegenzug. Auch

* Frau Nelly van Doesburg legt Wert auf ihre Feststellung, daß dieser Text nicht im Zusammenhang mit Dada verfaßt wurde.

wir müssen unsere Kräfte über die ganze Fläche des Lebens verteilen.
Dies ist richtiger Fortschritt.
Dieser Fortschritt negiert eine Konzentration nur auf eine Sache.
Es gibt nichts als Momentbilder des Lebens.
Dies ist der erste Grund, weshalb Kunst unmöglich ist.
Der zweite Grund: Genau so wie im Mittelalter wissenschaftlicher Fortschritt durch Religion unterdrückt wurde, so heute durch Kunst. Anstelle der Religion haben wir die Kunst.
Das gesamte Leben ist hierdurch vergiftet.
Die Idee der Schönheit hat uns allen Infektion und Krankheit gebracht.
Man kann kein Objekt anfassen, das nicht dreckig ist.
Wenn man irgendwo einen Eimer auf die Straße setzen will, kommen sofort die Hohenpriester der Schönheit und sagen: «Das widerspricht der Harmonie der Straße, der Stadt oder der Landschaft.»
Wenn man eine Schreibmaschine oder eine Nähmaschine in einem Raum aufstellen will, kommt sofort die Dame, die dir das Zimmer vermietet hat und verlangt daß man «das Ding da» fortnimmt, da es, wie sie erklärt, «die Harmonie des Zimmers stört». Postkarten, Briefmarken, Pfeifentabak, Billetts, Nachttöpfe, Schirme, Handtücher, Pyjamas, Stühle, Bettdecken, Taschentücher, Lampen, Öfen, Schlipse — alles ist von der Kunst angefressen.
Wir wollen uns dagegen von Dingen beeindrucken lassen, die mit Kunst nichts zu tun haben: die Toilette, das Wasserklosett, die Badewanne, das Fernrohr, das Fahrrad, das Auto, die Untergrundbahn, das Bügeleisen.
Es gibt viele Leute auf der Welt, die es verstehen, solche unartistischen Dinge herzustellen.
Aber sie werden daran verhindert, und was sie tun, wird von den Kunstpriestern beeinflußt. Die Kunst, deren Funktion und Sinn niemand kennt, verbarrikadiert die Funktion des Lebens.
Um wirklich weiterzukommen, müssen wir die Kunst zerstören.
Da die Funktion des modernen Lebens stärker als die Kunst ist, haben alle Versuche, die Kunst zu erneuern (Futurismus, Kubismus, Expressionismus) zu nichts geführt.
Sie müssen ihren Bankrott eingestehen.
Darum wollen wir unsere Zeit nicht an ihnen verschwenden. Wir sollten lieber eine neue Form des Lebens schaffen, die der Modernität dieses Lebens das Wasser reichen kann.

1926

PRÄSENTATION IV

Porträts, Selbstporträts, Anti-Porträts

RAOUL HAUSMANN

Zwei dadaistische Persönlichkeiten Huelsenbeck und Baader

Gewiß, ich will aus den Dadaisten keine Engel machen. Ich lache über die Art alter Männer, ihre Jugenderinnerungen in Zuckerwasser zu tauchen und ihre gerührten Erklärungen, daß einstmals alles so schön war... und so harmlos!

In seinem Buch «En avant Dada» von 1920 schrieb Huelsenbeck, die Intellektuellen saßen in den Cafés und disputierten über die Möglichkeit, Betrüger oder Verbrecher zu sein oder zu werden, aber, natürlich, die Dadaisten saßen nicht in Cafés, sondern waren Verbrecher. Daß ich nicht lache! Der gute Richard hat nie etwas Böses getan, und er saß hübsch alle Abende im Café des Westens, wo zum Beispiel weder Baader noch ich oft zu sehen waren. Doch diese Romantik des Verbrechers, vor allem von Ferdinand Hardekopf und im Ausland von Walter Serner oder Francis Picabia propagiert, war nichts als ein platonisches Spiel mit Worten – ausgenommen bei Franz Jung, der wirklich üble Dinge machte oder bei seinen Nachläufern hervorrief.

Das falsche oder wahre Verbrechertum hat niemals weder mich noch Baader noch Schwitters, ebensowenig wie Ball oder Arp, auch nur einen Augenblick interessiert. Wenn die andern ihre Erlebensunfähigkeit damit vertuschten – wir hatten genug mit unseren eigenen Angelegenheiten zu tun. Manolesco, der berühmte rumänische Schwindler, war vielleicht das Ideal Huelsenbecks, wie er es vorgibt, aber ich glaube keinen Augenblick daran. Das waren literarische Flausen.

Was mich lachen machte, was ich großartig fand, die Streiche des Schusters Vogt von Köpenick, oder die Hohenzollernprinzenrolle des kleinen Handelsgehilfen Domela, ihr Demonstrationswert, wie man unter Benützung militärischer oder fürstlicher Attribute die Durchschnittsmenschen zu den unglaublichsten Dummheiten hinreißen konnte – das lag außerhalb des Bereichs des Gangstertums, des «Milieus», das schließlich und endlich sehr spießbürgerlich ist. Spießereien haben mich nie zur Bewunderung oder Nachahmung erregt. Wenn der Schuster von Köpenick, schlecht rasiert, in einer alten Zivilhose, nur mit einem Hauptmannswaffenrock, einer Militärmütze und einem Säbel ausgerüstet, in einer Kaserne eine Kompanie Soldaten anfordert, mit ihnen in das Rathaus von Köpenick eindringt und sich vom Bürgermeister die Stadtkasse ausfolgen läßt – dann ist dies homerisch schön. Wenn Herr Jung durch seine Anhänger kleine Schweinereien ausführen läßt und sich so einrichtet, daß stets die Marionetten ins Gefängnis gingen, aber nicht er, dann ist dies nichts als – na, sagen wir lieber nicht, was. Da sind einige kleine Unterschiede und selbst die Entschuldigung mit Pseudologia phantastica, oder daß man «Alles kennen müsse» zieht nicht mehr. Selbst große Übeltaten – Jung hat solche begangen – beweisen keinen Mut, oder seine «neue Moral». In jedem Fall aber war unser guter Huelsenbeck kein Verbrecher, und soviel ich weiß, hat er weder Kokain noch Morphium noch Heroin geschnupft, was im Kreise Jung sehr im Schwunge war.

Ich konnte nebenbei niemals die behauptete Steigerung der geistigen Fähigkeiten beobachten, die dadurch hervorgerufen werden sollten. Vielleicht war dies banausisch meinerseits – aber mir fehlte das Interesse dafür. Oder sollte ich etwa gar zu sehr «ernsthafter Künstler» gewesen sein? Doch, ich wiederhole, Kleinbürgereien waren für mich nie ein Ausweis für besondere Intelligenz.

Wieder zurück zu Huelsenbecks «En avant Dada». Er griff darin, anno dunnemals, die andern an, weil sie nicht politisch waren. «Dada ist politisch» sagte er; natürlich war dies ebensolche Fatzkerei wie das Liebäugeln mit Zuhältern, Huren, Hochstaplern und so weiter, und er griff Tzara an wegen seiner Vorliebe für abstrakte Kunst. Welchen Wert dies hatte und wie weit dies ging, zeigt uns ein Manifest, das Huelsenbeck im März 1949 schrieb, das aber nicht, wie er beabsichtigte, in dem großen Dada-Schmöker, den Mister Motherwell in New York bei Wittenborn und Schultz herausgab, erschien, da Tristan Tzara heftigst dagegen protestierte. Hier einige Sätze aus Huelsenbecks Manifest:

«Die Unterzeichner dieser Manifests sind sich wohl bewußt, daß die kürzlich erfolgten giftigen Angriffe auf die moderne Kunst kein Zufall sind.

Die Heftigkeit dieser Angriffe steht in direktem Verhältnis zur weltweiten Ausdehnung totalitärer Ideen, die kein Geheimnis aus ihrer Feindschaft gegen den Geist in der Kunst machen, noch aus ihrem Wunsch, die Kunst auf den Rang einer süßlichen Illustration zu erniedrigen.

Die Unterzeichner dieses Manifests sind keine politischen Denker, aber auf dem Gebiet der Kunst glauben sie etwas Bezeichnendes zu sagen zu haben, aus einem persönlichen Erlebnis heraus, das einen dauernden Eindruck auf sie gemacht hat. Dieses Erlebnis – der Dadaismus – ereignete sich vor vielen Jahren, und es ist noch zu früh, all seine Ausstrahlungen vorauszusehen.

Der Dadaismus wurde 1916 in Zürich gegründet. Als aktive Bewegung ist er schon längst den Weg aller Dinge gegangen. Seine Prinzipien hingegen sind immer noch lebendig und haben ihre Vitalität bewiesen, obgleich viele seiner Gründer, Mitglieder und Anhänger gestorben sind.

Diese seltsame, erstaunliche Vitalität hat die Unterzeichner dieses Manifests überzeugt, daß das Dada-Erlebnis und sein innerstes schöpferisches Prinzip sie (und andere) mit einem besonderen Scharfblick für die Situation der modernen Kunst begabt hat.

Da das schöpferische Prinzip des Dadaismus diesen überlebt hat, so sind wir endlich in der Lage, ein gerechtes Urteil über den Dadaismus selbst zu fällen.

Je mehr wir nachdenken, um so sichtbarer wird es, daß das im Dadaismus entwickelte schöpferische Prinzip mit dem Prinzip der modernen Kunst identisch ist. Der Dadaismus und die moderne Kunst sind dasselbe in ihren wesentlichen Grundbedingungen, infolgedessen sind die Mißverständnisse, die sich in Beziehung auf die moderne Kunst erheben, identisch mit jenen, die den Dadaismus seit seiner Gründung 1916 verfolgten.

Um allen möglichen Mißverständnissen vorzubeugen, wünschen die Unterzeichner dieses Manifests festzustellen, daß dies Dokument nicht die Beichte eines ehemaligen Verbrechers ist, der die Grundsätze der Y.M.C.A. (Verein christlicher junger Männer) angenommen hat. Noch soll es mit den Protesten einer Dame von leichten Sitten verwechselt werden, die am Ende ihrer Laufbahn die tugendhaften viktorianischen Sitten annimmt.

Dies Manifest ist vielmehr eine freie Erklärung von Männern, die die Notwendigkeit einer konstruktiven Bewegung erkannt haben und zu ihrer Freude entdecken, daß sie niemals weit entfernt waren von einer solchen Bewegung.

Das Schlimmste, was man sagen kann, ist, daß die Welt wirklich in einen traurigen Engpaß geraten sein muß, wenn selbst die Dadaisten es für notwendig ansehen, die positive und konstruktive Seite ihrer Natur und Prinzipien zu unterstreichen.

Aber laßt uns die Haben-Seite des Dadaismus ansehen. In der Kredit-Spalte steht zunächst vor allem die unbestrittene Tatsache, daß der Dadaismus der Vater und Großvater vieler künstlerischer und philosophischer Bewegungen wurde; wir können so weit gehen, zu sagen, daß der Dadaismus uns mit einer Lebens-Lehre versehen hat, indem er das Prinzip ausdrückte, daß man das äußerste Thule des Selbstverzichts erreichen muß, um den Weg zu sich zurückzufinden. Die surrealistische Bewegung, von André Breton gegründet (dessen Schriften von diesem Gesichtswinkel aus wiedergelesen werden sollten), ist ein Ableger des Dadaismus. Der Surrealismus unternahm es, die geistigen Absichten des Dadaismus durch künstlerische Leistung zu verwirklichen. Er kämpfte für die magische Wirklichkeit, die wir Dadaisten als erste in unseren Konstruktionen, Collagen, Schriften und Tänzen im ‹Cabaret Voltaire› enthüllten.

Da die philosophischen Folgen des Dadaismus eine positive Reaktion gegen eine lange Reihe von negativen, neurotischen und aggressiven Manifestationen darstellt, war und ist der Dadaismus das Ende und die Ablehnung dessen, was Rimbaud, Strindberg, Ibsen, Nietzsche und andere gesagt hatten.

Unbewußt oder halb-bewußt hat der Dadaismus viele Formulierungen vorausgenommen, die jetzt geläufig sind – z. B. Sartres Existentialismus. Es ist nicht aus Versehen, daß sich Sartre der ‹Neue Dada› nennt.

Wir aber glauben, daß ein wesentlicher Unterschied zwischen Dadaismus und Existentialismus besteht. Der Existentialismus ist vorzugsweise negativ, wohingegen Dada seine tiefste Verzweiflung lebte, sie in der Kunst ausdrückte und in dieser ‹schöpferischen Teilnahme› seine eigene Therapie in sich selbst fand...

Die Stärke und Einheitlichkeit der dadaistischen Haltung macht es den Unterzeichnern dieses Manifests leicht, noch einmal zu erklären, daß sie den Gebrauch der Kunst als Propaganda-Instrument verurteilen. Die Kunst ist geistig, und das erste Merkmal des Geistes ist Freiheit. Schöpferischer Ausdruck ist der Ausdruck der echten Persönlichkeit des Menschen, identisch mit der göttlichen Schöpfungstat. Daher ist es Blasphemie, die Kunst vom Staat abhängig zu machen, oder sie zu erniedrigen, indem man sie zwingt, unverstandene politische Theorien zu illustrieren. Kunst ist Geist, und als solcher kann sie keinen Herrn anerkennen, weder den Aristokraten noch den Proletarier.

Sie kann sich nur vor einem Herrn beugen, und dieser Herr ist der Große Geist der Welt.»

Also, was nun? Genau DAS, was Tzara einst, 1919 schrieb (!), Leben und Kunst sind eins. (Nebenbei gesagt eine «Idee», die von Ludwig Rubiner herrührte, aber nichtsdestoweniger falsch war: jede menschliche oder künstlerische Tat sei politisch!) Tzara hat, bezeichnenderweise, auf das Manifest Huelsenbecks von 1949 ein Manifest dada als Antwort verfaßt, in dem er ziemlich genau wiederholt, was Huelsenbeck schrieb, mit dem Unterschied, daß er weder Ball noch Huelsenbeck in seiner Liste der «wahren Dadaisten der ersten Stunde in Frankreich» erwähnt, ja, weil Dada vier Jahre früher und nicht, wie er sich stets bestätigen ließ, «ganz allein von ihm erfunden und gegründet» wurde. Wie sind diese Herren doch vergeßlich! Und wie komisch ist es, von Huelsenbeck in «Die Neue Zeitung», vom Mittwoch, 3. November 1954, zu lesen:

«Das Leben ist das Leben, und es hat, wie ich heute weiß (damals als Dadaist wußte ich es nicht), einen völlig anderen existentiellen Charakter als die Kunst, die nicht mit dem Leben, sondern mit Lebenssymbolen arbeitet. Die Kunst, mit anderen Worten, ist die Fähigkeit besonderer Menschen, sich in Lebenssymbolen zum Nutzen ihrer selbst und der Gemeinschaft auszudrücken...»

Soweit also Huelsenbeck. Was nun mit Baader?

Johannes Baader, am 22. Juni 1875 in Stuttgart geboren, ein scharfsinniger und pseudologistischer Monomane, hielt sich zeit seines Lebens für den «in den Wolken des Himmels wiedergekehrten Jesus Christus». Dies diente kurzsichtigen und minderbegabten Leuten als Einwand gegen ihn – ich hatte aber erkannt, daß er fähig war, für eine

Idee, wie man so sagt, mit dem Kopf durch die Wand zu gehen. Baader war der rechte Mann für Dada, kraft seiner natürlichen Irrealität, die jedoch Hand in Hand mit einem außerordentlich praktischen Bewußtsein ging.

Im Jahre 1917 war Baader auf den Gedanken verfallen, als Reichstagsabgeordneter in Saarbrücken als Vertreter unserer Ideen zu kandidieren. Selbstverständlich fiel er durch, aber der Versuch war neu und im Prinzip bereits dadaistisch.

Im Juni jenes Jahres wurde es mir, Franz Jung und Johannes Baader klar, daß das stumme Erstarren der großen Masse unterbrochen werden mußte. Franz Jung gab diese Parole aus, die Pläne hatte ich zu liefern. Ich sagte mir, daß die allgemeine Unterordnungssituation eines Stoßes bedürfe. Meine Psychologie arbeitete derart: Jeder Mensch ist ein Kompromiß zwischen eigenem Wollen und fremder Autorität. Man mußte versuchen, die Fremdautorität dem eigenen Wollen zu unterwerfen. Dazu erschien mir ein Besessener wie Baader der geeignete Exponent.

Ich ging mit ihm auf die Felder von Südende, wo Jung damals wohnte, und sagte ihm: «Dies alles ist dein, wenn du tust, was ich dir sage. Der Bischof von Braunschweig hat dich nicht anerkannt, du hast dafür seine Kirche verunreinigt – dies ist keine Kompensation. Ich will dich über die Menschen setzen. Jedem steht es frei, göttlich zu sein. Du bist ab heute der Präsident der Christus G.m.b.H. und hast Mitglieder zu werben. Du mußt jeden überzeugen, daß auch er, wenn er nur will, Christus ist, gegen Zahlung von 50 Mark. Als Mitglied unserer Gesellschaft ist er nicht mehr der weltlichen Obrigkeit untertan und wird automatisch dienstuntauglich. Du erhältst von mir einen Purpurmantel, und wir veranstalten auf dem Potsdamer Platz eine Echternacher Springprozession. Vorher werde ich Berlin mit Bibeltexten überschwemmen – auf allen Litfaßsäulen wird zu lesen sein ‹Wer das Schwert wählt, wird durch das Schwert umkommen.›»

Zwar war Baader gänzlich einverstanden, Jung aber gab nicht das Geld, das er uns versprochen hatte. So unterblieb die Prozession.

In diesem Augenblick kam Richard Huelsenbeck aus Zürich zurück. Er trug mit sich ein Zauber-Wort, das uns geeignet schien, unseren Plänen und Absichten als Mantel und Vorwand zu dienen: DADA.

Mit den unzähligen Streichen und Einfällen Baaders wäre ein ganzes Buch zu füllen. Daß er sich mit unbeschreiblichem Eifer auf Dada und seine «surrealen» Möglichkeiten stürzte, war selbstverständlich.

Nach Huelsenbecks vorübergehendem Verschwinden nach dem ersten großen Dada-Abend in der Berliner Sezession hielt ich neun Monate lang mit Baader allein die Bewegung Dada aufrecht: wir erfanden alle Tage neue Bluffnachrichten, die wir nachts auf der Maschine schrieben und vor sechs Uhr morgens in die Redaktionen trugen, damit sie noch mittags, vorzüglich in der «B.Z. am Mittag» erscheinen konnten. Einige der schönsten Ideen Baaders: «Die Dadaisten fordern den Nobelpreis» oder «Die Dadaisten – Mitglieder der liberalen Partei» oder «Minister Scheidemann tritt Dada bei» (dies war der sozialdemokratische Minister der Ebert-Scheidemann-Regierung) oder, was das größte Aufsehen machte, «Die Menschen sind Engel und leben im Himmel».

Diese Texte wurden meist umgehend ohne Kommentare abgedruckt. Leider sind die Zeitungsausschnitte jener «Epoche» verlorengegangen.

Wer hätte von allen Dadaisten bessere Propaganda für Dada machen können als eben Baader? (Er hatte sich selbst zum Oberdada ernannt, während ich der Dadasoph, Huelsenbeck der Weltdada, Heartfield der Monteurdada und Grosz der Marschalldada waren, sehr untergeordnete Posten, wie man sieht.)

Am Sonntag, 17. November 1918, ging er zum Vormittagsgottesdienst in den Berliner Dom. Als der Hofprediger Dryander seine Predigt beginnen wollte, rief Baader mit lauter Stimme: «Einen Augenblick! Ich frage Sie, was ist Ihnen Jesus Christus? Er ist Ihnen wurst...» weiter kam er nicht, es gab einen fürchterlichen Tumult, Baader wurde verhaftet und eine Anklage wegen Gotteslästerung gegen ihn erhoben; man konnte ihm aber nichts tun, denn er trug den gesamten Text seiner Ansprache bei sich, in der es hieß «denn Sie kümmern sich nicht um seine Gebote» etc.

Natürlich waren alle Zeitungen voll von diesem Vorfall.

Später, 1919, fuhr Baader nach Weimar, dem Sitz der sozialdemokratischen Regierung. Wieder unterbrach er von einer Tribüne des Sitzungssaales aus die Verhandlungen und warf große Mengen eines Flugblattes, das er verfaßt hatte, «Die grüne Leiche», in die Versammlung. Dies wurde selbst im amtlichen stenographischen Bericht der Volksversammlung erwähnt, und, selbstverständlich, ereiferten sich die Zeitungen darüber. Diese Dadaisten stiften doch überall Unfug! Es war aber auf dem Flugblatt unter anderem zu lesen «REFERENDUM – ist das deutsche Volk bereit, dem Oberdada freie Hand zu geben? Fällt die Volksabstimmung bejahend aus, so wird Baader Ordnung, Friede, Freiheit und Brot schaffen... Wir werden Weimar in die Luft sprengen. Berlin ist der Ort Da-Da!»

Mit Baader konnte ich zu manchen Zeiten herrlich zusammenarbeiten. «Heute ist der hundertste Geburtstag von Gottfried Keller» sagte mir Baader plötzlich eines flammenden Sommerabends 1918.

Wir befanden uns in der Mitte der Rheinstraße in Friedenau, ein orangener Himmel, leichte Dämmerung in der breiten, von nicht sehr hohen Häusern eingefaßten Straße, zwischen zwei Rasenstreifen, unter grünenden Bäumen glitt die Tram. Ich war sofort entschlossen.

«Hast du etwas von Keller bei dir?»

«Gewiß, den ‹Grünen Heinrich›.»

«Schön, das feiern wir gleich.»

Ohne ein Wort zu verlieren, begaben wir uns in die Mitte der Straße, auf den Damm, unter eine starke elektrische Lampe, hoch, zu hoch oben in der Luft. Schulter an Schulter zogen wir den Schmöker hervor und begannen zu lesen «Poesie fix und fertig, nach Maß», das heißt, wir rezitierten abwechselnd, willkürlich in dem Buch blätternd, hier und dort Bruchstücke von Sätzen, ohne Anfang, ohne Ende, änderten die Stimmen, den Rhythmus, den Sinn, blätterten von vorn nach hinten, von hinten nach vorn, spontan, ohne zu zögern, ohne uns zu unterbrechen. Das gab einen neuen Sinn und wunderbare Verbindungen. Bemerkten wir nicht die Vorübergehenden? Jedenfalls bemerkten wir kein Zeichen von Aufmerken des Publikums – eifrig blieben wir bei der Sache während einer guten Viertelstunde. Die Worte des Buches erschienen uns geheimnisvoll, erleuchtet von unserer gehobenen Sprache, beschwingt von unserem entzückten Geist, gequält durch neue Verbindungen, einen Sinn jenseits von Sinn und Verständnis.

Aber mit einem Schlage hatten wir genug, fertig, zugemacht den Schmöker, wir setzten uns in Marsch; im Vorgarten eines kleinen Ausschanks irgendwo in der Nähe (ich glaube, es war an der Ecke Kaiserallee) und da, bei einem Grätzerbier ergötzten wir uns noch während einer Stunde, sprachen in einem von uns erfundenen psychoanalytischen Kauderwelsch, fast ohne ein normales, regelrechtes Wort, in einem Zustand von Entzündung des Unbewußten, das aus allen Ecken seine Geheimnisse ausströmte.

Es war ein sehr schönes Fest, sehr würdig, und ich bedaure unendlich, daß es nicht gefilmt worden ist. Aber der Tonfilm existierte noch nicht.

Wie schon erwähnt, machte Baader Fotomontagen. Seine Montagen liefen über alles Maß hinaus: ungeheure Mengen und größte Formate. Er war darin Schwitters vergleichbar. Überall wo es möglich war, riß er ganze Plakate von den Wänden oder den Litfaßsäulen und trug sie nach Hause, wo er sie sorgfältig klassifizierte. Er hat unter anderm ein «Handbuch des Oberdada» (HADO) auf Hunderten von Tageszeitungen als Untergrund, täglich mit neuen Dokumenten und farbigen Flecken, Buchstaben, Ziffern oder auch figürlichen Darstellungen aus seiner Plakaternte geklebt. Er schuf damit eine Art Montage-Literatur oder Poesie.

Es wäre schade, wenn sein «Handbuch» verlorengegangen wäre. Das erste HADO wurde am 26. Juni 1919 um 3 Uhr nachmittags vollendet, ein zweites am 28. Juni 1920, wie Baader mit Genauigkeit im Katalog der Dada-Messe angab.

Man weiß, daß Schwitters in seinem Hause in Hannover unheimlich große Montagen ausführte, die das ganze Gebäude durchzogen. Vor ihm aber hat Baader die größte Montage ausgeführt. Sie war auf der Dada-Messe in der Galerie Burchard in Berlin im Jahr 1920 ausgestellt. Da es keinerlei Fotografie davon gab, noch gibt, setze ich hier die Beschreibung oder «Anleitung zur Betrachtung», die Baader selbst verfaßt hat, her:

Das große Plasto-Dio-Dada-Drama:
Deutschlands Größe und Untergang
durch Lehrer Hagendorf
oder
Die phantastische Lebensgeschichte
des Oberdada

Dadaistische Monumentalarchitektur in fünf Stockwerken, 3 Anlagen, einem Tunnel, 2 Aufzügen und einem Zylinderabschluß.

Beschreibung der Stockwerke:
Das Erdgeschoß oder der Fußboden ist die prädestinierte Bestimmung vor der Geburt und gehört nicht zur Sache.

I. Stockwerk: Die Vorbereitung des Oberdada.
II. Stockwerk: Die metaphysische Prüfung.
III. Stockwerk: Die Einweihung.
IV. Stockwerk: Der Weltkrieg.
V. Stockwerk: Weltrevolution.
Überstock: Der Zylinder schraubt sich in den Himmel und verkündet die Wiederauferstehung Deutschlands durch Lehrer Hagendorf und sein Lesepult. Ewig.

Zuletzt sei noch ausgesprochen, daß Baader im gewöhnlichen Leben ein «ganz brauchbarer Mensch» war. Während zwei Jahren war er als Gartenarchitekt bei der Tierhandelsfirma Hagenbeck in Hamburg tätig, wo er die Pläne für den ersten zoologischen Garten ohne Gitter ausarbeitete, eine Anlage, die später von den meisten zoologischen Instituten übernommen wurde.

Baader ist am 15. Januar 1955 in einem bayrischen Altersheim gestorben.

1958

JOHANNES BAADER

REKLAME FÜR MICH

(Rein geschäftlich)

Hindendorf, Ludenburg sind keine historischen Namen. Es gibt nur einen historischen Namen: Baader. Diese Herren, die an den Marionettenfäden der Ewigkeit baumeln, die ich lenke, vergessen, daß der Krieg verlorenging, weil sie in Deutschland klüger sein wollten als der Präsident des Weltalls. Schon im Januar 1914 erklärte ich ganz klar und deutlich: Deutschland ist der Sitz des Weltalls, belegte diese Erklärung mit den tiefsten kosmischen Gedanken und unterzeichnete sie mit den magischsten aller Namen, so daß kein Einsichtiger vor der Tatsache vorübergehen konnte, daß hier endgültig das Ultimatum gestellt war, dessen Nichtbeantwortung zur Katastrophe von Sarajewo führen mußte. Noch am 23. Juli 1914 war es Zeit, durch Einräumung der Funkstation Nauen dem Präsidenten des Weltalls das Wort zur Niederschlagung der drohenden Wolke zu erteilen. Allein die konstitutionell verantwortliche Weltregierung erklärte dem Präsidenten die Notwendigkeit des Verzichts, und so konnte die Mobilmachung ungehindert befohlen werden. Am 12. September 1914 war die Illusion des Siegs über Frankreich vernichtet. Die Regierung ließ durch untergeordnete Gemeindeorgane den Präsidenten der Welt verhaften, allein es war umsonst, daß sie ihn am 11. Oktober wieder freigab; die Kundgebung der Wahrheit war zu spät. Papst Benedikt XV. konnte sich nicht entschließen, Ende 1915 eine Rundreise durch die kriegführenden Staaten zu unternehmen, deshalb blieben alle seine Friedensversuche ein Schlag ins Wasser, und was der Amerikaner Russel in Brooklyn vorausgesagt hatte, traf ein: das Papsttum hat abgewirtschaftet, die Presse bringt seine Kundgebungen nur noch auf der zweiten Seite unter Miszellen. Ich wollte den bedrängten Hindendorf und Ludenburg Ende 1916 ein Friedensbrett reichen. Ich erklärte dem Kaiser: rufen Sie zu Weihnachten 1916 die Völker der Erde vor den Richterstuhl des Präsidenten des Weltalls in das Königliche Schloß zu Stuttgart. Aber der Kaiser, der immer noch an der paranoischen Idee laborierte, daß er der Präsident der Welt sei, lehnte meinen Vorschlag ab und kam selbst mit seinem Friedensangebot heraus, was natürlich gänzlich verfehlt war. Ich ging jetzt direkt an die Front nach Flandern, setzte mich an die Spitze der Truppen, aber die Etappe fiel mir in den Rücken, man schleppte mich in den Justizpalast der Vierten Armee-Inspektion nach Gent, internierte mich in der Kaiser-Wilhelm-Kaserne, und die Folgen kennt man. Czernin schrieb in Wien seinen geheimen Bericht an den Kaiser Karl; der Bericht gelangte in die Hände der Entente; Wilson wurde ersucht, dem deutschen Volke klarzumachen, daß der Präsident von Amerika die Sorge für sein Wohl übernommen und jede weitere Bemühung in Deutschland überflüssig sei. Vergebens machte ich am 19. September 17 meinen Besuch in Kreuznach. Hindendorf und Ludenburg erklärten mir beide gleichzeitig, meine geistigen Tanks seien ganz ungefährlich, und sie übernähmen nach wie vor jede Garantie für den Sieg. Gegen diese Verblendung gab es kein Mittel mehr. So trat ich im Frühjahr 1918 zum Dadaismus über. Man ernannte mich zum Oberdada. Aber statt daß man am 9. November vernünftig geworden wäre, und, nun die Bahn frei war, mir das ehemals kaiserliche Schloß eingeräumt und mich zum Diktator des Proletariats ernannt hätte, lehnte Liebknecht die deutsche Präsidentschaft, die ihm Adolf Hoffmann auf dem Balkon des Schlosses anbot, ab; am 17. November versuchte ich im Dom eine letzte Klärung der Sachlage; Adolf Hoffmann, der damals im Kultusministerium saß, und zu dessen Ressort die Angelegenheit gehörte, ließ mich im Stich, und so wurden Karl Liebknecht und Rosa Luxemburg am 15. Januar im Edenhotel ermordet. Dann folgte ein Schlag auf den andern. Am 7. Mai wurde der Friedensvertrag in Versailles überreicht, nachdem ich am 19. April vergeblich im Reichsministerium persönlich meine Karte abgegeben und festgestellt hatte, daß ich nicht tot bin, auch wenn die Presse mich für tot erklärt hat. Aber wieder redete ich vergeblich. Scheidemann und Ebert wußten alles besser, bis zum 28. Juni. Doch inzwischen war unser «dada I.» erschienen, wir hatten die alte Zeitrechnung abgeschafft und mit dem Jahr A = 1 die neue Zeitrechnung des wirklichen Weltfriedens begonnen. In der gleichen Stunde, in der man in Versailles den Friedensvertrag unterzeichnete, übergab ich das Buch des Weltgerichts (das Buch HADO) in Berlin der Öffentlichkeit, und ließ am 16. Juli im Plenum der Nationalversammlung zu Weimar die Präsidentschaft des Weltalls ausrufen: *Der Präsident des Erdballs sitzt im Sattel des weißen Pferdes DADA.*

Als dann die große Farce des Untersuchungsausschusses losging und die Aktivisten von rechts Hindendorf und Ludenburg auf den Schild heben wollten, stellte ich mich selbst auf die Tribüne, schlug Lehrer Hagendorfs Lesepult auf und lachte über den deutschen Sozialismus, Kommunismus, Nationalismus einschließlich der Einwohnerwehr von Charlottenburg. Und während alle bisherigen Mittel nichts geschafft hatten, dieses Mittel schlug ein. Es erfüllte in glänzender Weise alle Forderungen, die der Lehrer beim Lesen an den Schüler zu stellen hat. Das Lesepult wurde in allen Schulen der Republik Preußen, der Republik Deutschland, des Völkerbunds und der umliegenden wilden Staatsgemeinschaften obligatorisch in Betrieb genommen, dadurch wurde der Präsident, der am Vertrieb prozentual beteiligt war, Groß-Kapitalist. Er konnte die Propaganda für die Diktatur der Intelligenz mit unbeschränkten kapitalistischen Mitteln auf breitester Basis durchführen. Somit fiel der Kapitalismus in sich zusammen. Eine ganz neue Weltordnung erhob sich und wahrhaftig, das Jahr 1 wurde das erste Jahr des Weltfriedens, und dies dankt die Welt allein Lehrer Hagendorfs Lesepult und dem Schreiber dieses, Oberdada, Präsident des Erd- und Weltballs, Leiter des Weltgerichts, Wirklichen Geheimen Vorsitzenden des intertellurischen, oberdadaistischen Völkerbundes im DADACO. (DADACO ist der dadaistische Weltatlas, Verlag Kurt Wolff, München. Alles weitere lese man, bitte, nach im DADACO.)

Präsident Baader, Alleinvertrieb von Lehrer Hagendorfs Lesepult. Steglitz, Berlin und Werder a.H.

dada - Reklame - Gesellschaft Direktion H. EHRLICH Tel. Steinplatz 8998

Berlin - Charlottenburg, Kantstrasse 118

Generalvertreter: Hülsenbeck, Hausmann, Baader, Grosz, Heartfield.

Typographische Regie: Hausmann

1919

ERIK SATIE

Was ich bin

Jedermann
wird Ihnen sagen, daß ich kein Musiker bin. Das stimmt.

Schon zu Beginn meiner Laufbahn bin ich allmählich unter die Phonometrographen gegangen. Meine Arbeiten sind reine Phonometrie. Ob man nun den «Sternensohn» oder die «Birnenförmige Stücke», «Als Pferd gekleidet» oder die «Sarabanden» nimmt, immer wird man erkennen, daß der Entstehung dieser Werke keinerlei musikalischer Einfall zugrunde liegt. Das wissenschaftliche Denken herrscht vor.

Im übrigen macht es mir mehr Vergnügen, einen Ton zu messen, als ihn zu hören. Mit dem Phonometer in der Hand arbeite ich vergnügt und sicher.

Was habe ich nicht schon gewogen und gemessen? Alles von Beethoven, alles von Verdi usw. Höchst aufschlußreich.

Als ich mich zum erstenmal eines Phonoskops bediente, habe ich ein B mittleren Umfangs untersucht. Ich versichere Ihnen: etwas so Abstoßendes habe ich niemals gesehen. Ich rief meinen Diener hinzu, um es ihm zu zeigen.

Auf der Phono-Waage kam ein gewöhnliches, ganz alltägliches Fis auf 93 Kilo. Es entströmte einem ungemein dicken Tenor, dessen Gewicht ich festgestellt habe.

Kennen Sie das Reinigen von Tönen? Es geht dabei ziemlich schmutzig zu. Spinnen ist sauberer; sie sortieren zu können, setzt größte Sorgfalt und gute Sehkraft voraus. Damit sind wir bei der Phonotechnik.

Was die sehr unangenehmen Tonexplosionen betrifft, so werden sie durch die in die Ohren gestopfte Watte in sich hinreichend gemildert. Damit sind wir bei der Pyrophonie.

Zum Schreiben meiner «Kalten Stücke» habe ich mich eines Aufnahme-Kaleidophons bedient. Das Ganze dauerte sieben Minuten. Ich rief meinen Diener hinzu, um es ihn hören zu lassen.

Ich glaube sagen zu können, daß die Phonologie der Musik überlegen ist. Sie ist abwechslungsreicher. Die finanziellen Erträge sind größer. Ihnen verdanke ich mein Vermögen.

Auf jeden Fall kann ein nur wenig geübter Phonometer am Motordynamophon in der gleichen Zeit und mit dem gleichen Kraftaufwand mehr Töne aufzeichnen als der gewandteste Musiker. Deswegen habe ich soviel schreiben können.

Die Zukunft gehört also der Philophonie.

Vollkommene Umwelt

Inmitten

ruhmreicher Kunstwerke zu leben, ist eine der größten Freuden, die man empfinden kann. Von den kostbaren Zeugnissen des menschlichen Denkens, die als Lebensgefährten zu wählen die Bescheidenheit meines Vermögens mich bestimmt hat, will ich einen herrlichen falschen Rembrandt erwähnen, der tief und großzügig in der Ausführung ist und sich ausgezeichnet mit den Augenspitzen drücken läßt, wie eine üppige, zu grüne Frucht.

Auch könnten Sie in meinem Arbeitszimmer ein Gemälde von unbestreitbarer Schönheit sehen, das Gegenstand einzigartiger Bewunderung ist: das köstliche «Porträt, einem Unbekannten zugeschrieben».

Habe ich Ihnen schon von meinem nachgemachten Teniers erzählt? Eine wundervolle sanfte Sache, ein besonders seltenes Stück.

Sind es nicht göttliche Geschmeide, in hartes Holz gefaßt? Ja?

Doch was übertrifft noch diese meisterlichen Werke, was erdrückt sie mit dem ungeheuren Gewicht genialer Majestät, was läßt sie durch sein blendendes Licht erblassen? Ein falsches Beethoven-Manuskript — eine sublime apokryphe Symphonie des Meisters —, das ich vor zehn Jahren, glaube ich, voller Andacht gekauft habe.

Von den Werken des großartigen Musikers ist diese noch unbekannte 10. Symphonie eines der glanzvollsten. Seine Ausmaße sind weitläufig wie die eines Palastes, seine Einfälle sind schattig und kühl, die Durchführung treffend und genau.

Es mußte diese Symphonie geben: die Zahl 9 konnte keine beethovensche sein. Er liebte das Dezimalsystem: «Ich habe zehn Finger», erklärte er.

Verschiedene, die gekommen waren, um in kindlicher Hingabe mit ihren meditativen und gesammelten Ohren dieses Meisterwerk in sich aufzunehmen, glaubten an eine minderwertige Schöpfung Beethovens und sagten das auch. Sie gingen sogar noch weiter.

Beethoven kann auf keinen Fall schlechter sein als er selber. Technik und Form sind auch noch im kleinsten augurenhaft. Rudimentäres läßt sich mit ihm nicht in Verbindung bringen. Das Nachgemachte, das seiner künstlerischen Person zur Last gelegt wird, schüchtert ihn nicht ein.

Glauben Sie, daß ein lange gefeierter Athlet, dessen Kraft und Geschicklichkeit durch öffentliche Triumphzüge anerkannt worden sind, schlechter wird, nur weil er einen einfachen Strauß aus Tulpen und Jasmin trägt?

Ist er geringer, wenn die Hilfe eines Kindes hinzukommt?

Sie werden es nicht bestreiten.

Der Tageslauf eines Musikers

Der Künstler muß sein Leben einteilen

Hier der genaue Zeitplan meiner täglichen Verrichtungen:

Aufstehen: um 7,18 Uhr; inspiriert: von 10,23 bis 11,47 Uhr. Um 12,11 Uhr esse ich zu Mittag und stehe um 12,14 Uhr vom Tisch auf.

Gesundheitsfördernder Spazierritt im hinteren Teil meines Parks: von 13,19 bis 14,53 Uhr. Weitere Inspiration: von 15,12 bis 16,07 Uhr.

Verschiedene Beschäftigungen (Fechten, Nachdenken, Reglosigkeit, Besuche, Versenkung, Geschicklichkeitsübungen, Schwimmen usw. . . .): von 16,21 bis 18,47 Uhr.

Das Abendessen wird um 19,16 Uhr aufgetragen und ist um 19,20 Uhr beendet. Dann lautes Lesen von Symphonien: von 20.09 bis 21,59 Uhr.

Das Schlafengehen findet bei mir regelmäßig um 22,37 Uhr statt. Einmal wöchentlich Wecker und Aufschrecken um 3,19 Uhr (dienstags).

Ich esse nur weiße Nahrungsmittel: Eier, Zucker, geraspelte Knochen; Fett von toten Tieren; Kalbfleisch, Salz, Kokosnüsse, Huhn in weißem Wasser gekocht; Obstschimmel, Reis, weiße Rübchen; mit Kampher angemachte Weißwurst, Teigwaren, (weißen) Käse, Wattesalat und bestimmte Fische (ohne Haut).

Meinen Wein lasse ich abkochen und trinke ihn mit Fuchsiensaft. Mein Appetit ist gut; aus Angst davor, zu ersticken, spreche ich jedoch beim Essen nie.

Ich atme behutsam (wenig auf einmal). Ich tanze sehr selten. Beim Gehen halte ich meine Rippen umfaßt und blicke starr hinter mich.

Ich mache ein sehr ernsthaftes Gesicht, und wenn ich lache, geschieht es nicht aus Absicht. Immer entschuldige ich mich dafür mit großer Leutseligkeit.

Ich schlafe nur auf einem Auge; mein Schlaf ist sehr fest. Mein Bett ist rund und hat ein Loch, aus dem der Kopf herausragt. Jede Stunde nimmt ein Diener meine Temperatur und gibt mir eine andere.

Seit langem schon halte ich eine Modezeitschrift. Ich trage eine weiße Mütze, weiße Strümpfe und eine weiße Weste.

Mein Arzt hat mich stets aufgefordert zu rauchen. Seinen Ratschlägen fügt er hinzu: «Rauchen Sie, lieber Freund: sonst raucht jemand anders an Ihrer Stelle.»

Fragmente 1912/1913

HANS RICHTER

Gegen Ohne Für Dada

?! Dada!! – Niemand gehört dazu!? – Daß wir doch dazu gehören, ...

Der mangelnde Glaube an jede Zusammengehörigkeit, dem wir Ihrer: «Gesellschaftsform» (oh Staat) verdanken – ihrer «Gemeinschaft»; die uns verpflichtet, sich in jeder Form davon zu *unterscheiden*, war das Zwangsmittel zur Bildung dieses mondsteinfarbenen Dada –
Die Verpflichtung, die wir ihnen gegenüber damit übernahmen, das Bekenntnis *«Zu etwas zu gehören»*, ist ein *Irrtum*, den Sie sich selbst zu verdanken haben.
Unsere Gemeinsamkeit, (die Gemeinsamkeit nebenbei derer, die sich sauber achten) in einer Säure von leicht pathetischer oder grauer Verzweiflung ... echter Haltung, liegt ganz außerhalb der Gruppe, des Mouvement der Zeitschrift Dada. Auf der Nachstufe einer Weltanschauung ist das Jonglieren mit seinen eigenen Gebeinen unter Einschluß der Gedärme das geeignete Verständigungsmittel.

Die Herren *da*, sind im Schwung da ... Dada ... Die seelische Verteidigungsformel auf Unvorhergesehenes.
Wir reiten auf den Kurven einer Melodie und schwingen wohl beim Übertakt in Überschwang breit, lang, gereimt, bang, oder auch in Politik (oh schöne Ernsthaftigkeit – unvergleichliche Bewunderung Deinem Minenspiel).
Umst, Umst (?) ist nicht nur nicht dagewesen, es ist auch unmöglich, daß es da ist, *Dada* ist es. Das ist Sterndeuterei und fällt mir beim Einschlafen ein. – Oh, kompromittiertes Dada. Während die Assoziationen durch die Gitterstäbe wischen, gelingt uns kein Geschäft. (Apotheose auf Dada)

Nehmen wir das Wunder! Dada? – – Dada! ... Versuchen wir über jede Umkehrung hinweg einen Sprung in die Form, komponieren wir aus gut verdaulichem Salat Eisenbahnfahrkarten und dem allermomentansten Reflex eine Melodie mit dem gelegentlichen Takt aller Zufälle der Seelenkreuzungen.

Bitte *wollen* Sie Glück?

Voilà, diesmal aber wirklich, ohne es jemandem zu stehlen? Nehmen Sie diese Mischung (Salat, Eisenbahn, Reflex – Sie wissen ja!!)

Wenn Sie statt dessen das Wunder wollen – – sehen wollen? Wir vermieten das Wunder. Nur (Pardon) brauchen wir andere Voraussetzungen dazu als Ihre «Ernsthaftigkeit»! (Applaus) Kein Versehen! Man macht mit «Ernst» gute Geschäfte, Krieg, Kinder und Grausamkeit, was noch? Tzara – – Dada, dressiert das Wunder (keine Superiorität, wir auch); nicht, daß er es an der Leine hätte. – Da würden sich die Wunder wundern – aber er beschmeißt alles Un-Wunder mit soviel «Dreckausehrlichgekneteterüberzeugung», daß dem Wunder ein gewisses persönliches Verhältnis zu ihm nicht erspart bleibt (oh, cher Wolkenpumper).

Fluch auf Dada. (Wir übermitteln Ihnen diese Formel), daß es unserer direkten Berührung mit dem Wunder im Wege steht. Einen Pfiff lang unglauben – des Kommenden schon geborenen. Serners Kopf als Blütenknolle in reifstem Gehirnschoß eines Luftballons aus Eiter, den er sich selbst aus seiner postlagernd zu erhebenden Verzweiflung abgemolken hat. – Versichern Sie sich bei Ihrer Weltanschauungsversicherungsgesellschaft auf Ehrenwort gegen die Blague, gegen den Eiter. Sonst wird alles aus Ihnen herausbrechen, *unmerkbar.*

Lassen Sie mich *in* der Geste *mit* der Geste *die* Geste verunglücken, mit der ich mich von Ihnen loskribble.

Kein Verdacht! es sollte etwas gelingen, was *Ihnen entspräche* und Ihnen *Stellung* zu dem erleichterte, was *Sie* keineswegs billigen *sollen.*

Billig! so billig hat uns das Schicksal gekauft, daß wir mit dem herrlichen Recht der Verzinsung rechnen dürfen. (Hollah!) Wir werden Ihnen teuer zu stehen kommen.

1919

MARCEL DUCHAMP

Francis Picabia

Picabias künstlerische Laufbahn ist eine Serie kaleidoskopischer Erfahrungen. Äußerlich gesehen sind diese kaum miteinander verwandt, doch durchaus von einer starken Persönlichkeit getragen.

In den fünfzig Jahren seiner Malerei vermied es Picabia konstant, irgendeiner Schablone anzuhängen oder eine Etikette zu tragen. Er könnte der größte Verteidiger der künstlerischen Freiheit genannt werden, und das nicht nur gegen die akademische Sklaverei, sondern auch gegen die Sklaverei, gleichgültig welcher Dogmen.

Mit den Impressionisten seit seinem vierzehnten Jahr verbunden, zeigte Picabia, so jung er auch noch war, ein großes Talent als Vertreter einer damals schon alten Bewegung. Sein erster malerischer Beitrag um 1911 basierte auf den Möglichkeiten einer nonfigurativen Kunst. Auf diesem Gebiet war er mit Mondrian, Kupka und Kandinsky bahnbrechend. Die Dadabewegung, an sich ein metaphysischer Versuch zum Irrationalen hin, bot der Malerei wenig Möglichkeiten. Indes zeigte Picabia während dieser Periode eine große Affinität mit dem Dadageist. Später wendete er sich Jahre hindurch der Aquarellmalerei zu, in der er in strengem akademischen Stil Spanier in Volkstracht darstellte.

Noch später widmete er sich dem Studium der Transparenz in der Malerei. Durch eine Zusammenstellung von transparenten Formen und Farben drückte die Leinwand sozusagen ohne Zuhilfenahme einer Perspektive das Gefühl einer dritten Dimension aus.

Picabia ist nach seiner Fruchtbarkeit gemessen zu jenem Typ von Maler zu rechnen, dem das vollkommene Werkzeug zu eigen ist: eine unermüdliche Imagination.

1949

JEAN COCTEAU

Cocteau grüsst Picabia

Schwerer baum geleichtert durch brände tunnels oder königin der himmel kurzer siestas. Auf unsrem fußtritt steigt ein wasserstrahl in einer metaphysischen straße wie eine tat derer sich jahrhunderte erfreuen in der großgeöffneten nacht des fleisches zukunft nackte überfülle der trauer schwärzer als sie auf dem diminutiv grausamer handlungen. Die antworten außerhalb der sonnenstille anderer lieben die stadt der feinde dem vergessen der genüsse gleich. Die straßensynthesen greifen rasch um sich flüchtige, von dilettanten die unsre primären haßhandlungen ignorieren, versteckte sinnestäuschungen der wirklichkeiten waren entdeckte stühle.

Der haß kohle auf dem dreieck finster frei von intellektuellen engeln zu selten im briefmarkenreinen himmel vergaß die bankrotte des kindermädchens das auf die kleinen brettchen der romane sprang.

Wir meiden fernab unsrer selbst die seele des meidens unter unsrem ellbogen. Nicht wahr, mein lieber Francis?

1922

Cocteau grüsst Tzara

Paradies verdrängt den schönen tag
Der dieb der so langsam trinkt
Huhn und glut heben sich auf hartem knochen
Kleine dunkelheit erbricht messalina
O siegel des düsteren untergangs
Das göttliche feuer lacht über meine narrheit
Scheiterhaufen für einsame damen
königliches gift der flügel
Halbinselstapel erstarrt
Die baumeister in der strömung auf dem eisberg
Nehmen ihre lästernden münder ab
Plündern die blumen des fleisches
Furchen tief durch den feurigen kern
Zerstreuen die jungen säulen

Die sprache des traums ist ein rauhreifgefecht
Der panzer Gottes, diamantenes strahlenbündel,
taucht lachend hernieder: zwingt mit hinab.

1922

JEAN CASSOU

Tristan Tzara und der dichterische Humanismus

Es gibt Augenblicke im individuellen wie im kollektiven Bewußtsein, Augenblicke in der Jugend eines Menschen wie in der Geschichte der Spezies, wo die Revolte in ihrer Urform losbricht. Während des Ersten Weltkrieges und der darauffolgenden Jahre gab es einen dieser Augenblicke: verschiedene junge Leute spürten damals deutlicher als irgendeine andere Generation, wie wenig sie mit dem Leben in Einklang standen; und auch die Welt schien sich selbst undenkbar. Ihren sozialen Ungerechtigkeiten, ihren Zerrüttungen und Absurditäten, auch der Teilnahme an jenem Krieg, seinen Gründen und seinen Zielen, schien sich keine Regel entnehmen zu lassen, nichts von all dem schien einen Zusammenhang zu erhellen. Dada war ein Zeugnis dieser Verzweiflung des Geistes.

Es treten auch Augenblicke ein, wo die Revolte der Jugend sich dem Leben eingliedert, in ihm die für die Herausbildung einer Persönlichkeit und eines Geschicks notwendigen Elemente entdeckt. Auch entschließt sich die Geschichte dazu, in ihrer Zusammenhanglosigkeit die Grundlagen für einen Aufbau abzustecken. Die russische Revolution nach dem Ersten Weltkrieg ist einer dieser fruchtbaren Augenblicke gewesen. Von da an hat die Geschichte das Aussehen einer Bestimmung und Ordnung angenommen, die sich durch das – für die Stellungnahme von Herz und Geist entscheidende – Auftreten der faschistischen Monstrosität noch deutlicher abzeichnet. Der absolute, negativ absolute Gedanke der Revolution hat sich mit Fleisch umkleidet.

Dada war eine Explosion im Reinzustand, eine heftige Explosion, die die menschliche Ordnung in ihrem wichtigsten Mechanismus traf: der Sprache. In einer Explosion unversehrt bleiben zu wollen, ist ein verzweifeltes Unterfangen. Doch die Verzweiflung kann, wenn sie unversehrt zu bleiben, zu überdauern, auszuharren gedenkt, nur verzweifelte Unterfangen hervorbringen. Der Surrealismus war das völlig logische, aber undurchführbare und gerade dadurch großartige Unterfangen einer Anwendung und Systematisierung.

Er stand vor einem Dilemma: sich entweder so auf sich selbst, auf seine explosionshafte Substanz zu versteifen, oder aber seine dialektische Verwandlung zu bejahen. Die Revolte konnte versuchen, sich in sich selbst, in den Negationen absoluter Reinheit und absoluter Jugend zu verewigen. Er konnte sich auch in die Reichtümer der Poesie verwandeln, unlautere und relative Reichtümer, die in Wirklichkeit jedoch den strahlendsten Schatz des Menschen darstellen; er konnte sich in die Zustimmung zur Revolution verwandeln, mit den unbegrenzten Voraussetzungen, Vorschriften und Hoffnungen, die sie dem Menschen bietet.

Der ersten Möglichkeit entsprechend verschloß der Surrealismus sich in seine Aufgabe, mit allen Kräften, ungestüm und hochmütig den Ausweg einer Transzendenz zu suchen, die er nur in sich selbst finden wollte, und sich so eine Kraft zuzuschreiben, die letzten Endes darauf hinauslief, die Kräfte dessen nachzuahmen oder vorzutäuschen, was Primitive und Okkultisten Magie nennen.

Es war eine verblüffende Zeit, ein verblüffendes Erlebnis. Alle Seiten der Welt, ihr Äußeres, ihre Triebkräfte wurden vom Humor, vom Zorn, von der Phantasie und dem Märchenhaften wieder in Frage gestellt. Diese erbitterten Pioniere hatten über Anschein und Gepflogenheit hinaus in ihrem Leben ein Klima beliebiger Verfügbarkeit geschaffen, in dem Zufälle, Begegnungen, Überraschungen und sogar Selbstmorde ein Spiel körperloser Schatten spielten.

Doch selbst in ihrem engsten Bereich des Absoluten, in dem Bereich, in dem diese Dichter alles ablehnten – angefangen mit der Dichtung, wohlgemerkt –, trat die Dichtung hinterlistig wieder in ihre Rechte ein – die Dichtung, das heißt die Integrierung des Realen, ein Einklang mit der Welt, eine Relation, eine Relativität. Rimbaud hatte ja «das Leben ändern» wollen, und auch er hatte sich für einen Magier gehalten: von all seiner Alchimie war ein unzerstörbarer Diamant geblieben – die

Dichtung. Zwar nicht mit den Kräften begabt, die er ihr hatte zuschreiben wollen, aber doch mit den sehr menschlichen, die ihr nun einmal eigen sind. Vom Surrealismus werden uns viele dichterische Werke, viele nur dichterische Werke bleiben, das heißt wunderbar in dem Sinne, in dem die Menschen, die Menschen der Erde, von Wundern sprechen.

Und ferner lehrt uns die Revolution, lehren uns ihre Bedingungen, ihre Vorschriften — menschliche Seinsbedingungen, menschliche Vorschriften —, was es heißt, das Leben zu ändern, wie man es ändert und welche unendlichen Möglichkeiten diese methodische, mühsame, tragische, erhabene Veränderung dem menschlichen Geiste bringt. Es blieb also noch der andere Weg, der in die surrealistische Sackgasse führte und den mehrere von den Besten der Gruppe einschlugen: Anhänger der Revolution zu werden, wie die Geschichte sie kennt und handhabt. Und zwar ohne deshalb an dichterischer Fähigkeit und Tätigkeit etwas einzubüßen. Ein Dichter sein, der auch Revolutionär ist, und zwar Revolutionär, *weil* Dichter. Sich bereitwillig den Bedingungen der Revolution unterwerfen, sich voll und ganz auf ihre Seite schlagen, mit Waffen und Gepäck: das heißt mit ihrer Dichtung. Dichtung ist nicht Magie. (Nichts ist Magie.) Ebensowenig ist sie in sich schon Revolution. Für ihr Ansehen genügt es, daß sie der vollkommenste Ausdruck des Menschen, seine höchste geistige Betätigung ist, daß sie den Menschen erklärt, ihn in seinem ungeheuren Anstieg begleitet, antreibt, beflügelt.

Im Jahre 1916 hat Tristan Tzara in einem Winkel der Schweiz, mitten in einer kriegführenden Welt, Dada erfunden. Dadas Manifeste, Manifestationen und Publikationen sind Äußerungen kämpferischer Wut. Sich den Zwang auferlegen, die Unvernunft zu predigen, systematisch das Gegenteil der Vernunftgepflogenheiten zu vertreten und dem Publikum ein Negativ durchschaubarer Verbalassoziationen anzubieten, das hätte immer noch bedeutet, das Verfahren der Vernunft anwenden. In Tzaras ersten Schriften ist nichts Gezwungenes: eine wilde Antipathie umgrenzt sie und schirmt sie ab. Der Bruch ist total und wäre es nicht gewesen, wenn man durch irgendeinen Spalt einen Mechanismus hätte entdecken, wenn man den Verstand dabei hätte ertappen können, hier eine Ähnlichkeit zu tilgen, dort etwas Absurdes zu übersteigern, kurz: verrückt zu spielen. Keinerlei Vorgetäuschtes, nur Zorn, vielleicht Ekel. Und wenn in diesem ganzen Geschnaube Komik aufscheint, dann ist es gegenstandslose Komik, die niemanden belustigen kann: eine bloße Äußerung des Vergnügens darüber, sich zwischen sonderbaren Ruinen zu bewegen.

Ebensowenig darf man in Tzaras Werken irgendeine intellektuelle Spekulation suchen, auch keine mit negativem Vorzeichen. Er hat zwar eine ungemein lebhafte und durchdringende Intelligenz: vielleicht hält gerade diese Intelligenz — die mich entzückt, seit wir befreundet sind, das heißt, seit er im Jahre 1918 nach Paris kam —, vielleicht hält gerade sie ihn durch ihre Schlagfertigkeit, ihre Leichtigkeit, ja Ernsthaftigkeit davon ab, seine Dichtung zu rationalisieren, intellektuelle Ambitionen in sie einzuführen, wie sie ihn davor bewahrt, Geheimnisse zu sehen, wo keine sind, und welche anzubringen, wo sie nichts zu suchen haben. Tzaras Intelligenz ist die eines guten Gesellschafters. So berechtigt sie ihn, mit freier, lächelnder Gelassenheit seinen Ruhm zu tragen, ihn, der eine aus dem Absurden hervorgegangene Dichtung verwirklicht hat.

Doch diese Dichtung *ist* Dichtung. Und seinem innersten Wesen nach ist Tzara Dichter. In seiner rumänischen Herkunft, seiner rumänischen Kindheit errät man Quellen eines volkstümlichen und panischen Lyrismus. Und sein gesamtes Werk ist von sprühender, leidenschaftlicher Gefühlsfülle, von weitherziger, warmer Romantik beseelt.

Dieses Temperament mußte ihn natürlicherweise auf den Königsweg bringen, der von der Revolte zur Revolution, von der Anfangsexplosion zur Dichtung führt, der Dichtung, die ihren Namen kennt und sich bereit findet, nur sie selber zu sein, und das heißt: sehr viel. Dada hat seine Rolle in den Abenteuern des Surrealismus gespielt, und Tzara hat in dieses erstaunliche Konzert mit eingestimmt. Danach hat er zu denen gehört, die ihre Reife und Menschlichkeit dahin gebracht haben, die sozialen und nationalen Realitäten des verworrensten Weltzeitalters mit einzubeziehen. Er ist ein Mensch unserer Zeit, klarblickend und glaubwürdig. Erwarten Sie, bitte, nicht, daß ich sage, seine aus der Unordnung geborene Dichtung habe zur Ordnung gefunden: das würde Sie überraschen. Sie ist sich selbst treu geblieben, treu vor allem dem aufrechten, unverstellten und brodelnden dichterischen Temperament. Sie ist keine Sprache geworden, sondern ein Werkzeug der Dichtung, das passende Werkzeug eines Sängers, der geschaffen ist zu singen und der mit stürmischen Arbeiten voller Dissonanz und Atonalität begonnen hat.

In den Bahnen der Dissonanz und der Atonalität also hat die unbefangene Symphonie sich bewegt. Und wie ausgedehnt, wie frei waren diese Bahnen! Dieser Gegenstand muß wie ein musikalischer Gegenstand hingenommen werden, von dem wir keinerlei Gesicht erkennen können. Erst dann unterscheidet man darin Bewegungen und Schattierungen, und man wird «De nos Oiseaux» ein anderes Kolorit zuerkennen als «l'Indicateur des chemins de cœur».

Vor allem von «l'Homme approximatif» an wird man in dieser orchestralen Masse Themen unterscheiden, insbesondere das Thema des Menschen und das Thema des Feuers. Ich gebrauche das Wort Thema in seinem musikalischen Sinn und unterstreiche dabei, daß man den Stoff eines Gedichtes, dem jeder erkennbare Mechanismus fehlt, und den gewöhnlichen Stoff der Dichtung genau auseinanderhalten muß. Diese Themen sind dem ähnlich, was sie im Geiste eines Musikers oder meinetwegen auch eines Malers wären, die beide nicht die Sprache der Worte benutzen, beide ihre geheimen Beziehungssysteme haben und als einzige die Bedeutung des Wortschatzes von Tönen oder Formen kennen, dessen sie sich bedienen. Tzara jedoch, im Leben und im Realen verhaftet, weiß, woraus seine Dichtung spricht; die Möglichkeiten, die er in sich trägt und die in seinen seltsamen Gedichten aufblühen, sind voll echter Sorgen und menschlicher Fragen. Diese Dichtung hat ein romantisches und episches Substrat, und sie nähert sich einer Durchsichtigkeit, die es hervortreten läßt. Das geht so weit, daß in den letzten Gedichten die Titel eindeutig und unmittelbar zu verstehen geben, daß der spanische Bürgerkrieg und der Weltkrieg gegen den Faschismus ihre Anlässe gewesen sind. Und wenn diese Gedichte Formen des Theaters annehmen, dann ordnen sie unser individuelles der Kategorie des typischen Dramas unter. Wir stehen vor der algebraischen Formel unserer Katastrophe mit ihren Fluchten, Kraftlinien, Auflösungen und Ausbrüchen.

Die Rückführung des Lebens auf seine Elemente, auf *die* Elemente: das vollbringt Tzaras Lyrik. Aus der ursprünglichen Auflösung gewinnt er die Kräfte zurück und lenkt sie jetzt, aber immer nur sind es Kräfte, Elementarkräfte, Gewalttätigkeiten, Richtungen, Gegenbewegungen. Dem Leser bleibt nur, sich von dieser dunklen Strömung tragen zu lassen. Er wird dabei ein eigenartiges Vergnügen empfinden.

In einer Sprache, nicht in Worten wird zu ihm gesprochen – ähnlich der einer Orgel oder der nicht gestaltgebundenen Plastik oder des Chaos, das kurz davor steht, Natur zu werden. Angesichts dieser unerschütterlichen Flut, dieser tobenden Maschine empfindet er eine Betroffenheit, wie sie die Kunstgegenstände der Neger und der Ozeanier auslösen, die Tzara so liebte und die Verdinglichungen dunkler Energien sind. Diese Betroffenheit reicht tief und erfordert, wenn sie sich äußern soll, eine umfassende und vor allem freie innere Stille.

1947

LOUIS ARAGON

John Heartfield und die revolutionäre Schönheit

Die allen Künstlern gemeinsame Unruhe, die Mallarmé «le blanc souci de notre toile» nannte, quält unsere heutigen Maler kaum. Und selten sind jene, die verstehen können, was Picasso mir eines Tages – es sind Jahre vergangen – sagte: «Das wirklich Bedeutende, das ist der Raum zwischen dem Bild und dem Rahmen.» Nein, die Mehrzahl unter ihnen empfindet diesen Verlust an Geistigkeit, da wo das Bild seine natürliche Begrenzung findet, nicht, dieses Unwürdige der Füllmotive, diesen Verfall des Künstlers am Rande seines Gegenstandes. Aber dieses «Problem des Rahmens», das einige verspürt haben, wie viele verstanden dessen wirkliche Bedeutung? Das dem Künstler entflohene Bild fügt sich in eine Umgebung, die im allgemeinen nicht die Sorge des Malers ist, und doch ... doch ist es nicht gleichgültig, wohin ein fertiges Bild kommt, welches Milieu es weiterführt und vollendet. Es ist für einen Künstler nicht gleichgültig, sein Werk auf einem öffentlichen Platz oder in einem Boudoir zu sehen, in einem Keller oder im Licht, in einem Museum oder auf einem Trödelmarkt. Ob man es wahrhaben will oder nicht, ein Bild zum Beispiel hat seine sozialen und künstlerischen Spannweiten, und eure Mustertöchter Marie Laurencins sind in einer Welt geboren, in der die Kanonen donnern, eure am Waldessaum überraschten Nymphen Paul Chabas' zittern vor der Arbeitslosigkeit, eure Früchteschalen Georges Braques versinnbildlichen den Tanz vor der Speise, und so könnte ich mich an alle wenden, von Van Dongen, dem Maler des Lidos, bis zu Dali, dem Maler des Tell-Ödipus, von Lucien Simon mit seinen kleinen Bretoninnen bis zu Marc Chagall mit den gelockten Rabbinern.

Die malerische Unruhe, wie auch die poetische, dieses Sichweigern auf den Grund der Auseinandersetzung zu gehen, hat wechselnde Formen angenommen, hat sich auf tausenderlei Arten geäußert, seit dem religiösen Bemühen der Präraphaeliten bis zum Unterbewußtseinsspuk der Surrealisten, vom Geheimnis im Wirklichen der holländischen Maler bis zum Beunruhigenden der Klebearbeiten der Kubisten. Das Ausdrucksproblem war bei dem jungen David oder dem jungen Monet nicht das gleiche; das Außergewöhnliche ist jedoch, daß man es noch nie ernsthaft unternommen hat, jenseits des Ausdrucksmittels das Ausdrucksbegehren und den *auszudrückenden Gegenstand* zu untersuchen.

Diese Verachtung – seltsam wie eine Verteidigung, diese Ablehnung an das Problem heranzutreten – erreichte zu Beginn des 20. Jahrhunderts – mit einer gewissen Logik, die parallel geht der Verschärfung der sozialen Widersprüche – sozusagen ihren Höhepunkt zu jener Stunde, da der Krieg von 1914 eine neue Zeitenwende einleitete. Ich sage: ihren Höhepunkt, weil von da an in den extremsten Kundgebungen der Malerei – Dada, der Surrealismus – heftige Zeichen einer Reaktion gegen diesen äußersten Standort der Kunst, wohin sich der Kubismus bewegte, sichtbar werden. Verneinung des Dada, Versuch einer Synthese aus der dadaistischen Negation und dem dichterischen Erbe der Menschheit im Surrealismus; die Kunst zur Zeit des Vertrages von Versailles zeigt den ordnungslosen Schein des Wahns, sie ist nicht das Ergebnis des Willens einer kleinen Gruppe, sie ist das Ergebnis einer verwirrten Gesellschaft, in der sich feindliche und unversöhnliche Kräfte gegenüberstehen.

Darum ist vielleicht heute die Lehre eines Mannes wertvoll, den die Ereignisse an eine der Konfliktstellen dieser unversöhnlichen Kräfte gestellt hatten, die dem Künstler und dem Individuum nur die minimalste Bewegungsfreiheit ließen. Ich will von John Heartfield sprechen, für den nach dem Krieg das Schicksal der Kunst ernsthaft in Frage gestellt wurde durch die deutsche Revolution, und dessen Werk der Hitlerfaschismus 1933 vollkommen vernichtet hat.

John Heartfield ist einer jener Männer, die wohl am meisten an der Malerei zweifelten, an den technischen Mitteln der Malerei. Er war einer jener Menschen, die zu Beginn des 20. Jahrhunderts das Bewußtsein vom geschichtlich vergänglichen Charakter der Malerei erlangt hatten, von dieser Ölmalerei, die erst seit einigen Jahrhunderten existiert und die uns *alle* Malerei zu sein scheint und doch jeden Augenblick abtreten kann vor einer neuen Technik, die dem heutigen Leben und der heutigen Menschheit angepaßter ist. Man weiß, daß besonders der Kubismus eine Reaktion des Malers auf die Photographie war. Die Photo, das Kino ließen es ihm kindisch erscheinen, um *Ähnlichkeit* zu kämpfen. Er schöpfte aus diesen neuen mechanischen Verfahren eine Auffassung der Kunst, die für den einen dem Naturalismus zutrieb, für den andern eine Neufassung der Realität bedeutete. Bei Léger führte dies zur Dekoration, bei Mondrian zur Abstraktion, bei Picabia zur Abhaltung mondäner Abendveranstaltungen. Aber gegen Ende des Krieges wurden in Deutschland einige Männer (Grosz, Heartfield, Ernst) dazu geführt, in einem Geiste, der dem der Kubisten ganz verschieden war (die eine Zeitung oder Streichholzschachtel ins Herz des Bildes klebten, eine andere Art in der Wirklichkeit wieder Fuß zu fassen), in ihrer Kritik der Malerei diese Photographie, die die Malerei herausforderte, zu neuen poetischen Zielen zu verwenden, den Nachahmungscharakter der Photographie auf diese Weise dem Darstellungszweck unterordnend. So entstanden diese *Montagen*, verschieden von den *geklebten Papieren* des Kubismus, wo das geklebte Element sich oft mit dem gemalten oder gezeichneten mischte, wo es ebensowohl eine Photographie wie eine Zeichnung wie eine Katalogfigur, irgendein *plastisches Klischee* sein konnte.

Gleichzeitig mit der Auflösung der Erscheinungen in der modernen Kunst wurde unter dem Aspekt eines einfachen Spiels ein neuer lebendiger Wirklichkeitssinn geboren. Was die Stärke und die Anziehungskraft der neuen Montagen ausmachte, das war diese gewisse Wahrscheinlichkeit, die sie der Darstellung wirklicher Objekte entnahm, fast bis zur genauen Wiedergabe. Der Künstler spielte mit dem Feuer der Wirklichkeit. Er wurde wieder Herr jener Erscheinungen, worin ihn die Öltechnik Schritt um Schritt sich verlieren und ertrinken ließ. Er schuf moderne Ungeheuer, ließ sie nach seinem Gutdünken in einem Schlafzimmer paradieren, auf den Bergen der Schweiz, oder auf dem Meeresgrund. Der Taumel, wovon Rimbaud spricht, ergriff ihn, *der Salon auf dem Grund eines Sees* (le salon au fond d'un lac) aus der «Zeit in der Hölle» wurde zum alltäglichen Klima des Bildes.

Was gibt es jenseits dieses Ausdrucksvermögens, dieser Freiheit des Künstlers der Wirklichkeit gegenüber? «*Das ist vorbei,* sagte Rimbaud, *ich weiß mich heute vor der Schönheit zu verneigen.*» Was verstand er darunter? Man wird noch lange darüber streiten können. Die Menschen, von denen wir sprechen, haben die verschiedensten Schicksale gehabt. Max Ernst sieht heute noch seinen Verdienst darin, nicht über dieses «Seegrundmilieu» hinausgelangt zu sein, wo, mit aller erdenklichen Phantastik, er ins Unendliche die Elemente einer Poesie zusammenfügt, die ihren Zweck in sich selbst hat. Man weiß, was aus George Grosz wurde. Heute wollen wir uns eingehender mit John Heartfield und den in diesem Heft vereinigten Montagen beschäftigen, Montagen, vor denen man träumen und die Fäuste ballen kann.

John Heartfield *weiß sich vor der Schönheit zu verneigen.* Als er mit dem Feuer der Erscheinungen spielte, ging um ihn die Wirklichkeit in Flammen auf. In unserem Lande voller Ignoranten wissen wir noch zu wenig, daß es in Deutschland Räte gab. Wir wissen noch zu wenig, welch gewaltige Umwälzung der Wirklichkeit diese Novembertage des Jahres 1918 bedeuteten, als das deutsche Volk und nicht die französischen Armeen dem Kriege in Hamburg, Dresden, München und Berlin ein Ende setzten. Ah! es handelte sich wohl dabei um das schwache Wunder eines «Salons auf dem Grund eines Sees», als auf den mit Maschinengewehren bestückten Autos die großen blonden Matrosen der Nordsee und des Baltischen Meeres die Straßen mit roten Fahnen durchfuhren! Worauf sich die Wohlgekleideten von Paris und Potsdam verständigten; Clemenceau gab Noske die Maschinengewehre zurück, die den künftigen Hitlerbanden zugute kamen. Karl und Rosa fielen. Die Generäle wachsten ihre Schnurrbärte wieder ein. Der soziale Friede blühte schwarz, rot und golden auf den offenen Grabstätten der Arbeiterschaft.

John Heartfield spielte nicht mehr. Die Photofragmente, die er ehemals als betäubendes Vergnügen zusammenfügte, begannen unter seinen Händen zu *deuten.* Bald wurde das poetische Interdikt durch ein soziales ersetzt, oder genauer: unter dem Druck der Ereignisse, im Kampf, dem sich der Künstler verpflichtet hatte, waren die beiden Interdikte eins geworden: *die Poesie wurde revolutionär.* Brennende Jahre, als die Revolution, hier zerschlagen, dort siegreich, auf gleiche Weise am äußersten Ende der Kunst, auftaucht: in Rußland Majakowski, in Deutschland Heartfield. Und diese beiden Beispiele, eines unter der Diktatur des Proletariats, das andere unter der Diktatur des Kapitals, von den unverständlichsten Formen der Poesie ausgehend, der letzten Form der Kunst für einige, münden in die gewaltigste zeitgenössische Bebilderung dessen, was die Kunst für die Massen sein kann, dieser so prächtigen und unverständlicherweise so verschrienen Sache.

Wie Majakowski, der durch den Lautsprecher Tausenden von Personen seine Verse deklamierte, Majakowski, dessen Stimme vom Stillen Ozean bis zum Schwarzen Meer rollte, von den Wäldern Kareliens bis zu den Wüsten Zentralasiens, kannten die Gedanken und die Kunst Heartfields den Ruhm und die Größe, das Messer zu sein, das in alle Herzen dringt. Wir wissen, daß das deutsche Proletariat von einem für die Kommunistische Partei Deutschlands verfertigten Plakat Heartfields, das eine gereckte Faust darstellte, den Rotfrontgruß übernahm, mit dem die Dockers Norwegens die Vorbeifahrt der Tscheljuskin grüßten, mit dem Paris die Toten des 9. Februars begleitete, mit dem die unabsehbare Menge der Streikenden in Mexico das Hakenkreuzbild Hitlers umrahmte. John Heartfield ist ständig besorgt, neben die Originale seiner Photomontagen die Seiten der AIZ – der ehemaligen deutschen Arbeiter-Illustrierten – in denen sie reproduziert sind, zu halten, um zu zeigen, wie diese Montagen in die Massen dringen.

Dies erklärt, warum in der Zeit der deutschen «Demokratie» unter der Weimarer Verfassung, das deutsche Bürgertum John Heartfield vor die Gerichte zitierte. Und nicht nur einmal: Wegen eines Plakates, eines Buchumschlages, Respektlosigkeit vor dem Eisernen Kreuz oder vor Emil Ludwig ... Als die Demokratie liquidiert wurde, wußte der Faschismus besseres als nur zu verfolgen: die Arbeit von zwanzig Jahren wurde durch die Nazis zerstört.

Noch in Prag, im Exil, verfolgten sie ihn. Auf Verlangen der Deutschen Gesandtschaft ließ die tschechoslowakische Polizei eine Ausstellung seiner Werke schließen, in der alles enthalten war, was der Künstler nach Machtantritt Hitlers geschaffen hatte, auch die bewundernswerte Folge aus dem Leipziger Prozeß, derer kein Lehrbuch der Zukunft entraten kann, das die Epopöe Dimitrows erzählen will. In einer Rede vor Sowjetschriftstellern wunderte sich Dimitrow darüber, daß die Literatur dieses gewaltige geistige und praktisch-revolutionäre Kapital, das der Leipziger Prozeß darstellt, weder studiert noch verwendet habe. Unter den Malern gibt es wenigstens einen Menschen – Heartfield – den dieser Vorwurf nicht trifft und der der Prototyp und das Modell des antifaschistischen Künstlers ist. Seit «Les Châtiments» und «Napoléon le Petit» hat kein Künstler jenen Gipfel erreicht, auf dem sich Heartfield Hitler gegenüber befand. Denn sowohl in der Malerei wie in der Zeichnung fehlen die Vorgänger, trotz Goya und Daumier.

John Heartfield *weiß sich vor der Schönheit zu verneigen.* Er schafft jene Bilder, die die Schönheit unserer Tage selber sind, weil sie den Schrei der Massen verkörpern, die Umbildung des Kampfes der Massen gegen gewisse Scharfrichter. Er weiß die realistischen Bilder unseres Lebens und unseres Kampfes zu schaffen, packend und fesselnd für Millionen von Menschen, die selbst ein Teil dieses Lebens und dieses Kampfes bilden. Seine Kunst ist eine Kunst nach der Auffassung Lenins, weil sie eine Waffe im Kampf des Proletariats ist.

John Heartfield *weiß sich vor der Schönheit zu verneigen.* Und dies, weil er für die gewaltige Menge der Unterdrückten der Erde spricht, ohne auch nur einen Augenblick den herrlichen Ton seiner Stimme zu senken, ohne die majestätische Poesie durch seinen gewaltigen Geist zu demütigen, *ohne die Qualität seiner Arbeit zu mindern.* Meister einer Technik, die er gänzlich geschaffen hat, im Gedankenausdruck nie behindert, mit einer Palette, die sämtliche Aspekte der Wirklichkeit enthält, die Erscheinungen nach Gutdünken mischend, kennt er als Führer nur den dialektischen Materialismus, nur die Wirklichkeit des historischen Prozesses, den er schwarz auf weiß mit der Wut des Kämpfenden festhält.

John Heartfield *weiß sich vor der Schönheit zu verneigen*. Und wenn der Leser diese Blätter durchfliegt, wird er in den Photomontagen der letzten Jahre, in der Knochenhand mit den todbringenden Flugzeugen, im Knochenmann der Saat des Todes, im Bild mit den Weihnachtsengeln, im Gespräch der beiden Tiere des Berliner Zoo, im Porträt Seiner Majestät Adolf, den Schatten Dadas wiederfinden; er betrachte aber auch das Bild der Gerechtigkeit, die Faschistischen Ruhmesmale, worin er nicht nur das Erbe Dadas wiederfindet, sondern das Erbe der Malerei aller Jahrhunderte. Es gibt Stilleben von Heartfield, wie zum Beispiel das Gerüst von Spielkarten im «Tausendjährigen Reich», die mich unwillkürlich an Chardin erinnern. Hier, nur mit den Mitteln der Schere und des Klebstoffes, hat der Künstler an Gelingen das Beste übertroffen, was die moderne Kunst mit den Kubisten in dieser Sackgasse der alltäglichen Geheimnisse versucht hat. Gewöhnliche Gegenstände sind es, wie bei Cézanne die Äpfel und bei Picasso die Gitarre. Aber hier kommt noch der Sinn hinzu, und der Sinn hat die Schönheit nicht entstellt.

John Heartfield weiß sich vor der Schönheit zu verneigen.

1945

WIELAND HERZFELDE

Mein Bruder John Heartfield

«Als John Heartfield und ich 1916 in meinem Südender-Atelier an einem Maientage frühmorgens um 5 Uhr die Fotomontage erfanden, ahnten wir beide weder die großen Möglichkeiten noch den dornenvollen, aber erfolgreichen Weg, den diese Entdeckung nehmen sollte.» In der Tat, die Fotomontage ist mehr entdeckt als erfunden worden.

Im Juni 1916 war endlich unsre Zeitschrift herausgekommen, die «Neue Jugend». Ich wurde Schriftleiter. Mir konnten die Behörden — glaubten wir — nicht viel antun, weil ich noch minderjährig war. John besorgte die gediegene, heute fast vornehm anmutende Ausstattung. Das erste Heft begann mit dem Gedicht «An den Frieden» von Johannes R. Becher. Trotzdem sah diese Monatsschrift — und das sollte sie — mehr nach Kunst und Literatur aus als nach Politik. Nur auf den letzten, vorwiegend klein gedruckten Seiten, in Kritiken und Mitteilungen, herrschte ein ironisch-aufsässiger Ton vor. Nachdem vier Hefte erschienen waren, wurde ich wieder eingezogen und bald darauf an die Front geschickt. In meiner Abwesenheit kam es zu politischen Differenzen zwischen meinem Bruder und dem Herausgeber. Der nutzte meine Abwesenheit aus und maßte sich, gegen die ausdrückliche Abrede, redaktionelle Rechte an. Die Folge war, daß mein Bruder erst nach drei Monaten ein weiteres Heft, die Doppelnummer Februar–März 1917, herausbringen konnte. Diese Doppelnummer erschien bereits als erste Publikation eines «neuen» Verlages, für den John kurz zuvor die Lizenz beantragt und erhalten hatte, des Malik-Verlages. Im Malik-Verlag erschien im Mai, vorsichtshalber unter falscher Adresse, zweifarbig, 52 cm breit und 64 cm hoch, illegal eine vierseitige «Wochenausgabe der Neuen Jugend». Ihr folgte im Juni eine ebenso große, nunmehr dreifarbige Nummer, die sich ihres Formates spottend «Prospekt zur kleinen Grosz-Mappe» nannte, worin man aber außer in einer Anzeige auf Seite 4 nichts über diese Mappe erfährt. Dagegen finden sich auf der Titelseite zwei Artikel von Grosz, der eine mit der Überschrift: «Man muß Kautschukmann sein», der andre, in dem das «Treiben der beiden Herzfelder» erwähnt wird, mit der Überschrift: «Kannst du radfahren?» Das Ungewöhnlichste an dieser von Grosz, Franz Jung und dem Zürcher «Dadaismus» inspirierten Veröffentlichung war ihre Aufmachung. Man kann die beiden Nummern wohl als die *ersten Arbeiten von John Heartfield* bezeichnen. Unter den «Mitarbeitern des Malik-Verlages» wird er allerdings – neben neuen Namen wie Max Herrmann, Cläre Öhring, Richard Huelsenbeck – noch als Helmut Herzfeld aufgeführt. Aber die souveräne, faszinierende Art, wie er aus alten Typen, Klischees und etlichen Bleistegen und -ringen etwas bis dahin nie Gesehenes hervorgezaubert hat, weist bereits den Künstler aus, der – fast über Nacht – seinen unverkennbaren Stil gefunden hat. Für das vierseitige Titelblatt der um die gleiche Zeit erschienenen «Kleinen Grosz-Mappe» hat er ähnlich exzentrisch-typografische Illustrationen geschaffen.

Ich konnte diese Entwicklung nur von der Front aus und während eines kurzen Urlaubs verfolgen. Was in dieser neuen «Neuen Jugend» von Grosz und meinem Bruder kam, auch die von Franz Jung geschriebene, äußerst aggressive «Chronik», gefiel mir, alles übrige nicht. Und schwer fand ich mich damit ab, daß John damals alles, radikal alles vernichtete, was er bis dahin als Künstler geschaffen hatte. Es gab für ihn nur mehr *einen* lebenden Künstler, der mit Pinsel und Feder weiterarbeiten durfte, und das war unser Freund George. Wenn die Zeichnungen, Aquarelle und Ölbilder von Grosz aus den Jahren 1915–1930 auf so vielfältige Weise reproduziert wurden wie die Werke nur weniger Zeitgenossen, so ist das nicht zuletzt ein Verdienst Heartfields. Er schleppte Grosz unzählige Male zu dem Lithografen Birkholz, er ließ Klischees auf Vorrat anfertigen. Wir würden sie früher oder später schon verwenden. Belastet wurde das Konto Malik-Verlag. Als die Inflation kam, fiel es leicht, es auszugleichen.

Heartfield plante eine dritte Nummer der «Neuen Jugend». Sie sollte weiß auf Trauerflor gedruckt werden. Der Plan wurde nicht verwirklicht.

Schon vor Kriegsbeginn hatte ich mit Johannes R. Becher Freundschaft geschlossen. Er hatte mich mit Harry Graf Keßler, dem Mitbegründer des Insel-Verlages und Förderer deutscher und französischer Künstler, bekannt gemacht. Als im Sommer 1917 die Vorläuferin der «Universum-Film-Gesellschaft», eine «militärische Bildstelle», gegründet wurde, vermittelte Graf Keßler meinem Bruder eine Anstellung als Regisseur naturwissenschaftlicher Dokumentarfilme. Bald darauf erhielt er zusätzlich den Auftrag, eine Trickfilm-Abteilung einzurichten und nach Zeichnungen, deren Herstellung George Grosz übernommen hatte, einen Trickfilm zu drehen. Es war der erste Film dieser Art, der – auf ungemein umständliche Weise – in Deutschland gedreht wurde. Der Film sollte «Pierre in Saint-Nazaire» heißen und die Landungsabsichten der Amerikaner im verbündeten Frankreich lächerlich machen, hingegen das kaiserliche Heer und insbesondere weittragende Krupp-Kanonen wie die «dicke Berta» verherrlichen. Die Arbeit an dem Film befriedigte die beiden Hersteller ungemein. Sie hatten keine Musterung mehr zu befürchten, verdienten gut, zögerten die ohnehin zeitraubende Arbeit endlos hinaus, und als sie endlich fertig waren, nahmen die Auftraggeber den Film nicht ab. Die Amerikaner waren bereits an der Westfront durchgebrochen, überdies hatte Grosz die Soldaten des Kaisers derart gezeichnet, daß sie das Gegenteil von Sympathie oder gar Begeisterung erweckten. Dank der schützenden Hand des Grafen Keßler behielt John seine Stellung. Mehr noch: kurz vor Kriegsende erreichte John, daß auch ich, obgleich ich noch weniger vom Filmen und Fotografieren verstand als er, von der «Bildstelle» als Assistent des Operateurs Bösner engagiert wurde.

Revolution

Unsere Tätigkeit bei der inzwischen gegründeten «Ufa» fand jedoch im Januar 1919 ein plötzliches Ende, weil wir nach dem Mord an Karl Liebknecht und Rosa Luxemburg die Belegschaft des Betriebes, in dem noch immer ein Major Krieger das entscheidende Wort sprach, zum Streik aufgerufen hatten.

Wir brachten Liebknecht, seit er im Dezember 1914 mit scharfen Worten die 2. Kriegsanleihe abgelehnt und am 1. Mai 1916 auf dem Potsdamer Platz zum Kampf gegen den Krieg aufgerufen hatte, die größte Verehrung entgegen. Und die russische Revolution im Oktober 1917 war ein Ereignis, auf das wir, als wir davon erfuhren, unabhängig voneinander – ich lag bei Arras an der Westfront – auf gleiche Weise reagierten: sie war für uns ein natürliches Ereignis, das kommen mußte – auch in Deutschland. Die Bolschewisten kämpften den Kampf aller Menschen, die diesen Namen verdienten. Wir zählten uns zu ihnen, zur großen internationalen Familie der Revolutionäre. Als ich im Sommer 1918 als Zivilist ohne Entlassungspapiere in Berlin auftauchte, wunderten mein Bruder und seine Freunde sich nicht. Es bedurfte auch keiner Diskussion zwischen uns, der Kommunistischen Partei sogleich nach ihrer Gründung beizutreten, am 31. Dezember 1918. Den Marxismus aber kannten wir damals nur vom Hörensagen. Ein kommunistischer Revolutionär (und andere gab es nicht) hatte unserer Meinung nach überall Reden zu halten und Diskussionen zu entfesseln, um alle Leute, außer den «Besitzkröten», von seinen Ansichten zu überzeugen. Für uns hieß das, wir mußten auch unseren Beruf, den wir schon längst als Verpflichtung zum politischen Widerstand gegen die Obrigkeit auffaßten, so ausüben, daß wir der Partei nützten. Diesen Willen verstärkte ein führendes Mitglied der Partei, unser am 5. Juni 1919 in München erschossener Freund Eugen Leviné.

John war seit einiger Zeit auch Ausstatter in dem Filmunternehmen der Gebrüder Grünbaum. Und ich hatte ohnehin genug damit zu tun, den Malik-Verlag wieder in Gang zu setzen, der seit Ende 1917 praktisch fast aufgehört hatte zu existieren. Das Betriebskapital war schon im Krieg die Gutgläubigkeit oder heimliche Sympathie unserer Lieferanten gewesen, nach der November-Revolution war es ähnlich.

Es fand sich sogar ein Kunsthändler, der seine vornehme Galerie uns zur Verfügung stellte. Uns, das hieß: den Berliner Dadaisten – zu denen Else Lasker-Schüler, Theodor Däubler und Johannes R. Becher allerdings nicht gehörten. Ein Klebebild von Heartfield fand damals als Titelseite des Katalogs einer Ausstellung, die wir «Erste Internationale Dada-Messe» nannten, entsprechend überdruckt, erhebliche Verbreitung. Diese Komposition verschiedenartigster Ausschnitte zeigt nur wenige Details, die mit Fotografie oder Film zusammenhängen. Immerhin kann sie als Vorläufer der Fotomontage gelten. Im Überdruck finden sich einige bemerkenswert primitive Formulierungen. Unmittelbar unter den Kopfzeilen *«Kunsthandlung Dr. Otto Burchard, Berlin, Lützow-Ufer 13»* steht: «Die Bewegung Dada führt zur Aufhebung des Kunsthandels». Am unteren Rand beginnt ein auf den Kopf gestellter Text mit den Worten: «Der dadaistische Mensch ist der radikale Gegner der Ausbeutung», und als Veranstalter zeichnen: «Marschall G. Grosz, Dadasoph Raoul Hausmann, Monteurdada John Heartfield». Monteur ist noch nicht mit «Foto» verbunden. Das Wort Kunst wird nur abfällig verwendet; ausgestellt und verkauft werden «dadaistische Erzeugnisse».

Unter diesen Erzeugnissen hatte die Nummer 3 der Zeitschrift «Dada» (Malik-Verlag, April 1920) programmatischen Charakter. Sie machte besonders deutlich: Der Dadaismus in Berlin war nicht und wollte nicht sein Kunst oder eine Kunstrichtung, er war eine politisch begründete Absage an die Kunst, speziell an den Expressionismus, der von der Bourgeoisie nach anfänglichem Widerstreben schon während des Krieges und vollends nach dem Novemberumsturz salonfähig gemacht worden war. Diese Absage erfolgte auf absurde, aber treffende, ja, die Liebhaber nebelhaft-mystischer, romantisch-süßlicher Kunst ebenso wie die expressionistische und abstrakte «Avantgarde» bewußt verletzende Weise.

Ihre politischen Anschauungen jedoch wußten die Dadaisten, ausgenommen Grosz, kaum «anschaulich» zu machen. Auf der «Dada-Messe» zog sich zwar quer über die größte Ausstellungswand ein in gar nicht «verrückten» riesigen Buchstaben gemaltes Transparent mit der Losung «Dada kämpft auf seiten des revolutionären Proletariats!» Aber das revolutionäre Proletariat Berlins, das für seine verbotene Partei kämpfte, dürfte wenig davon bemerkt und nicht viel von solchen Mitkämpfern gehalten haben.

Immerhin hielt der gemeinsame Feind, der Staatsanwalt, ein Vorgehen gegen uns für angebracht — wegen Aufreizung zum Klassenhaß, Beleidigung der Reichswehr und einer Anzahl weiterer Delikte. Unter dem Beweismaterial befand sich die Grosz-Mappe «Gott mit uns!» und die erste und einzige Nummer der satirischen Zeitschrift «Jedermann sein eigner Fußball». Die ganze Auflage, 7600 Exemplare, wurde an einem einzigen Nachmittag während der Reklamefahrt eines von zwei Pferden gezogenen «Kremsers» mit Musikkapelle ausverkauft, und zwar von den Mitarbeitern, die hinter dem Kremser demonstrierten, wobei jeder laut seinen Beitrag anpries.

Mitherausgeber dieses Blattes war mein Bruder. Und hier begann er zum erstenmal bewußt die Fotografie in den Dienst der politischen Agitation zu stellen. Unter dem Titel, neben den er mich als fliegenden Fußball geklebt hatte, öffnete sich ein fotografierter Fächer, auf dem (wie auf den Ballfächern des vorigen Jahrhunderts die Bilder von Verehrern) sieben Fotoporträts von Mitgliedern der Regierung Ebert-Noske-Scheidemann angebracht waren. Darüber stand: «Preisausschreiben!», darunter: «Wer ist der Schönste?» Da die Zeitschrift sogleich verboten wurde, erschien eine neue, die «Pleite», von Grosz, Heartfield und mir herausgegeben. Auch darin veröffentlichte Heartfield Fotos mit politischem Text: Gefallene in den Masurischen Sümpfen, unterschrieben: «Hindenburgfrühstück», einen Panzerwagen mit Totenköpfen, besetzt mit Noskesoldaten, unterschrieben: «Gott mit uns — und der Staatsanwalt.» Auch die prämiierten Antworten auf ein Preisausschreiben wurden in der «Pleite» veröffentlicht. Den ersten Preis erhielt ein Herr, der bat, seinen Namen — Kurt Tucholsky — nicht zu nennen.

Die «Pleite» wurde fast regelmäßig beschlagnahmt, es wurde immer schwerer, Kolporteure zu finden, die sie zu verkaufen wagten. Nach sechs Nummern erschien sie nur noch als Beilage der Monatsschrift «Der Gegner». (Jahre später erschienen eine Anzahl weiterer Nummern ähnlichen Aussehens.)

1962

WALTER MEHRING

George Grosz

Eines Tages wird man sich bei der Betrachtung vergangener Zeiten, von den Zeugnissen unserer Zeit verwirrt, dem graphischen Werk von George Grosz zuwenden und sagen: Dies also sind die verborgenen Strukturen jener Zeit. Und es wird auffallen, daß es sich ein Künstler offenbar zur Aufgabe gemacht hat, eine Apokalypse in allen ihren Phasen wiederzugeben.

Selbst die frühesten Skizzen sind voll düsterer Zeichen, und wie bei den flämischen «Höllenmeistern(-malern)» stehen die makabren Gegensätze wie Luxus und Verbrechen, technischer Fortschritt und barbarischer Atavismus gefährlich nahe beieinander. Diese graphischen Blätter sind so scharf geätzt, daß sie fast Hieroglyphen gleichen, die eine Katastrophe prophezeien – geträumte Symbole von Mitmenschen des Künstlers. Grosz war sensibel und zugleich von derber Phantasie, was es ihm ermöglichte, immer neue Typen zu schaffen, die aus den verschiedensten sozialen Milieus stammten: Tyrannen und Opfer, Schlemmer und Hungerleider, Richter und asoziale Elemente, Schwindler, Sonderlinge und Massenmenschen. Der ganze Hintergrund – Paläste, Elendsviertel, Tanzsäle, Konzentrationslager, Großstädte, verzauberte Wälder und Schlachtfelder – wimmelt von üblen Geistern.

George Grosz wuchs in dem Wirtshaus einer norddeutschen Kleinstadt auf, das von hohen preußischen Offizieren und Beamten frequentiert wurde. Als Kind sah er diesen Karneval von Uniformen und Orden und feierlich-grotesken Larven: das Vorspiel zum Ersten Weltkrieg. Er sah es mit den wachen Augen des frühreifen Kindes, und jede Einzelheit prägte sich in seinem erstaunlichen Gedächtnis ein: das steife Korsett des Leutnants, das Doppelkinn der Kleinbürger, kostümiert wie Nibelungen aus Wagners Opern, die Dorf-Walküren, die kleinstädtischen Nachahmer des zum Idol erhobenen Wilhelm II.

Er zeichnete, wo er ging und stand, mit dem kleinsten Stückchen Kreide. Alle illustrierten Bücher, von der Indianergeschichte bis zum patriotischen Almanach interessierten ihn. Auf der Dresdner Akademie studierte er unter Anleitung eines altmodischen Professors, der in seinen Mal- und Aktklassen einen schauerlichen Realismus lehrte.

Aus dieser pedantischen Welt tauchte er in den letzten Friedensjahren als Stammgast in einem Berliner Café auf, das im Volksmund «Café Größenwahn» genannt wurde, wo die Expressionisten, Futuristen und Kubisten ihre Bilder ausstellten. Da er keinen Pfennig besaß, glich sein Aufzug dem eines Zirkusclowns. Als Atelier diente eine Dachstube in einem Vorort, die Wände waren mit amerikanischen Reklameplakaten, Schutzumschlägen von Kriminalromanen, Fotografien von Edison und Mark Twain beklebt. Auf einer Staffelei stand ein großes Gemälde «Ankunft in Manhattan». Ein Grammophon spielte unaufhörlich Ragtime. Mit Zeichnungen vollgestopfte Kisten standen überall umher. Die Modernen lehnten sein Werk als «naturalistisch» ab, und die Kritiker nahmen ihn nicht ernst, weil er nicht zeichnen konnte.

Seine Technik war dem abstrakten Infantilismus von Paul Klee entfernt verwandt, nur war er in seiner Auffassung sinnlicher und bedenkenloser in der Auswahl seiner Sujets: billige Kabaretts, Vergnügungsparks, die «Ameisen»haufen der Metropolis und immer wieder Wolkenkratzer und Farmen aus dem Westen Amerikas, wo er nie gewesen war. Seine Blätter waren von einem Linienwirrwarr durchzogen, als wären sie von einem Seziermesser zerschnitten.

«Das erste Grosz-Album» entstand in der Dachstube eines Freundes der Jugendzeit. Da brach der Erste Weltkrieg aus mit seiner «Deutschland, Deutschland über alles»-Hochstimmung, an der Grosz nicht teilhatte. Aber der falsche Glanz und das wahre Elend des Militarismus fanden jetzt Ausdruck sowohl auf den Bildern wie in den sarkastischen Federzeichnungen, die er für eine kleine Zeitschrift von Freunden anfertigte. Grosz und seine Gesinnungsgenossen gaben ihrem Protest durch einen künstlerischen Wirbelsturm Ausdruck, den wir als Dadaismus kennen. Der Zeitschrift brachten die graphischen Pamphlete Verbot und Verfolgung; für Grosz selbst bedeutete es eine Popularität, die er schnell in Deutschland, bald auch in anderen Ländern gewann.

Das einst so nüchterne Berlin hatte sich seltsam verändert: Barrikadenkämpfe tobten durch die Straßen, verkrüppelte Kriegsteilnehmer verhökerten öffentlich Lumpen und gestohlene Wertsachen; in den Kolonialwarenläden stritten sich die Arbeiterfrauen um verfaulte Kartoffeln; das Angebot der Keller-Lokale bestand aus Striptease-Tänzerinnen, Kokain und giftigem Alkohol; nachts fiel man in den Straßen über die ermordeten Opfer geheimer Feme-Organisationen. Einem Forscher gleich entdeckte Grosz das Exotische des alltäglichen Lebens.

Neben wenigen bedeutenden Malern gab es in Deutschland viele gute politische Karikaturisten. Grosz war jedoch der einzige, dem es seine Perfektion erlaubte, in der Art von Breughel, Goya und Toulouse-Lautrec sein Thema zu beherrschen. Seine Anhängerschaft nahm ständig zu, und er wurde als «der beste deutsche Karikaturist» gefeiert. Seine Bände «Das Gesicht der herrschenden Klasse», «Ecce Homo» und «Spießerspiegel» waren alles andere als nur sprichwörtlich zu nehmen – so zum Beispiel der martialisch ausgestattete «Lebensraum» der deutschen Familie: der Großvater, ein seniler teutonischer Gott; der Vater, ein arbeitsloser Rekruten-Schinder; die Mutter, eine verhinderte Germania am Klavier, umgeben von unterernährten Kindern, die die Welt mit Zinnsoldaten erobern. Dazu kam der störrische Junker; der sadistische Militärarzt, der ein Skelett als kv. einstuft und schließlich die prophetische Vision – den Ereignissen zwölf Jahre voraus – des hakenkreuzgeschmückten Nazi-Generals mit Monokel, wie er über den toten Feind hinwegmarschiert, in der Hand seinen Säbel, von dem das Blut tropft.

Mehr als einmal bediente sich die Polizei in seinem Fall aller Rechtsmittel, die sich gegen Kunstwerke anwenden ließen. Sie beschuldigten ihn der Gotteslästerung, weil er die Erscheinung Christi in sein Zeitalter verlegt hatte, wie es die Maler der mittelalterlichen Altäre auch getan hatten. Schlimmer war, daß man Grosz der Majestätsbeleidigung gegenüber der Person des Reichspräsidenten Hindenburg beschuldigte und ihm auch zur Last legte, daß er sich über die Reichswehr lustig gemacht hätte. Er hatte einen Soldaten gezeichnet, der eine an den Strand gespülte Leiche anstarrt, den Hintergrund bildeten die Türme Münchens. «Was macht denn der Soldat da?» fragte der Ankläger.

«Er denkt über die Unzulänglichkeit des Lebens nach», antwortete der Angeklagte Grosz.

«Ein deutscher Soldat denkt nicht», schrie der Ankläger. «Das ist eine niederträchtige Herabsetzung des heroischen Geistes.»

Zwei Jahre vor der Machtergreifung durch die Nazis, die er vorausgesehen hatte, ließ sich Grosz dort nieder, wo seine Phantasie schon längst zu Hause war — in den Vereinigten Staaten.

Heute möchte er nichts mehr von Europa wissen, nachdem er es vom Montparnasse bis zu dem Roten Platz, von Kopenhagen bis Korsika kennt. Er zeichnet und malt vom Sturm verwehte Dünen und moosbewachsene Klippen, die Arabesken vermodernder Wälder, das rote Glühen der Sonne über dem Horizont, Akte in der Natur oder im geschlossenen Raum. Er nähert sich einer antiken Vielgötterei — seine Felsen haben sinnliche Formen und seine Bäume sehen verzauberten menschlichen Körpern gleich; seine Grashalme beben vor Furcht, sein Himmel ist schwarz von den verbrannten Opfern auf der Erde.

Seine alten Freunde, die den Schrecken der Diktatur entronnen sind, wundern sich jedoch, wenn sie sein Haus in Long Island besuchen, über das, was wie eine panische Flucht in die Romantik der Natur aussieht, über die Gleichgültigkeit gegenüber dem Terror, der sein Vaterland schändet.

Es ist die ewige Frage, inwieweit das Individuum sich selbst oder der Umwelt gehört; in der Kunst ist dies das Problem von Form und Inhalt; und wie diese Trennung aufgehoben werden kann, zeigen die Skizzen des Zeichners Grosz: In einer Waldlichtung, wo mondbeschienene schattenhafte SA-Leute über ein Opfer herfallen, sind alle Einzelheiten des Laubwerks so sorgfältig wiedergegeben wie auf einer der biblischen Landschaften Altdorfers. Ein Gestapo-Keller an einem fahlen Morgen, die Hosen eines «verhörten» Staatsfeindes auf dem blutbefleckten Boden sind so unheimlich in ihrer Anklage wie die faszinierenden Farbtöne der Aquarellfarben.

Welcher Reichtum von Bildern! Ein Märchenwald von Großwild und Zwergen; eine Cocktail-Party; ein Mädchen, das im goldenen Regen des Herbstes badet; ein Flüchtling, dessen Füße wie angewachsen im Schlamm sind, ein unbekleidetes Bauernmädchen. «Um die niedrige Brutalität von Totschlägern zu verstehen», erklärt Grosz, «muß man den naiven Charme eines schönen Körpers kennen.»

Sturm und Dürre hinterlassen ihre Spuren auf Felsen und Bäumen, die Leidenschaft gräbt Narben und Falten in das menschliche Gesicht. Ohne Rücksicht auf sein Sujet bemüht sich der Künstler um die letzten Feinheiten in den Farbschattierungen und Konturen der Landschaft oder eines Porträts. Form und Inhalt werden eins unter der Hand eines Meisters.

1944

HANS RICHTER

Von der statischen zur dynamischen Form

Der schwedische Maler Vicking Eggeling, seiner Entwickelung nach mehr Franzose als Schwede, arbeitet in seinem Atelier weniger als ein Maler, als vielmehr wie ein Maler-Organist.

Seit 1916 malt er nicht mehr im eigentlichen Sinne, oder doch nur selten: er «komponiert». Er musiziert mit Formen (sie sind der Einfachheit halber meistens Vierecke), kleine gegen große, helle gegen dunkle, horizontale gegen vertikale, einzelne gegen viele, er macht sich «Tafeln». In jeder wird ein Prinzip der Komposition abgewandelt, entwikkelt und rhythmisiert, z. B. wie eine, grobe schwarze, liegende Form gegen viele, zartere, hellere, stehende Formen Ausdruck gewinnt. Er dringt, halb Forscher, halb Seher in das Gebiet der Form als artikulierbare Sprache ein.

In dieser Zeit begegneten wir uns. Ich kam seinen Versuchen entgegen; gleichfalls mit den Geheimnissen des Kontrapunkts in der Malerei beschäftigt. Das war im Jahre 1918. Seitdem arbeiteten und lebten wir zusammen bis drei Jahre vor seinem Tode: 1925.

Sein Atelier war bis unter die Decke voll von «Tafeln», auf denen die «Bewegungen» (gesetzmäßige Variationen) irgendeines einfachen Grundthemas aufgezeichnet waren. Wir glaubten, Johann Sebastian Bach zu hören. Die Selbstverständlichkeit seiner Lösungen war hinreißend. An das gemalte statische Bild dachten wir kaum noch, mehr an eine Art kinetische Malerei. Wir hofften, in einer «Bildreihe» etwas zu verwirklichen, was weder im Einzelbild, noch in zwanzig aufeinander Bezug habenden Bildern zu verwirklichen gewesen wäre. Nämlich den inneren Sinn (Sprachsinn), der Form, der von der Statik des Tafelbildes befreit werden mußte, um in der Dynamik, dem Prozeß der Aufeinanderfolge begreifbar zu werden.

Die statische Malerei war gesprengt.

In der chinesischen Schrift, die ja ihrem Ursprung nach eine Bilderschrift ist, entdeckten wir Beziehungen zu unseren Versuchen, Hinweise auf eine Formsprache, wie sie uns vorschwebte: Form, die etwas «bedeutet». Wenn sie im Chinesischen noch von Natur-Objekten abgeleitet war, so dachten wir daran, sie von «Prozessen» abzuleiten (wie bei Eggeling der Prozeß der «Dehnung» oder bei mir das Mosaik der «Kristallisation»). Im Verlauf dieses Studiums lernten wir die japanischen und chinesischen Rollbilder kennen, auf denen lange Geschichten erzählt werden: wie der Geliebte Sehnsucht hat, dann ein Schiff besteigt, Abenteuer erlebt und endlich bei der Geliebten empfangen wird. Bild und Schrift wechselten einander ab, aber die Schrift blieb doch Bild.

Eines Vormittags stürzte Eggeling zu mir mit einem «Heureka» in das Atelier: «Wir werden die Zeichnungen auf Rollen bringen. Keine Versuchstafeln mehr, sondern Rollen als die Form unserer neuen Kunst. Wir werden ihnen Dichtungen der Form erzählen, wir werden die Form singen lassen.»

Im Rausch gingen wir an die Arbeit. Die ersten Rollbilder entstanden 1919. Als sie vor uns lagen, begriffen wir erst, daß der Weg zum Film führen müsse, daß im Film noch ganz neue Perspektiven für den von uns angebahnten Weg lagen.

Ein kleiner Bankdirektor, aus Forst in der Lausitz, lieh uns eine mäßige Summe, mit der wir unsere ersten Filmversuche machten.

Eggeling bezeichnete unsere Rollen oft als Partitur «für den Film», aber das entsprach nicht vollkommen den Tatsachen. Wir liebten die Rollen, mit Recht, als selbständige, künstlerische Form. Außerdem stellte sich bald heraus, daß die technischen Bedingungen des Films, der solche Aufgaben nie zu lösen bekam, in seiner vorhandenen Form unsere komplizierten Themen nicht, oder nur unvollkommen lösen konnte.

So außerordentlich das Erlebnis war, so außerordentlich waren die technischen Schwierigkeiten.

Eggeling zwang, in zweijähriger Arbeit, unterstützt durch eine Mitarbeiterin, die ihm an Fanatismus nicht nachstand, die, beiden unbekannte Technik in die Form seiner «Diagonal-Symphonie». Ich gab den Versuch, meine erste «Rolle» zu verfilmen, nach der Verfilmung eines «Satzes» auf, und versuchte aus der kinematographischen Technik selbst solche Formen zu finden, mit denen man unsere Prinzipien: die der «Formmusik» praktisch im Film realisieren könnte. Durch Reduktion aller komplizierenden Details, die in Wirklichkeit eben noch Mittel der Malerei waren – (solange der Film noch nicht so differenzierbar geworden ist, wie die Malerei) kam ich auf das «Musizieren» mit größeren und kleineren, helleren und dunkleren, vertikalen und horizontalen, etc. etc. Lichtflecken: ich engte die ganze Fläche mehr – oder weniger ein: und fing im Film genau das gleiche wieder an, was Eggeling 1916 in der Malerei begonnen hatte: ich musizierte auf primitivste Weise mit Vierecken. Aber diese Vierecke: das war die viereckige Projektionsfläche. Sie hatten nichts zu tun mit dem programmatischen

Quadrat Malewitschs oder Mondrian-Doesburgs. Es blieb mir bewußt, daß diese Formlosigkeit nur der erste, allerprimitivste Versuch war, die von uns gewonnenen Gesetze des Formausdrucks, der rhythmischen – Verbindung der Formen – im Film anzuwenden, ihrer Herr zu werden.

Was bei den Suprematisten und Stijl-Leuten ein Ende (und Dogma) war, das konsequente Ende dieses Tafelbildes, war bei mir der primitivste Anfang. Was bei ihnen ein «Glaubenszeichen» war (Doesburg verglich das Quadrat oft mit dem Kreuz der ersten Christen), war bei mir technische Bedingtheit. Die Parallele, die sich aus solchen Tatsachen ergiebt, ist viel ergiebiger als die oberflächliche Parallele der Form: «daß das eine Viereck aus dem andern entstand». Dazu ist sie falsch. Weder Eggeling noch ich haben je zu einer Gruppe gehört, weder zu «Dada» noch zu «Stijl» noch zu einer andern.

Im Mai 1925 starb, 46jährig, Eggeling, der die Malerei in seiner Zeit «zu Ende» gedacht hatte. Es war ihm materiell nicht möglich, noch einen weiteren Film zu verwirklichen, der die Unvollkommenheiten des ersten überwunden hätte.

1937

MICHEL SEUPHOR

Marcel Janco

Die Gruppen der Avantgardisten, die das Gesicht des Jahrhunderts, von einem ästhetischen Gesichtspunkt aus gesehen, verändern, avanzieren nicht wie die mazedonische Phalanx in geordneten Reihen, sondern vielmehr hier und da, manchmal zerstreut, manchmal ohne daß man sie erwartet. Es gibt diejenigen, die zu schnell vorwärts marschieren, sozusagen mit einem großen Sprung, zu schnell für sie, um auf einem soliden Grund zu stehen. Und die anderen, nicht weniger talentiert als die ersten, die, seltsam genug, immer im Hintergrund bleiben. Sollten sie, wie es geschieht, dauernd im Hintergrund bleiben, ist es manchmal die Aufgabe des Kritikers, sie in den verlorenen Gebieten ihres Verweilens aufzusuchen, um ihnen ihre Position zu sichern oder sie an die Stelle zu rücken, wohin sie wirklich gehören. Das, die Zufallsarbeit des Schicksals zu ergründen, gelingt manchmal nicht. Dann ist es besser, sie gründlich anzusehen, als täte man nichts, als einem Hang zum Amüsement folgen, so als wenn die Geschichte sich selbst einen Scherz erlaubt hätte, um auf diese Weise das Unrecht, das man ihnen angetan hat, wiedergutzumachen.

Diese Einleitung bezieht sich auf Marcel Janco. Unter den vielen Künstlern, deren Ruhm nicht in richtigem Verhältnis zu dem Wert ihrer Arbeiten steht, gibt es kaum einen, bei dem das Mißverhältnis so ausgesprochen ist. Jancos Arbeiten aus der Dadazeit sind noch heute Beispiele eines besonders guten Ausdrucks dieser Periode. Es ist kaum zu glauben, daß er auch heute noch so unbekannt geblieben ist. Und das trotz aller Untersuchungen, die man um diese Zeit gemacht hat, die man schon fast als archäologisch bezeichnen kann.

Als Student in Zürich, im Jahre 1916, wird Janco einer der geistigen Urheber der berühmten Dada-Abende im Cabaret Voltaire. Es gibt viele Janco-Bilder, die in einer besonders lebendigen, allerdings noch figurativen Methode die exzentrische Atmosphäre dieser Abende wieder lebendig machen. Im Jahre 1917 werden Jancos Bilder (meistens Stillleben) lustig, sie wenden sich von der Wirklichkeit ab und werden fast abstrakt. Die Persönlichkeit des Malers wird deutlicher. Im gleichen Jahr konstruiert Janco seltsame Skulpturen, die, vierzig Jahre zu früh die zahllosen «Erfindungen» der jungen Maler von heute vorwegnehmen, die – und das wird jedem klar – sich glücklich fühlen, daß sie von den Dingen, die zwischen 1910 und 1920 passierten, nichts wissen.

Jedoch viel wichtiger sind die Kreidezeichnungen und Reliefs, einfarbig oder mit mehreren Farben, die von unserem Künstler zwischen den Jahren 1917 und 1919 geschaffen wurden, und die Malereien mit Buntstift zwischen 1919 und 1920. Einige Bilder, die sich als dauerhaft erwiesen haben, sind in dieser Ausstellung zu sehen. Sie zeugen von einer genialen malerischen Qualität. Charakteristisch für diese Werke aus der Jugendzeit ist eine Komposition großen Gleichmaßes, reich mit und durch sanfte Melodie in Form und Farbe. Es erinnert an die Reife der Mozartschen Jugend. Eine oberflächliche Verbeugung sieht man hier dem Dadaismus gegenüber, aber es verliert sich in einer Art Monotonie. Man hat sich darüber geeinigt, daß die Bewegung aus nichts als Negativismus und zufälligen Scherzen bestand. Jedoch, Arp hat gesagt und wiederholt, daß Dada kein Scherz war. Janco, Huelsenbeck und Richter behaupten dasselbe, und last but not least, Sophie Taeuber. Dasselbe kann man erwarten von Vicking Eggeling und Hugo Ball, wenn sie noch am Leben wären. Einige Schaustellungen, täuschend wie sie sind, und im besonderen die Ausbrüche kindlicher Heiterkeit haben dem Publikum die Idee gegeben, daß, wenn man die Arbeiten untersucht, man seine Ansicht (über Dada) ändern müsse. Selbst heute, vielleicht gerade heute, wird alles, was so aussieht wie Lautheit und Roheit und Geheimniskrämerei als eine Art Dadaismus definiert. Deswegen soll man sich nicht aufregen. Wir wollen uns mit der Beobachtung begnügen, daß die Bewegung, wie sie wirklich war, fast so viele Auffassungen des Dadaismus enthielt, wie es Dadaisten gab. In diesem Kreis, der so reich an schöpferischen Kräften war, reich, was den Sinn für Konstruktion angeht, spielt der Wunsch nach einer strengen Ordnung eine große Rolle, besonders bei Eggeling und Richters Laufbändern für abstrakte Filme, und ebenso bei den ersten Papierkollagen von Arp und Sophie Taeuber.

Dasselbe ist wahr, in bezug auf Jancos weiße und vielfarbige Reliefs. Diese letzteren muß man (und ich habe es mir sorgsam überlegt) unter die besten Arbeiten einer sich ausdehnenden abstrakten Kunst rechnen. Ich habe keinen Grund, in die Einzelheiten zu gehen, und ich weiß warum. Ich denke, es ist fast komisch, wenn ein Kritiker es sich zur Aufgabe machte, eine ausführliche Kritik eines Mozart-Quartetts, eines Beethoven-Konzerts zu geben, ohne sich lächerlich zu machen. Soweit es die Musik angeht, muß man erst zuhören, und hier muß man erst hinsehen. Und man muß es verstehen zu genießen. Man muß sich in einen Zustand des Überkommenseins versetzen, so daß man das Produkt und seine Konzeption mit dem Künstler genießen kann. Kommentare, wie intelligent sie auch sein mögen, sind wirklich ohne Bedeutung. Soweit es sich um Musik handelt, haben wir es mit einem Problem der freien Variation eines gestellten Themas zu tun. Strukturen ohne Starrheit, mit wechselnden Akzenten und Stufungen, und alles dies ohne scheinbare Anstrengung. Die Malereien auf Sackleinwand scheinen mit der Kreide und Gipsschicht zu spielen, in der Art, wie sie fast lieblos in der Mitte der Leinwand konzentriert sind, so als hätte der Künstler die Absicht gehabt, einen Widerstand bei den verschiedenen Arten des Materials zu erzeugen. Das Material, die Sackleinwand, bleibt sichtbar um die Gipsschicht gehäuft, die wiederum oft der einzige Platz ist, auf dem sich das abspielt, was man gewöhnlich als Malerei bezeichnet.

Ich erhielt seine ersten Briefe im Anfang der langen rumänischen Periode. Manchmal waren sie von kleinem architektonischem Gekritzel begleitet, besonders nett in ihrer Zwecklosigkeit, Zeugen dafür, daß Lachen und Humor ein Teil unserer Existenz sind und daß diese Art der Lebensauffassung der Funktion der Kunst nicht widerspricht.

Im Jahre 1942 als Flüchtling in Israel hatte er seine erste Ausstellung im Museum in Tel Aviv. Sein Schicksal hat sich dann schon mit dem Schicksal seines neuen Vaterlandes verbunden, das durch ihn Kenntnis von der neuen Kunst bekommt, und zwar zuerst durch Teile seiner eigenen Arbeit. Und diese Leistungen, zeitlich nach den Reliefs und den Malereien auf Sackleinwand, zeigen uns eine Bereicherung mit neuen Themen, sie sind häufiger figürlich als abstrakt, und sind in einer gewissen traditionellen Technik ausgeführt. Landschaften, Stilleben, Porträts und seelische Entwicklungsstadien. Das Ganze ist wie ein Universum, von dunklen Farben überdeckt. Eine stets sich ändernde lyrische Note kontrolliert hier Harmonien, die niemals aus sich herausschreien. Der Dadaist, obwohl er die Erinnerung an seine frühe Entwicklung in seinem Herzen bewahrt hat, weist die Vernachlässigung der festen Formen zurück.

Obgleich ohne Gewalt sind diese Werke doch nicht ohne Stärke. Obgleich vielfältig auf Grund der Erfahrungen eines vierzigjährigen bewegten Lebens sind diese Werke doch nicht ohne durchgehende Einheitlichkeit. Den Tatsachen der Entwurzelung und einer oft auf Nebenwege führenden Lebensweise zum Trotz, sieht man hier keine ungünstige Beeinflussung hinsichtlich dessen, was der Künstler sagen will.

Alles dies in Betracht gezogen, muß man sagen, daß der große Sieg, die Sicherheit, mit der die ganze Karriere sich abspielt, im Anfang zu finden ist: in Jancos Arbeiten, die er in der Dadaperiode vollendete. Diese Zeitepoche, die oft jemandem Unrecht tut, wird eines Tages mit absoluter Sicherheit, die aus dem Gefühl der Gerechtigkeit kommt, den Wert dieses wenig bekannten Kunstpioniers anerkennen. Ich verbürge mich dafür — trotz allem und allem.

1961

HANNAH HÖCH

Eine der Reisen mit Kurt Schwitters

Es war wohl 1924. Kurt Schwitters war nach Berlin gekommen zu seiner Ausstellung und einem Vortrag im «Sturm». An einem Abend sahen wir uns im Metropol-Theater «Halloh die große Revue» an. Eine der Kitschdarbietungen, die mit brutalen Mitteln nur auf Sex-Wirkung eingestellt waren. Kurt war sofort entschlossen, selbst eine Revue zu machen. Eine Merzschau von gigantischen Ausmaßen sollte entstehen. Und von künstlerischer Form. Kurt Schwitters als Leiter des Ganzen, und die Texte übernehmend.

Als Komponisten war es bald gelungen, St. zu gewinnen. Der war damals natürlich noch nicht ein so arrivierter Mann wie heute und zeigte sich bereit, sich an einer so abenteuerlichen Gemeinschaftsarbeit zu beteiligen.

Ich sollte Ausstattung und Figurinen machen. Acht Tage arbeiteten wir einträchtig und fieberhaft in Berlin. Schwitters mußte am Sonntagvormittag wieder in Hannover sein. Er hatte da eine seiner Matineen, die turnusmäßig in seiner Wohnung stattfanden. Zu diesen Veranstaltungen kam jahrelang ein bestimmter Hannoveraner Kreis. Freunde, aber auch neugierige Feinde und auch Leute, die Schwitters kraft seiner Persönlichkeit sozusagen gezwungen hatte, sich mit seiner Auffassung von Kunst zu befassen. Das waren manchmal Fabrikdirektoren oder auch ein Mann, der Schuhe flickte.

Sehr gern ließ er diese Matineen von Gästen bestreiten, die er damit den Hannoveranern persönlich vorstellte. Ich erinnere, daß da Arp, Doesburg, Hausmann, Lissitzky, Mynona, aber noch viele andere, Vorträge, Vorlesungen und ähnliches gehalten haben. Meist wurde auch gleich noch eine kleine Bilder-, Zeichnungen- oder Architekturschau mit geboten. Und hatte er niemand nach Hannover lotsen können, so bestückte er den Abend oder Vormittag selbst.

Kurt Schwitters mußte also, zu seinem großen Leidwesen, die Revue-Arbeit in Berlin abbrechen. Nun bestürmte er uns, doch mit nach Hannover zu kommen. St. war bereit dazu. Ich konnte mich nicht freimachen oder der Geldmangel erlaubte keine Reise mehr, ich hatte mich entschieden geweigert. Die zwei sollten also allein fahren. Sonnabend, morgens 6.30 Uhr ging der Zug. Personenzug vom Potsdamer Bahnhof. Nicht D-Zug vom Lehrter (den jeder vernünftige Mensch nach Hannover benutzte).

Nachts, gegen 2 Uhr, klopft es an meine Tür.

Hannaaah — ich erschrocken: Kurt was ist?

Hannah, hör mich an, du *mußt* mitkommen.

Ich stelle fest: Du bist verrückt. Ich *kann* doch nicht.

Er beharrt. Beschwört mich: Du mußt.

Ich: aber nimm doch Vernunft an, selbst wenn ich wollte, ich könnte doch jetzt, in den drei verbleibenden Nachtstunden, gar nichts mehr machen ... und ... und ... was soll denn wohl mit der Ninn geschehen. (Ich hatte eine riesige bernsteinfarbene Angorakatze.)

Die muß mit. Und ich helfe dir jetzt.

Nun — wenn Kurt Schwitters so eisern etwas wollte, dann war es wie das Schicksal, unabwendbar. In diesem Stadium seiner Willensäußerung konnte sich ihm niemand entziehen.

Ich stehe also auf und richte alles für eine achttägige Reise.

Um 5.30 Uhr verlassen wir das Haus in Friedenau. Unser Abmarsch glich, wie immer mit K. Schw. einem Umzug. Er hatte vier oder fünf gewaltige, wie immer unsinnig schwere Koffer. Dazu kamen: eine alte, gewichtige Schreibmaschine, ein Bilderpaket von kolossalen Ausmaßen, zusammengehalten von einer alten Helmaschürze und einem dicken Kabel. Ein Rucksack. Ein Paket Zeitschriften «Der Sturm» und andere. Dazu kamen: mein Köfferchen, ein großer Henkelkorb, in dem die Katze lag, ein Kakteentopf, den ich versprochen hatte, mal mitzubringen und eine Mappe mit Zeichnungen von mir. Dreimal mußten die 107 Stufen zu meinem Atelier hinaufgestiegen werden, um alles herunter zu bekommen. Der Weg zur Straßenbahn wurde in Etappen, mit zweimal Zurückgehen und dann Vorwärtsschleppen, gemacht.

Dann wuchteten wir in die morgenfrische Straßenbahn. Schon in Zeitnot. Aber die gute trollte sich nun stadtwärts. Plötzlich — in der Potsdamer Straße — vor Waldens «Sturm»: wir müssen raus. — Kurt was ist los —?

Er lädt ab. Alles ab. Zwölf Kolli. Stürzt zur Haustür vom «Sturm». Die öffnet sich wie von Geisterhand und herausgeschoben wird — das umfangreiche Modell einer Bühne. In den Schwittersfarben bemalt, höchst absonderlich wirkend, wenigstens auf den Normalbürger.

Die nächste Straßenbahn kam auch schon gerollt, und es begann das neuerliche Aufladen, Abfahren und kurz darauf wieder Abladen, am Potsdamer Bahnhof nämlich.

Schleppen ... schleppen. Die Bahnhofsstufen hinauf und ... da stand St., uns oder eigentlich nur Schwitters erwartend. Sehr elegant wie immer. Mit dünnem Stöckchen (das war zu dieser Zeit der letzte Chick). Gepflegt wie stets. Sehr überlegen, wie es einem gescheiten und zielbewußten Menschen gemäß ist, ein internationaler Reisender. Wir schleppen. Schleppen. Zur Sperre. Da steht, unausgeschlafen, Hans Richter, stützend eine mannshohe Rolle, Zeichnungen enthaltend, die sollten mit. Die Matinee zu schmücken.

Der Zugabfertiger hielt den Zug nur mit Mühe zurück – wir schleppten.

Wir fielen in das letzte Abteil. Der bereits anwesende Herr floh.

Der Atem flog uns noch und unser letzter Wagen war noch nicht aus der Halle, da hatte Kurt Schwitters bereits die Schreibmaschine ausgepackt, sie auf einen umgekippten Koffer gestellt und tippte. An der Revue. Wir arbeiteten in die taufrische Landschaft hinein.

Plötzlich – wir hielten gerade mal wieder, sagt Kurt kühl: Wir müssen jetzt heraus.

St. und ich hatten nicht mal Zeit, erstaunt zu sein. Raus ging's. Alles raus. Wir waren in Magdeburg. Und da waren auch schon Hände schüttelnde Menschen – die sich über nichts wunderten – auch nicht über die Katz, auch nicht über das Theater, auch nicht über den ganzen lebenden und inventaren Zuwachs. Moltzans (der Maler) empfingen uns.

Am Nachmittag machten wir eine Stadtbesichtigung. Magdeburg hatte damals die ersten farbigen Häuserfassaden. Bruno Taut hatte die Stadt damit zu einer Attraktion gemacht.

Am Abend waren die Magdeburger Honoratioren zu einem Fest geladen, und wir tanzten, tranken und waren vergnügt, als Kurtchen – es war 1.15 Uhr nachts – wieder mal plötzlich – sagte: In einer Viertelstunde geht unser Zug. Es ist der letzte, und wir müssen ihn kriegen. Um 10 Uhr beginnt meine Matinee.

Wir müssen wahrhaftig gefahren sein.

Nur ein vages Erinnern ist bei mir noch an eine Pferdedroschke, mit gehäkelten Deckchen an der Rücklehne, die mit einem unwahrscheinlichen Durcheinander vollgestopft war, die im ersten Tageslicht nach Waldhausen hinauszottelte.

Hier kam uns, im Nachtgewand, Helma die Treppe herunter entgegen. Lieb und hilfsbereit – wie immer. Wenn es gälte, in einer Person die Geduld zu glorifizieren, so sollte diese Ehre Helma Schwitters zuteil werden. Schwitters Helma, Cousine, Frau und Mutter seines Sohnes.

1958

ANHANG

Bibliographie

BÜCHER

ARAGON, LOUIS: La peinture au défi. Paris (Corti) 1930
Mit Collagen von Arp, Duchamp, Ernst, Man Ray, Picabia u. a.

ARP, HANS: Der Vogel selbdritt. Berlin (Otto v. Holten) 1920. (Privatdruck)
Enthält für «Die Schwalbenhode» geschriebene Gedichte. Auszüge u. a. in: Dada; 391. Wiederabdruck von «Kaspar ist tot» (datiert «Weggis 1912») in: Dada-Almanach, hg. von R. Huelsenbeck (Berlin 1920). Auch in: Arp, On my way (New York 1948), mit einigen Abweichungen.

– Die Wolkenpumpe. Hannover (Steegemann) 1920. (Die Silbergäule. 52/53)
Vortrag vom 9. April 1919 (9. Dada Soirée). Erste Teilveröffentlichung in: Dada Nr. 4/5 (Dt. Ausg.), 1919. Auszüge auch in: Der Zeltweg, 1919, u. a.

– Der Pyramidenrock. Erlenbach-Zürich, München (Rentsch) 1924
Teilabdruck in: G Nr. 3, 1924.

– Weißt du schwarzt du. Gedichte. Zürich (Pra-Verlag) 1930
Geschrieben 1922. Mit Illustrationen von Max Ernst (1929). – Auszüge u. a. in: Marie, Juli 1926; De Stijl Nr. 73/74, 1926.

ARP, HANS, und VICENTE HUIDOBRO: Tres immensas novelas. Santiago (Zig-Zag) 1935
Dt.: Drei und drei surreale Geschichten. Übers. von Juan Allende-Blin und Gerd Zacher. Berlin (Gerhardt Verlag) 1963.

ARP, HANS: Le siège de l'air. Poèmes 1915–1945. Paris (Vrille) 1946
Mit 8 Illustrationen von Arp und Sophie Taeuber-Arp.

– On my way. Poetry and essays 1912 ... 1947. New York (Wittenborn, Schultz) 1948. (Documents of modern art. 6)
Übersetzungen und Originalbeiträge. Unter Mitarbeit von C. Giedion-Welcker und G. Buffet-Picabia hg. von R. Motherwell. Bibliographie von Bernard Karpel. Enthält «Dadaland» (S. 39–47; 86–90).

– Onze peintres. Vus par Arp. Zürich (Girsberger) 1949
Essays über Arp, Ernst, Schwitters, Taeuber u. a.

– Collages. Paris (Berggruen) 1955

– Unsern täglichen Traum ... Erinnerungen, Dichtungen und Betrachtungen aus den Jahren 1914–1954. Zürich (Verlag der Arche) 1955
Enthält: «Dada war kein Rüpelspiel». Mit Bibliographie.

BAADER, JOHANNES: Die acht Weltsätze. «Mühlheim an der Donau» 1919
«Über die Ordnung der Menschheit im Himmel.» – Auszüge auch in: Merz Nr. 7, Jan. 1924.

BALAKIAN, ANNA: Literary origins of surrealism. New York (King's Crown Press) 1947
Dissertation (Columbia University). Enthält ein Dada-Kapitel («The road to chaos»).

BALL, HUGO. (Hg.) Almanach der Freien Zeitung, 1917–1918. Bern (Der Freie Verlag) 1918
Einleitung und weitere Beiträge von Ball: S. 126 ff, 137 ff, 175 ff.

– Flametti. Oder vom Dandysmus der Armen. Berlin (Reiss) 1918
Autobiographischer Roman aus der Zeit vor dem «Cabaret Voltaire», als Ball in Zürcher Cafés auftrat.

– Zur Kritik der deutschen Intelligenz. Bern (Der Freie Verlag) 1919

– Die Flucht aus der Zeit. München, Leipzig (Duncker & Humblot) 1927
Tagebucherinnerungen an die Zeit des Dada und seine Anhänger, z. B.: «An Richard Huelsenbeck» (8. Nov. 1926). – Neuausg.: Luzern (Stocker) 1946. (Mit Bibliographie.) Auszüge u. a. in: Transition Nr. 25, 1936.
– Briefe 1911–1927. Einsiedeln, Zürich, Köln (Benziger) 1957
– Gesammelte Gedichte. Geleitwort: Hans Arp. Zürich (Die Arche) 1963. (Sammlung Horizont)
Barr, Alfred H., jr. (Hg.) Fantastic art, dada, surrealism. 3. rev. Aufl. New York (Museum of Modern Art) 1947
Ursprünglich (Erstausgabe) Katalog einer Ausstellung (Dez. 1936–Jan. 1937). – Erw. um Essays von Georges Hugnet: «Dada»; «In the light of surrealism». Mit Bibliographie und kurzer chronologischer Übersicht von Elodie Courter und Alfred H. Barr: «The Dada and surrealist movements 1910 to 1936, with certain pioneers and antecedents». Reproduktionen von Werken dadaistischer Künstler: Arp, Baargeld, Duchamp, Ernst, Grosz, Hausmann, Hannah Höch, Picabia, Man Ray, Christian Schad, Schwitters, Sophie Taeuber-Arp.
– (Hg.) Masters of modern art. New York (Museum of Modern Art) 1955
U. a. über Arp, van Doesburg, Duchamp, Ernst, Grosz, Man Ray, Richter und Schwitters. – Dt. Ausg.: Meister der modernen Kunst. München (Desch) 1956.
Bazin, Germain: Notice historique sur Dada et le surréalisme. In: Histoire de l'art contemporain: la peinture. Publié sous la direction de René Huyghe. Paris (Alcan) 1935
Erstveröffentlichung in: L'Amour de l'Art, 1934.
Belli, Carlo: Kn. Milano (Milione) 1935
Über Dada: S. 115–122.
Benet, Rafael: El futurismo comparado. El moviemento Dada. Barcelona (Omega) 1949
Bittner, Herbert: (Hg.) George Grosz. New York (Arts Inc.) 1960
Dt. Ausg.: Köln (DuMont Schauberg) 1961
Bosquet, Alain. (Hg.) Surrealismus, 1924-1949. Texte und Kritik. Berlin (Henssel) 1950
Über Dada: S. 10–15.
Bouvier, Émile: Initiation à la littérature d'aujourd'hui. Cours moyen. Paris (Renaissance du Livre) 1932
Breton, André: Mont-de-piété. Paris (Au Sans Pareil) 1919
– und Philippe Soupault: Les champs magnétiques. Paris (Au Sans Pareil) 1921
«A la mémoire de Jacques Vaché.» Engl. Übers. (Auszug) u. d. T.: White gloves. In: New Directions Nr. 5, 1940.
Breton, André: Les pas perdus. Paris (Gallimard) 1924
Essays über Vaché, Ernst, Duchamp und Picabia. Auch Dada-Texte (S. 73–77; 85–94; 123–132) u. a. Wichtige Auszüge in engl. Übers. in: The Dada painters and poets, ed. by R. Motherwell (New York 1951), S. 199–211.
– Le surréalisme et la peinture. Paris (Gallimard) 1928
Entstehungsgeschichte. Auch über Duchamp, Ernst u. a. – Neuausg.: New York (Brentano's) 1945
– (Hg.) Anthologie de l'humour noir. Paris (Le Sagittaire) 1940
Enthält: Picabia, Cravan, Duchamp, Rigaut.

BRZEKOWSKI, JAN: Kilométrage de la peinture contemporaine. Paris (Fischbacher) 1931

BUFFET-PICABIA, GABRIELLE: Aires abstraites. Genève (Cailler) 1957
Vorwort von Arp. Enthält u. a. drei Wiederabdrucke: L'époque «pre-dada» à New York (aus: The Dada painters and poets, ed. by R. Motherwell, New York 1951); On demande «Pourquoi 391? Qu'est-ce que 391?» (aus: Plastique Nr. 2, 1937); Dada (aus: Art d'aujourd'hui Nr. 7/8, März 1950).

CIRLOT, JUAN EDUARDO: Diccionnario de los ismos. Barcelona (Ediciones Omega), Buenos Aires (Argos) 1949
Über Dada: S. 78–81.

CLAIR, RENÉ: Entr'acte. Milano (Poligono) 1945
Über den 1924 uraufgeführten Film (Drehbuch von Picabia, Musik von Satie).

CLOUGH, ROSA TRILLO: Looking back at futurism. New York (Cocce Press) 1942
Dissertation. Wichtige Studie zur Ästhetik und Literatur des Futurismus. – Rev. Neuausgabe: 1962.

COWLEY, MALCOLM: Exile's return. A narrative of ideas. New York (Norton) 1934
Enthält einen Abschnitt über «The death of dada». – Auch in: The New Republic, 10. u. 17. Jan. 1934.

CRAVAN, ARTHUR. (Hg.) Maintenant. Textes présentées par Bernard Delvaille. Paris (Losfeld) 1957
Neuausg. der 1913–1915 erschienenen Prä-Dada-Zeitschrift mit Texten von Cravan. Enthält: «Poète et boxeur, ou l'Aime au vingtième siècle. Prosopoème.» Einleitung von Delvaille.

CREVEL, RENÉ: L'esprit contre la raison. Marseille (Cahiers du Sud) 1928

Dadaco. Dadaistischer Weltatlas, unter Mitarbeit aller ächter Dadaisten. München (Wolff) 1920. [Unveröffentlicht]
Geplanter Prospekt für eine internationale Dada-Anthologie. Nur Probeabzüge vorhanden. Vgl. Inserate und Beilagen in: Der Dada Nr. 2, 1920 («Aus dem Dadako»); Nr. 3, 1920; Der Zeltweg, Nov. 1919; und separate Prospekte («Dadaistischer Handatlas. Erscheint im Januar 1920. Größtes Standard-Werk der Welt.») Als Herausgeber war Richard Huelsenbeck vorgesehen, unter Mitarbeit von Grosz, Hausmann u. a.

DERMÉE, PAUL: Films. Paris (L'Esprit Nouveau) 1919

DOESBURG, THEO VAN: Wat is Dada? 's-Gravenhage (Uitgave «De Stijl») 1923

DORIVAL, BERNARD: Depuis le cubisme, 1911–1944. Paris (Gallimard) 1946
Bd. 3: Les étapes de la peinture française contemporaine.

DREIER, KATHERINE S., und MATTA ECHAURREN: Duchamp's glass. La mariée mise à nu par ses célibataires, même. An analytical reflection. New York (Société Anonyme) 1944

DUCHAMP, MARCEL: [La boîte.] Paris 1914
«Une boîte comme réceptacle d'une œuvre littéraire lui était venue des 1914 à Paris ... Un prototype de celle de 1934 ... le manuscrit original se trouve aujourd'hui au Musée de Philadelphia.» (Anmerkung von Sanouillet in: Duchamp, Marchand du sel, Paris 1958. Textbelege: S. 29–33.)

– La mariée mise à nu par ses célibataires, même. Paris (Éditions Rrose Sélavy) 1934

Grünes Samtkästchen. «Cette boîte . . . doit contenir 93 documents (photos, dessins et notes manuscrites) des années 1911–15 . . . en facsimilé.» Teilveröffentlichung (von André Breton) in: Surréalisme au Service de la Révolution Nr. 5, Mai 1933. – Amerik. Auswahlausg. (1957) und Neuausg. (1960): s. u. – Auszüge auch in: Duchamp, Marchand du sel (Paris 1958), s. u.
– Rrose Sélavy. Oculisme de précision. Poil et coups de pied en tous genre. Paris (G.L.M.) 1939
– Boîte-en-valise. Contenant la reproduction des 69 principales œuvres. New York 1941/42
Lederkästchen mit Miniatur-Nachbildungen und -Reproduktionen (besonders des Frühwerks). Erstauflage: 20 Exemplare (angezeigt von der «Art of This Century Gallery» New York, 1943). Versch. Neuausg. in Leinenetuis. (Raritäten.)
– From the green box. Translated and with a preface by George Heard Hamilton. New Haven (Readymade Press) 1957
Auswahl mit typographischer Beilage von 25 Bildern aus: Duchamp, La mariée misa à nu . . . Paris 1934.
– Marchand du sel. Écrits. Réunis et présentés par Michel Sanouillet. Bibliographie de Poupard-Lieussou. Paris (Le Terrain Vague) 1958. (Collection «391»)
Auszüge aus: La mariée mise à nu par ses célibataires, même; Rrose Sélavy. Enthält außerdem Kritiken, Urteile und andere Texte von Duchamp. Mit Einführung, Zeittafel, Abbildungen und einem umfassenden «Essai de bibliographie générale» (S. 201–230).
– The bride stripped bare by her bachelors, even. A typographic version by Richard Hamilton of Marcel Duchamp's Green box. Translated by George Heard Hamilton. New York (Wittenborn), London, Lund (Humphries) 1960. (Documents of modern art. 14)
Engl. Übers. mit typographischen Abbildungen von: Duchamp, La mariée mise à nu . . . Paris 1934. Anhang von R. und G. H. Hamilton.
EGGER, EUGEN: Hugo Ball. Ein Weg aus dem Chaos. Olten (Walter) 1951
ELUARD, PAUL: Le devoir et l'inquiétude. Poèmes suivis de «le Rire d'un autre». Paris (Gonon) 1917
– Les nécessités de la vie et les conséquences des rêves. Précédé d'exemples. Paris (Au Sans Pareil) 1921
Zwei Gedichte in engl. Übers. in: New Directions Nr. 5, 1940; und in: The Dada painters and poets, ed. by R. Motherwell (New York 1951).
– Répétitions. Paris (Au Sans Pareil) 1922
Mit Zeichnungen von Max Ernst.
– Les malheurs des immortels. Révélés par Paul Eluard et Max Ernst. Paris (Librairie Six) 1922.
Dt. Übers.: Köln (Galerie der Spiegel) 1960. Mit 21 Zeichnungen von Max Ernst. – Engl Übers.: Misfortunes of the immortals. New York (Black Sun Press) 1943. (Mit drei neuen Zeichnungen von Max Ernst.)
ERNST, MAX: Histoire naturelle. Paris (Bucher) 1926
Folio von 34 Tafeln mit einer Einleitung von Hans Arp.
– La femme 100 têtes. Roman en collages. Paris (Éditions du Carrefour) 1929
Neuausg.: Paris (Éditions de l'Oreil) 1956. – Dt. Übers.: Berlin (Gerhardt Verlag) 1963.

– Rêve d'une petite fille qui voulut entrer au carmel. Paris (Éditions du Carrefour) 1930
Collagen mit einführendem Text.
– Œuvres de 1919 à 1963. Paris (Cahiers d'Art) 1937
Mit Illustrationen von Ernst und Texten von und über Ernst.
– Beyond painting, and other writings by the artist and his friends. New York (Wittenborn, Schultz) 1948. (Documents of modern art. 7)
Hg. von R. Motherwell. Mit biographischen Anmerkungen und einer Bibliographie von Bernard Karpel. – Enthält Beiträge von Arp, Breton, Eluard, Ribemont-Dessaignes, Tzara, J. Levy, N. Calas, Matta.
– At eye level. Paramyths. Beverly Hills (Copley Galleries) 1949
«At eye level» (Gedichte, Äußerungen und Collagen): S. 9 ff.; «Paramyths»: S. 23 ff.
– Gemälde und Graphik. 1920–1950. Stuttgart 1951
– Paramythen. Gedichte und Collagen. Köln (Galerie der Spiegel) 1955
Evola, J.: Arte astratta. Teoria, composizioni, poemi. Roma (Maglione e Strini) 1920. (Collezione Dada)
Fels, Florent: Propos d'artistes. Paris (Renaissance du Livre) 1925
Beiträge von und über George Grosz: S. 78–84.
Fernández, Justino: Prometeo. Ensayo sobre pintura contemporánea. Mexico (Porrúa) 1945
Über Dada: S. 29–38.
Flake, Otto: Nein und Ja. Berlin (S. Fischer) 1920
Schlüsselroman über seine Dada-Erlebnisse.
Gascoyne, David: A short survey of surrealism. London (Cobden-Sanderson) 1935
«The dadaist attitude»: S. 23–44.
Giedion-Welcker, Carola: Poètes à l'écart. Anthologie der Abseitigen. Bern-Bümplitz (Benteli) 1946
Mit Texten von Arp, Ball, Dermée, van Doesburg, Picabia, Schwitters, Tzara und zahlreichen Dokumenten.
– Hans Arp. Stuttgart (Hatje) 1957
Dokumentation: M. Hagenbach (Werkverzeichnis, Bibliographie). Zeittafel von H. Bolliger.
– Contemporary sculpture. An evolution in volume and space. Rev. and enl. ed. New York (Wittenborn) 1955. (Documents of modern art. 12)
Darstellung der modernen Plastik mit besonderer Berücksichtigung des Dadaismus. Bibliographie von Bernard Karpel. – Erste Aufl. u. d. T.: Modern plastic art (1937). – Dt. Übers. der 2. Aufl.: Plastik des zwanzigsten Jahrhunderts. Volumen- und Raumgestaltung. Stuttgart (Hatje) 1955.
Gómez de la Serna, Ramón: Ismos. Buenos Aires (Poseidon) 1943
Über Dada: S. 147–254.
Gray, Camilla: The great experiment: Russian art. London (Thames & Hudson), New York (Abrams) 1962
Über Dada: S. 134; 136; 182.
Grosz, George: Kleine Grosz Mappe. Berlin-Halensee (Malik-Verlag) 1917
20 Lithographien. Mit Vignetten und dem Gedicht «Aus den Gesängen».
– Das Gesicht der herrschenden Klasse. 57 politische Zeichnungen. Berlin (Malik-Verlag) 1921. (Kleine revolutionäre Bibliothek. 4)
– Ecce homo. Berlin (Malik-Verlag) 1923

84 Zeichnungen und 16 Aquarelle. – Auch Luxusausgabe (50 Exemplare).
– Die Kunst ist in Gefahr. Drei Aufsätze. Berlin (Malik-Verlag) 1925
Verfasser: George Grosz und Wieland Herzfelde.
– 30 drawings and watercolors. New York (Herrmann) 1944
– A little yes and a big no. The autobiography of George Grosz. New York (Dial Press) 1946
«Dadaism»: S. 181–187. – Mit Beiträgen von Baader und Schwitters.
– Ein kleines Ja und ein großes Nein. Sein Leben von ihm selbst erzählt. Hamburg (Rowohlt) 1955
Mit von der Originalausgabe (New York 1946) abweichenden Abbildungen. – Über den Dadaismus in Berlin (Huelsenbeck, Baader, Schwitters u. a.) in Kap. 9: Kunst und Wissenschaft.

HARDEKOPF, FERDINAND: Gesammelte Dichtungen. Zürich (Die Arche) 1963. (Sammlung Horizont)

HARTLEY, MARSDEN: Adventures in the arts. Informal chapters on painters, vaudeville and poets. New York (Boni and Liveright) 1921
Das Kapitel «The importance of being dada» (gleichzeitig veröffentlicht in: International Studio, Nov. 1921) bezeichnet Dada als «first joyous dogma ... for the freedom of art».

HAUSMANN, RAOUL: Material der Malerei, Plastik, Architektur. Berlin 1918
Mit drei Holzschnitten. – Nur in 23 Exemplaren gedruckt.
– Hurrah! Hurrah! Hurrah! 12 Satiren. Berlin (Malik-Verlag) 1921
Bereits 1920 erschienen. – Mit 2 Illustrationen des Verfassers.
– Courrier Dada. Paris (Le Terrain Vague) 1958
Enthält: «Deux personnages dada.» «Huelsenbeck et Baader.» «Antidada et Merz.» – Mit einer Bibliographie von Poupard-Liessou.

[HEARTFIELD, JOHN:] Photomontagen zur Zeitgeschichte. I. Zürich (Kultur und Volk) 1945
Enthält: «John Heartfield und die revolutionäre Schönheit» von Louis Aragon. Außerdem Aufsätze über Heartfield von Alfred Durus und Wolf Reiss.

HENNINGS-BALL, EMMY: Hugo Balls Weg zu Gott. München (Kösel & Pustet) 1931. 2. Teil: Der Rebell (1914–1919)
– Ruf und Echo. Mein Leben mit Hugo Ball. Einsiedeln, Zürich, Köln (Benziger) 1953

HERZFELDE, WIELAND: John Heartfield. Leben und Werk, dargestellt von seinem Bruder. Dresden (Verlag der Kunst) 1962
Monographie. Enthält Aragons Essay über Heartfield (aus: Communes, Paris, Mai 1935), S. 310–313, und andere Würdigungen.

HILDEBRANDT, HANS: Die Kunst des 19. und 20. Jahrhunderts. Wildpark-Potsdam (Athenaion) 1924
Über Ernst, Grosz, Schwitters u. a.

HODDIS, JAKOB VAN: Weltende. Gesammelte Dichtungen. Zürich (Verlag der Arche) 1958

HOFFMAN, FREDERICK J., CHARLES ALLEN und CAROLYN F. ULRICH: The little magazine. A history and a bibliography. Princeton, N. J. (Princeton University Press) 1947
Überblick über die amerikanischen avantgardistischen Journale, ihre Herausgeber und Mitarbeiter. Mit einer umfassenden «Bibliography of little magazines»: S. 231–406.

HUELSENBECK, RICHARD: Phantastische Gebete. Zürich (Collection Dada) 1916

Mit 7 abstrakten Holzschnitten von Hans Arp. – Rezensiert in: Dada Nr. 4/5 (Dt. Ausg.), 1919, wahrscheinlich von Tzara. – 2. Aufl.: Berlin (Malik-Verlag) 1920. Mit Zeichnungen von George Grosz.

– Schalaben Schalomai Schalamezomai. Zürich (Collection Dada) 1916
Mit 4 Zeichnungen von Hans Arp.

– Dadaistisches Manifest. Berlin 1918
«Erstes Dada-Manifest in deutscher Sprache; verfaßt von Richard Huelsenbeck, vorgetragen auf der großen Berliner Dada-Soirée im April 1918.» Auch als Flugblatt erschienen, unterzeichnet von Tzara, Jung, Grosz, Janco u. a. – Wiederabdruck in: Dada-Almanach, hg. von R. Huelsenbeck (Berlin 1920). – Engl. Übers. in: The Dada painters and poets, ed. by R. Motherwell (New York 1951).

– Verwandlungen. Novelle. München (Roland-Verlag) 1918

– Azteken oder die Knallbude. Eine militärische Novelle. Berlin (Reuss & Pollack) 1918

– En avant dada. Eine Geschichte des Dadaismus. Hannover (Steegemann) 1920. (Die Silbergäule. 50/51)
Auszug in engl. Übers. in: Littérature Nr. 4, Sept. 1922. – Vollst. engl. Übers. in: The Dada painters and poets, ed. by R. Motherwell (New York 1951)

– Dada siegt. Eine Bilanz des Dadaismus. Berlin (Malik-Verlag) 1920
Einbandentwurf von George Grosz.

– (Hg.) Dada-Almanach. Im Auftrag des Zentralamts der deutschen Dada-Bewegung. Berlin (Reiss) 1920
Erste Dada-Anthologie. Beiträge von: Huelsenbeck, Tzara, Baumann, Mehring, Picabia, Ribemont-Dessaignes, d'Arezzo, Lacroix, Hausmann, Ball, Daimonides (Dr. Döehmann), Partens, Baader, Soupault, Citroën, d'Annunzio. – Enthält u. a.: «Erste Dada-Rede in Deutschland» (Febr. 1918) und «Erstes Dada-Manifest» (April 1918) (Huelsenbeck); das Klanggedicht «Karawane» (Ball); versch. Übersetzungen, z. B. «Manifest cannibale dada» (Picabia) und «Ô» (Ribemont-Dessaignes); Dokumente, wie «Chronique Zurichoise, 1915–1919» (Tzara), und Abbildungen.

– Deutschland muß untergehen! Erinnerungen eines alten dadaistischen Revolutionärs. Berlin (Malik-Verlag) 1920
Mit Abbildungen von George Grosz.

– Doctor Billig am Ende. Ein Roman. München (Wolff) 1921
Mit 8 Zeichnungen von George Grosz. – Erste Teilveröffentlichung in: Club Dada, 1918. – Rezensiert u. a. von van Doesburg in: De Stijl, Juni 1921.

– Dada Manifesto 1949. New York (Wittenborn, Schultz) 1951
Separatdruck eines für «The Dada painters and poets» (New York 1951) geschriebenen Textes. (Zweiseitiger Prospekt.)

– Die Antwort der Tiefe. Wiesbaden (Limes-Verlag) 1954
Mit 7 Klebebildern von Hans Arp.

– Mit Witz, Licht und Grütze. Auf den Spuren des Dadaismus. Wiesbaden (Limes-Verlag) 1957
Vorwort von Will Grohmann. Bibliographie (1916–1954).

– Phantastische Gebete. Zürich (Die Arche) 1960. (Sammlung Horizont)
Enthält: «Phantastische Gebete» (1916); «Dada – Gedichte» (1916); «Die Kuckjohnaden» (1959); «Erinnerungen an George Grosz» (Neue Zürcher

Zeitung, 14. Juli 1959). Mit Illustrationen von Arp und Grosz und biographischen Notizen.

HUGNET, GEORGES. (Hg.) Petite anthologie poétique du surréalisme. Paris (Bucher) 1934
Texte der Pariser Avantgardisten der zwanziger Jahre. Mit ausführlicher Einleitung.

– L'aventure Dada, 1916–1922. Paris (Galerie de l'Institut) 1957
Einführung von Tristan Tzara. – Auszüge in: Arts (Paris) Nr. 610, März 1957.

HUIDOBRO, VICENTE: Tour Eiffel. Madrid (Imprenta Pueyo) 1918
Mit Illustrationen von Robert Delaunay.

HUIDOBRO, VINCENT: Saisons choisies. Paris (La Cible) 1921

– Manifestes. Paris (Éditions de la Revue Mondiale) 1925

HUIDOBRO, VICENTE: Poesía y prosa. Antología. Madrid (Aguilar) 1957
Mit einer Bibliographie der Werke Huidobros.

ILIAZD [d. i. Ilia Zdanévitch]. (Hg.) Poésie de mots inconnus. Paris (Le Degré 41) 1949
Beiträge von Albert-Birot, Arp, Ball, Dermée, Hausmann, Huidobro, Schwitters, Seuphor, Tzara u. a. – Luxusausg. mit Drucken von Arp, Hausmann, Ribemont-Dessaignes, Taeuber-Arp u. a.

JANCO, MARCEL: Album. 8 gravures sur bois, avec un poème par Tristan Tzara. Zurich (Mouvement Dada) 1917
Zum übrigen graphischen Werk Jancos vgl. M. Seuphors Monographie (Amriswil 1963).

JEAN, MARCEL: Histoire de la peinture surréaliste. Avec la collaboration de Arpad Mezei. Paris (Éditions du Seuil) 1959
Enthält Erinnerungen an die präsurrealistische Periode und zahlreiche Dada-Zeugnisse. – Engl. Übers.: The history of surrealist painting. New York (Grove Press) 1960.

JOLAS, EUGÈNE. (Hg.) Transition workshop. New York (Vanguard Press) 1949
Inhalt: «Notes from a diary» (Arp); «Fragments from a dada diary» (Ball); «Dada lives» (Huelsenbeck).

JOSEPHSON, MATTHEW: Life among the surrealists. A memoir. New York (Holt, Rinehart & Winston) 1962
Enthält Erinnerungen an Dada in Frankreich und Deutschland.

KASSÁK, LUDWIG, und LADISLAS MOHOLY-NAGY. (Hg.) Buch neuer Künstler. Wien (MA.) 1922
Zum großen Teil avantgardistische Bildanthologie.

KNOBLAUCH, ALFRED: Dada. Leipzig (Wolff) 1919. (Der jüngste Tag. 73/74)
Mit Holzschnitt von Lyonel Feininger.

KRAMER, HILTON. (Hg.) Perspectives in the arts. New York (Art Digest) 1961
Enthält u. a.: «Dada profiles» von Hans Richter (Arp, Duchamp, Grosz, Tzara, Hannah Höch, Huelsenbeck, Baader, von Doesburg, Man Ray, Schwitters), Auszüge in engl. Übers. aus: Richter, Dada Profile (Zürich 1961).

LACÔTE, RENÉ: Tristan Tzara. Choix de textes. Bibliographie [u. a.]. Paris (Seghers) 1952

LA HIRE, MARIE DE: Francis Picabia. Paris (Galerie La Cible) 1920

LEBEL, ROBERT.: Sur Marcel Duchamp. Paris (Éditions Trianon) 1959
Mit Beiträgen von André Breton und H. P Roché. Bibliographie: S. 177–188. – Engl. Übers.: Marcel Duchamp. London (Trianon Press), New York (Grove Press) 1959.

LEMAITRE, GEORGES: From cubism to surrealism in French literature. 2. ed. Cambridge, Mass. (Harvard University Press) 1947
Mit Bibliographie. – Erstausg.: 1941.

LIEBERMAN, WILLIAM S.: Max Ernst. New York (Museum of Modern Art) 1961
Ausstellungskatalog mit umfassender Bibliographie von Bernard Karpel. Mit einem Lebensabriß von Max Ernst.

LISSITZKY, EL, und HANS ARP. (Hg.) Die Kunstismen 1914–1924. Erlenbach-Zürich, München, Leipzig (Rentsch) 1925
Dreisprachige Begriffsbestimmungen (engl., dt., franz.) von «Dadaismus», «Merz» und «Naturalismus», verfaßt von Arp, Schwitters und Grosz. Mit Illustrationen.

MANVELL, ROGER. (Hg.) Experiment in the film. Essays. London (Grey Walls) 1949
Enthält einen Artikel von Hans Richter über «Avant-garde film in Germany». – Erw. Aufl. u. d. T.: Film. Harmondsworth (Penguin Books) 1950.

MARINETTI, FILIPPO TOMMASO. (Hg.) I manifesti del futurismo. Firenze (Lacerba) 1914
Bedeutende Anthologie von Erklärungen und Manifesten verschiedener Mitglieder der futuristischen Bewegung, u. a. aus den Zeitungen: Figaro (Paris), 20. Febr. 1909; Poesia (Milano); Lacerba.

MASSOT, PIERRE DE: De Mallarmé à 391. Paris (Au Bel Exemplaire) 1922
Über Picabia und Dadaismus: S. 95–132.

MEHRING, WALTER: The lost library. The autobiography of a culture. New York (Bobbs-Merrill) 1951
Enthält Abschnitte zum Dadaismus. – Dt.: Die verlorene Bibliothek. Autobiographie einer Kultur. Hamburg (Rowohlt) 1952.

– Berlin Dada. Eine Chronik mit Photos und Dokumenten. Zürich (Verlag der Arche) 1959. (Sammlung Horizont)
Enthält Briefe von H. Richter und H. Höch. Zeichnungen von George Grosz [u. a.]. Kap. 5: Johannes Baader. Kap. 6: Dada-Zeitschriften. Mit Bibliographie.

MENDELSOHN, MARCEL L.: Marcel Janco. Tel-Aviv (Massadah) 1962
Mit Erinnerungen von Arp, Huelsenbeck, Ball, Richter. Gedichte von Arp und Tzara. Zeittafel, Bibliographie.

MESENS, E. L. T.: Alphabet sourd aveugle. Bruxelles (Flamel) 1933
Vorwort von Paul Eluard.

MOHOLY-NAGY, LÁSZLÓ: Vision in motion. Chicago (Theobald) 1947
Das Kapitel über literarische Experimente beginnt mit den Klanggedichten von Christian Morgenstern (1905).

MOHOLY-NAGY, SIBYL: Moholy-Nagy. Experiment in totality. New York (Harper) 1950
Zeugnisse zu Merz, Marinetti und Schwitters.

MOTHERWELL, ROBERT. (Hg.) The Dada painters and poets. An anthology. New York (Wittenborn, Schultz) 1951. (Documents of modern art. 8)
Nach dem Dada-Almanach von 1920 (hg. von R. Huelsenbeck) ist diese Anthologie die zweite umfassende Zusammenstellung von Quellenmaterial und die erste, die eine wissenschaftliche Edition und Ordnung der Texte anstrebt. Mit zahlreichen Dokumenten, Illustrationen, Porträts und einer umfangreichen Bibliographie. – Inhalt: Robert Motherwell: Introduction. I. Cravan, Buffet-Picabia, Satie: Pre-Dada. II. Richard Huelsenbeck: En

avant dada. III. Hugo Ball: Dada fragments. IV. Kurt Schwitters: Merz. V. Jacques Vaché: Two letters. VI. Tristan Tzara: Seven dada manifestoes. VII. Georges Ribemont-Dessaignes: History of dada. VIII. Georges Hugnet: The dada spirit in painting. IX. André Breton: Three dada manifestoes. X. André Breton: Marcel Duchamp. XI. Jean (Hans) Arp: Notes from a dada diary. Richard Huelsenbeck: End of the world. XII. Paul Eluard: Two poems. Louis Aragon: Project for a history of contemporary literatur. André Breton and Philippe Soupault: The magnetic fields. XIII. Tristan Tzara: Zurich chronicle. Lecture on dada. Richard Huelsenbeck: Collective dada manifesto. XIV. Gabrielle Buffet-Picabia: Some memories of pre-dada. XV. Kurt Schwitters: Theo von Doesburg and dada. XVI. Richard Huelsenbeck: Dada lives! XVII. Hans Richter: Dada X Y Z. XVIII. Jean (Hans) Arp: Dada was not a farce. Sophie. – Appendices: Albert Gleizes: The dada case. Tristan Tzara: A letter on Hugnet's «Dada spirit in painting». Harriet and Sidney Janis: Marcel Duchamp, anti-artist. Raoul Hausmann: Sound-Rel. Birdlike. – Bernard Karpel: Did dada die? A critical bibliography.

MUCHE, GEORG: Blickpunkt: Sturm. Dada. Bauhaus. Gegenwart. München (Langen-Müller) 1961

MYERS, ROLLO: Erik Satie. London (Dobson) 1948. (Contemporary composers)
Enthält Saties «Mémoires d'un amnésique»: S. 135–143.

NADEAU, MAURICE: Histoire du surréalisme. Rev. ed. Paris (Club des Éditeurs) 1958
Erste Aufl.: 2 Bde. Paris (Éditions du Seuil) 1946. (1. Bd.: Histoire. 2. Bd.: Documents.)

NEBEL, OTTO: Kurt Schwitters. Berlin (Der Sturm) 1920. (Sturmbilderbuch. 4)
Einleitung von Nebel. Autobiographischer Text von Schwitters. «15 Gedichte.»

PANSAERS, CLÉMENT: Le pan pan au cul du du nègre. Bruxelles (Éditions Alde, Collection A.I.O.) 1920
Wiederabdruck des Gedichtes «Pan-Pan» in: Littérature Nr. 19, Mai 1921. – Dokumente und Bibliographie über Pansaers in: Temps Mêlés (Verviers) Nr. 31/33, 21. März 1958.

– Bar-Nicanor. Bruxelles (Éditions A.I.O.) 1921

PICABIA, FRANCIS: Poèmes et dessins de la fille née sans mère. Lausanne (Imprimeries Réunis S.A.) 1918
Erstveröffentlichung der Zeichnung «Fille née sans mère» (New York 1915) in: 291 (New York) Nr. 4, Juni 1915

– L'athlète des pompes funèbres. Lausanne 1918

– Râteliers platoniques. Lausanne 1918

– Pensées sans langage: Poème. Paris (Figuière) 1919.
Auszüge u. a. in: Die Schammade, Febr. 1920.

– Jésus Christ rastaquouère. Paris (Au Sans Pareil) 1920. (Collection Dada)
Einleitung von Gabrielle Buffet. Zeichnungen von Ribemont-Dessaignes.

– Unique eunuque. Paris (Au Sans Pareil) 1920. (Collection Dada)
Vorwort von Tristan Tzara. – Auszüge in engl. Übers. in: The Little Review Bd. 9, Nr. 1, 1924/25.

PUTNAM, SAMUEL [u. a.] . (Hg.) The European caravan. An anthology of the new spirit in European literature. New York (Brewer, Warren & Putnam) 1931
Über Dada: S. 85 ff. (Tzara, Picabia, Vaché, Cendrars, Rigaut u. a.)

– Paris was our mistress. Memoirs of a lost and found generation. New York (Viking Press) 1947

RAY, MAN: Les champs délicieux. Album de photographies. Avec une préface de Tristan Tzara. Paris (Man Ray) 1922

Revolving doors, 1916–1917. Paris (Éditions Surréalistes) 1926
Folio mit 10 abstrakten Farbtafeln.

– Photographies 1920–1934. Paris (Cahiers d'Art) 1934
Mit Texten von Breton, Eluard, Tzara u. a.

– Some papers. Beverly Hills, Cal. (Copley Galleries) 1948
Folio, erschienen anläßlich einer Ausstellung (14. Dez. 1948 bis 9. Jan. 1949). «This edition to be continued unnoticed designed by Man Ray.» Mit zwei Texten von Man Ray. Ergänzt durch den Aufsatz über «Dadaism» in: Schools of Twentieth Century Art (Beverly Hills, Cal.), 22. April bis 30. Mai 1948.

– Self portrait. Boston, Toronto (Little Brown) 1963

RAYMOND, MARCEL: De Baudelaire au surréalisme. Paris (Corti) 1947
Bibliographie von Bernard Karpel: S. 366–412. – Engl. Übers.: From Baudelaire to surrealism. New York (Wittenborn, Schultz) 1950. (Dokuments of modern art. 10)

RAYNAL, MAURICE: Anthologie de la peinture en France. Paris (Montaigne) 1927
Über dadaistische Malerei und Picabia. – Engl. Übers.: Modern French painters. New York (Brentano's) 1928.

– Histoire de la peinture moderne. Bd. 3: De Picasso au surréalisme. Geneva (Skira) 1950
Enthält einen Abschnitt über Dada (mit Dokumenten, Biographien und Bibliographien). – Vgl. hierzu: Dictionnaire de la peinture moderne. Paris (Hazan) 1954; Haftmann, Werner: Malerei im 20. Jahrhundert. München Prestel-Verlag) 1954; Cassou, Jean: Panorama des arts plastiques contemporains. Paris (Gallimard) 1960.

RIBEMONT-DESSAIGNES, GEORGES: L'empereur de Chine, suivi de Le serin muet. Paris (Au Sans Pareil) 1921. (Collection Dada)
«L'empereur de Chine» (1916): S. 11–127. «Le serin muet» (1919): S. 131–151. Aufgeführt im Théâtre de l'Œuvre am 27. März 1920 (Manifestation Dada).

– Man Ray. Paris (Gallimard) 1924. (Peintres nouveaux. 37)

– Déjà jadis, ou Du mouvement dada à l'espace abstrait. Paris (Julliard) 1958. (Les lettres nouvelles)
I. Avant dada. II. Dada. III. Surréalisme. Mit zeitgenössischen Photographien.

RICHTER, HANS: Dada Profile. Mit Zeichnungen, Photos, Dokumenten. Zürich (Die Arche) 1961. (Sammlung Horizont)
Vorwort von Hans Arp. Mit Porträtskizzen von 1916–1918. – Auszüge in engl. Übers. in: Perspectives in the arts, ed. by Hilton Kramer (New York 1961).

RIGAUT, JACQUES: Papiers posthumes. Paris (Au Sans Pareil) 1934

SALMON, ANDRÉ: L'art vivant. Paris (Crès) 1920
Bemerkungen über Dada: S. 294–297.

SATIE, ERIK: Le piège de Méduse. Comédie lyrique. Paris (Simon) 1921
Mit Holzschnitten von Georges Braque.

Scheidegger, Ernst. (Hg.) Zweiklang: Sophie Taeuber-Arp, Hans Arp. Zürich (Verlag der Arche) 1960
Texte von und über Hans Arp und Sophie Taeuber-Arp.
Schifferli, Peter. (Hg.) Dada: Die Geburt des Dada. Dichtung und Chronik der Gründer. Mit Photos und Dokumenten. In Zusammenarbeit mit Hans Arp, Richard Huelsenbeck, Tristan Tzara. Zürich (Verlag der Arche) 1957. (Sammlung Horizont)
Beiträge von Arp, Huelsenbeck, Janco, Tzara, Emmy Hennings, Fritz Glauser. – Enthält u. a.: Hugo Ball, Die Flucht aus der Zeit [Auszüge]; Vereinzelte Gedichte (Huidobro, Serner, Picabia u. a.); Simultangedichte. – Mit biographischen und bibliographischen Anmerkungen. – Daraus Sonderdruck: Dada-Gedichte. Dichtungen der Gründer. Zürich (Die Arche) 1961.
– (Hg.) Das war Dada. Dichtungen und Dokumente. München (Deutscher Taschenbuch Verlag) 1963
Schwitters, Kurt: Anna Blume. Dichtungen. Hannover (Steegemann) 1919. (Die Silbergäule. 39/40)
– Die Kathedrale. 8 Lithographien. Hannover (Steegemann) 1920. (Die Silbergäule. 41/42)
– Memoiren Anna Blumes in Blei. Freiburg (Schnitter) 1922
– Die Blume Anna. Die neue Anna Blume, eine Gedichtsammlung aus den Jahren 1918–1922. Einbecker Politurausgabe von Kurt Merz Schwitters. Berlin (Verlag Der Sturm) 1923
– Auguste Bolte. Ein Lebertran von Kurt Merz Schwitters. Berlin (Verlag Der Sturm) 1923. (Tran. 30)
– Käte Steinitz und Theo van Doesburg: Die Scheuche. Märchen. Hannover (Apossverlag) 1925
Auch als Nummer von «Merz» (14/15) erschienen.
Schwitters, Kurt: Erstes Veilchen-Heft. Eine kleine Sammlung von Merz-Dichtungen aller Art. Hannover (Merzverlag) 1931. (Merz. 21)
Klanggedichte.
– Ursonate. Hannover (Merzverlag) 1932. (Merz. 24)
Klanggedichte.
Auszüge in: i 10 Nr. 11, 1927; Transition Nr. 21, 1932; Nr. 22, 1933.
Senechal, Christian: Les grands courants de la littérature française contemporaine. Paris (Malfère) 1933
Darin: «La révolte: de dada au surréalisme», S. 379–386.
Serner, Walter: Letzte Lockerung. Manifest Dada. Zürich, Hannover, Leipzig, Wien (Steegemann) 1920. (Die Silbergäule. 62/64)
Datiert: Lugano, März 1918. Erstveröffentlichung u. d. T. «Letzte Lockerung Manifest» in: Dada Nr. 4/5 (Dt. Ausg.), 1919.
Seuphor, Michel: L'art abstrait. Ses origins, ses premiers maîtres. Paris (Maeght) 1949
Texte und Bilder über Arp, Eggeling, Janco, Picabia, Richter, Schwitters, van Doesburg. – Neuausg. 1950.
– Marcel Janco. Amriswil (Bodensee-Verlag) 1963
Vorwort und Zeittafel (dreisprachig). Bibliographie von Hans Bolliger.
Shattuck, Roger: The banquet years. The arts in France, 1885–1918. New York (Harcourt, Brace) 1958
Mit einem Abschnitt und einer Bibliographie über Erik Satie. – Vgl. versch. Artikel in: Art News Annual 36, 1957.

SMITH, HORATIO E. (Hg.) Columbia dictionary of modern European literature. New York (Columbia University Press) 1947
«Excellent overall review of the continental literary climate.»
SOBY, JAMES T. (Hg.) Arp. New York (Museum of Modern Art) 1958
Essays von Arp, C. Giedion-Welcker, R. Melville und R. Huelsenbeck («Arp and the dada movement»). Bibliographie von Bernard Karpel.
SOERGEL, ALBERT: Dichtung und Dichter der Zeit. Neue Folge: Im Banne des Expressionismus. Leipzig (Voigtländer) 1925
Über Dada: S. 623–634; und Schwitters: S. 620–623.
SOUPAULT, PHILIPPE: Aquarium. Poèmes. Paris 1917
– Rose des vents. Paris (Au Sans Pareil) 1920
– Westwego. Poèmes, 1917–1922. Paris (Librairie Six) 1922
SPENGEMANN, CHRISTOF: Die Wahrheit über Anna Blume. Hannover (Der Zweemann Verlag) 1920
STAUFFACHER, FRANK. (Hg.) Art in cinema. San Francisco (San Francisco Museum of Art) 1947
Mit einem Kapitel von Hans Richter über den avantgardistischen Film.
STEINITZ, KÄTE T.: Gespräche mit Kurt Schwitters. Mit Photos und Dokumenten. Zürich (Die Arche) 1963
TEIGE, KAREL: Svét který voni. Praha (Odeon) 1930
Verschiedene Kapitel über Dadaismus.
THEMERSON, STEFAN: Kurt Schwitters in England. London (Gaberbocchus) 1958
Mit Texten von Schwitters.
TOPASS, JAN: La pensée en révolte. Essai sur le surréalisme. Bruxelles (Henriquez) 1935
TZARA, TRISTAN: La première aventure céleste de Monsieur Antipyrine. Zurich (Collection Dada) 1916
Erster Titel der «Collection Dada». Mit farbigen Holzschnitten von Marcel Janco.
– Vingt-cinq poèmes. Zurich (Collection Dada) 1918
Luxusausgabe mit 10 Holzschnitten von Hans Arp. – Veränd. franz. Ausg. u. d. T.: Vingt-cinq-et-un poèmes. Paris (Fontaine) 1946.
– Cinéma calendrier du cœur abstrait. Maisons. Paris (Au Sans Pareil) 1920. (Collection Dada)
Mit 19 Holzschnitten von Hans Arp. – Auszüge unter versch. Titeln in: Dada; 391; Die Schammade u. a.
– De nos oiseaux. Poèmes. Paris (Éditions Kra) 1923
Illustrationen von Arp.
– Sept manifestes Dada. Paris (Budry) 1924
Texte von 1916–1920, einschließlich wichtiger Manifeste aus: Dada. Zeichnungen von Picabia. – Engl. Übers. in: The Dada painters and poets, ed. by R. Motherwell (New York 1951).
– Mouchoir de nuages. Paris (Galerie Simon) 1925
– L'homme approximatif. Paris (Fourcade) 1931
– La deuxième aventure céleste de M. Antipyrine. Paris (Éditions des Reverbères) 1938
Aufgeführt in der Salle Gaveau am 26. Mai 1920.
– Morceaux choisis. Paris (Bordas) 1947
Vorwort von J. Cassou (auch in: Labyrinthe Nr. 14, 1945). Bibliographie: S. 297–301.

– An introduction to Dada. New York (Wittenborn, Schultz) 1951
Separatdruck eines für «The Dada painters and poets» (New York 1951) geschriebenen Textes. (Vierseitiger Prospekt.)

VACHÉ, JACQUES: Lettres de guerre. Paris (Au Sans Pareil) 1919. (Collection de littérature)
Einleitung von André Breton. – Auszüge in: Littérature Nr. 5; 6; 7, 1919. Zwei Briefe in engl. Übers. in: New Directions, 1940, S. 544–547.

VERKAUF, WILLY. (Hg.) Dada. Monograph of a movement. Monographie einer Bewegung. Monographie d'un mouvement. New York (Wittenborn), Teufen (Niggli) 1957
Mitherausgeber: Marcel Janco, Hans Bolliger. Dreisprachiger Text (engl., dt., franz.). Zahlreiche Abbildungen (Reproduktionen, Photographien, Faksimilia). Inhalt: Willy Verkauf: Ursache und Wirkung des Dadaismus. Marcel Janco: Schöpferischer Dada. Richard Huelsenbeck: Dada und Existentialismus. Hans Richter: Dada und Film. Hans Kreitler: Zur Psychologie des Dadaismus. Rudolf Klein/Kurt Blaukopf: Dada in der Musik. Hans Bolliger/Willy Verkauf: Dada Chronologie. Dada Lexikon. Willy Verkauf: Dada-Bibliographie. – Rezension von Pierre Rouve in: Art News and Review (London) Bd. 10, Nr. 10, 7. Juni 1958.

VISCHER, MELCHIOR: Sekunde durch Hirn. Ein unheimlich schnell rotierender Roman. Hannover (Steegemann) 1920. (Die Silbergäule. 59/61)
Umschlagzeichnung von Kurt Schwitters.

WALDBERG, PATRICK: Max Ernst. Paris (Pauvert) 1958

WILSON, EDMUND: Axel's castle. A study in the imaginative literature of 1870 to 1930. New York, London (Scribner) 1931
Enthält von Tristan Tzara: «Memoirs of dadaism», S. 304–312. – Neuausg. 1954.

WOLFRADT, WILLI: George Grosz. Leipzig (Klinkhardt & Biermann) 1921. (Junge Kunst. 21)
Auszüge in: Der Cicerone, Febr. 1921; Jahrbuch der Jungen Kunst Bd. 2, 1921.

ZERVOS, CHRISTIAN. (Hg.) Max Ernst. Paris (Cahiers d'Art) 1937
Enthält die wichtigsten Schriften und Kritiken von Max Ernst.

– Histoire de l'art contemporain. Paris (Cahiers d'Art) 1938
Über Dada: S. 408–414.

KATALOGE

Akademie der Künste. Hans Richter. Ein Leben für Bild und Film. Berlin, 17. Okt. bis 16. Nov. 1958
Enthält Zeugnisse zur Dada-Periode. Mit Zeittafel und Abbildungen. – Abweichende Kataloge an anderen europäischen Ausstellungsorten.

Der Ararat. Erstes Sonderheft. George Grosz. München, April bis Mai 1920. «Katalog der 59. Ausstellung der Galerie Neue Kunst-Hans Goltz.»
Beiträge von L. Zahn, W. Wolfradt, Verzeichnet 101 Ausstellungsstücke. Mit Abbildungen.

Art of This Century Gallery. Theo van Doesburg. New York, 29. April bis 31. Mai 1947
Mit Bibliographie.

Arts Council of Great Britain. Max Ernst. London, 7. Sept. bis 15. Okt. 1961
Mit einer Zeittafel von Max Ernst und W. S. Lieberman. Bibliographie von Bernard Karpel.

Arts Council of Great Britain. George Grosz, 1893–1959. London 1963
Einleitung von H. Hess. Wiederabdruck von: Grosz, Instead of a biography (Berlin, 16. Aug. 1920).

Berès, Pierre, Inc. Cubism, futurism, dadaism, expressionism and the surrealist movement in literature and art. New York 1948
Katalog von 404 Titeln, mit Anmerkungen von Lucien Goldschmidt.

Berggruen et Cie. Bibliographie des œuvres de Tristan Tzara, 1916-1950. Paris, 24. Febr. bis 27. März 1951
Erfaßt 43 Werke. Mit eingehenden Beschreibungen.

Britschgi Buch-Antiquariat. Die Jungen ... Deutsche Dichtung und Kunst, 1900–1930. Katalog Nr. 9. Zürich o. J.

Brooklyn Museum. International exhibition of modern art. Arranged by the Société Anonyme. New York, Nov. bis Dez. 1926
Auf der Titelseite: «Katherine Dreier. Modern art.» – Beiträge über Arp, Duchamp, Ernst, Hoerle, Man Ray, Picabia, Schwitters u. a.

Brown, Jean. (Bearb.) [Catalogue of the Dada collection of Leonard and Jean Brown.] Springfield, Mass. 1962
Maschinenschriftlicher Katalog (54 S.) der größten Privatsammlung von Dada-Publikationen und -Dokumenten in den USA. – Enthält auch einiges Material zum Surrealismus.

Buchard, Otto, Kunsthandlung. Erste internationale Dada-Messe . . . Katalog. Berlin, Juni 1920
Erste bedeutende Dada-Ausstellung (174 Objekte). Unter Mitwirkung von Grosz, Hausmann und Heartfield. – Vgl. hierzu auch: Dada-Almanach, hg. von R. Huelsenbeck (Berlin 1920).

Chicago. Art Institute. 20th century art from the Louise and Walter Arensberg collection. Chicago 1949
Mit einem Essay von K. Kuh über Marcel Duchamp. Verzeichnet einen großen Teil des Werkes von Duchamp, soweit es zum Besitz des Philadelphia Museum of Art gehört.

Civica d'Arte Moderna, Galleria. Hans Richter. Turin, 19. Mai bis 12. Juni 1962
Wichtiger Katalog (87 S.). Mit vielen Tafeln und Dokumenten.

Drouin, René, Galerie. 491. [Francis Picabia, 1897–1949.] Paris, März 1949
Zeitungsformat. Verzeichnet 136 Werke. Mit Beiträgen von Breton, Buffet-Picabia, Roché, Tapié. Enthält von Picabia: «50 ans de plaisir».

Düsseldorfer Kunstverein. Dada. Dokumente einer Bewegung. Düsseldorf 1958
Umfassende Ausstellung von 539 Werken und Dokumenten. Wurde auch gezeigt in Frankfurt a. M. und im Stedelijk Museum, Amsterdam (Dez. 1958 bis Jan. 1959), mit abweichenden Katalogen. Katalogbearbeitung: Karl Heinz Hering, Ewald Ratke. (Der Katalog des Stedelijk Museum (1958/59) enthält 450 Titel, mit zusätzlichen biographischen Hinweisen von Georges Hugnet.) – Enthält u. a.: «Club Berlin (1918–1920)» von Raoul Hausmann; «Die Revue: Eine der Reisen mit Kurt Schwitters» von Hannah Höch; «Dada als Literatur» von Richard Huelsenbeck; «Jadis Dada à Paris» von Ribemont-Dessaignes; «Dadamade» von Man Ray. – Rezension von E. Trier u. d. T.: Dada-renoviert und museumsreif. In: Baukunst und Werkform Nr. 10, Okt. 1958.

Feigl Gallery. Marcel Janco. New York, 17. Okt. bis 4. Nov. 1950
Enthält einen Brief von Janco (8. Aug. 1950). Mit biographischen und bibliographischen Anmerkungen.

Flechtheim, Alfred, Galerie. Ausstellung George Grosz. Berlin, 29. März bis 24. April 1926. (Veröffentlichungen des Kunstarchivs. 1)
Beiträge von C. Einstein, G. Benn, M. Neven, M. Herrmann.

Galerie Dada. [Ausstellungen.] Zürich 1917–1919
Vgl. hierzu: Dada Nr. 1–6, 1917–1920; und Tzara, «Chronique Zurichoise» in: Dada-Almanach, hg. von R. Huelsenbeck (Berlin 1920).

Gaveau, Salle. Festival Dada. Programme. Paris, 26. Mai 1920
Enthält mehrere Manifeste, u. a. auch Tzaras «La deuxième aventure céleste de M. Antipyrine».

Goemans, Galerie. La peinture au défi. Paris, März 1930
«Exposition de collages» (von Arp, Duchamp, Ernst, Man Ray, Picabia u. a.). Ein «Anti art»-Manifest, mit einem Vorwort von Louis Aragon.

Guggenheim, Peggy. (Hg.) Art of this century . . . 1910 to 1942. New York 1942
Enthält Texte von Arp und Breton («Genesis and perspective of surrealism») [Wiederabdruck in: Breton, Le surréalisme et la peinture (New York 1945)]. Biographische Skizzen von Duchamp, Arp, Picabia, Ernst, Ray, Schwitters.

Gutekunst und Klipstein. Dokumentations-Bibliothek zur Kunst und Literatur des 20. Jahrhunderts. Bern, 13.–14. Mai 1958
Auktionskatalog Nr. 88; ergibt zusammen mit Nr. 86 (5. Juni 1957) eine Bibliographie der modernen Kunstrichtung (einschließlich Dada) von Hans Bolliger.

Hugues, Jean, Librairie. Poésie contemporaine . . . Paris 1953 (?)
278 Titel, mit Anmerkungen. Unter besonderer Berücksichtigung des neuesten Schrifttums. – Teil 2: Picasso et l'art d'aujourd'hui.

Janis, Sidney, Gallery. Dada 1916–1923. New York, 15. April bis 9. Mai 1953
212 Ausstellungsstücke. Mit Texten und Dokumenten. Beiträge von Tzara, Huelsenbeck [hier: Charles R. Hulbeck] und J. H. Levesque. – Leitung der Ausstellung: Marcel Duchamp.

Klipstein und Kornfeld. Hans Arp. Graphik 1912–1959. Bern, 20. Febr. bis 20. März 1959
89 Ausstellungsstücke (mit Abbildungen) und eine Liste von Foliobänden, Büchern und Zeitschriften mit Originalgraphiken (59 Titel). Mit kurzer Bibliographie.

Kunsthalle Basel. Phantastische Kunst des XX. Jahrhunderts. Basel, 30. Aug. bis 12. Okt. 1952
Arp, Ernst, Picabia u. a.

Kunsthalle Bern. Max Ernst. 1919–1956. Bern 1956
Mit Abbildungen.

Kunstmuseum Zürich. Dokumentation über Marcel Duchamp. Zürich, 30. Juni bis 28. Aug. 1960
Mit Textauszügen aus Duchamps Werken. Bibliographie.

Lord's Gallery. Kurt Schwitters, 1887–1948. London. Okt. bis Nov. 1958
Essay von Alan Bowness. Verzeichnet 117 Merz-Ausstellungsstücke. Mit Abbildungen und Bibliographie.

Marlborough Fine Art Limited. Schwitters. London, März bis April 1963

Vorwort von E. Schwitters; Chronologie und Bibliographie von Hans Bolliger. Verzeichnet 265 Titel. Abbildungen: S. 35–104.

Marlborough Rare Books Limited. Dada. The Arthur Segal Collection of Documents of Modern Art. London 1961
Verzeichnet 75 seltene Titel.

Matarosso, H., Librairie. Surréalisme. Poésie et art contemporains. Paris 1949
Enthält zahlreiche dadaistische und proto-surrealistische Titel. Mit Abbildungen und Dokumenten.

Montaigne, Galerie. Salon Dada. Exposition internationale. Paris, Juni 1920
Beiträge von Soupault, Eluard, S. Margarine, Ray, Rigaut, Ribemont-Dessaignes, Tzara, Péret, Aragon, Arp, Evola. Mit Abbildungen.

Museum of Modern Art. Cubism and abstract art. New York 1936
Bedeutende Ausstellung (zusammengestellt von A. H. Barr, jr.). Mit einem Aufsatz von Barr: «Abstract dadaism». – Katalog und Bibliographie von D. C. Miller und B. Newhall.

Museum of Modern Art. Fantastic art, Dada, surrealism. New York, Dez. 1936 bis Jan. 1937
Ausstellungskatalog. – 3. erw. Aufl. (mit Essays von Georges Hugnet, Zeittafel und Bibliographie), hg. von Alfred H. Barr, jr.: New York 1947.

National Museum Stockholm. Viking Eggeling, 1880–1925. Stockholm, 27. Okt. bis 19. Nov. 1950
Vorwort von Hans Richter. Mit Bibliographie.

Nicaise, Librairie. Cubisme, futurisme, dada, surréalisme. Paris 1960
Ausstellungskatalog einer umfassenden Sammlung von 1072 Stücken (mit Preisangaben). Genaue Beschreibung der illustrierten Bücher, Sonderausgaben, Zeitschriften und Dokumente. – Hauptsächlich zum Surrealismus, jedoch auch zahlreiche Zeugnisse des Dadaismus.

Pasadena Art Institute. Retrospective exhibition 1913–1944 ... Man Ray. Paintings, drawings, watercolors, photographs. Pasadena, Cal., 19. Sept. bis 29. Okt. 1944
Erster vollständiger Rückblick. Mit biographischen Anmerkungen.

Sans Pareil, Galerie. Exposition Dada. Francis Picabia. Paris, 16. bis 30. April 1920
Vorwort von Tristan Tzara. (Ergänzende Mitteilungen in: Cannibale Nr. 1, April 1920.) – Rezension von Ribemont-Dessaignes in: L'Esprit Nouveau Bd. 1, 1920, S. 108–110.

Sans Pareil, Galerie. Exposition Dada. Max Ernst. Paris, 3. Mai bis 3. Juni 1920
«Peinto-peintures, dessins, fatagaga.» Vorwort von André Breton.

Sans Pareil, Galerie. Exposition Dada. Georges Ribemont-Dessaignes. Paris, 28. Mai bis 10. Juni 1920
Gemälde und Zeichnungen. Vorwort von Tristan Tzara.

Schiller Nationalmuseum. Expressionismus. Literatur und Kunst, 1910–1923. Marbach a. N., 8. Mai bis 31. Okt. 1960
Sonderausstellung. Katalog Nr. 7. – Ausstellung und Katalog von Paul Raabe und H. L. Greve unter Mitarbeit von Ingrid Grüninger. Mit Abbildungen.

Schwarz, Galleria. Marcel Janco. Milano, 21. Okt. bis 10. Nov. 1961.
Werke, 1918–1957. Vorwort von M. Seuphor (engl. und ital.).

Six, Librairie. Exposition Dada. Man Ray. Paris, Dez. 1921

35 Werke (1914–1921). Beiträge von Aragon, Arp, Eluard, Ernst, Ribemont-Dessaignes, Soupault, Tzara.

Van Leer, Galerie. Exposition Max Ernst. Paris, März 1926
Einführung von Benjamin Péret.

Wallraf-Richartz-Museum. Max Ernst. Köln, 28. Dez. 1962 bis 3. März 1963
Gemeinsamer Katalog mit dem Kunsthaus Zürich (23. März bis 28. April 1963). Verzeichnet 221 Werke. Bearb. von H. R. Leppien. Mit einem Essay von Carola Giedion-Welcker, einer Zeittafel von Max Ernst und vielen Abbildungen.

Winter's Brauhaus. Dada-Ausstellung. Dada Vorfrühling. Gemälde, Skulpturen, Zeichnungen, Fluidoskeptrik, Vulgärdillettanismus. Köln, April 1920
U. a. Werke von Arp, Baargeld, Ernst. – Die Ausstellung wurde von der Polizei geschlossen, jedoch im Mai wiedereröffnet (unter Hinzufügung von Picabia u. a.).

Yale University Art Gallery. Collection of the Société Anonyme – Museum of Modern Art 1920. New Haven, Conn. (Associates in Fine Arts) 1950
Gesammelt von Katherine Dreier und Marcel Duchamp. Mit biographischen und bibliographischen Hinweisen zu Arp, Duchamp, Ernst, van Doesburg, Man Ray, Picabia, Ribemont-Dessaignes, Schwitters u. a.

ZEITSCHRIFTEN

Albert-Birot. (Hg.) SIC. Sons, idées, couleurs, formes. Nr. 1–54. Paris, Jan. 1916 bis Dez. 1919
Avantgardistische Zeitschrift mit einigen Beiträgen zum Dadaismus, z. B. von Tzara in sieben Nummern, «Pour Dada» in Nr. 2, 1917, und versch. Klanggedichte (auch unter «Birot» verzeichnet).

Anderson, Margaret, und Jane Heap. (Hg.) The Little Review. New York, Paris, 1921–1929
Seit März 1914 erscheinend. Ab 1921 auch Zeugnisse zur progressiven Kunst und Literatur. Mit Texten von Iwan Goll (1921), Cocteau, Picabia (Frühjahr 1922), Ribemont-Dessaignes, Péret, Aragon (1923/24), Prampolini, Picabia (1924/25) und Schwitters (Mai 1929). – Enthält u. a.: Aragon, «A man»; Crevel, «Which way?» (1923/24); Crevel, «Nuit»; Picabia, «One minute between the acts [from] Jésus-Christ rastaquouère» (1924/25).

Baader, Johannes. Sonderausgabe Grüne Leiche. Berlin 1919
Doppelseitig bedrucktes Flugblatt. «Dadaisten gegen Weimar ... 6. Februar 1919 ... Oberdada als Präsident des Erdballs.»

– Der Oberdada ... Dada–Ball. Steglitz, 16. Jan. 1921
Flugblatt.

Baargeld, Johannes Theodor [d. i. Alfred Grünwald]. (Hg.) Der Ventilator. Köln 1919

– und Max Ernst. (Hg.) Bulletin D. Köln 1919
«Für den Inhalt verantwortlich Max Ernst.» Nur eine Nummer erschienen. Enthält Abbildungen, einen Ausstellungskatalog und Texte, z. B. «Setzt ihm den Zylinder auf» von H. Hoerle und Ernst.

Ball, Hugo. (Hg.) Cabaret Voltaire. Zürich, Juni 1916

Erste Dada-Veröffentlichung. Nur eine Nummer. Einleitung von Ball (15. Mai). Auch Ausg. mit dt. Einleitung. – Enthält: «L'amiral cherche une maison à louer, poème simultan» von Huelsenbeck, Janko (sic), Tzara; mit einer «Note pour les bourgeois» von Tzara. Weitere Mitarbeiter: Marinetti, Arp, van Hoddis.

Bleu, Nr. 3. Mantoval, Jan. 1921
Dada-Ausgabe. Beiträge von Aragon, Eluard, Evola, Ribemont-Dessaignes, Serner, Tzara u. a.

Breton, André, Louis Aragon und Philippe Soupault. (Hg.) Littérature. Serie I, Nr. 13. Paris, Mai 1920
Diese Dada-Nummer enthält 23 Manifeste der Dada-Bewegung, verlesen im «Salon des Indépendants, Club du Faubourg, Université Populaire du Faubourg Saint-Antoine» (5., 7., 19. Febr. 1920). Texte von den Herausgebern und Picabia, Tzara, Arp, Eluard, Serner, Dermée, Ribemont-Dessaignes, C. Arnauld, W. C. Arensberg. Zahlreiche Artikel in anderen Nummern, u. a.: B. Péret «À travers mes yeux» (Nr. 5, 1. Okt. 1922); M. Ernst «Avis» (Nr. 9, Febr. bis März 1923).

Cravan, Arthur. (Hg.) Maintenant. Paris 1913–1915
Vier Nummern. – Texte von Cravan, einem Pariser Vorläufer des Dadaismus. – Neuausg. (Hg. von Bernard Delvaille): Paris 1957.

Dada: Sa naissance, sa vie, sa mort. Ça Ira (Antwerpen) Nr. 16, Nov. 1921
Dada-Sonderheft.

Dada au grand air. Der Sängerkrieg in Tirol. Tarrenz b. Imst, 16. Sept. 1886–1921. Paris (Au Sans Pareil) 1921
Beiträge von Arp, Baargeld, Eluard, Ernst, Fraenkl, Soupault, Ribemont-Dessaignes, Tzara.

Dada soulève tout. Paris (Au Sans Pareil), 12. Jan. 1921
Flugblatt-Manifest, unterzeichnet von 24 Teilnehmern, u. a. Varèse, Tzara, Man Ray, Huelsenbeck, Ernst, Duchamp, Arp.

Dada-Tank. Nr. 1, 1922
Beiträge von: Alecsic, Castor, Jim Rad, Schwitters, Tzara.

Dermée, Paul. (Hg.) Z. Nr. 1. Paris, März 1920
Nur eine Nummer erschienen. Beiträge von Arnauld, Aragon, Breton, Dermée, Eluard, Picabia, Ribemont-Dessaignes, Soupault, Tzara.

Doesburg, Theo van. (Hg.) Mécano. Nr. 1–4/5. Leiden 1922–1923
Beiträge von Arp, Hausmann, Picabia, Ribemont-Dessaignes, Tzara und vom Herausgeber (auch unter dem Pseudonym I. K. Bonset, z. B. «Antikunstenzuiverede-Manifest» in Nr. 2). Blaues, gelbes, rotes und weißes Heft. Vgl. Beilagen in: De Stijl.

– (Hg.) De Stijl. Nr. 1–[90]. Leiden, Clamart, Meudon 1917–1932.
Nicht ausschließlich Dada-Zeitschrift, aber mit wichtigen Dada-Texten und -Abbildungen, u. a. «The end of art» (Nr. 73/74, 1926); «Uit het ‹Journal d'Idées›» ([Nr. 90] Jan. 1932). – Das letzte Heft [Nr. 90] («Van Doesburg, 1917–1931») enthält biographische und bibliographische Notizen zu van Doesburg, Auszüge aus seinen Schriften, Erinnerungen von Arp, Schwitters u. a.

Duchamp, Marcel. (Hg.) The blind man. Nr. 2. New York, April 1917
Nr. 1 dieser Zeitschrift («published by Henri Pierre Roché») ist eine «Independants' number» (Beiträge von Roché, B. Wood, M. Loy). – Nr. 2 (mit einem Titelbild aus Duchamps «Broyeuse de chocolat» und seinem «Foun-

tain») bringt Artikel zu «The Richard Mutt case». Beiträge von Satie, Picabia, Buffet, Norton, Demuth, Arensberg, Crowninshield, Loy u. a. (Robert Lebel vermutet auch Beiträge von Man Ray und Marcel Duchamp.)

– (Hg.) Rongwrong. New York 1917
Beiträge von Marcel «Douxami», Carl van Vechten, H. J. Vernot u. a.

– und MAN RAY. (Hg.) New York Dada. New York, April 1921
Nur eine Nummer erschienen. Auf dem Titelbild Duchamps Porträt «En haleine». Enthält von Tzara: «Eye-cover, art-cover, corset-cover, authorization.»

ELUARD, PAUL. (Hg.) Proverbe. Nr. 1–6. Paris 1920
Titel von Nr. 6: «L'Invention et Proverbe, no. 1». – Beiträge von Arp, Ribemont-Dessaignes, Tzara u. a.

ERNST, MAX. (Hg.) Die Schammade. Köln («Schloemilch Verlag») Febr. 1920
Nur eine Nummer erschienen. Auf der Titelseite: Dadameter. Dilettanten erhebt euch. – Beiträge von Aragon, Arp, Baargeld, Breton, Eluard, Ernst, Hoerle, Huelsenbeck, Picabia, Ribemont-Dessaignes, Serner, Soupault, Tzara. [Dt. und franz.]

FLAKE, OTTO, WALTER SERNER und TRISTAN TZARA. (Hg.) Der Zeltweg. Zürich (Verlag Mouvement Dada) Nov. 1919
Nur eine Nummer erschienen. Letzte Dada-Publikation in Zürich. – Umschlag: Holzschnitt von Hans Arp. Mit Beiträgen von Arp, Baumann, Eggeling, Giacometti, Helbig, Huelsenbeck, Janco, Richter, Schad, Schwitters, A. Segal, Taeuber, Vagts, Wigman und den Herausgebern. Enthält von Serner: «Der Schluck und die Achse. Manifest»; «Die Hyperbel vom Krokodilcoiffeur und dem Spazierstock. Arp, Serner, Tzara (société anonyme pour l'exploitation du vocabulaire dadaïste)», von Arp beschrieben als «a cycle of poems ... later baptized automatic poetry by the surrealists.».

GROSZ, GEORGE, und FRANZ JUNG. (Hg.) Jedermann sein eigner Fußball. Berlin 1919

GROSZ, GEORGE, und CARL EINSTEIN. (Hg.) Der blutige Ernst. Berlin 1919

GROSZ, GEORGE, und WIELAND HERZFELDE. (Hg.) Die Pleite. Berlin (Malik-Verlag) 1919–1924

HAUSMANN, RAOUL. (Hg.) Der Dada. Nr. 1–3. Berlin 1919–1920
«Zeitschrift der deutschen Dadaisten, einzig authentisches Organ der Dada-Bewegung in Deutschland.» – Mitherausgeber von Nr. 3: George Grosz und John Heartfield. (Auf dem Umschlag: Groszfield, Hearthaus, Georgemann.) Wichtige Artikel: Nr. 1: «Venit creator spiritus ... dada» (Baader); «Alitterel, Delitterel, Sublitterel» (Hausmann). Nr. 2: «Reklame für mich, rein geschäftlich, aus dem Dadako» (Baader); «Der deutsche Spießer ärgert sich» (Hausmann). Nr. 3: «Dada in Europe» (Hausmann); «Atze, Lenzgedicht» (Bloomfield).

HUELSENBECK, RICHARD. (Hg.) Club Dada. Berlin (Die Freie Straße) 1918
Sondernummer von: Die Freie Straße, hg. von Franz Jung. – Beiträge von Huelsenbeck, Jung und eine Graphik von Hausmann. – Über den Dada-Club vgl.: Dada-Almanach, hg. von R. Huelsenbeck (Berlin 1920), S. 132–133; Hausmann, Courier Dada (Paris 1958).

– [u. a.] (Hg.) Dada-Reklame-Gesellschaft. Berlin 1920 (?)
Undatiertes Flugblatt (1 S.). Direktion: H. Ehrlich. Generalvertreter: Huelsenbeck, Hausmann, Grosz, Herzfeld. – Angekündigt u. a. in: Dada-Almanach, hg. von R. Huelsenbeck (Berlin 1920)

Huidobro, Vincent. (Hg.) Creación. Rivista International de Arte. Madrid, Paris 1921
Nr. 1, April 1921: Madrid. – Nr. 2, Nov. 1921: Paris (mit dem Titel: Création, Revue d'Art). Beiträge von Huidobro, Goll, Cocteau, Tzara u. a.

K. (Revue de la Poésie.) Nr. 3. Paris, Mai 1949. Hommage à Kurt Schwitters
Sondernummer. Prosa und Gedichte von Schwitters; Essays von Arp und Giedion-Welcker.

Levesque, Jacques-Henry, und Olivier de Carne. (Hg.) Orbes. Paris 1928 ff.
Nachdadaistische Zeitschrift. – Nr. 1 (1928): Beiträge von Picabia. – Nr. 2 (1929): «Picabia peintre» (G. Isarlov). – Nr. 3: «Bonne éducation» (E. Satie); «Tzara» (G. Hugnet); «Picabia» (V. du Mas); «Montres délicieux» (F. Picabia) u. a.

Der Marstall. Nr. 1–2. Hannover, Leipzig, Wien, Zürich (Steegemann) 1920
Enthält: Baader, Wer ist Dadaist. Weiterhin: Das enthüllte Geheimnis der Anna Blume. Dada-Kongresse. Die Wolkenpumpe. Sekunde durch Hirn. Aus der Geschichte des Dadaismus.

Picabia, Francis. (Hg.) Le Cannibale. Nr. 1–2. Paris (Au Sans Pareil) April–Mai 1920
Beiträge von Aragon, Breton («Les reptiles cambrioleurs»), Cocteau, Eluard, Ribemont-Dessaignes («Dadaland»), Soupault, Tzara und vom Herausgeber («Tableau dada»).

– (Hg.) La pomme de pins. Paris, 25. Febr. 1922
Hg. in Zusammenhang mit Marius de Zayas und Pierre de Massot. Nur eine Nummer erschienen. – Über Picabias Beiträge vgl.: The Dada painters and poets, ed. by R. Motherwell (New York 1951), S. XXXI.

– (Hg.) 391. Nr. 1–19. 1917–1924
Verlagsorte: Barcelona (Nr. 1–4, Jan. bis März 1917); New York (Nr. 5–7, Juni bis Aug. 1917); Zürich (Nr. 8, Febr. 1919); Paris (Nr. 9–19, Dez. 1919 bis Okt. 1924). Mit «Supplément illustré»: Le Pilhaou-Thibaou (Paris, 10. Juli 1921). Angeregt durch die von dem amerikanischen Photographen Alfred Stieglitz herausgegebene Proto-Dada-Zeitschrift «291» (1915–1916), deren Mitarbeiter Picabia war. – Enthält zahlreiche Artikel, Gedichte und Illustrationen von Picabia. Vollst. Neuausg.: 391 – Revue publiée de 1917 à 1924 par Francis Picabia. Réédition intégrale présentée par Michel Sanouillet. Paris (Le Terrain Vague) 1960. (Collection «391».) Mit Einführung, Index und Anhang.

Sauermann, Alfred. (Hg.) O Siris. Berlin (Verlag Groteske Kunst) 1919
Umschlagtitel: Was ist Dadaismus?

Schwitters, Kurt. (Hg.) Merz. Nr. 1–24. Hannover (Steegemann) 1923–1932
Ein bedeutendes Dada-Dokument mit zahlreichen Artikeln vom Herausgeber und Beiträgen vieler internationaler Dadaisten. (Arp, van Doesburg, Hausmann, Tzara, Man Ray, Matthew Josephson u. a.). Eine genaue Übersicht über alle Hefte gibt Hans Bolliger in: Schwitters (London, Marlborough Fine Art Ltd., 1963).

Serner, Walter. (Hg.) Sirius. Zürich 1915–1916
Vermutlich 4–5 Nummern.

– (Hg.) Das Hirngeschwür. Zürich, April 1919
Eine Nummer (unveröffentlicht).

Spengemann, Christof, und Hans Schiebelhut. (Hg.) Der Zweemann. Hannover, Nov. 1919 bis Okt. 1920

Enthält verschiedene Dada-Beiträge, u. a. Huelsenbecks «Manifest» (1920).
Stieglitz, Alfred. (Hg.) 291. Nr. 1–12. New York 1915–1916
Wichtiges amerikanisches Organ für neue Wege in der Kunst. – Mitherausgeber: Marius de Zayas. Beiträge von Picabia in Nr. 4, 5/6, 9, 10/11, 12.
Tzara, Tristan. (Hg.) Le cœur à barbe. Paris, April 1922
Nur eine Nummer erschienen mit dem Titel «Gérant: Georges Ribemont-Dessaignes». Beiträge von Eluard, Satie, Tzara u. a.
– (Hg.) Dada. Nr. 1–7. Zurich, Paris 1917–1920
Nr. 1–5 (1917–1919): Zurich. Nr. 6–7 (1920): Paris. – Nr. 4/5 mit Untertitel: Anthologie Dada. Zwei abweichende Ausgaben (franz. und dt.) – Nr. 6 mit Untertitel: Bulletin Dada. – Nr. 7 mit Untertitel: Dadaphone.
Wichtige Dada-Zeitschrift mit Beiträgen, Gedichten und Illustrationen der bedeutendsten Vertreter des Dadaismus. Enthält u. a.: Nr. 1: «Marcel Janco» (Tzara). Nr. 3: «Manifest dada 1918» [verlesen am 23. Juli auf der Soirée «Die Meise»]; «Cow-Boy» (Huidobro); «Die Arbeiten von Hans Arp» (Huelsenbeck). Nr. 4/5: «Proclamation sans prétention»; «Ein Geburtstagsgesang für Bijo Berry, z. Z. interniert» (Huelsenbeck); «Les poésies de Arp» (Tzara). Nr. 7: «Manifeste cannibale dada» (Picabia).
View Magazine. Max Ernst Number. New York, April 1942
Texte von und über Ernst. Mit Bibliographie.
View Magazine. [Marcel Duchamp Number.] New York, März 1945
Beiträge von Breton, Buffet, Picabia, Ray u. a.

VERÖFFENTLICHUNGEN IN ZEITSCHRIFTEN

Albert-Birot, Pierre: Poème à crier et à danser. In: SIC Nr. 23, Nov. 1917
Ähnliche Gedichte auch in anderen Heften dieser Zeitschrift.
Alford, John: The prophet and the playboy: Dada was not a farce. In: College Art Journal Nr. 4, Sommer 1952
Ausführliche Besprechung von: The Dada painters and poets, ed. by R. Motherwell (New York 1951).
Aragon, Louis: Suicide. In: Cannibale Nr. 1, April 1920
– Projet d'histoire littéraire contemporaine. In: Littérature N. S. Nr. 4, Sept. 1922
Skizzenhafte Darstellung ausgewählter Ereignisse seit 1913.
Arland, Marcel: Sur un nouveau mal du siècle. In: La Nouvelle Revue Française Bd. 22, 1. Febr. 1924
Arp, Hans: Einzahl Mehrzahl Rübezahl. In: G Nr. 3, 1924
Auszüge aus Arp, Der Pyramidenrock (Erlenbach-Zürich 1924). Mit Erläuterung von Hans Richter.
– Notes from a diary. In: Transition Nr. 21, März 1932
Veränderter Text in: Arp, On my way (New York 1948).
– Tibiis canere (Zürich, 1915–20). In: XXe Siècle Nr. 1, März 1938, S. 41–44
Mit Reproduktion von Jancos «Cabaret Voltaire». – Neuveröffentlichung mit verändertem Text u. d. T.: Dadaland. Zürcher Erinnerungen aus der Zeit des Ersten Weltkrieges. In: Atlantis (Zürich), Sonderheft 1948. Auch in: Arp, On my way (New York 1948).

– Dadaland. Zürcher Erinnerungen aus der Zeit des Ersten Weltkrieges. In: Atlantis (Zürich), Sonderheft 1948
BAADER, JOHANNES: Wer ist Dadaist? In: Die Junge Kunst Nr. 2, 1919
Wiederabdruck in: Der Marstall (Hannover 1920).
– und RAOUL HAUSMANN: Erklärung Dada. In: Der Dada Nr. 1, 1919
BAADER, JOHANNES: 8 Sätze. In: Merz Nr. 7, Jan. 1924
BALL, HUGO: Über Dada. In: De Stijl Nr. 79–84, 1927
– [Auswahl.] In: Transition 1933–1935
Nr. 21, März 1932: Clouds. Cats and peacocks. – Nr. 22, Febr. 1933: Cabaret [unveröffentlicht, geschrieben 1915]. – Nr. 23, Juli 1935: Gnostic magic.
– Fragments from a Dada diary. In: Transition Nr. 25, Herbst 1936
Auszug aus: Ball, Die Flucht aus der Zeit (3. März 1916–18. April 1917). Auch: «Sound poems» (Zürich 1915).
BARZUN, JACQUES: Fragment de l'universal poème. In: Transition, April-Mai 1938
Simultangedicht von 1907.
BAUR, JOHN I. H.: Dada in America. The machine and the unconscious. In: Magazine of Art Nr. 6, Okt. 1951
Abschnitt aus: Baur, Revolution and tradition in modern American art (Harvard University).
BAYL, FRIEDRICH: Gespräch mit Hans Richter. In: Art International Nr. 1/2, 1959
BENSON, EMANUEL M.: George Grosz, social satirist. In: Creative Art Nr. 5, Mai 1933
Enthält graphische Arbeiten von Grosz. Mit Bibliographie.
BRETON, ANDRÉ: Surrealism: Yesterday, today and tomorrow. In: This Quarter Nr. 1, 1932
– und PHILIPPE SOUPAULT: White gloves. In: New Directions Nr. 5, 1940
Übers. Auszug aus: Breton et Soupault, Les champs magnétiques (Paris 1921).
BUFFET-PICABIA, GABRIELLE: Arthur Cravan and American Dada. In: Transition Nr. 27, April/Mai 1938
Wiederabdruck in: The Dada painters and poets, ed. by R. Motherwell (New York 1951).
– Dada. In: Art d'Aujourd'hui Nr. 7/8, März 1950
Wiederabdruck in: Buffet-Picabia, Aires abstraites (Genève 1957).
[BUFFET-]PICABIA, GABRIELLE: Apollinaire. In: Transition Fifty Nr. 6, Okt. 1950
Auch Anekdoten über Duchamp und Picabia.
CASSOU, JEAN: Tristan Tzara et l'humanisme poétique. In: Labyrinthe Bd. 2, Nr. 14, 15. Nov. 1945
COCTEAU, JEAN: Les oiseaux sont en neige . . . In: Créature Nr. 2, 1921.
– Saluant Picabia. Saluant Tzara. In: Little Review, Frühjahr 1922
– Les machines . . . In: Manomètre Nr. 4, Aug. 1923
COENEN, FRANS: Dadaïsme. In: Groot-Neederland (Amsterdam) Nr. 2, 1921
COPLEY, WILLIAM: Man Ray. Dada of us all. In: Portfolio (New York) Nr. 7, 1963
«The only American founding father of the Dada and surrealist groups that flourished in New York in the 1920's and '30's.» Vgl. außerdem: Patrick Waldberg, Bonjour Man Ray. In: Quadrum Nr. 7, 1959. (Mit englischer Zusammenfassung.)
CRAVAN, ARTHUR: Notes. In: V V V (New York) Nr. 1, Juni 1942

Unveröffentlichte Texte. Mit einem Vorwort von Breton und seinem Kapitel über Cravan aus: Anthologie de l'humour noir (Paris 1940).

CULLER, G. D.: Dada and surrealism. In: Art in America Bd. 51, April 1963

DESNOS, ROBERT: Rrose Sélavy [Duchamp]. In: Littérature Nr. 7, 1. Dez. 1922

– The work of Man Ray. In: Transition Nr. 15, Febr. 1929

DOESBURG, THEO VAN: Dada. In: De Nieuwe Amsterdammer Nr. 279, 1929

– Dadaïsme. In: Merz Nr. 1, Jan.; 2, April 1923

– The literature of the advance guard in Holland. In: The Little Review Nr. 1, Frühjahr 1925.
Enthält «Manifesto II» (aus: De Stijl 1920), unterzeichnet von van Doesburg, Mondrian und Kok. Franz. Übers. in: Ça Ira (Antwerpen) Nr. 12.

– The end of art. In: De Stijl Nr. 73/74, 1926

– Uit het «Journal d'Idées». In: De Stijl, Jan. 1932
Gedenknummer mit weiteren Texten von van Doesburg und Erinnerungen von Schwitters, Arp u. a.

DUCHAMP, MARCEL: A complete reversal of art opinions by Marcel Duchamp iconoclast. In: Arts and Decoration Bd. 5, Nr. 11, Sept. 1915

– The bride stripped bare by her own bachelors. In: This Quarter Nr. 1, Sept. 1932
Auszüge in engl. Übers. aus: Duchamp, La mariée mise à nu ... (Paris 1934).

ELUARD, PAUL: Cinq moyens pénurie Dada. In: Die Schammade (Dadameter), Febr. 1920
Auch in: Littérature Nr. 13, Mai 1920

– Développement Dada. In: Mécano Nr. 2, 1922

ERDMANN-CZAPSKI, VERONIKA: Hans Arps «Pyramidenrock». Zur Entwicklungspsychologie des Dadaismus. In: Das Kunstblatt Bd. 10, Juni 1926

ERNST, MAX: Arp. In: Littérature Nr. 19, Mai 1921

– Dada est mort, vive Dada! In: Der Querschnitt, Jan. 1921
Auch in: Der Querschnitt durch 1921 (Berlin, Galerie Flechtheim, 1922).

– Visions de demi-sommeil. In: La Révolution Surréaliste Bd. 3, Nr. 9/10, 1. Okt. 1927

– Au delà de la peinture. In: Cahiers d'Art Nr. 6/7, 1936

FARNER, KONRAD: John Heartfield's photomontages. In: Graphis Nr. 13, Jan./Febr. 1946
Bibliographie: S. 124

FLINT, F. S.: The younger French poets: the Dada movement. In: The Chapbook (London) Nr. 17, Nov. 1920

FOIX, J. V.: Dada. In: D'aci i d'Alla Nr. 179, Dez. 1934

GIDE, ANDRÉ: Dada. In: La Nouvelle Revue Française Bd. 7, Nr. 79, 1. April 1920

GIEDION-WELCKER, CAROLA: Die Funktion der Sprache in der heutigen Dichtung. In: Transition, Febr. 1933

– Jean Arp. In: Horizon Nr. 82, Okt. 1946

– Kurt Schwitters. In: Die Weltwoche (Zürich), 15. Aug. 1947
Umfassende Würdigung seines Lebens und Werks. – Franz. Übers.: Hommage à Kurt Schwitters. In: K Nr. 3, Mai 1949.

– Schwitters, or the allusions of the imagination. In: Magazine of Art Bd. 41, Okt. 1948

GINDERTAEL, R.-V.: Du côté du Dada. In: Art d'Aujourd'hui Nr. 3, Jan. 1951

GLAUSER, FRITZ: Dada. In: Schweizer Spiegel Bd. 25, Nr. 1, Okt. 1949
Wiederabdruck eines Artikels vom Okt. 1931.

GLEIZES, ALBERT: L'affaire Dada. In: Action Nr. 3, April 1920
Übers. in: The Dada painters and poets, ed. by Robert Motherwell (New York 1951).

GOLDWATER, ROBERT: [Rezension von: The Dada painters and poets, ed. by Robert Motherwell.] In: Art Bulletin (New York) Bd. 34, Nr. 3, Sept. 1952
«Indispensable for the understanding of a given moment and attitude ... but also for a grasp of contemporary developments.»

GOLL, IWAN: Ein Gesang. In: The Little Review 1921, S. 8–11

GROSZ, GEORGE: George Grosz. In: G Nr. 3, Juni 1924

HAUSMANN, RAOUL: Pamphlet gegen die Weimarische Lebensauffassung. Berlin, April 1918
Maschinenschrift, vom Autor datiert. Erstdruck in: Der Einzige (Berlin), 20. April 1919.

– Manifest von der Gesetzmäßigkeit des Lautes. Berlin, Mai 1918
Maschinenschrift. Erstdruck unter dem unauthorisierten Titel: Schulze philosophiert. In: Der blutige Ernst Nr. 6, 1919. Ebenfalls veröffentlicht in: Mécano Nr. 1, 1922.

– Sound-Rel. 1919
Maschinenschrift. Erstdruck in: The Dada painters and poets, ed. by Robert Motherwell (New York 1951), S. 316.

– Was die Kunstkritik nach Ansicht des Dadasophen zur Dadasophen Ausstellung sagen wird. In: Burchard, Kunsthandlung, Erste internationale Dada-Messe. Berlin 1920

– Presentismus gegen Puffkeismus der teutschen Seele. Berlin, Febr. 1921
Maschinenschrift (5 S.).

– Dada ist mehr als Dada. Manifest 1920. In: De Stijl, Mai 1921
Franz Übers.: Dada est plus que dada. Manifeste. In: Arts-Lettres (Paris) Nr. 6, 1946

– L'optophone. In: Vesch-Gegenstand-Objet (Berlin) Nr. 3, 1923
Dreisprachige Zeitschrift, hg. von Lissitzky und Ehrenburg.

– Three little pinetrees. In: Plastique Nr. 4, 1939
U.d.T. «Trois petits sapins» in: Arts-Lettres (Paris) Nr. 6, 1946.

– Opto-fonetische Konstruktion. In: Plastique Nr. 5, 1939

– Dada blanc. In: Phases (Paris) Nr. 3, Nov. 1956

– Manifeste de l'ordonnance du son. In: L'Esperienza Moderna Nr. 5, März 1959
Kurze Einführung von A. Perelli. Biographische Anmerkung. Zwei Texte von Hausmann: «Trois petits sapins.» «Sol-chant.»

– Miss Imago. In: Vernissage Nr. 8, Febr. 1962
Außerdem: Dialog Hue-Hau (Huelsenbeck contra Hausmann). – Kampf ums Dadasein (über Huelsenbeck).

– Neorealismus, Dadaismus. In: Das Kunstwerk Nr. 1, Juli 1963

HENNINGS, EMMY: [Erinnerungen.] In: Neue Zürcher Zeitung, Mai 1934

HÖLSCHER, E.: Dada ohne Ende. Avantgardistische Typographie. In: Gebrauchsgraphik, März 1962
Dreisprachiger Text.

HUELSENBECK, RICHARD: Der neue Mensch. In: Neue Jugend Nr. 1, 23. Mai 1917

– Schieber-Politik. In: Der blutige Ernst Nr. 4, 1919
– Vom Dada zur Weltordnung. In: Die literarische Welt Nr. 7, 1919 (?)
– Die dadaistische Bewegung. Selbst-Biographie. In: Die neue Rundschau Bd. 31, Nr. 8, Aug. 1920
– Zürich 1916; wie es wirklich war. In: Neue Bücherschau (Berlin), Dez. 1928
– Dada lives. In: Transition Nr. 25, Herbst 1936
Übers. aus dem Deutschen.
– The miracle of the Cabaret Voltaire. In: New York Journal-American, 1936/37
Der Artikel wurde für das King Features Syndicate geschrieben und in New York, vielleicht auch anderswo, veröffentlicht. – Maschinenschrift (6 S.) lag dem Bearb. vor.
– [hier: Hulbeck]: Dada. In: Possibilities (New York) Nr. 1, Winter 1947/48
Auszüge aus: Huelsenbeck, En avant dada (Hannover 1920).
– Zürich 1916. In: Neue Zürcher Zeitung, 1949
Maschinenschrift (5 S.) lag dem Bearb. vor. Vom Autor datiert.
– Dada. In: Quadrum Nr. 1, Mai 1956
HUGNET, GEORGES: Tristan Tzara. In: Orbes Nr. 3, 1932
Enthält auch Gedichte von Tzara.
– L'esprit Dada dans la peinture. In: Cahiers d'Art Nr. 1/2, 6/7, 8/10, 1932; Nr. 1/4, 1934
Bedeutende Darstellung mit dokumentarischen Bildern. Vier Teile: I: Zurich et New York. II: Berlin (1918–1922). III: Cologne et Hanovre. IV: Dada à Paris. – Vollständige engl. Übers. in: The Dada painters and poets, ed. by R. Motherwell (New York 1951). – Einige Verbesserungen in Tzaras offenem Brief vom 16. Febr.: Ebda. Nr. 1/3, 1937.
– Dada. In: Museum of Modern Art Bulletin, Nr. 2/3, Nov./Dez. 1936
Wiederabdruck in: Fantastic Art, Dada, Surrealism. Ed. by A. H. Barr. (2. Aufl. New York 1937; 3. rev. Aufl. 1947.)
JOLAS, EUGENE: From jabberwocky to «lettrism». In: Transition Forty-Eight Nr. 1, Jan. 1948
KERN, WALTER: Zürich, 1914–1918. In: Werk Nr. 5, Mai 1943
KREYMBORG, ALFRED: Dada and the Dadas. In: Shadowland Bd. 7, Nr. 1, Sept. 1922
Erwähnt Tzara. Typisch für die zeitgenössischen, relativ oberflächlichen Kommentare in der amerikanischen Presse, z. B. auch: Dada, the newest nihilism in the arts. In: Current Opinion, Mai 1920.
LEIRIS, MICHEL: Présentation de «la fuite». In: Labyrinthe Nr. 17, 15. Febr. 1946
«Il y a trente ans ... le mouvement dada fut crée à Zurich nous déclare ... Tzara.» Enthält auch Soupault «Le profil de dada» und bebilderte Dokumente.
LÉVÊQUE, J. J.: Entretiens avec Man Ray. In: Temps Mêlés (Verviers, Belgien) Nr. 31/33, 21. März 1958
Umschlagtitel: Parade pour Picabia. Titelseite: Francis Picabia – Dada – Clément Pansaers. Über Picabia (u. a. Erinnerungen von Man Ray): S. 51 ff. Davor Texte von und Dokumente über Pansaers. – Sonderausg. der Hefte 31/33 in 470 Exemplaren.
MAXIMOV, ANDRÉ: Dadaism in French literature. In: Sewanee Review, Juli-Sept. 1931

Myers, Rollo. (Hg.) Erik Satie. Son temps et ses amis. In: La Revue Musicale, Juni 1952
Ergänzende Artikel: Ebda, März 1924, Aug. 1925. – Vgl. auch: Myers, Erik Satie (London 1948).

Neuhys, Paul: Quelques poètes. In: Ça Ira (Antwerpen) Nr. 14, 1921
Über Cocteau, Tzara, Soupault, Aragon, Eluard, Picabia, Clément Pansaers.

Picabia, Francis: Francis Picabia et Dada. In: L'Esprit Nouveau Bd. 1, Nr. 9, 1921, S. 1059–1060
«L'esprit Dada ... fut exprimé par Marcel Duchamp et moi à la fin de 1912. Huelsenbeck, Tzara ou Ball en ont trouvé le nom-écrin Dada en 1916.»

– Francis Picabia in his latest words. In: This Quarter Nr. 3, 1927

Pörtner, Paul: Dada vor Dada. Dokumente zur Geschichte des Dadaismus. In: Du Nr. 229, März 1960

Pouey, Fernand: Le petit frère de Dada. Entretiens avec Pierre Albert-Birot. In: Arts (Paris) Nr. 364, Juni 1952

Prampolini, Enrico: The aesthetic of the machine and mechanical introspection in art. In: The Little Review Nr. 2, Herbst/Winter 1924/25
Auch in: Broom Bd. 3, 1922.

Ribemont-Dessaignes, Georges: Dadaland. In: Cannibale Nr. 2, Mai 1920
Übers. von Walter Mehring in: Dada-Almanach, hg. von R. Huelsenbeck (Berlin 1920).

– Le massacre des innocents. Épître aux dadaïstes repentis. In: Feuilles Libres Nr. 31, März/April 1923

– Dadaïsme. In: De Stijl Nr. 2, April 1923; Nr. 3/4, Mai/Juni 1923
Veränderte Fassung u. d. T.: Dadaïsme et isthme de dada. In: Mécano Nr. 3, 1922.

– Dada painting or the oil eye. In: The Little Review Nr. 4, Herbst/Winter 1923/24

– Man Ray. In: Les Feuilles Libres Nr. 40, Mai/Juni 1925

– In praise of violence. In: The Little Review Nr. 1, Frühjahr/Sommer 1926

– Histoire de Dada. In: La Nouvelle Revue Française Nr. 213/214, Juni/Juli 1931
Engl. Übers. in: The Dada painters and poets, ed. by R. Motherwell (New York 1951).

Richter, Hans: Gegen Ohne Für Dada. In: Dada Nr. 4/5 (Dt. Ausg.), 15. Mai 1919

– Die schlecht trainierte Seele. In: G Nr. 3, 1924

– Origine de l'avant-garde allemande. In: Cinématographe Nr. 2, Mai 1937
Hier dem Einfluß der Malerei zugeschrieben.

– Vita privata del movimento Dada. In: La Biennale di Venezia Nr. 7, Jan. 1952

Rivière, Jacques: Reconnaissance à Dada. In: La Nouvelle Revue Française, Aug. 1920
Ergänzt durch Tzaras «Lettre ouverte» an Rivière in: Littérature Nr. 10, Dez. 1919.

Roditi, Edouard: Interview with Hannah Höch. In: Arts (New York), Dez. 1959
Bemerkungen über die Berliner Dadaisten (ohne Erwähnung Richard Huelsenbecks). Berichtigung von Hans Richter, ebda., Febr. 1960, S. 7. Wiederabdruck in: Arts Yearbook 6 (New York 1962), mit einer Anmerkung über Huelsenbeck (zuerst veröffentlicht in: Der Monat).

SATIE, ERIK: Mémories d'un amnésique. In: Journal de la Société Musicale Indépendante (Paris) 1912, 15. April; 1913, 15. Febr.

SCHINZ, ALBERT: Dadaïsme. Poignée de documents sur un mouvement d'égarement de l'esprit humain après la grande guerre. In: Smith College Studies in Modern Languages Bd. 5, Nr. 1, 1923, S. 51–79
Vgl.: Schinz, Dadaism. In: The Bookman Nr. 55, 1922, S. 63–65.

SCHMITT-ROST, HANS: Das Antiklassische. Ein Nachwort zu Dada. In: Werk und Zeit Nr. 5, Mai 1959

SCHWITTERS, KURT: Merz. In: Der Ararat Bd. 2, 1921, S. 3–11
Geschrieben 1920. Übers. in: The Dada painters and poets, ed. by R. Motherwell (New York 1951), mit zwei Gedichten.

– Dada complet. In: Merz Nr. 1, Nr. 3, 1923; Nr. 7, 1924

– Konsequente Dichtung. In: G Nr. 3, Jan. 1924
Aufsatz über die Laute in der Dichtung. Kommentar von Hans Richter, dem Herausgeber von «G».

– Revolution. Causes of the outbreak of the great and glorious revolution in Revon. In: Transition Nr. 8, Nov. 1926
Geschrieben während seiner Dada-Periode, mit Bezug auf Han«nover».

– About me by myself. In: The Little Review Bd. 12, Nr. 2, Mai 1929
Die Antwort von Schwitters innerhalb einer internationalen Sammlung von Erwiderungen auf einen Fragebogen.

– C O E M. In: Transition Nr. 24, Juni 1936.
Übers. von «Cathedral of erotic misery».

SERNER, WALTER: Paneelparabole. In: Die Schammade (Dadameter), Febr. 1920
Weitere Texte von «Docteur Serner» in: Dada Nr. 4/5 (Dt. Ausg.), Mai 1919; Littérature Nr. 13, Mai 1920; 391 Nr. 11, Febr. 1920; Der Zeltweg Nr. 1, Nov. 1919.

SEUPHOR, MICHEL: Figures de l'universelle coïncidence. In: L'Esprit Nouveau Nr. 1, April 1927
Einzige Nummer; hg. von Seuphor und Dermée.

– L'internationale Dada. In: L'Œil (Paris) Nr. 24, Dez. 1956, S. 64–75

SHATTUCK, ROGER: Erik Satie: Composer to the school of parts. In: Art News (New York) Bd. 56, Nr. 7, II, Nov. 1957, S. 67–85; 186–189
Mit Dokumenten und Abbildungen in: Art News Annual 27 (1958).
Mit einer Zeichnung von Picabia und einer kleinen Broschüre als Beilage: «On Erik Satie» von John Cage.

SIRATO, CHARLES: Dimensionisme. In: Plastique Nr. 2, 1938
Ein «manifesto» mit 22 Unterzeichnern, u. a. Albert-Birot, Arp, Duchamp, Huidobro, Picabia.

SOUPAULT, PHILIPPE: Le profil de Dada. In: Labyrinthe (Genève) Nr. 17, 15. Febr. 1946
Mit Abbildungen von Dada-Veröffentlichungen.

– Dada's daddies. In: Réalités (Paris) Nr. 112, März 1960

STEINITZ, KATE T.: Kurt Schwitters. 1919. In: Los Angeles County Museum of Art Bulletin Bd. 14, Nr. 2, 1962
Anläßlich der Erwerbung von «Construction for noble ladies, 1919». Wiederabdruck von Schwitters' Merz (Aus: Der Ararat, 1921). Engl. Übers. in: The Dada painters and poets, ed. by R. Motherwell (New York 1951).

SWEENEY, JAMES J.: Marcel Duchamp. [Ein Interview.] In: Museum of Modern Art Bulletin Nr. 4/5, 1946

Thwaites, John A.: Dada hits West Germany. In: Arts (New York) Bd. 33, Febr. 1959, S. 30–37
Eine Besprechung der bedeutenden Nachkriegsausstellung: Dada. Dokumente einer Bewegung (Düsseldorf, Frankfurt, Amsterdam 1958–1959).

Topass, Jan: Essai sur les nouveaux modes de l'expression plastique et littéraire. Cubisme, futurisme, dadaïsme. In: La Grande Revue Nr. 103, 1920, S. 579–597

Tzara, Tristan: Les poésies de Arp. In: Dada Nr. 4/5 (Franz. Ausg.), Mai 1919
Vorwort zu Auszügen aus: Arp, Die Wolkenpumpe, gedruckt in: Dada Nr. 4/5 (Dt. Ausg.), 1919. Ergänzt durch weitere Essays in: Littérature Nr. 19, 1921; und Merz Nr. 6, 1923.

– Inzwischen-Malerei. (On s'approche du point de tangence.) In: Der Zeltweg, Nov. 1919
Geschrieben für die erste Dada-Ausstellung in Zürich. Dt. Übers. (gekürzt) von Walter Serner.

– Chronique Zurichoise 1915–1919. In: Dada-Almanach. Hg. von R. Huelsenbeck. Berlin (Reiss) 1920. S. 10–29
Berichte über Ausstellungen, Veröffentlichungen, Veranstaltungen, Persönlichkeiten u. a. – Engl. Übers. in: The Dada painters and poets, ed. by R. Motherwell (New York 1951).

– Eye-cover, art-cover, corset-cover, authorization. In: New York Dada, April 1921

– Le cœur à gaz. Pièce de théâtre. In: Der Sturm Nr. 3, März 1922

– Conférence sur Dada. In: Merz Nr. 7, Jan. 1924
Gehalten auf dem Kongreß in Weimar 1922.

– L'esprit Dada dans la peinture. In: Cahiers d'Art Nr. 1/3, 1937
Kritik zu Hugnets Studien über Dada in Europa. Vollständige engl. Übers. dieses Briefes vom 16. Febr. 1937 in: The Dada painters and poets, ed. by R. Motherwell (New York 1951).

Veronese, Giulia: L'avventura Dada. In: Emporium Nr. 749, Mai 1957

Viazzi, Glauco: Dadaismo e surrealismo. In: Domus Nr. 202, Okt. 1944, S. 378–382

Vordemberge-Gildewart, F.: Kurt Schwitters (1887–1948). In: Forum (Amsterdam) Nr. 12, 1948, S. 356–362

Wedderkop, H. von: Dadaismus. In: Jahrbuch der Jungen Kunst (Leipzig) Bd. 2, 1921, S. 216–224
Auch in: Cicerone Bd. 13, 1921, S. 442–430.

Wescher, Herta: Dada mort ou vivant? In: Cimaise (Paris) Bd. 6, Nr. 1, Okt./Nov. 1958
Über die Ausstellung der Düsseldorfer Kunsthalle im September 1958 und über Dada allgemein.

Zahn, Leopold: Dadaismus oder Klassizismus? In: Der Ararat Bd. 1, 1920, S. 50–52

Zayas, Maurice de: [Francis Picabia.] In: 291 Nr 5/6, Juli/Aug. 1915
Picabia-Nummer, mit zahlreichen Bildtafeln.

Bernard Karpel

Nachtrag

BÜCHER

ADES, DAWN: Dada und Surrealismus. München, Zürich (Droemer-Knaur) 1975

BAADER, JOHANNES: Oberdada. Schriften. Manifeste, Flugblätter, Billets, Werke und Taten. Hg. u. m. e. Nachw. von HANNE BERGIUS. Lahn-Gießen (Anabas) 1977

BAARGELD, JOHANNES THEODOR: Auf der Suche nach der Biographie des Kölner Dadaisten Johannes Theodor Baargeld. Mit zahlreichen Arbeiten und Texten Baargelds sowie einem Reprint der Wochenschrift «Der Ventilator», Köln, Februar/März 1919. Hg. WALTER VITT. Starnberg (Keller) 1977

BALL, HUGO: Die Kulisse. Das Wort und das Bild. Zürich, Köln (Benziger) 1971

BEST, OTTO F., u. SCHMITT, HANS-JÜRGEN (Hg.): Die deutsche Literatur. Ein Abriß in Text und Darstellung. Bd. 14. Expressionismus und Dadaismus. Hg. von OTTO F. BEST. Stuttgart (Reclam) 1974

BROWNING, GORDON FREDERICK: Tristan Tzara. The genesis of the Dada poem or from Dada to Aa. Stuttgart (Akad. Verlag Heinz) 1979

DECH, GERTRUD JULA: Schnitt mit dem Küchenmesser Dada durch die letzte Weimarer Bierbauchkulturepoche Deutschlands. Untersuchungen zur Fotomontage bei Hannah Höch. Münster (Lit-Verlag) 1981

DÖHL, REINHARD: Das literarische Werk Hans Arps 1903–1930. Zur poetischen Vorstellungswelt des Dadaismus. Stuttgart (Metzler) 1967

DREWS, JÖRG (Hg.): Das Tempo dieser Zeit ist keine Kleinigkeit. Zur Literatur um 1918. München (Edition Text und Kritik) 1981

DUWE, WILHELM: Die Kunst und ihr Anti von Dada bis heute. Gehalt- und Gestaltprobleme moderner Dichtung und bildender Kunst. Berlin (E. Schmidt) 1967

ERLHOFF, MICHAEL: Raoul Hausmann, Dadasoph. Versuch einer Politisierung

GROSSMAN, MANUEL L.: Dada. Paradox, mystification and ambiguity in European literature. New York (Pegasus) 1971
opean literature. New York (Pegasus) 1971

HAUSMANN, RAOUL: Am Anfang war Dada. Hg. von KARL RIHA u. GÜNTER KÄMPF m. e. Nachw. von Karl Riha. Steinbach/Gießen (Anabas) 1972

KEMPER, HANS-GEORG: Vom Expressionismus zum Dadaismus. Eine Einführung in die dadaistische Literatur. Kronberg/Taunus (Scriptor) 1974

LACH, FRIEDHELM: Der Merz-Künstler Kurt Schwitters. Köln (DuMont) 1971

LAST, R. W.: Hans Arp, the poet of dadaism. London (Wolff) 1969

MEHRING, WALTER: Verrufene Malerei. Erinnerungen eines Zeitgenossen und 14 Essais zur Kunst. Berlin Dada. Düsseldorf (Claassen) 1983

MEYER, REINHART: Dada in Zürich und Berlin 1916–1920. Literatur zwischen Revolution und Reaktion. Kronberg/Taunus (Scriptor) 1973

OESTERREICHER-MOLLWO, MARIANNE: Surrealismus und Dadaismus. Provokative Destruktion, der Weg nach innen und Verschärfung der Problematik einer Vermittlung von Kunst und Leben. Freiburg i. Br., Basel, Wien (Herder) 1978

OHFF, HEINZ: Hannah Höch. Berlin (Mann) 1968

PAULSEN, WOLFGANG, u. HERMANN, HELMUT G. (Hg.): Sinn aus Unsinn. (12. Amherster Kolloquium zur Dt. Literatur) Bern, München (Francke) 1982

PHILIPP, ECKHARD: Dadaismus. Einführung in den literarischen Dadaismus und die Wortkunst des «Sturm»-Kreises. München (Fink) 1980

PIERRE, JOSÉ: Futurismus und Dadaismus. Lausanne (Editions Rencontre) 1967

PROSENC, MIKLAVŽ: Die Dadaisten in Zürich. Bonn (Bouvier) 1967
RICHTER, HANS: Begegnungen von Dada bis heute. Briefe, Dokumente, Erinnerungen. Köln (DuMont) 1973
– Dada – Kunst und Antikunst. Der Beitrag Dadas zur Kunst des 20. Jahrhunderts. Köln (DuMont) 1965
RIHA, KARL (Hg.): Da Dada da war, ist Dada da. Aufsätze und Dokumente. Mit Beitr. u. Originalbeitr. u. a. von Hugo Ball. München, Wien (Hanser) 1980
– (Hg.): 113 Dada-Gedichte. Berlin (Wagenbach) 1982
– u. BERGIUS, HANNE (Hg.): Dada Berlin. Texte, Manifeste, Aktionen. Stuttgart (Reclam) 1977
RUBIN, WILLIAM S.: Dada und Surrealismus. Stuttgart (Hatje) 1972
SCHIFFERLI, PETER (Hg.): Dada in Zürich. Bildchronik und Erinnerungen der Gründer. Erweiterte Sonderausgabe zum 50. Geburtstag von Dada. In Zusammenarbeit mit Hans Arp u. Richard Huelsenbeck. Zürich (Sanssouci) 1966
SHEPPARD, RICHARD: Richard Huelsenbeck. Hamburg (Christians) 1982
STEINHAUSER, MONIKA: Max Ernst, Dadamax. München, Zürich (Piper) 1979

KATALOGE

Berlinische Galerie. Dada – Montage – Konzept. Ausstellung u. Katalog: Ursula Prinz u. Eberhard Roters. Berlin 1982
Goethe-Institut München. Documents of the international Dada movement. Exhibition designed by Hermann Vogel. München 1977
Köln. Kunstverein. Max Ernst in Köln. Die rhein. Kunstszene bis 1922. Köln, 7. 5.–6. 7. 1980. Hg. Wulf Herzogenrath. Köln (Rheinland-Verlag) 1980
Max-Ernst-Kabinett, Stadt Brühl. Dadamax. 1919–1921. Brühl, 29.3.–31.8.1982. Red.: Jürgen Pech. Brühl (Amt für Kultur und Freizeit) 1982
Städt. Galerie im Lenbachhaus, München. new york dada: duchamp, man ray, picabia. München, 15.12.1973–27.1.1974; Kunsthalle Tübingen, 9.3.1974–28.4.1974. arturo schwarz (bearb.). hg. von armin zweite u. a. München (Prestel) 1973
Städt. Galerie im Städelschen Kunstinstitut, Frankfurt a. M. DaDa. DaDa in Europa, Werke und Dokumente. Frankfurt a. M., 10.11.1977–8.1.1978. Katalogbearb.: Hanne Bergius. Hg.: Klaus Gallwitz. Berlin (Reimer) 1977

ZEITSCHRIFTEN

Qultur. Hg. vom Zirkel der Dadaisten e. V., Mitglied im Dada-Zentralrat, Dada-Werkstatt Oldenburg. Oldenburg (Zirkel der Dadaisten) Jg. 1, No. 1 (1981) – (erscheint unregelmäßig)

VERÖFFENTLICHUNGEN IN ZEITSCHRIFTEN

BERGIUS, HANNE: The ambiguous aesthetic of Dada. Towards a definition of its categories. In: Journal of European studies 9 (1979), S. 26–38
– Zur Wahrnehmung und Wahrnehmungskritik im Berliner Dadaismus. In: Sprache im techn. Zeitalter, 1975, S. 234–255

FIEDLER, LEONHARD MARIA: Dada und der Weltkrieg. Aspekte der Entstehung einer internationalen Bewegung in Literatur und Kunst. In: Arcadia 11 (1976), S. 225–237

GRUNWALD, HENNING: Dadatropismus oder Die alexandrinische Paralyse. In: Sprache im techn. Zeitalter, 1975, S. 190–201

HAUSMANN, RAOUL: Nachwirkungen des Dadaismus in der deutschen Literatur. In: German Life and Letters 21 (1967/68), S. 21–27

KAMMLER, DIETMAR: Nietzsche in Zürich. Ein Versuch zur künstlerisch-philosophischen Begründung des dadaistischen Lautgedichts bei Hugo Ball. In: Hugo-Ball-Almanach 5 (1981), S. 39–76

SHEPPARD, RICHARD: Dada and expressionism. In: Publications of the Englisch Goethe Society. N. S. 49 (1979), S. 45–83

– Dada and politics. In: Journal of European studies 9 (1979), S. 39–74

– What is Dada? In: Orbis litterarum 34 (1979), S. 175–207

ZURBRUGG, NICHOLAS: Dada and the poetry of the contemporary Avant-Garde. In: Journal of European studies 9 (1979), S. 121–143

DISSERTATIONEN

BAUMANN, LOTHAR REINHARD MARIA: Die erzählende Prosa der deutschsprachigen Dadaisten, dargestellt am Beispiel von Hugo Ball, Richard Huelsenbeck und Kurt Schwitters. Universität Mainz 1977

BOHLE, JÜRGEN F. E.: Theatralische Lyrik und lyrisches Theater im Dadaismus. Eine Untersuchung der Wechselbeziehung zwischen lyrischen und theatralischen Elementen in dadaistischer Aktion. Universität Saarbrücken 1981

Rainer Schaude

NACHTRAG ZUR DRITTEN AUFLAGE

In der *Edition Nautilus*, Hamburg, sind folgende Ausgaben erschienen:

CRAVAN, ARTHUR: Maintenant. Poet & Boxer oder die Seele im zwanzigsten Jahrhundert.

DADA-Mappe. Reprint dadaistischer Zeitschriften. 3. Aufl.

HUELSENBECK, RICHARD: En Avant Dada. Eine Geschichte des Dadaismus. 3. Aufl.

HUELSENBECK, RICHARD, u. TZARA, TRISTAN: Dada siegt! Bilanz und Erinnerung.

Kassette Poetisches Depot (enthält Texte von T. TZARA, A. CRAVAN, R. HUELSENBECK u. J. VACHÉ).

PÉRET, BENJAMIN: Die Schande der Dichter. Schriften.

PICABIA, FRANCIS: Funny Guy and Dada. Kritiken, Manifeste, Prosapoem.

–: Platonische Gebisse. Lyrik, Porträts, Filmskripte.

–: Aphorismen.

SCHWITTERS, KURT: Kuwitter. Grotesken, Szenen, Banalitäten.

TZARA, TRISTAN: Sieben Dada Manifeste (1916–1921).

QUELLENNACHWEIS

ARAGON, LOUIS: Selbstmord. Aus Cannibale Nr. 1, April 1920
Mit Genehmigung des Autors.
– John Heartfield und die revolutionäre Schönheit. Aus: John Heartfield: Photomontagen zur Zeitgeschichte I. Zürich (Kultur und Volk) 1945
Mit Genehmigung des Autors.

D'AREZZO, MARIA: Straßen. Aus: Der Dada Nr. 2, 1917
(Aus dem Italienischen von Marlis Ingenmey.)

ARP, HANS: Einführung zu «Histoire Naturelle». Aus: Max Ernst: Histoire Naturelle. Paris (Bucher) 1926
Mit Genehmigung des Autors (Aus dem Französischen übersetzt von Hanns Grössel.)
– Kaspar ist tot. Aus: Der Vogel Selbdritt. Berlin (Otto v. Holten) 1920
Mit Genehmigung des Verlages der Arche, Zürich.

BAADER, JOHANNES: Die acht Weltsätze. Aus: Die acht Weltsätze. »Mühlheim an der Donau» 1919
– Reklame für mich. Aus: Der Dada Nr. 2. Berlin 1919.

BAARGELD, JOHANNES THEODOR: Röhrensiedlung oder Gotik. Aus: Die Schammade (Dadameter), Febr. 1920
– Bimbamresonnanz 1. Aus: Die Schammade (Dadameter), Febr. 1920
– Bimmelresonnanz II. Aus: Die Schammade (Dadameter), Febr. 1920

BALL, HUGO: Aus: «Die Flucht aus der Zeit». Aus: Die Flucht aus der Zeit. München, Leipzig (Duncker & Humblot) 1927
Mit Genehmigung von Annemarie Schütt-Hennings.
– Karawane. Aus: Dada-Almanach. Hg. v. R. Huelsenbeck. Berlin 1920
Mit Genehmigung des Verlages der Arche, Zürich.

BLOOMFELD, ERWIN: Atze. Aus: Der Dada Nr. 3. Berlin 1920
Mit Genehmigung des Autors.

BRETON, ANDRÉ: Dada-Schlittschuhlauf. Aus: Littérature Serie I, Nr. 13, Paris, Mai 1920
Mit Genehmigung des Autors. (Aus dem Französischen übersetzt von Hanns Grössel.)
– Die diebischen Reptile. Aus: Le Cannibale Nr. 2. Paris (Au Sans Pareil) 1920
Mit Genehmigung des Autors. (Aus dem Französischen übersetzt von Hanns Grössel.)
– und PHILIPPE SOUPAULT: Aus: «Les champs magnétiques». Aus: Les champs magnétiques. Paris (Aus Sans Pareil) 1921
Mit Genehmigung der Autoren. (Aus dem Französischen übersetzt von Hanns Grössel.)

BUFFET-PICABIA, GABRIELLE: Der «Prä-Dadaismus» in New York. Aus: Aires abstraites. Genève 1957
Mit Genehmigung von Olga Picabia. (Aus dem Französischen übersetzt von Hanns Grössel.)

CASSOU, JEAN: Tristan Tzara und der dichterische Humanismus. Aus: Morceaux choisis. Paris 1947
Mit Genehmigung der Editions Bordas, Paris. (Aus dem Französischen übersetzt von Hanns Grössel.)

COCTEAU, JEAN: Über Kunst. Aus: Les machines ... In: Manomètre Nr. 4, Ausg. 1923

Mit Genehmigung des Autors und der Éditions du Roché, Paris. (Aus dem Französischen übersetzt von Hans Carl Artmann.)
– Die Vögel sind im Schnee ... Aus: Créature Nr. 2, 1921
Mit Genehmigung des Autors und der Éditions du Roché, Paris. (Aus dem Französischen übersetzt von Hans Carl Artmann.)
– Cocteau grüßt Picabia. Aus: Little Review, Frühjahr 1922
Mit Genehmigung des Autors und der Éditions du Roché, Paris. (Aus dem Französischen übersetzt von Hans Carl Artmann.)
– Cocteau grüßt Tzara. Aus: Little Review, Frühjahr 1922
Mit Genehmigung des Autors und der Éditions du Roché, Paris. (Aus dem Französischen übersetzt von Hans Carl Artmann.)

CRAVAN, ARTHUR: Dichter und Boxer. Aus: Maintenant. Paris (Le Terrain Vague, Losfeld) 1957
(Aus dem Französischen übersetzt von Hanns Grössel.)

CREVEL, RENÉ: Nacht. Aus: Little Review 1924/25
(Aus dem Französischen übersetzt von Hans Carl Artmann.)

DOESBURG, THEO VAN: Was ist Dada? Aus: Wat is Dada? s'Gravenhage (Uitgave «De Stijl») 1923
Mit Genehmigung von Nelly van Doesburg. (Aus dem Niederländischen übersetzt von Bernd Schnitzer.)
– Das Ende der Kunst. Aus: De Stijl Nr. 73/74, 1926
Mit Genehmigung von Nelly van Doesburg. (Aus dem Englischen übersetzt von Richard Huelsenbeck.)

DUCHAMP, MARCEL: Aussagen. Aus: Marchand du Sel. Paris (Le Terrain Vague) 1958
Mit Genehmigung des Verlages Le Terrain Vague, Paris.
– Der schöpferische Akt. Aus: Marchand du Sel. Paris (Le Terrain Vague) 1958
Mit Genehmigung des Verlages Le Terrain Vague, Paris (Aus dem Englischen übersetzt von Richard Huelsenbeck.)
– Francis Picabia. Aus: Daus al Set, Barcelona, Aug./Sept. 1952
Mit Genehmigung des Autors. (Aus dem Französischen übersetzt von Hans Carl Artmann.)

ELUARD, PAUL: Dada-Entwicklung. Aus: Mécano Nr. 2, 1922
Mit Genehmigung von Cécile Valette. (Aus dem Französischen übersetzt von Hanns Grössel.)
– Dada-Gebäck. Aus: Littérature Nr. 13, Mai 1920
Mit Genehmigung von Cécile Valette. (Aus dem Französischen übersetzt von Hanns Grössel.)
– Der Ungeduldige. Aus: Répetitions. Paris (Au Sans Pareil) 1922
Mit Genehmigung von Cécile Valette. (Aus dem Französischen übersetzt von Hanns Grössel.)
– Närrischer Einwohner. Aus: Les nécessités de la vie et les conséquences des rêves. Paris (Au Sans Pareil) 1921
Mit Genehmigung von Cécile Valette. (Aus dem Französischen übersetzt von Hanns Grössel.)
– Vier Gören. Aus: Les nécessités de la vie et les conséquences des rêves. Paris (Au Sans Pareil) 1921
Mit Genehmigung der Éditions Gallimard, Paris. (Aus dem Französischen übersetzt von Hanns Grössel.)

– und MAX ERNST: Zerbrochene Fächer. Aus: Les Malheurs des immortels. Paris (Librairie Six) 1922
Mit Genehmigung von Cécile Valette und Max Ernst. (Aus dem Französischen übersetzt von Hanns Grössel.)
– und MAX ERNST: Auf der Suche nach der Unschuld. Aus: Les Malheurs des immortels. Paris (Librairie Six) 1922
Mit Genehmigung von Cécile Valette und Max Ernst. (Aus dem Französischen übersetzt von Hanns Grössel.)
ERNST, MAX: Gertrud. – Lisbeth. – Worringer, profector DaDaistikus
Mit Genehmigung des Autors.
– die schammade (dilettanten erhebt euch). Aus: Die Schammade. Köln («Schloemilch Verlag») 1920
Mit Genehmigung des Autors.
EVOLA, J.: Gelbkreuz. Aus: Montaigne, Galerie, Salon Dada. Exposition internationale. Paris, 6.–30. Juni 1920
(Aus dem Französischen übersetzt von Hans Carl Artmann.)
GOLL, IWAN: Nil. Aus: Créacion. Rivista International de Arte Nr. 1. Madrid, Paris 1921
Mit Genehmigung von Claire Goll.
– Ein Gesang. Aus: The Little Review 1921, S. 8–11
Mit Genehmigung von Claire Goll.
– Vive la France. Aus: Zenitismus, Belgrad–München, 14. Juli 1922, Beiblatt zu Nr. 16
Mit Genehmigung von Claire Goll.
GROSZ, GEORGE: London. Aus: Kleine Grosz Mappe. Berlin-Halensee (Malik-Verlag) 1917
Mit Genehmigung von Peter M. Grosz.
HAUSMANN, RAOUL: Pamphlet gegen die Weimarische Lebensauffassung. Maschinenschrift, vom Autor datiert: Berlin, April 1918. Erstdruck in: Der Einzige (Berlin), 20. April 1919
Mit Genehmigung des Autors.
– Dada ist mehr als Dada. Aus: De Stijl, Mai 1921
Mit Genehmigung des Autors.
– Club Dada. Aus: Dada. Dokumente einer Bewegung. Düsseldorf (Düsseldorfer Kunstverein) 1958
Mit Genehmigung des Autors.
– Rückkehr zur Gegenständlichkeit in der Kunst. Aus: Dada-Almanach. Berlin (Reiss) 1920
Mit Genehmigung des Autors.
– Optofonetische Konstruktion 1922. Aus: Plastique Nr. 5, 1939
Mit Genehmigung des Autors.
– Zwei dadaistische Persönlichkeiten: Huelsenbeck und Baader. Aus: Courier Dada. Paris (Le Terrain Vague) 1958
Mit Genehmigung des Autors. (Für diese Ausgabe neu gefaßt vom Autor.)
HENNINGS-BALL, EMMY: Der Dadaismus. Aus: Ruf und Echo. Mein Leben mit Hugo Ball. Einsiedeln, Köln (Benziger) 1953
Mit Genehmigung von Annemarie Schütt-Hennings.
HERZFELDE, WIELAND: Mein Bruder John Heartfield. Aus: John Heartfield. Leben und Werk, dargestellt von seinem Bruder. Dresden (Verlag der Kunst) 1962
Mit Genehmigung des Autors.

Höch, Hannah: Eine der Reisen mit Kurt Schwitters. Aus: Dada. Dokumente einer Bewegung. Düsseldorf (Düsseldorfer Kunstverein) 1958
Mit Genehmigung des Gerhardt Verlages, Berlin.
Huelsenbeck, Richard: Erklärung, vorgetragen im Cabaret Voltaire im Frühjahr 1916. Schreibmaschinenmanuskript
Mit Genehmigung des Autors.
– Dadarede, gehalten in der Galerie Neumann, Berlin, Kurfürstendamm, am 18. Februar 1918. Schreibmaschinenmanuskript
Mit Genehmigung des Autors.
– Der neue Mensch. Aus: Neue Jugend Nr. 1, 23. Mai 1917
Mit Genehmigung des Autors.
– Einleitung zum Dada-Almanach. Berlin (Reiss) 1920
Mit Genehmigung des Autors und: Dada-Almanach. Reprint. Hamburg (Edition Nautilus) 1980.
– Aus: «En avant Dada.» Aus: En avant dada. Hannover (Steegemann) 1920
Mit Genehmigung des Autors und: En avant Dada. 3. Auflage Hamburg (Edition Nautilus) 1984.
– Aus: «Dr. Billig am Ende.» Aus: Doctor Billig am Ende. München (Wolff) 1921
Mit Genehmigung des Autors.
– Ebene... – Baum. – Flüsse. – Der redende Mensch. – Mafarka. – Chorus sanctus. – Die Primitiven. – Claperston stirbt an Fischvergiftung. – Hymne. Aus: Phantastische Gebete. Zürich (Die Arche) 1963
Mit Genehmigung des Verlages der Arche, Zürich.
Huidobro, Vincent: Époque de Création. Aus: Création, Revue d'Art Nr. 2, Paris, November 1921
(Aus dem Französischen übersetzt von Hans Carl Artmann.)
– Vielleicht ein Manifest. Aus: Création Nr. 3 (?) Februar 1924
(Aus dem Französischen übersetzt von Hans Carl Artmann.)
Josephson, Matthew: Mit dem Verstand... Aus: Merz 6. Hannover (Steegemann) 1923–1932
Mit Genehmigung des Autors. (Aus dem Englischen übersetzt von Richard Huelsenbeck.)
Jung, Franz: Amerikanische Parade. Aus: Club Dada. Berlin (Die Freie Straße) 1918
Mit Genehmigung von Claire M. Jung und: Feinde ringsum, Prosa und Aufsätze 1912–1963.
Werksausgabe Band 1/1. Hamburg. (Edition Nautilus) 1981.
– Dadayama. Schreibmaschinenmanuskript. 1919
Mit Genehmigung des Autors.
– George Grosz. Aus: Einleitung zu: George Grosz: 30 Drawings and Watercolors. New York (Herrmann) 1944
Mit Genehmigung des Autors.
Mesens, E. L. T.: Das Taubblinden-Alphabet. Aus: Alphabet sourd aveugle. Brüssel (Flamel) 1933
Mit Genehmigung des Verlages Le Terrain Vague, Paris. (Aus dem Französischen übersetzt von Hans Carl Artmann.)
Pansaers, Clément: Klütenwurst und Scheißgaulschiß. Aus: Bar-Nicanor. Brüssel (Éditions A. I. O.) 1921
(Aus dem Französischen übersetzt von Hans Carl Artmann.)
Péret, Benjamin: Quer durch meine Augen. Aus: Littérature Nr. 5, Paris, 1.

Oktober 1922
(Aus dem Französischen übersetzt von Hans Carl Artmann.)
– Text zum Katalog der Max Ernst-Ausstellung in der Galerie van Leer, Paris 1926. Aus: Katalog der Max Ernst-Ausstellung in der Galerie van Leer, Paris, März 1926
(Aus dem Französischen übersetzt von Hans Carl Artmann.)

PICABIA, FRANCIS: Manifest Cannibale Dada. Aus: Dada-Almanach. Berlin (Reiss) 1920
Mit Genehmigung von Olga Picabia. Und: Fanny Guy und Dada. Schriften Band 1.
Hamburg (Edition Nautilus) 1981.
– Francis Picabia und Dada. Aus: L'Ésprit Nouveau Bd. 1, Nr. 9, 1921, S. 1059–1060
Mit Genehmigung von Olga Picabia. (Aus dem Französischen übersetzt von Hans Carl Artmann.) Und: Fanny Guy und Dada. Schriften Band 1.
Hamburg (Edition Nautilus) 1981.
– Jesus Christus als Hochstapler. Aus: Jésus Christ rastaquouère. Paris (Au Sans Pareil) 1920. (Collection Dada)
Mit Genehmigung von Olga Picabia. (Aus dem Französischen übersetzt von Hanns Grössel.) Und: Fanny Guy und Dada. Schriften Band 1.
Hamburg (Edition Nautilus) 1981.

RAY, MAN: Einleitung zum Katalog der Man Ray-Ausstellung in Beverly Hills, Kalifornien, Dezember 1948. Aus: Some papers. Beverly Hills, Cal. (Copley Galleries) 1948
Mit Genehmigung des Autors (Aus dem Englischen übersetzt von Richard Huelsenbeck.)
– Dadamade. Aus: Dada. Dokumente einer Bewegung. Düsseldorf (Düsseldorfer Kunstverein) 1958
Mit Genehmigung des Autors.

RIBEMONT-DESSAIGNES, GEORGES: Das Gemetzel der Unschuldigen. Aus: Feuilles Libres Nr. 31, März/April 1923
Mit Genehmigung des Autors. (Aus dem Französischen übersetzt von Hanns Grössel.)
– ô. Aus: Dada-Almanach. Berlin (Reiss) 1920
Mit Genehmigung des Autors.

RICHTER, HANS: Die schlecht trainierte Seele. Aus: G Nr. 3. 1924
Mit Genehmigung des Autors.
– Gegen Ohne Für Dada. Aus: Dada Nr. 4/5 (Dt. Ausgabe), 15. Mai 1919
Mit Genehmigung des Autors.
– Von der statischen zur dynamischen Form. Aus: Plastique Nr. 2, 1937
Mit Genehmigung des Autors.

SATIE, ERIK: Was ich bin. – Vollkommene Umwelt. – Der Tageslauf eines Musikers. Aus: Mémoires d'un amnésique. In: Journal de la Société Musicale Indépendante, Paris 1912, 15. April; 1913, 15. Febr.
Mit Genehmigung von Joseph Lafosse. (Aus dem Französischen übersetzt von Hanns Grössel.)

SCHWITTERS, KURT: Die weißlackierte schwarze tüte. Aus: Merz Nr. 1, 1923
– Ursonate. Aus: Ursonate. Hannover (Merzverlag) 1932
– Lanke tr gl
– An Anna Blume. Aus: Anna Blume. Hannover (Steegemann) 1919

- Erhabenheit. Aus: Anna Blume, Hannover (Steegemann) 1919
- Ich werde gegangen.
- Nächte. Aus: Anna Blume. Hannover (Steegemann) 1919
- Du. Aus: Die Blume Anna. Berlin (Verlag der Sturm) 1923
- Kümmernisspiele. Aus: Die Blume Anna. Berlin (Verlag der Sturm) 1923
  Mit Genehmigung von Ernst Schwitters.

SERNER, WALTER: Manschetten 7, 9, 5. Aus: Der Zeltweg Nr. 1, November 1919

SEUPHOR, MICHEL: Marcel Janco. Aus: Katalog der Marcel Janco-Ausstellung, Galerie Schwarz, Mailand 1961, und Amriswil (Bodensee-Verlag) 1963
Mit Genehmigung des Bodensee-Verlages, Amriswil. (Aus dem Englischen übersetzt von Richard Huelsenbeck.)

SOUPAULT, PHILIPPE: Westwego. Aus: Westwego. Poèmes, 1917–1922. Paris (Librairie Six) 1922
Mit Genehmigung des Autors. (Aus dem Französischen übersetzt von Hans Carl Artmann.)
- Ich lüge. Aus: Rose des vents. Paris (Au Sans Pareil) 1920
  Mit Genehmigung des Autors. (Aus dem Französischen übersetzt von Hans Carl Artmann.)
- Täuschung. Aus: Aquarium. Poèmes. Paris 1917
  Mit Genehmigung des Autors. (Aus dem Französischen übersetzt von Hans Carl Artmann.)
- Ich komme nach Hause. Aus: Aquarium. Poèmes. Paris 1917
  Mit Genehmigung des Autors. (Aus dem Französischen übersetzt von Hans Carl Artmann.)
- Straßenkreuzung. Aus: Aquarium. Poèmes. Paris 1917
  Mit Genehmigung des Autors. (Aus dem Französischen übersetzt von Hans Carl Artmann.)

TZARA, TRISTAN [u. a.]: Dadaistisches Manifest. Aus: Dada-Almanach. Berlin (Reiss) 1920. Und: Sieben Dada Manifeste. 3. Aufl.
Hamburg (Edition Nautilus) 1984.
- Dada-Manifest. Aus: Dada Nr. 3, Zürich 1918
  Mit Genehmigung des Verlages Jean-Jacques Pauvert, Paris. (Aus dem Französischen übersetzt von Hanns Grössel.) Und: Sieben Dada Manifeste. 3. Aufl. Hamburg (Edition Nautilus) 1984.
- Vortrag auf dem Dadakongreß. Aus: Merz Nr. 7, Januar 1924
  Mit Genehmigung des Verlages Jean-Jacques Pauvert, Paris. (Aus dem Französischen übersetzt von Hanns Grössel.) Und: Sieben Dada Manifeste. 3. Aufl. Hamburg (Edition Nautilus) 1984.
- Der annähernde Mensch. Aus: L'homme approximatif. Paris (Fourcade) 1931
  Mit Genehmigung von Tristan Tzara jr. (Aus dem Französischen übersetzt von Hanns Grössel.)

Die obenstehenden Quellennachweise sind identisch mit denen der Erstausgabe dieser Dokumentation vom Mai 1964. Trotz sorgfältiger Bemühungen ist es dem Verlag in einigen wenigen Fällen nicht gelungen, die heutigen Rechtsinhaber bzw. -nachfolger zu ermitteln und sie rechtzeitig über den Nachdruck in dieser Ausgabe zu informieren. Der Verlag bittet um Verständnis und Benachrichtigung, falls Ansprüche geltend gemacht werden.

Eine Auswahl

Daniel Arasse
Die Guillotine
Die Macht der Maschine und das Schauspiel der Gerechtigkeit
(kulturen und ideen 496)

Helmut Brackert/Jörn Stückrath (Hg.)
Literaturwissenschaft
Ein Grundkurs (523)

André Breton
Die Manifeste des Surrealismus (434)

Norman Cohn
Das neue irdische Paradies
Revolutionärer Millenarismus und mystischer Anarchismus
im mittelalterlichen Europa
(kulturen und ideen 472)

Jonathan Culler
Dekonstruktion
Derrida und die poststrukturalistische Literaturtheorie (474)

Jean Delumeau
Angst im Abendland
Die Geschichte kollektiver Ängste im Europa
des 14. bis 18. Jahrhunderts
(kulturen und ideen 503)

Hans Ebeling
Das Subjekt in der Moderne
Rekonstruktion der Philosophie
im Zeitalter der Zerstörung (484)

Hans Eggers
Deutsche Sprachgeschichte
Band 1: Das Althochdeutsche und das Mittelhochdeutsche (425)
Band 2: Das Frühneuhochdeutsche und das Neuhochdeutsche (426)

rowohlts enzyklopädie

Hugo Friedrich
Die Struktur der modernen Lyrik
Von der Mitte des 19. bis zur Mitte
des 20. Jahrhunderts (420)

Gebauer / Kamper / Lenzen / Mattenklott / Wulf / Wünsche
Historische Anthropologie
Zum Problem der Humanwissenschaften heute
oder Versuche einer Neubegründung (486)

Gunter Gebauer / Christoph Wulf
Mimesis
Kultur – Kunst – Gesellschaft (497)

Manfred Geier
Das Sprachspiel der Philosophen
Von Parmenides bis Wittgenstein (500)

Jean Marie Goulemot
Gefährliche Bücher
Erotische Literatur, Pornographie,
Leser und Zensor im 18. Jahrhundert
(kulturen und ideen 528)

Peter Ulrich Hein
Die Brücke ins Geisterreich
Künstlerische Avantgarde zwischen Kulturkritik und Faschismus
(kulturen und ideen 521)

Walter Hess
Dokumente zum Verständnis der modernen Malerei (410)

Johan Huizinga
Homo Ludens
Vom Ursprung der Kultur im Spiel (435)

Dietmar Kamper
Zur Geschichte der Einbildungskraft (509)